JN440077

THE APPLICATION AND ANALYSIS ON MILITARY AFFAIRS BASED ON GAME THEORY

권오정 지음

북스힐

이 책을 사랑하는 딸 하진, 예인에게 바칩니다.

머리말

게임이론은 경제 분야뿐만 아니라 정치, 외교, 사회, 산업, 심리 등 제분야에 널리 적용되어 활용되고 있는 인간의 행태를 이해하는 주요한 해석도구입니다. 인간은 원시시대부터 다른 동물들과의 투쟁으로부터 타인들과 투쟁까지 알게 모르게 효용이론에 기반하여 행동해 왔습니다. 여러가지 대안이 있을 때 최상의 효용을 주는 대안을 선택하는 것은 어쩌면 자연스러운 선택일 것입니다. 각 상황에 따라 비용의 최소화, 시간 단축, 효율성의 증대 등이 효용의 척도가 될 수 있습니다. 효용의 최대화는 수학적 해석적 방법이나 시뮬레이션을 주로 사용해 왔지만 근래에는 인공지능의 지도학습, 비지도학습, 강화학습 등 다양한 방법을 사용하는 등 지속적으로 발전하고 있습니다.

게임이론은 앞에서 언급한 방법들과는 다르게 전략과 보수의 관계를 근간으로 하여 최고의 보수를 주는 전략을 선택하는 방법입니다. 게임이론은 앞에서 언급한 여러가지 효용최대화의 방법들의 단점을 보완하고 전략과 시간의 영역속에서 인간의 선택에 대해 합리적 근거를 알려 줍니다.

이러한 게임이론을 안보, 국방, 군사 분야에 적용하여 더 나은 대안으로 군사력을 건설하고 군대를 운용하고 작전을 실시하는 것은 당연히 추구해야 할 방향입니다. 개인의 의사결정 오류는 개인의 실패에 국한되고 기업의 의사결정 오류는 기업의 사활에 영향을 미치지만 안보나 국방의 의사결정 오류는 국가 차원의 문제로 귀결되기 때문에 다양한 의사결정 방법을 다면 다층으로 적용하여 최상의 의사결정이 되도록 하여야 할 것입니다.

이러한 의미에서 이 책은 게임이론 중 국방과 관련되는 비협조게임이론을 근간으로 한 각종 게임이론을 1 장부터 8 장까지에서 설명하고 9 장부터 11 장까지에서는 게임이론을 안보분야 적용 분석, 전쟁사의 게임이론적 분석과 게임이론의 국방분야 적용 가능한 분야를 제시하였습니다. 이 책의 내용은 그동안 발간된 각종 논문과 자료를 모아서 하나의 책으로 엮은 것으로 가급적 논문 그대로의 내용을 충실히 반영하기 위해 원문내용을 가감없이 수록한 것도 있습니다. 이 책을 집필하면서 게임이론이 안보와 국방분야에서도 인간과 집단의 행태를 해석하는 과학적 도구로서 손색이 없다는 것을 한번 더 깨달았습니다.

이 책이 나오기까지 많은 격려를 아끼지 않은 이광형 KAIST 총장님과 산업 및 시스템공학과 학과장 이태식 교수님을 비롯한 학과의 모든 교수님들께 감사의 말씀을 드립니다. 특히, 저의 박사학위 지도교수이자 은사이신 박성수 교수님께 존경의 말씀을 드리고 싶습니다. KAIST 에서 연구를 지속할 수 있도록 물심양면으로 지원을 아끼지 않으신 ㈜ 풍산 박우동 대표이사님과 박창선 풍산 방산기술연구원장님께도 심심한 감사의 말씀을 올립니다. 집필간 전적인 신뢰를 보내주고 힘을 보태준 아내 장은주와 두 딸 하진, 예인, 사위 양지원 박사, 사랑스러운 외손녀 소이에게도 사랑과 감사의 말을 전하고 싶습니다.

그러나 이 책은 많은 내용을 국내외 각종 도서와 논문, 인터넷으로부터 가져와 나름대로 해석하고 정리한 것이기 때문에 내용적으로 완벽하지 않을 뿐만 아니라 많은 오류가 있을 수도 있습니다. 독자들께서 오류를 지적해 주시면 부족한 부분은 향후 개정판을 통하여 발전시키고 더 많은 게임이론 사례를 추가하여 발전시켜 나갈 것을 약속드립니다.

2024. 6. 16 KAIST 에서 권오정

목 차

제 1 장

게임이론 개요

1.1 게임이론이란?

게임이론은 개인간, 조직간, 국가간의 경쟁상황 또는 상충하는 상황이 있을 때 최적의 의사결정을 내리기 위한 의사결정 기법이다. 즉, 게임이론은 '이해가 엇갈리는(Conflict of Interest) 경쟁적 상황'을 연구하는 학문이다. 예를 들어 국제정치에 있어서 군축과 군비확장은 대단히 중요한 문제이다. 군비를 확장하게 되면 외교적 발언권이 강해져 국제무대에서 활동하는 데는 유리한 반면 경제발전에는 장애물로 작용한다. 노사관계를 보면 회사의 경영층과 노조와는 서로의 이해가 상충된다. 경영층은 짧은 시간에 많은 생산량을 요구하고 노조에서는 가능한 많은 휴식에 여유있는 노동환경을 요구한다. 이렇듯 여러 단체가 서로 이해가 상충되는 경우는 경제활동, 군사분야, 정치현실 등 많은 분야에서 다양하게 나타난다.

게임이론에서는 이러한 이해가 엇갈리는 상황에서 각자가 어떤 결정을 하면 어떤 결과를 기대할 수 있는가에 대한 문제를 다룬다. 게임이론이 이해상충의 경쟁적 상황을 다루기 때문에 경쟁이론(Theory of Competition)이라고 부르는 것이다. 그런데 게임이론은 경쟁적 상황을 단순히 분석하는데 그치지 않고 이해에 직접적으로 관련된 당사자들에게 적절한 행동전략을 제시해 준다. 그래서 게임이론은 결정과학(Decision Science)의 한 분야이다.

게임이론에서는 나의 행동뿐만 아니라 상대방의 행동까지 고려하여 의사결정을 내려야 한다. 이러한 상황을 전략적 상황(Strategic Situation) 혹은 게임 상황(Game Situation)이라고 한다. 나의 선택은 상대방의 선택에 영향을 미치고 상대방의 선택 또한 나의 선택에 영향을 미치게 되는 상호의존적인 상황이 조성된다. 이러한 게임 상황에서 상대방의 행동에 대한 예측이나 기대를 바탕으로 나의 행동을 결정하는 전략적 선택이 필요하다. 즉, 게임이론은 게임 상황에서 어떻게 합리적으로 전략적 선택을 하는 방법을 찾는 것이며 나의 이득을 최대화하는 최선의 전략을 선택하는 방법을 추구한다.

전략적 상황 혹은 게임 상황에서는 전통적인 최적화 이론(Optimization Theory)는 효과를 발휘하지 못한다. 최적화 이론에서는 오직 나의 효용은 나의 선택에 의해서만 결정되지만 전략적 상황 혹은 게임 상황에서는 나의 효용은 나의 선택뿐만 아니라 상대방의 선택에 의해서도 영향을 받기 때문이다. 또한,

나의 선택에 의해 상대방의 선택이 영향을 받아 선택을 변경할 수가 있기 때문에 일반적인 최적화 이론과 같이 제약식에 제약을 받는 가운데 나의 효용을 최적화하기 어렵다. 이와 같이 게임이론은 전략적 상황에서 행동주체의 의사결정을 연구하는 학문이라고 할 수 있다.

게임이론이나 확률 및 통계학은 모두 경기, 놀이, 도박 등의 경쟁적 상황에서 발상이 된 것이지만 확률 및 통계학은 상황의 분석에 그치지만 게임이론은 최적전략선택에 더욱 중점을 두게 된다. 그러므로 게임이론은 게임의 경기자의 의사결정을 지원하는데 무게 중심이 있다.

1.2 게임이론의 역사

게임이론의 기원은 기원전 바빌로니아 시대까지 거슬러 갈 수 있다. 당시 기록된 바빌로니안 탈무드에는 재산분배에 대한 문제를 상세히 서술하고 있는데 최근연구에 의하면 탈무드에 나타난 상속에 대한 계약결혼문제(Marriage Contract Problem)의 해법이 현대에 제안된 협력게임의 해법과 완전히 일치한다는 것이 증명되었다. 또, 중국의 고문서들과 역사적인 각종 문헌들에서 게임이론의 기본개념을 적용한 많은 사례가 발견되고 있다.

1838 년에 Cournot, Bertland 등에 의하여 과점분야에서 기업이 어떻게 생산량 및 가격을 결정하는가 하는 문제에 초점을 맞추어 분석하였으나, 아주 특수한 경우에 국한된 모형만 제안하였기에 이를 게임이론의 일반적 시초로 보기에는 무리가 있다. 1871 년에는 Darwin 이 자연도태가 균형인 성비가 되도록 맞추는 역할을 할 것이라고 주장하였는데 이는 나중에 진화게임이론의 단초가 되었다. 1881 년에는 Edgeworth 가 두 사람 간의 거래의 결과를 결정하는 문제의 해로써 계약 곡선을 제안하였고 이 핵심개념을 일반화하였다. 1921 년에서 1927 년 동안 Borel 은 보수행렬이 대칭일 때 두 명의 Zero-Sum 행렬게임의 최소극대화 이론을 증명하였다. 그는 이를 기반으로 두 명의 Zero-Sum 게임에서 혼합전략이 허용될 때 많은 순수전략 중 단 하나의 합리적인 보수 벡터해가 존재함을 보였다. 1930 년에는, 덴마크 수학자 Zeuthen 이 고정점 이론에 기반해 협상문제에 대한

기본적인 해법을 제안했다. 그 후, Harsanyi 는 그것이 Nash 협상 해와 같음을 보였다. 현실적 시장분석 모델로는 1934 년에 독일의 경제학자 Stackelberg 가 제안한 두 명의 서로 다른 경쟁자에 기반한 계층적 전략게임 모델이 있다.

게임이론은 응용수학의 한 분야로 시작되었으나 경제학에 도입된 이후 경제학의 여러 분야에 자리잡게 되었다. 게임이론은 헝가리 출신의 물리학자 Von Neumann 과 오스트리아 출신의 경제학자 Oskar Morgenstern 이 1944 년 출간한「Theory of Games and Economic Behavior」가 시초로 알려져 있다. 이 책은 게임을 정식으로 모형화하는 방법과 특정한 게임에 대한 해법을 제시하고 있다. 이 책은 두 명의 Zero-Sum 게임에서 상호간의 지속적 해법을 찾는 방법을 포함하고 있고, 또한 불확실한 상황에서 결정할 수 있는 기대효용이론(Expected Utility Theory)을 분석한 책으로도 잘 알려져 있다. 그러나 이책의 분석은 게임 참여자 간의 이해관계가 상반되는 특수한 경우에 국한되어 있다.

이후 John Nash, William Vickrey, Finn Kydland 와 Edward Prescott 등이 게임이론을 발전시켜 이 분야에서 노벨경제학상을 수상한 바 있다. 특히, John Nash 가 1950 년에 전략적 상황에서의 균형개념을 제시하고 그 존재를 증명한 이후 게임이론은 비약적으로 발전하기 시작하였다. Nash 는 그동안 주목받지 않던 비협조적게임에서 Zero-Sum 게임이 아닐 경우에도 경기자의 수와 상관없이 언제나 균형 상태가 존재하다는 것을 증명했다. Nash Equilibrium 이라고 부르는 Nash 균형은 일반적인 전략적 상황에 폭넓게 적용되기 시작하였다.

1950 년대에는 기본개념과 확장형 게임, 가상게임, 반복게임, 매칭게임과 Shapley Value 등이 제안되었다. 또한, 이 시기에 죄수의 딜레마에 대한 개념이 소개되었고 모든 게임이 경기자들이 이성적으로 행동하는 해인 균형을 찾는 방법에 대해 많은 연구들이 진행되었다. 이 시기에, 게임이론이 처음으로 철학과 정치학에 적용되기 시작하였다. 1954 년에 Shubik 과 Isaacs 에 의해 개발된 다양한 게임모델들이 정치학에 적용되었는데 이는 국가간 군비경쟁의 이론적 배경이 되었으며 1955 년에 Braithwaite 가 철학에 처음 게임이론을 적용하였다.

그 이후 게임이론은 산업조직론이나 공공경제학 등 다양한 분야에 도입되어 질적인 도약을 가져왔으며 1970 년대 이후에는 정보경제학이라는 새로운 분야의 탄생으로 이어졌다. 게임이론은 경제학을 넘어 정치학, 외교학, 사회학 등 다양한 학문적 영역으로 확장되어 발전하였다. 1970 년대에 들어와서 게임이론은 생물학에 적용되기 시작하였다. 1972 년에 Smith 는 진화게임 모델과 진화안정전략의 개념을 제안하였다. 진화게임은 반복적인 상호작용의 분석을 위한 동적 프레임워크와 합리적 해의 개념을 제공하였다. 1973 년에 Spence 는 구인시장에 적용가능한 신호발송게임 모델을 제안하였고 이는 차후, 스크린 게임으로 확장되었다. 1974 년에 Aumann 은 게임모델에서 Nash 균형보다 더욱 일반적인 해법인 상관균형(Correlated Equlibrium)의 개념을 제안하였고 1975 년에 Kalai 와 Smorodinsky 는 새로운 협상게임의 해법을 제안하였다.

1960~1970 년대에 걸쳐 Hurwicz, Maskin 그리고 Myerson 은 메커니즘 디자인의 기본개념을 제시하였는데 기본적인 아이디어는 경기자들이 각자의 개인정보를 정직하게 밝히는 것이 우위전략이 되도록 게임의 룰을 정의하는 것으로 향후 다양한 게임모델 개발의 기초가 되었다. 1982년에 Rubinstein은 비협력적인 협상을 고려하여 대안제시 협상게임의 해를 고안하였고 동시에 이 모델에서 부분게임완전균형이 유일하게 존재함을 보였다. 1988 년에는 Harsany 와 Selten 이 균형들 사이의 적용 가능한 일반적인 선택 이론을 제안하였는데 어떤 비협력이나 협력 게임에도 특정 균형을 선택하는 기준이 되었다.

미시경제학에서는 과점시장(Oligopoly)에 대한 다양한 경제학적 분석을 게임이론으로 시도되었다. 완전경쟁시장이나 독점시장에서는 상대방에 대한 전략적 고려가 필요 없지만 과점시장에서는 상대방에 대한 전략적 고려가 필요하기 때문에 게임이론이 분석의 틀로 적합한 것이다.

국방 분야에서도 게임이론의 효용에 주목하고 이를 실제 상황에 응용하려는 연구를 가장 먼저 시도한 곳은 미국 국방부였다. 2 차 세계대전 직후 미 공군이 대륙간 핵전쟁에 관한 연구를 목적으로 창설한 RAND 연구소가 Von Neumann 을 자문위원으로 위촉하고 게임이론의 군사적 응용뿐만 아니라 게임이론의 기초연구에도 상당한 노력을 기울이기 시작했다. 이후 국방분야에서도 게임이론과 관련된 다양한 논문들이 발표되고 있으며, 현실에도 적용시켜 주어진 상황을 판단하고 미래를 예측하는 도구로 사용하고 있다.

예를 들면 전쟁이 어떤 방향으로 전개되어 진행될 지에 대한 시나리오를 게임으로 분석하고 예측하기도 하며, 핵보유와 핵억제 상황을 게임의 관점에서 바라보기도 하였다. 대북지원과 대북제재의 득과 실을 게임이론을 통해 따져보기도 한다. 게임이론과 관련된 국 내 논문 중에는, 걸프전과 이란-이라크

전쟁을 통해 나타난 이라크의 항공력 운용에 대한 전략적 선택을 게임이론을 통해 분석한 논문이 있다. 이 논문에서는 비대칭교착(Asymmetric Deadlock)모델과 사슴사냥(Stag Hunter)모델을 이용해 행위자 간의 전략적 선택을 설명하고 있다. 또 다른 논문은 한국의 대북지원과 관련한 몇 가지 이슈들, 이를테면 대북지원의 이유는 무엇인가? 지원수준을 결정하는 요인은 무엇인가? 지원의 수준은 적절한가? 와 같은 문제들을 게임이론을 통해 설명하고 있다. 여기서 사용된 게임은 완전정보(Perfect Information) 또는 불완전정보(Imperfect Information)하의 유인제공 및 위협게임을 전개형게임을 통해 풀어나갔다. 이 밖에도 게임이론을 이용하여 환경규제와 동시에 방위산업 육성의 딜레마 속에서 방산업체의 환경친화적 기술개발 유인을 위한 전략을 제시한 연구도 있다.

최근에는 네트워크 디자인 분야에서 중요한 수단으로 활용되고 있다. 통신 네트워크에서 게임이론의 응용 분야로는 혼잡 제어, 네트워크 라우팅, 네트워크 부하균형, 통신보안, 대역폭 가격선정, 무선 협력통신, 트래픽 컨트롤, 전력제어, 자원 할당과 서비스 품질 보장 등 다양한 분야가 존재한다.

1.3 게임의 요소

1.3.1 경기자

경기자(Player)는 전략적 상황에 처한 행동주체이다. 경기자는 상황에 따라 개인, 조직, 기업, 국가 등이 될 수 있다. 조직, 기업, 국가 등이 경기자가 된다면 이러한 단체는 동일한 목적을 가지고 움직이는 단일 주체로 취급되므로 개인과 동일하게 취급한다. 게임이론에서 다루는 상황은 전략적 상황이므로 경기자는 2명 이상이어야 한다.

게임이론에서 경기자들은 모두 합리적 의사결정을 한다고 가정한다. 즉, 게임의 결과로 받을 수 있는 보수가 높은 방향으로 전략을 선택한다고 가정한다. 모든 게임 경기자들은 이성적(Rational)이며 각자의 목표가 있으며 결과에 대해 가치를 부여하고 순서를 설정한다고 가정한다.

n 명의 경기자가 참여하는 게임을 n인 게임(n Person Game)이라 하고 n인 게임의 경기자 집합 $I = \{1,2,\dots,n\}$ 으로 표기한다. 경기자의 이름은 표기하기

나름이지만 구별만 가능하면 되므로 최대한 단순화하자면 위와 같이 자연수로 표기할 수 있다. 또한 개별 경기자를 가르키는 변수는 주로 i로 표기한다.

1.3.2 전략

전략(Strategy)은 각 경기자가 취할 수 있는 행동이다. 전략의 다른 용어로는 Alternative, Option, Act 등도 사용되고 있으나 주로 '전략'이 많이 사용된다. 게임을 운용하는 하나의 방안을 의미한다. 경기자 i 가 선택할 수 있는 전략들의 집합을 S_i로 나타내고 이를 경기자 i 의 전략집합(Strategy Set) 이라고 한다. 각 경기자의 전략집합은 서로 같을 수도 있고 다를 수도 있다.

각 경기자가 자신의 전략집합에서 하나의 전략을 선택하여 나열한 것을 $s = (s_1, s_2, \dots, s_n)$ 로 표기하며 이를 전략명세 또는 전략 프로파일이라고 부른다. 경기자 i 이외의 경기자들의 전략프로파일 s_{-i} 는 $s_{-i} = (s_1, \dots, s_{i-1}, s_{i+1}, \dots, s_n)$ 로 표기한다. 이는 개별 전략들의 순서쌍 또는 벡터 등으로 간주될 수 있는데 전략프로파일은 연산의 대상이 아니므로 벡터로 보기에는 무리가 있으며 '프로파일'이라는 표현을 사용하는 것도 그 때문이다. 한편 가능한 모든 전략프로파일을 모아놓은 집합, 즉 전략프로파일의 집합 S는 $S = S_1 \times S_2 \times \dots \times S_n$ 로, 경기자 i 이외의 경기자들의 전략프로파일 집합 S_{-i} 는 $S_{-i} = S_1 \times \dots \times S_{i-1} \times S_{i+1} \times \dots \times S_n$ 과 같이 곱집합으로 나타낼 수 있다.

전략에는 순수전략(Pure Strategy)와 혼합전략(Mixed Strategy)가 있다. 순수전략은 경기자들이 게임을 운용하는데 사용할 수 있는 여러가지 전략 중에서 하나의 전략으로 게임을 운영하고자 할 때 그 방안을 순수전략이라고 한다. 혼합전략은 경기자들이 자신의 보수를 높이기 위하여 여러 순수전략을 혼합하여 사용할 때 이런 전략을 혼합전략이라고 한다. 따라서 혼합전략이란 순수전략 집합상의 확률분포가 바로 혼합전략이 된다.

1.3.3 보수

보수(Payoff)는 게임의 결과에 따른 각 경기자의 효용을 위미한다. 통상 경제학에서는 '효용'이란 표현을 많이 사용하는데 게임이론에서는 '보수'라는 표현을 많이 사용한다. '보수'를 '효용'으로 대체해서 사용해도 무방하다. 한 경기자의 보수는 그 경기자의 전략이 아니라 전체 경기자의 전략명세에 의해 결정된다. 즉, 보수는 모든 경기자들이 규칙에 따라 전략을 선택함으로써 실현되는 최종적인 효용(Utility)를 의미한다.

게임이론에서 보수는 상대적인 크기가 중요하다. 상대방의 전략에 비해 크거나 같거나 작은 것으로 효용을 평가하며 절대적 크기는 전략의 선택에 영향을 주지 않으나 절대적 크기가 아주 클 때는 위험기피적인 경기자는 그가 선택할 수 있는 전략이 각각 최악의 결과를 가져온다고 가정하고 그 중에서 그나마 가장 큰 보수를 선택할 수 있어서 다른 유형의 게임으로 전환될 수 있다.

경기자 i의 보수함수는 일반적으로 경기자마다 같지 않다. 이에 따라 경기자 i의 보수함수는 u_i로 표기하며 다음과 같이 나타낼 수 있다.

$$u_i : S \rightarrow \mathbb{R}$$

즉, 보수함수는 전략프로파일의 집합에서 실수의 집합으로 가는 함수로, 경기자들이 저마다 전략을 선택하여 전략프로파일이 만들어지면, 그에 따른 보수가 실수 값으로 주어짐을 나타낸다. 흔히 잘못 이해하기 쉬운 점은 보수함수는 단일 경기자의 전략의 함수가 아니라 전략프로파일의 함수라는 사실이다. 즉, 각 경기자가 얻는 보수가 자신의 전략뿐만 아니라 다른 경기자의 전략에도 영향을 받는다는 의미를 담고 있으므로, 이것이 보수함수라는 개념의 핵심과도 같다. 보수함수는 $u_i(s)$로도 쓸 수 있으며, 분석의 편의를 위해 종종 $u_i(s_{i-1}, s_i)$로 쓰기도 한다.

또한 보수벡터는 주어진 전략조합 s에 대해 경기자들의 보수를 배열해 놓은 벡터 $u(s) = (u_1(s), u_2(s), \ldots, u_n(s))$이다.

1.4 게임의 표현

1.4.1 전략형게임

전략형(Strategic Form)게임은 1.3 절에서 표현한 3 가지 게임의 요소만을 이용하여 전략적 상황을 표현하는 방법으로 정규형(Normal Form)게임이라고도 한다. 어떤 전략적 상황이 주어졌을 때 경기자, 전략, 보수를 명시하여 그 상황을 표현하는 방법이다. 전략형게임에서는 선택의 순서나 정보의 완전성 여부는 무시된다.

1.3 절에서 정의한 기호로 전략형게임 G를 표현하면 다음과 같다.

$$G = \{I, \{S_i\}_{i\in I}, \{u_i\}_{i\in I}\}$$

다음으로 보수행렬을 표기하는 방법에 대해 알아본다. 일반적으로 전략형게임은 보수행렬로 시각화하여 나타낸다. 전략형게임을 보수행렬로 옮기면 게임에 대한 분석이 한결 편리해진다. 보수행렬은 각 경기자의 전략과 그에 따른 보수를 표로 나타낸 것으로, 사실상 행렬이라기보다는 표이다. 즉 수학에서 말하는 행렬과는 무관한 개념이다. 수학의 행렬은 연산의 대상이지만 보수행렬은 단지 보수함수를 표로 시각화한 것이기 때문에 연산의 대상이 아니다.

경기자 1 과 2 가 각각 m개와 n개의 전략을 갖고 있는 2 인 게임 G 가 다음과 같을 때 보수행렬은 표 1.4.1 과 같다.

$$G = \{I, \{S_i\}_{i\in I}, \{u_i\}_{i\in I}\}$$
$$I = \{1,2\}$$
$$S_1 = (s_1, \dots, s_m)$$
$$S_2 = (t_1, \dots, t_n)$$

표 1.4.1 보수행렬과 효용성

		경기자 2				
		t_1	…	t_j	…	t_n
경기자 1	s_1	$(u_1(s_1,t_1),$ $u_2(s_1,t_1))$	…	$(u_1(s_1,t_j),$ $u_2(s_1,t_j))$	…	$(u_1(s_1,t_n),$ $u_2(s_1,t_n))$
	…	…	…	…	…	
	s_i	$(u_1(s_i,t_1),$ $u_2(s_i,t_1))$	…	$(u_1(s_i,t_j),$ $u_2(s_i,t_j))$	…	$(u_1(s_i,t_n),$ $u_2(s_i,t_n))$
	….	…	…	…	…	
	s_m	$(u_1(s_m,t_1),$ $u_2(s_m,t_1))$	…	$(u_1(s_m,t_j),$ $u_2(s_m,t_j))$	…	$(u_1(s_m,t_n),$ $u_2(s_m,t_n))$

그러나, 보수행렬의 단점은 3 인 이상의 게임을 나타내기 어렵다는 것이다. 보수행렬은 2 차원이므로 2 인까지밖에 포괄하지 못하기 때문이다. 억지로 나타낸다면야 보수행렬 외부에 제 3, 제 4 의 경기자의 전략을 표시해 놓고 그 전략에 따른 보수행렬을 표시할 수는 있으나, 보수행렬을 여러 개 작성해야 하므로 매우 번거롭다. 이 작업은 경기자의 수가 늘어날수록 기하급수적으로 복잡해진다.

2 인 게임의 예를 들어 경기자 1 은 A 와 B 둘 중 하나의 전략을 선택할 수 있고 경기자 2 는 C 와 D 둘 중 하나를 선택할 수 있다고 하자. 경기자 1 과 경기자 2 가 각자의 전략을 선택한다면 그 결과로 전략조합이 실현된다. 여기서 경기자 1과 2의 전략이 각각 2개씩이므로 실현가능한 전략조합은 (A, C), (B, C), (A, D), (B, D)과 같이 4 가지가 된다. 각 경기자의 보수는 모든 경기자가 선택한 전략의 조합에 의해 결정된다. 경기자가 2 명일 때는 표 1.4.2 와 같은 보수행렬 형태로 나타낼 수 있다.

여기서, 보수행렬을 살펴보면 (경기자 1 의 보수, 경기자 2 의 보수)와 같은 형태로 표현되어 있다. 예를 들어, 경기자 1 이 A 를 선택하고 경기자 2 가 C 를 선택할 때는 경기자 1 은 20 의 보수를 얻고 경기자 2 는 30 의 보수를 얻는다. 마찬가지로 경기자 1이 B를 선택하고 경기자 2가 D를 선택할 때는 경기자 1은 50의 보수를 얻고 경기자 2는 15의 보수를 얻는다.

표 1.4.2 보수행렬의 표현

		경기자 2	
		C	D
경기자 1	A	(20, 30)	(30, 20)
	B	(30, 10)	(50, 15)

만약, 게임이 대칭게임(Symmetric Game)으로 볼 수 있을 때는 표 1.4.3 과 같이 경기자 1 의 보수만 표시하고 그 수치가 경기자 2 에게는 손실로 표현하게 할 수도 있다.

표 1.4.3 대칭게임에서의 보수행렬의 표현

		경기자 2	
		C	D
경기자 1	A	20	30
	B	10	50

전략형게임은 주로 경기자들이 동시에 전략을 선택하는 동시(Simultaneous)게임이나 정태적(Static) 게임 상황을 나타낼 때 주로 사용한다.

1.4.2 전개형게임

전개형(Extensive Form)게임은 경기자들이 순차적으로 움직이는 상황인 순차적(Sequential)게임인 동태적(Dynamic)게임 상황을 나타낼 때 주로 사용한다. 전개형게임은 게임나무(Game Tree)라는 시각적 도구를 이용해 전략적 상황을 나타낸다. 즉, 전개형게임은 1.3 절에서 열거한 게임의 요소를 모두 명시한 게임나무로 정의된다. 게임나무는 마디(Node)와 가지(Branch)로 이루어진 그래프의 일종이며 수학적으로는 그래프이론(Graph Theory)에 의해 정의된다. 게임나무에서 마디는 크게 의사결정마디(Decision Node)와 종결마디(Terminal Node)로 구분된다.

의사결정마디란 경기자 중 누군가가 자신이 취할 행동을 결정해야 하는 상황이며 종결마디는 게임의 최종결과가 실현되어 모든 경기자들에게 결과에 상응하는 보수가 지불되는 상태를 말한다. 게임이 최초로 시작되는 뿌리마디(Initial Node)는 의사결정마디 가운데 하나이다. 각 가지는 하나의 마디로부터 출발하여 다른 마디에 도착하는 실선으로 표현한다. 하나의 가지가 출발하는 마디를 도착하는 마디의 선도(Precedent)마디라고 부르며 반대로 그 가지가 도착하는 마디를 출발하는 마디의 후계(Successor)마디라고 부른다.

1.4.1 절에서 표현한 전략형게임을 전개형게임으로 표현하면 그림 1.4.1 과 같다. 물론 이 전개형게임에서는 경기자 1 이 먼저 선택을 하고 그 다음으로 경기자 2 가 선택하는 상황을 표현하고 있다.

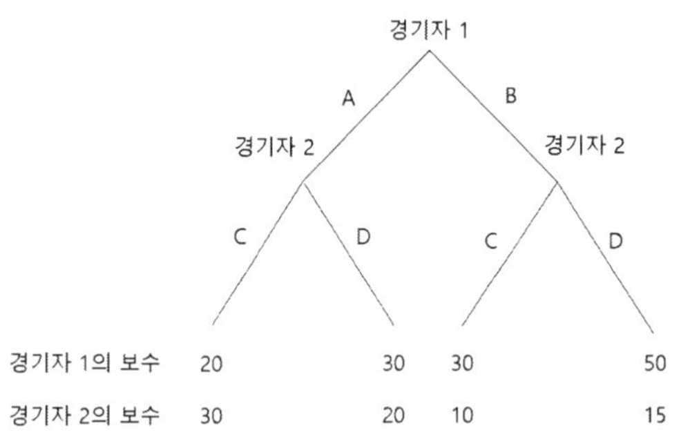

그림 1.4.1 전개형게임의 표현

그러나 전개형게임으로 전략형게임을 표현할 수도 있다. 이러한 경우는 그림 1.4.2 와 같이 표현하는데 타원형 점선 또는 점선으로 표시된 부분이 경기자 2 가 경기자 1 의 전략을 보고 결정하는 것이 아니라 경기자 1 과 동시에 의사결정을 하는 것을 나타낸다.

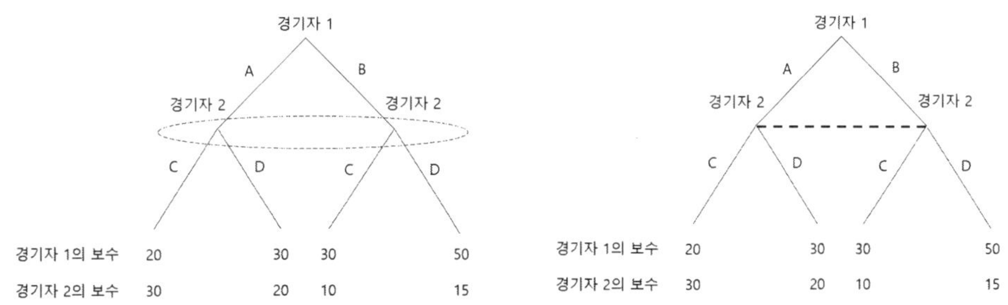

그림 1.4.2 전략형게임의 전개형게임으로 표현법

이러한 상황은 경기자 2가 경기자 1의 선택을 모르는 상황이므로 경기자 2는 실질적으로 두 가지 결정마디를 구분할 수 없다. 이렇게 정보부족으로 결정마디간의 구분이 불가능한 경우 하나의 타원형 점선 또는 점선으로 연결하며 이렇게 연결된 결정마디들의 집합을 정보집합(Information Set)이라고 부른다. 하나의 정보집합에 속한 결정마디들은 해당 경기자에게는 구분이 불가능하므로 실질적으로 하나의 결정마디와 다를 바 없다.

1.5 게임의 분류

1.5.1 협조적게임과 비협조적게임

게임이론은 크게 협조적게임 이론(Cooperative Game Theory)과 비협조적게임 이론(Non-cooperative Game Theory)으로 나눌 수 있다. 둘을 나누는 기준은 구속력 있는 계약(Binding Agreement)이다. 구속력 있는 계약이란, 어떤 경제 주체가 그 계약을 위반하면 법처럼 권위 있는 게임 외부요소에 기대어 그 경제주체를 처벌할 수 있는 것을 말한다.

협조적게임이론에서는 게임의 전체 또는 일부가 연합을 통해 자발적인 구속력 있는 계약을 맺을 수 있는 경우를 분석하며, 비협조적게임이론에서는 게임 안의 규칙이 허용하는 구속력 있는 계약은 가능하지만 그렇지 않은 모든 계약은 아무 효력이 없는 경우를 분석한다. 효력이 없는 계약은 위반하더라도 처벌이 불가능하다.

비협조적게임 이론에서는 모든 주체의 자기 구속적 행동(Self-enforcing Behavior)을 상정하는데, 이는 어떤 행동이 자신의 이익에 합당하여 굳이 타인이 강제하지 않더라도 스스로가 자신의 그 행동에 구속력을 부여한다는 의미에서 만들어진 표현이다. 즉 자기 구속적 행동이란 다름 아닌 자신의 이익에 합당한 행동이다.

1.5.2 Zero-Sum 게임과 Non-Zero-Sum 게임

Zero-Sum 게임은 두 경기자가 얻는 보수의 합이 0 이 되기에 Zero-Sum 게임이라고 한다. Zero-Sum 게임 하에서는 두 경기자가 게임을 할 때 한 사람이 게임에 이겨서 하나를 얻으면(+1) 다른 한 경기자는 필연적으로 하나를 잃게 된다(-1). '양쪽의 보수의 합이 0 이 되는 게임이론'이라는 사전적 정의는 나름대로 어렵지만 경쟁이라는 것이 대개 그렇듯이 한쪽이 얻으면 다른 한쪽은 잃게 되는 비극적인 경우를 우리 주변에서 너무나 많이 볼 수 있다.

흔히 볼 수 있는 Zero-Sum 게임으로는 '가위·바위·보 게임'이 있는데, 게임을 하는 두 명 중 한 명이 이기면 다른 경기자는 반드시 질 수밖에 없다. 이 때 무승부인 경우는 게임이 끝난 것이 아니므로 둘 다 무승부일 경우는 제외한다. 또, 소선거제 제도에서 국회의원을 선출하는 경우도 선거구에서 1 명의 국회의원만 선출되므로 당선인 외 다른 후보자는 낙선하게 된다. 이런 경우도 Zero-Sum 게임이라고 할 수 있다.

Non-Zero-Sum 게임이란, 말 그대로 이익과 손해의 합이 0 이 안되는 게임을 말한다. Non-Zero-Sum 게임을 다시 Positive Sum 게임과 Negative Sum 게임으로 분류할 수 있다. Positive Sum 게임에서는 이익과 손해의 합이 '+' 가 되고 Negative Sum 게임에서는 이익과 손해의 합이 '-' 가 되는 경우를 말한다. 증시에서 종합주가지수가 계속 상승하는 경우 투자자 모두는 이익을 얻게 된다. 시장에서 서로 경쟁하는 두 개 업체가 서로 담합하여 높은 가격으로 제품을 판매하는 경우 상호협력이 최선임을 알게 된다. 이러한 경우는 Positive Sum 게임이라고 할 수 있다.

그러나 복권, 도박장, 경마장의 경우 일부의 경기자는 돈을 벌지만 나머지 대부분의 경기자는 돈을 잃는다. 그리고 참여자 모두는 일정금액을 복권, 도박장, 경마장에 지불한다. 이러한 게임을 계속할 경우 경기자 모두는 손실만 커지고 게임의 장소를 제공한 주체인 복권 판매업체, 도박장 개설업자, 경마장 개설업체만 돈을 벌게 되는 구조를 가진다. 또한, 증시에서 종합주가지수가 계속 하락하는 경우 투자자 모두는 손실을 입게 된다. 이러한 경우는 Negative Sum 게임이라고 할 수 있다.

1.5.3 경기자의 수에 따른 분류

경기자의 수에 따라 2 인 게임과 2 인 이상의 n인 게임, 경기자가 한 사람인 대자연 게임으로 나눌 수 있다.

1.5.4 전략의 수에 따른 분류

전략의 수에 따라서는 그 개수가 유한이면 유한 게임, 무한개이면 무한게임으로 분류한다. 2 인 게임, n인 게임, 대자연게임은 모두 유한게임이다. 결투모형과 경매모형은 무한게임으로 분류할 수 있다.

1.5.5 대칭게임과 비대칭게임

대칭(Symmetric) 게임이란 특정 전략에 대한 보수가 다른 사람의 행동이 아닌 다른 전략에 의해 결정되는 것을 말한다. 1.4.1 절에서 정의된 기호로 표현하여 다음 3 가지 조건이 만족되면 대칭게임이라고 한다.

1. $S_1 = S_2$
2. $u_1(s,s) = u_2(s,s)$
3. $u_1(a,b) = u_2(b,a)$

첫 번째 조건은 각 경기자가 취할 수 있는 전략을 모아 놓은 집합, 즉 전략집합이 모든 경기자에 대해 동일함을 뜻한다. 두 번째 조건은 모든 경기자가 동일한 전략을 택하면 모두 같은 보수를 얻게 됨을 의미한다. 세 번째 조건은 두 경기자의 전략이 뒤바뀌면 보수 역시 뒤바뀜을 의미한다. 대칭게임의 보수행렬을 그리면 표 1.5.1 과 같이 대각선을 기준으로 대칭이 된다.

대칭게임에서는 경기자의 위치를 바꿨을 때 전략에 대한 보수가 바뀌지 않는다. 죄수의 딜레마게임, 사슴사냥게임, 치킨게임 등은 대칭게임의 대표적인 예이다.

표 1.5.1 대칭게임의 보수행렬

		경기자 2	
		X	Y
경기자 1	X	(a, a)	(b, c)
	Y	(c, b)	(a, a)

대부분의 비대칭(Asymmetric) 게임에서는 표 1.5.2 와 같이 경기자들에게 동일한 전략이 주어지지 않는다. 예를 들어 경기자 1은 전략 X, Y를 가지고 있고 경기자 2 는 전략 A, B 를 가지고 있다. 최후통첩 게임과 독재자 게임에서 경기자는 상대방에 대한 각자 다른 전략을 갖는다.

표 1.5.2 동일하지 않은 전략하 비대칭게임의 보수행렬

		경기자 2	
		A	B
경기자 1	X	(1, 2)	(0, 0)
	Y	(0, 0)	(1, 2)

그러나 표 1.5.3 과 같이 비대칭게임에서도 동일한 전략이 적용될 수도 있다.

표 1.5.3 동일한 전략하 비대칭게임의 보수행렬

		경기자 2	
		X	Y
경기자 1	X	(1, 2)	(0, 0)
	Y	(0, 0)	(1, 2)

1.5.6 동시게임과 순차게임

동시(Simultaneous)게임은 경기자들이 동시에 행동하거나, 동시에 시행하지 않더라도 후자가 전자의 선택을 모르고 행동하는 것이다. 즉, 경기자들이 동시에 자신의 최적전략을 내 놓은 형태의 게임을 말한다. 과점 기업간의 경쟁은 대부분 동시게임이라고 말할 수 있으며 한시점에서 경기가 종료되므로 정태적(Static) 게임이라고 한다.

반대로, 순차(Sequential)게임에서는 후자가 전자의 선택에 대한 정보를 갖고 선택한다. 순서에 따라 상대방의 전략을 확인한 후 자신의 최적전략을 결정하는 방식으로 바둑, 오목, 테니스, 골프 등의 경기에서 나타나는 게임형태이다. 순차게임에서는 먼저 경기하는 사람이 더 유리하다. 이런 점을 감안해서 공평한 경기를 하기 위해 바둑에서는 착수하는 흑을 쥔 사람에게 덤을 제공한다. 순차게임은 시간의 흐름에 따라 진행하므로 동태적(Dynamic)게임이라고 한다.

1.5.7 완비정보게임과 불완비정보게임

완비정보(Complete Information)게임은 경기자들이 경기자, 전략집합, 게임의 보수구조를 확실히 알고 있다는 것을 의미한다. 즉, 각 경기자가 자신이 상대하고 있는 사람이 어떤 사람인지 확실하게 알고 있다는 것이다.

불완비정보(Incomplete Information)게임은 경기자들이 경기자, 전략집합, 게임의 보수구조 중 하나 이상을 확실히 모르는 것을 의미한다. 즉, 다른 경기자의 유형에 대해 불확실성이 있는 상황을 의미한다. 비대칭 정보(Asymmetric Information)게임은 한 경기자는 상대방 경기자의 정보를 모두 알고 있으나 상대방은 다른 경기자의 정보를 일부 모르는 경우의 게임을 말한다.

완비정보와 유사하게 들리지만 완전정보(Perfect Information)은 상대방의 선택을 정확하게 알고 있는 경우를 말하며 불완전정보(Imperfect Information)은 상대방이 어떤 선택을 했는지 알 수 없는 상황을 의미한다.

1.5.8 반복게임과 일회성게임

반복(Repeated)게임이란 동일한 전략적 상황이 계속 반복되는 게임을 말한다. 이 때 매 기마다 발생하는 일회성 전략적 상황을 스테이지(Stage)게임이라고 부른다. 스테이지게임이 동시게임이든 순차게임이든 반복게임 전체는 시간을 두고 순차적으로 진행된다. 반복게임은 다시 유한 반복(Finitely Repeated)게임과 무한 반복(Infinitely Repeated)게임으로 나눌 수 있다.

일회성(One Shot)게임은 전략적 상황이 계속 반복되지 않는 일회성 전략적 상황으로 게임을 진행하는 것을 말한다.

1.6 게임의 해

게임의 해(Solution)는 그 게임에 참여하는 합리적인 경기자가 선택할 것으로 예상되는 전략조합 혹은 결과이다.

1.7 공통지식

공통지식(Common Knowledge)은 게임이론에서 중요한 개념이다. 게임이론에서의 공통지식의 정의는 다음과 같다.

모든 자연수 k에 대하여, (모든 사람이 E 를 알고 있다.)^k 이 성립할 때, E 는 모든 사람 사이에 공통지식이다.

예를 들어, 사실 E 가 두 사람 1 과 2 사이에 공통지식이 되려면 다음 조건이 만족하여야 한다.

- 둘 다 E를 알고 있다.
- 둘 다 E를 알고 있다는 사실을 둘 다 알고 있다.
- 둘 다 E를 알고 있다는 사실을 둘 다 알고 있다는 사실을 둘 다 알고 있다.
- 둘 다 E를 알고 있다는 사실을 둘 다 알고 있다는 사실을 둘 다 알고 있다는 사실을 둘 다 알고 있다.
- ...(무한 반복)

게임이론에서 전략적 상황은 공통지식이라고 가정한다. 게임 상황이 공통지식이 아니라면 적어도 일부의 경기자는 게임의 구조를 모르고 있거나 상대가 게임의 구조를 알고 있는지 확신할 수 없기 때문에 각 경기자가 합리적 선택을 한다는 논리적 근거를 상실하게 된다. 또, 각 경기자는 합리적이라고 하는 것도 공통지식이다. 이러한 가정이 성립되지 않으면 게임이론 자체의 근본이 보장되지 않기 때문에 더 이상 게임을 진행하기 어려워진다.

1.8 게임의 규칙

규칙(Rule)은 게임의 주체가 되는 경기자 혹은 팀의 구성을 규정하며 경기자들이 어떤 순서로 게임을 할 것인지를 정하는 것을 말한다. 규칙에 따라 경기자들이 해도 좋은 행동과 해서는 안되는 행동을 규정한다. 이에 따라 규칙에 어긋난 행동을 했을 때는 사전 결정된 벌칙을 받는다.

1.9 효용과 위험성향

효용(Utility)이란 선호하는 정도를 수치로 표현한 것이다. 선호의 정도를 함수로 표현한 것을 효용함수라 한다. 효용이론에서 가장 중요한 것은 의사결정자의 위험성향을 정확히 파악하는 효용함수를 찾는 것이다. 그림 1.9.1 에 보이는 것과 같이 위험성향은 위험 회피형(Risk Averse), 위험 선호형(Risk Seeking), 위험 중립형(Risk Neutral)의 세가지 형태로 나눌 수 있다. 일반적으로는 개인이나 집단은 위험을 회피하는 경향이 있으나 때에 따라서는 위험 선호형이나 위험 중립형을 취할 수도 있다.

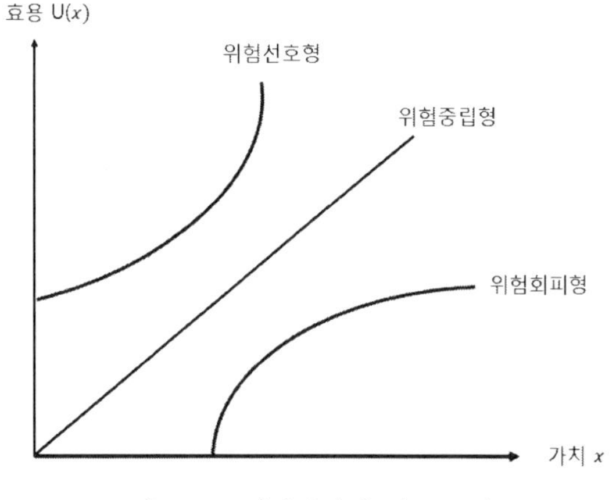

그림 1.9.1 위험성향에 따른 효용

효용함수 이론에는 두 가지 개념이 관련되어 있다. 확실등가(Certainty Equivalent)와 위험보상(Risk Preminum)의 개념이다. 확실등가는 의사결정의 수학적인 기대가치(Expected Value)와 불확실성으로 인한 위험을 비교하여 불확실성을 회피하기 위해 교환절충(Trade-off) 가능한 값으로 정의할 수 있으며 의사결정자의 위험성향을 반영하여 주관적으로 결정한다. 이 때 불확실성을 회피하기 위해 원래의 기대가치에서 확실등가만큼으로 만족하는 대신 포기한 기대가치를 위험보상이라 한다.

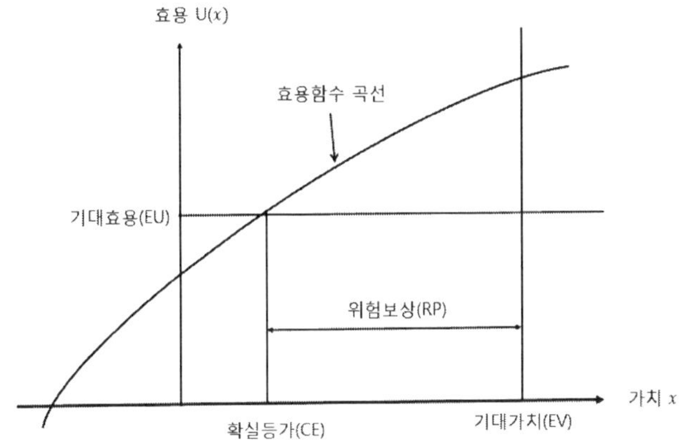

그림 1.9.2. 기대효용, 확실등가, 기대가치, 위험보상 관계

그림 1.9.2 는 효용함수에 의한 기대효용, 확실등가, 기대가치, 위험보상의 관계를 표현한 것이다. 효용함수는 위험 회피형, 위험 중립형, 위험 선호형을 지수함수 형태로 표현가능하며 식 (1.9.1)~(1.9.3)과 같다.

위험 회피형: $U(x) = \alpha - \beta e^{-\varphi x}\ (\varphi > 0)$ (1.9-1)

위험 중립형: $U(x) = \alpha + \beta x$ (1.9-2)

위험 선호형: $U(x) = \alpha + \beta e^{-\varphi x}\ (\varphi < 0s'$

여기서 α, β 는 $U(x) \in [0,1]$를 보장하는 상수이며 φ은 위험회피 계수(Risk Aversion Coefficient)이다. φ 은 위험 회피형 함수에서 증가함수이면 1,

감소함수이면 -1 이다. 이론적으로 구간에 따라 증감이나 서로 다른 위험태도가 혼재된 보다 복잡한 효용함수의 형태를 결정할 수 있다.

모수 α, β, φ를 결정하기 위해 각 속성 범주의 각 끝 값을 결정하여 식 (1.9-3), (1.9-4)와 같이 표현한다.

$$U(a) = 1,\ a \text{ 는 속성의 범주 내에서 가능한 최고점} \qquad (1.9\text{-}3)$$
$$U(b) = 0,\ b \text{ 는 속성의 범주 내에서 가능한 최저점....} \qquad (1.9\text{-}4)$$

그리고 효용의 중간값인 0.5 가 되는 속성치를 구해 이 때의 속성치를 c 라 하면 식 (1.9-5)와 같이 되며 의사결정자가 c를 a와 b의 중간값을 선택한다면 이는 위험 중립형 성향이고 중간값보다 큰 값을 선택하면 위험 선호형, 중간값보다 작은 값을 선택하면 위험 회피형 성향이다.

$$U(c) = 0.5U(a) + 0.5U(b) \qquad (1.9\text{-}5)$$

식 (1.9-3), (1.9-4), (1.9-5)이 결정된다면 독립적인 방정식이 3 개이고 미지수인 모수가 3 개이므로 모수를 구할 수 있다. 그런데 이와 같은 초월함수에 대한 방정식을 풀 때는 직접 계산하는 것보다 Computer Algebra System 을 이용하는 것이 필요하다.

제2장

완비정보 상황에서 정태적게임

2.1 양쪽 모두 우월, 열등 전략이 있는 게임

합리적으로 행동하는 경기자가 선택하리라 예상되는 전략으로는 우월전략(Dominant Strategy)이 있으며 선택하지 않을 전략으로는 열등전략(Dominated Strategy)이 있다.

경기자 2 의 모든 전략 s_2에 대해 $u_1(s, s_2) > u_1(s', s_2)$가 성립하면 경기자 1 에게 '전략 s는 전략 s'에 대해 강우월(s strictly dominates s')'고 한다. 반대로 경기자 1 에게 '전략 s' 는 s에 대해 강열등(s' strictly dominated by s)'고 한다. 만약 어떤 전략이 자신의 다른 모든 전략보다 강우월하다면 이 전략은 이 경기자에게 있어서 명백히 가장 좋은 전략이다.

경기자 1 의 전략 s^*가 자신의 다른 모든 전략에 대해 강우월하면 전략 s^*를 경기자 1 의 강우월전략(Dominant Strategy)이라고 한다. 즉, 모든 $s_2 \in S_2$와 $s_1 \neq s^*$인 모든 $s_1 \in S_1$에 대해 $u_1(s^*, s_2) > u_1(s_1, s_2)$가 성립하면 s^*는 경기자 1 에게 강우월전략이다.

경기자 i가 선택할 수 있는 전략 중 '다른 경기자의 결정에 비추어' 가장 큰 보수를 주는 전략을 최선반응이라고 한다. 강우월전략은 최선반응의 부분 집합이다.

경기자 2 의 모든 전략 s_2에 대해 $u_1(s, s_2) \geq u_1(s', s_2)$가 성립하고 경기자 2 의 어떤 전략 s' 에 대하여 $u_1(s, s_2') > u_1(s', s_2')$이 성립하면, '전략 s 는 전략 s' 에 대하여 약우월하다(s weekly dominates s')'고 한다. 반대로 '전략 s' 은 전략 s에 대해 약열등하다(s' is weekly dominated by s)'고 정의한다. 경기자 1 의 전략 s^*가 자신의 다른 모든 전략에 대해 약우월하면 전략 s^*를 경기자 1 의 약우월전략(Weekly Dominant Strategy)이라고 한다.

표 2.1.1 과 같이 경기자 1 과 경기자 2 가 게임을 하는 상황을 생각해 보자. 경기자 1 과 2 는 각각 전략 X 와 Y 를 선택할 수 있고 보수행렬은 표 2.1.1 에서 보는 것과 같다.

표 2.1.1 양쪽 모두 우월, 열등 전략이 있는 게임의 보수행렬

		경기자 2	
		X	Y
경기자 1	X	**(35, 35)***	(70, 30)
	Y	(30, 70)	(15, 15)

게임을 풀기 위해서는 먼저 우월 전략이 존재하는지를 살펴보는 것이 중요하다. 이렇게 하기 위해서는 각 경기자의 입장에서 생각한다. 각 경기자의 입장에서 그 경기자 이외의 모든 행동을 머릿속으로 시뮬레이션하고 각 행동에 따라 좋은 전략을 찾는다. 우월 전략은 상대의 전략에 상관없이 자신이 우위가 되는 전략이다.

먼저 경기자 1 의 입장에서 생각해 본다. 경기자 2 가 X 를 선택하면 경기자 1은 X를 선택하는 것이 35의 보수를 얻으므로 Y를 선택하여 30의 보수를 받는 것 보다 좋다. 만약 경기자 2 가 Y 를 선택하면 경기자 1 은 X 를 선택하여 70 을 얻을 수 있으므로 Y 를 선택하여 15 를 얻는 것보다 더 좋다. 따라서 경기자 2 가 X 를 선택하거나 Y 를 선택하는 것과 무관하게 경기자 1 은 X 를 선택하는 것이 강우월전략이다.

다음으로 먼저 경기자 2 의 입장에서 생각해 본다. 경기자 1 이 X 를 선택하면 경기자 2 는 X 를 선택하는 것이 35 의 보수를 얻으므로 Y 를 선택하여 30 의 보수를 받는 것 보다 좋다. 만약 경기자 1 이 Y 를 선택하면 경기자 2 는 X 를 선택하여 70 을 얻을 수 있으므로 Y 를 선택하여 15 를 얻는 것보다 더 좋다. 따라서 경기자 1 이 X 를 선택하거나 Y 를 선택하는 것과 무관하게 경기자 2 는 X를 선택하는 것이 강우월전략이다.

그러므로 이 게임 상황에서는 경기자 1 과 경기자 2 가 X 를 선택하는 (X, X)가 게임의 해가 된다.

2.2 한쪽만 우월, 열등 전략이 있는 게임

표 2.2.1 과 같이 경기자 1 과 경기자 2 가 게임을 하는 상황을 생각해 보자. 경기자 1 과 2 는 각각 전략 X 와 Y 를 선택할 수 있고 보수행렬은 표 2.2.1 에서 보는 것과 같다.

표 2.2.1 한쪽만 우월, 열등 전략이 있는 게임의 보수행렬 (I)

		경기자 2	
		X	Y
경기자 1	X	(0, 0)	**(30, 10)***
	Y	(-10, 50)	(-10, 40)

먼저 경기자 1 의 입장에서 생각해 본다. 경기자 2 가 X 를 선택하면 경기자 1은 X를 선택하는 것이 0의 보수를 얻으므로 Y를 선택하여 -10의 보수를 받는 것 보다 좋다. 만약 경기자 2 가 Y 를 선택하면 경기자 1 은 X 를 선택하여 30 을 얻을 수 있으므로 Y 를 선택하여 -10 을 얻는 것보다 더 좋다. 따라서 경기자 2 가 X 를 선택하거나 Y 를 선택하는 것과 무관하게 경기자 1 은 X 를 선택하는 것이 강우월전략이다.

다음으로 먼저 경기자 2 의 입장에서 생각해 본다. 경기자 1 이 X 를 선택하면 경기자 2 는 Y 를 선택하는 것이 10 의 보수를 얻으므로 X 를 선택하여 0 의 보수를 받는 것 보다 좋다. 만약 경기자 1 이 Y 를 선택하면 경기자 2 는 X 를 선택하여 50 을 얻을 수 있으므로 Y 를 선택하여 40 을 얻는 것보다 더 좋다. 경기자 2 는 경기자 1 의 선택에 따라 자신이 선택해야 할 전략이 달라진다. 그러나 **경기자 1은 X를 선택할 것이 분명하므로 경기자 2는 Y를 선택하게 된다.**

그러므로 이 게임 상황에서는 경기자 1 은 X 를 경기자 2 가 Y 를 선택하는 (X, Y)가 게임의 해가 된다. 같은 내용의 예로 표 2.2.2 와 같은 게임 상황을 생각해 보자. 이 게임 상황에서도 일부 경기자만 우월전략이나 열등전략이 있는 경우이다.

표 2.2.2 한쪽만 우월, 열등 전략이 있는 게임의 보수행렬 (II)

		경기자 2		
		A	B	C
경기자 1	X	(3, 1)	**(2, 2)***	(4, 1)
	Y	(2, 2)	(1, 1)	(3, 0)
	Z	(1, 2)	(0, 0)	(1, 3)

이 게임에서 경기자 1 은 경기자 2 가 무엇을 선택하든 X 를 선택하는 것이 가장 좋다. 따라서 X 가 강우월전략이다. 그러나 경기자 2 는 강우월전략이 없다. 경기자 1의 선택에 따라 경기자 2의 선택은 달라질 수밖에 없다. 경기자 1이 X, Y, Z 를 선택할 경우 경기자 2 의 최선의 선택은 각각 B, A, C 가 되어 하나로 결정되지 않는다.

경기자의 합리성을 우리는 가정하고 게임을 풀고 있으므로 경기자 2 의 입장에서 생각해 보면 **경기자 1 은 당연히 전략 X 를 선택할 것이라 생각할 수 있다**. 그러므로 경기자 2는 이러한 합리성을 기초로 전략 B를 선택할 것이다.

2.3 강열등 전략의 반복적 제거

표 2.3.1 과 같은 게임 상황을 생각해 보자. 이 게임에서는 어느 경기자도 우월전략을 가지고 있지 않는다.

표 2.3.1 어느 경기자도 우월전략을 가지지 않은 게임의 보수행렬

		경기자 2			
		E	F	G	H
경기자 1	A	(3, 2)	(4, 1)	(2, 3)	(0, 4)
	B	(4, 4)	(2, 5)	(0, 2)	(1, 4)
	C	(1, 3)	(3, 1)	(3, 1)	(4, 2)
	D	(5, 1)	(3, 1)	(2, 3)	(2, 4)

그러나 경기자 1 의 전략 중 B 는 D 에 대해 강열등 전략이므로 경기자 1 은 결코 B 를 선택하지 않을 것이다. 그러므로 경기자 1 은 전략 B 를 제거해도 전략집합은 동일한 의미를 가진다.

표 2.3.2 강열등 전략의 제거 (I)

		경기자 2			
		E	F	G	H
경기자 1	A	(3, 2)	(4, 1)	(2, 3)	(0, 4)
	~~B~~	~~(4, 4)~~	~~(2, 5)~~	~~(0, 2)~~	~~(1, 4)~~
	C	(1, 3)	(3, 1)	(3, 1)	(4, 2)
	D	(5, 1)	(3, 1)	(2, 3)	(2, 4)

경기자 2 의 전략을 살펴보면 전략 G 는 전략 H 에 대해 강열등 전략이다. 따라서 경기자 2 도 전략 G 는 선택하지 않을 것이다. 그러므로 경기자 2 의 전략 2 도 제거 가능하다.

표 2.3.3 강열등 전략의 제거 (II)

		경기자 2			
		E	F	~~G~~	H
경기자 1	A	(3, 2)	(4, 1)	~~(2, 3)~~	(0, 4)
	~~B~~	~~(4, 4)~~	~~(2, 5)~~	~~(0, 2)~~	~~(1, 4)~~
	C	(1, 3)	(3, 1)	~~(3, 1)~~	(4, 2)
	D	(5, 1)	(3, 1)	~~(2, 3)~~	(2, 4)

전략 B 와 전략 G 가 제거된 축소된 보수행렬을 보면 전력 F 는 전략 H 에 대해 강열등 전략임을 알 수 있다. 그러므로 경기자 2 의 전략 F 도 제거 가능하다.

표 2.3.4 강열등 전략의 제거 (III)

		경기자 2			
		E	~~F~~	~~G~~	H
경기자 1	A	(3, 2)	~~(4, 1)~~	~~(2, 3)~~	(0, 4)
	~~B~~	~~(4, 4)~~	~~(2, 5)~~	~~(0, 2)~~	~~(1, 4)~~
	C	(1, 3)	~~(3, 1)~~	~~(3, 1)~~	(4, 2)
	D	(5, 1)	~~(3, 1)~~	~~(2, 3)~~	(2, 4)

다시 축소된 보수행렬을 보면 경기자 1 의 전략 A 는 전략 D 에 대해 강열등 전략임을 알 수 있다. 따라서 경기자 1 의 전략 A 를 제거 가능하다.

표 2.3.5 강열등 전략의 제거 (IV)

		경기자 2			
		E	~~F~~	~~G~~	H
경기자 1	~~A~~	~~(3, 2)~~	~~(4, 1)~~	~~(2, 3)~~	~~(0, 4)~~
	~~B~~	~~(4, 4)~~	~~(2, 5)~~	~~(0, 2)~~	~~(1, 4)~~
	C	(1, 3)	~~(3, 1)~~	~~(3, 1)~~	(4, 2)
	D	(5, 1)	~~(3, 1)~~	~~(2, 3)~~	(2, 4)

다음으로 축소된 보수행렬에서 강열등 전략이 존재하는가를 살펴보면 더 이상 강열등 전략이 없다는 것을 알 수 있으므로 4×4 보수행렬이 최종적으로 2×2 보수행렬로 축소되었다. 이와 같이 경기자의 합리성을 전제로 한 강열등 전략을 제거하고 게임을 단순화하는 방법을 '강열등 전략의 반복적 제거 (Iterated Deletion of Strictly Dominated Strategies, IDSDS)'라고 한다.

2.4 합리화가 불가능한 전략의 제거

표 2.4.1 의 게임 상황을 보면 경기자 1 과 경기자 2 는 강열등 전략이 존재하지 않는다. 따라서 IDSDS 에 의해 전략을 제거할 수가 없다.

표 2.4.1 강열등 전략이 존재하지 않는 보수행렬

		경기자 2	
		A	B
경기자 1	X	(4, 4)	(3, 3)
	Y	(6, 3)	(2, 5)
	Z	(3, 2)	(6, 4)

그러나 경기자 1 의 전략 X 를 선택하는 것을 합리화할 수 있는지 살펴보면 새로운 결과를 얻을 수 있다. 경기자 1 입장에서 경기자 2 가 A 를 선택한다고 하면 경기자 1 의 최적대응은 Y 이다. 그리고 경기자 2 가 B 를 선택한다고 가정하면 경기자 1 의 최적대응은 전략 Z 이다. 따라서, 어떤 경우에도 경기자 1 은 전략 X 를 선택하지 않을 것이다. 경기자 1 의 전략 X 는 강열등 전략은

아니지만 절대 선택될 수 없는 합리화가 불가능한 전략이다. 여기서 최적대응이라 함은 주어진 상대방의 전략에 대해 최적인 나의 전략을 말한다.

표 2.4.2 합리화가 불가능한 전략 X의 제거

		경기자 2	
		A	B
경기자 1	~~X~~	~~(4, 4)~~	~~(3, 3)~~
	Y	(6, 3)	(2, 5)
	Z	(3, 2)	(6, 4)

경기자 1 의 전략 Y 를 생각해 보면 경기자 2 가 A 를 선택하면 전략 Y 는 최적대응이다. 그러나 경기자 2 가 A 를 선택할 것인가를 확인해 보아야 한다. 보수행렬을 보면 경기자 2 는 경기자 1 이 X 를 선택할 때만 A 를 선택하는 것이 합리적이다. 그런데 위에서 경기자 1 은 전략 X 를 선택하지 않을 것임을 알기에 경기자 2가 전략 A를 선택하는 것도 합리화가 불가능하다. 그러므로 경기자 1이 전략 Y를 선택하는 것도 합리화가 불가능하다.

표 2.4.3 합리화가 불가능한 전략Y의 제거

		경기자 2	
		A	B
경기자 1	~~X~~	~~(4, 4)~~	~~(3, 3)~~
	~~Y~~	~~(6, 3)~~	~~(2, 5)~~
	Z	(3, 2)	(6, 4)

경기자1의 전략 Z는 합리화가 가능한 것인지 알아본다. 경기자 2가 전략 B를 선택할 것이라고 믿으면 경기자 1 은 전략 Z 를 선택하는 것이 최적대응이다. 그런데 경기자 2 가 전략 B 를 선택할 것이라는 경기자 1 의 믿음은 합리화가 가능한가? 경기자 2는 경기자 1이 Y 또는 Z를 선택할 경우 전략 B를 선택하는 것이 최적이다. 그런데 경기자 1 이 Y 를 선택하는 것은 위에서 본 것처럼 합리화가 될 수 없으므로 제외된다.

또한, 경기자 1 이 전략 Z 를 선택할 것이라는 경기자 2 의 믿음은 합리화가 가능한지 알아본다. 이미 본 것처럼 경기자 2 가 전략 B 를 선택할 것이라고 경기자 1 이 믿으면 전략 Z 를 선택하는 것이 최적이다. 이 같은 합리화 고리가 경기자 1 의 Z 와 경기자 2 의 B 사이에서 무한히 반복된다. 따라서 전략 Z 는 합리화가 가능하다.

동일한 방법으로 하면 경기자 2 에게는 A 와 B 중 B 만이 합리화가 가능하다. 경기자 2 가 A 를 선택하는 것이 최적이려면 경기자 1 이 X 를 선택한다고 믿어야 하는데, 경기자 1 이 X 를 선택하는 것은 앞에서 본 것처럼 합리화가 불가능하다. 반면 경기자 2 가 B 를 선택하는 것은 경기자 1 이 Y 또는 Z 를 선택할 것이라는 믿음하에 최적이 되는데, 그 중 경기자 1 이 Z 를 선택한느 것은 앞에서 본 것처럼 합리화가 가능하다.

이와 같은 분석을 합리화 가능성(Rationizability)에 근거를 둔 분석이라고 한다. 합리화 가능성에 근거를 둔 분석을 설명하기 위해 경기자가 1, 2 둘만 있다고 가정한다. 이때 경기자 1 의 전략 a_1이 합리화 가능하려면 다음과 같은 조건을 만족해야 한다.

1. 경기자 1에게 전략 a_1이 최적이 되게 하는 경기자 2의 전략 b_1이 존재한다.
2. 경기자 2에게 전략 b_1이 최적이 되게 하는 경기자 1의 전략 a_2가 존재한다.
3. 경기자 1에게 전략 a_2가 최적이 되게 하는 경기자 2의 전략 b_2가 존재한다.
4. 경기자 2에게 전략 b_2가 최적이 되게 하는 경기자 1의 전략 a_3가 존재한다.
5. ...(이하 무한히 진행)...

제3장

순수전략 하에서 Nash 균형

3.1 Nash 균형의 의미

2 장에서 살펴본 강우월전략에 의한 게임의 해를 구하거나 강열등 전략의 반복적 제거에 의해 게임의 해를 구하였다. 그리고 앞의 2 가지가 적용되지 않은 경우 합리화가 가능한 전략을 구하여 게임의 해를 구하기도 하였다.

그러나 이러한 방법은 게임 상황이 특수한 경우에 제한되어 일반적으로 사용될 수 없다. 따라서 일반적인 상황에서도 적용할 수 있는 균형개념(Equilibrium Concept)이 필요하다.

균형이라 함은 외부적인 요인이 없을 때 어떤 상태를 계속 유지하는 것을 말한다. 2 인 게임을 예로 들면 게임 상황에서 각자가 어떤 전략을 선택했을 때 상대방이 전략변경을 하지 않는 한 계속 그 상태를 유지하는 것을 균형이라 한다. 즉, 경기자 1 이 선택한 전략에 대해 경기자 2 는 최선의 선택을 한 상태이며 경기자 2 의 선택에 대해 경기자 1 의 선택은 최선의 선택이다. 이러한 상태를 Nash 균형이라 말한다. 다시 말하면 Nash 균형은 상대가 그 Nash 균형 전략을 선택했을 때 자신은 그 전략에서 다른 전략으로 변경하여도 보수가 나아지지 않는 전략의 조합을 의미한다.

표 3.1.1 의 게임 상황을 보면 경기자 2 가 Y 를 선택하면 경기자 1 은 A 를 선택하는 것이 최선의 반응이며 경기자 1 이 A 를 선택한다면 경기자 2 는 Y 를 선택하는 것이 최선의 선택이다. 따라서 전략조합 (A, Y)는 하나의 Nash 균형이 된다. 경기자 2 가 Y 를 그대로 유지한다면 경기자 1 이 A 를 포기하고 B 로 이동을 하는 것은 보수가 60 에서 20 으로 40 이 감소하므로 좋은 선택이 아니다. 마찬가지로 경기자 1 이 A 를 유지하는 환경에서 경기자 2 가 Y 를 포기하고 X 로 이동한다면 40 의 보수에서 30 의 보수로 10 의 보수가 감소하여 좋은 선택이 아니다. 즉, 외부의 변화가 없다면 그대로 유지하는 균형이 이루어 진다.

표 3.1.1 게임 상황 (I)

		경기자 2	
		X	Y
경기자 1	A	(30, 30)	(60, 40)*
	B	(40, 60)	(20, 20)

여기서 중요한 것은 Nash 균형이 한 개 이상 존재할 수 있다는 것이다. 표 3.1.2 의 게임 상황은 표 3.1.1 의 게임 상황과 동일한 것이다. 경기자 1 이 B 를 선택하고 경기자 2 가 X 를 선택하는 전략조합 (B, X)도 Nash 균형이다. 경기자 2가 X를 선택하면 경기자 1은 B를 선택하는 것이 최선의 반응이며 경기자 1이 B를 선택한다면 경기자 2는 X를 선택하는 것이 최선의 선택이다.

표 3.1.2 게임 상황 (II)

		경기자 2	
		X	Y
경기자 1	A	(30, 30)	**(60, 40)** *
	B	**(40, 60)** *	(20, 20)

Nash 균형은 John Nash 가 동시게임의 해로 제시한 것으로 그의 이름을 따서 지었다. Nash 는 해를 제시했을 뿐만 아니라 확률을 이용한 전략인 혼합전략 개념을 사용했으며 게임 경기자와 전략의 개수에 관계없이 모든 비협조 게임에는 한 개 이상의 Nash 균형이 반드시 존재한다는 것을 수학적으로 증명하였다. 이 결과로 Nash는 1994 년에 노벨 경제학상을 수상하였다.

그러나 Nash 균형은 다수 존재하는 경우가 많은데 그 중 어느 균형이 실제로 일어날 지에 대해 아무 설명을 할 수가 없다. 그리고 Nash 균형 중 현실의 상식에 맞지 않는 것들도 있다. 그래서 이 점을 개선하고자 많은 균형들이 만들어 지고 있다.

3.2 Nash 균형의 정의

2 인 게임에서 전략명세 (s_1^*, s_2^*)가 다음 조건을 만족하면 (s_1^*, s_2^*) 는 Nash 균형이다.

- 모든 $s_1 \in S_1$에 대해 $u_1(s_1^*, s_2^*) \geq u_1(s_1, s_2^*)$가 성립
- 모든 $s_2 \in S_2$에 대해 $u_2(s_1^*, s_2^*) \geq u_2(s_1^*, s_2)$가 성립

경기자가 n 명일 때도 Nash 균형은 동일하게 적용된다. s_{-i} 를 전략명세 $(s_1, s_2, \ldots, s_n)$에서 s_i만을 뺀 것이라 정의하자. 즉, $s_{-i} = (s_1, .., s_{i-1}, s_{i+1}, \ldots, s_n)$이다. 모든 경기자 i에 대해 다음 조건이 만족되면 전략명세 $(s_1^*, s_2^*, \ldots, s_n^*)$는 Nash 균형이다.

- 모든 $s_i \in S_i$에 대해 $u_i(s_i^*, s_{-i}^*) \geq u_i(s_i, s_{-i}^*)$

다시 말하면 경기자 i를 제외한 다른 경기자들이 s_{-i}^*를 유지할 때 경기자 i가 s_i^*로부터 이탈할 유인이 없으며 이것이 몇몇 경기자가 아닌 모든 경기자 i에 대해 성립한다.

3.3 Nash 균형을 구하는 방법

3.3.1 Nash 균형의 정의에 의한 방법

Nash 균형에서 주목할 점은 각 경기자가 게임에서 선택하는 최선의 전략은 경기자가 독립적으로 결정할 수 있는 것이 아니라 다른 경기자가 선택하는 전략과 자신이 선택한 전략의 조합에 의해 결정된다. 의사결정의 상호 의존 관계를 분석하는 게임이론의 특징을 잘 나타낸 것이라 할 수 있다.

Nash 균형은 서로 상대방의 전략을 완전히 분석한 끝에 찾아낸 게임의 결과다. 만약 게임의 결과가 Nash 균형이 아니라면 그 결과를 정확히 읽은 경기자는 자신의 전략을 한 번 더 다른 전략으로 변경함으로써 자신의 보수를 높일 수 있다. 서로 상대를 분석한 경기자에게 Nash 균형 이외의 게임의 해는 생각할 수 없다.

Nash 균형을 찾는 기본 가정사항은 경기자들이 자신의 보수를 극대화하려는 최적화를 추구한다는 것과 합리적 기대에 있다. 모든 경기자들은 상대방의 전략에 대해 자신의 전략을 최적화하여 기대보수를 높이려는 데 목적을 가지고 게임에 임한다는 것을 염두에 두고 Nash 균형을 찾아야 한다.

제 2 장에서 설명한 양쪽 모두 우월 전략을 가진 게임의 해나 한쪽만 우월 전략을 가진 게임의 해, 강열등 전략의 반복적 제거에 의한 게임의 해, 합리화가 불가능한 전략의 제거에 의한 게임의 해 모두 Nash 균형이다.

3.3.2 최적대응을 이용한 방법

최적대응은 상대방의 전략에 대해 나의 보수를 극대화하는 전략을 말한다. 그러므로 2 인 게임에서 최적대응은 다음과 같이 정의할 수 있다.

주어진 경기자 2 의 전략 s_2 에 대한 경기자 1 의 최적대응 $BR_1(s_2)$ 는 $u_1(s_1, s_2)$를 극대화하는 경기자 1 의 전략 s_1을 의미한다. 다시 말하면 $BR_1(s_2) \in S_1$은 다음을 만족한다.

- 모든 $s_1 \in S_1$에 대해 $u_1(BR_1(s_2), s_2) \geq u_1(s_1, s_2)$

경기자가 n 명인 경우에도 동일하게 정의할 수 있다. $s_{-i} = (s_1, .., s_{i-1}, s_{i+1}, ..., s_n)$ 로 정의하면 주어진 s_{-i} 에 대한 경기자 i 의 최적대응 $BR_i(s_{-i})$는 경기자 i의 보수 $u_i(s_i, s_{-i})$를 극대화하는 전략 s_i를 말한다. 따라서, (s_1^*, s_2^*)가 Nash 균형이면 $s_1^* \in BR_1(s_2^*)$이고 $s_2^* \in BR_2(s_1^*)$이 된다.

표 3.3.1 의 게임 상황을 가지고 최적대응 방법으로 게임의 균형을 찾아보면 다음과 같다. 경기자 2 가 전략 X 를 선택한다면 경기자 1 의 최적대응은 A 를 선택하는 것이다.

표 3.3.1 최적대응법을 적용한 게임 상황 (I)

		경기자 2	
		X	Y
경기자 1	A	(1, 1)	(4, 0)
	B	(0, 4)	(3, 3)

그러면 이를 표시하기 위해 표 3.3.2 와 같이 해당되는 보수에 밑줄을 긋고 진하게 표시한다.

표 3.3.2 최적대응법을 적용한 게임 상황 (II)

		경기자 2	
		X	Y
경기자 1	A	($\underline{1}$, 1)	(4, 0)
	B	(0, 4)	(3, 3)

또, 경기자 2 의 전략이 Y 라면 이에 대한 경기자 1 의 최적대응은 A 이다. 그러면 이를 표시하기 위해 표 3.3.3 과 같이 해당되는 보수에 밑줄을 긋고 진하게 표시한다.

표 3.3.3 최적대응법을 적용한 게임 상황 (III)

		경기자 2	
		X	Y
경기자 1	A	($\underline{1}$, 1)	($\underline{4}$, 0)
	B	(0, 4)	(3, 3)

다음으로 경기자 1 의 전략이 A 라면 경기자 2 의 최적대응은 X 가 된다. 이에 표 3.3.4 와 같이 해당하는 보수에 보수에 밑줄을 긋고 진하게 표시한다.

표 3.3.4 최적대응법을 적용한 게임 상황 (IV)

		경기자 2	
		X	Y
경기자 1	A	($\underline{1}$, $\underline{1}$)	($\underline{4}$, 0)
	B	(0, 4)	(3, 3)

다음으로 경기자 1 의 전략이 B 라면 경기자 2 의 최적대응은 X 가 된다. 이에 표 3.3.5 와 같이 해당하는 보수에 보수에 밑줄을 긋고 진하게 표시한다.

표 3.3.5 최적대응법을 적용한 게임 상황 (V)

		경기자 2	
		X	Y
경기자 1	A	($\underline{1}$, $\underline{1}$)*	($\underline{4}$, 0)
	B	(0, $\underline{4}$)	(3, 3)

Nash 균형은 표 3.3.5 에서 보이는 것과 같이 각 전략이 상대방의 전략에 대해 서로 동시에 최적대응인 상황으로 (A, X)가 된다.

3.3.3 Nash 균형과 IDSDS

2.3 절에서 설명한 IDSDS 의 게임 상황으로 Nash 균형과 IDSDS 관계를 설명한다. 표 3.3.6 과 같은 게임 상황을 생각해 보자.

표 3.3.6 IDSDS 가 가능한 게임 상황

		경기자 2			
		E	F	G	H
경기자 1	A	(3, 2)	(4, 1)	(2, 3)	(0, 4)
	B	(4, 4)	(2, 5)	(0, 2)	(1, 4)
	C	(1, 3)	(3, 1)	(3, 1)	(4, 2)
	D	(5, 1)	(3, 1)	(2, 3)	(2, 4)

이 게임 상황을 IDSDS 로 강열등 전략을 소거해 나가면 표 3.3.7 과 같이 보수행렬이 축소된다. 4 개의 전략명세 (C, E), (C, H), (D, E), (D, H) 어느 것도 Nash 균형이 아니다. 즉, **IDSDS 에 의해 제거되지 않은 전략명세가 항상 Nash 균형은 아니라는 것을 알 수 있다**.

표 3.3.7 IDSDS 로 축소된 보수행렬

		경기자 2	
		E	H
경기자 1	C	(1, 3)	(4, 2)
	D	(5, 1)	(2, 4)

그러나 만약 Nash 균형이 있다면 IDSDS 에 의해 제거되지 않고 살아 남을 수 있는가는 다른 문제이다. (s_1, s_2)가 Nash 균형이라면 정의에 의해 s_1이 s_2에 대해 최적대응이고 s_2에 대해 s_1이 최적대응이라는 것을 의미한다. 어떤 전략이 상대의 전략에 대해 최적대응이면 그 전략은 강열등 전략이 될 수 없다. 따라서 **Nash 균형은 IDSDS 에 의해 제거될 수 없다**.

3.3.4 균형의 정련

게임에서 Nash 균형이 다수 존재하는 경우 어떤 균형을 선택하느냐 하는 것은 중요한 선택이다. 이와 같이 어떤 기준을 정해 더 설득력 있는 Nash 균형을 찾는 것을 균형의 정련(Equilibrium Refinement)이라고 한다. 먼저 초점(Focal Point)은 엄밀하게 정의하기는 어려우나 의사소통이 통제된 전략적 상황에서 전통이나 상식 등으로 자연스럽게 수렴되는 것을 말한다. 두 사람의 여행객이 각자 다른 도시에서 어느 도시에 여행을 갔는데 어느 시점에 만나기로 했지만 장소를 정하지 않은 경우를 생각해 보자. 공교롭게도 다 휴대전화를 분실하여 연락할 길이 없는 경우 미리 약속한 시간에 어디에서 만나는 것이 서로 만날 수 있는 가능성이 높을까? 아마 그 도시의 랜드마크가 있는 장소가 가장 서로 만날 가능성이 높을 것이다. 이러한 것은 전통이나 상식이 지배하는 경우일 것이다.

표 3.3.8 과 같은 게임 상황을 생각해 보자. 이 게임에는 2 개의 Nash 균형이 있는데 (A, A)와 (B, B)이다. 당연히 (B, B)가 더 높은 보수를 두 경기자에게 주므로 (A, A)보다 더 나은 Nash 균형이다. 이 게임의 (B, B)와 같이 **한 Nash 균형이 다른 모든 Nash 균형보다 Pareto 우월하다면 이 균형이 보수우월(Payoff Dominance)의 성질을 가진다**고 말한다. 보수우월 균형이 있을 때 사람들은 자연스럽게 그 균형으로 수렴하는 경향을 보일 것이다. 이렇게 되려면 그 게임이 벌어지는 집단의 전통과 상식에 기반하여 그 상황을 둘러 싼 맥락을 이해해야 한다.

표 3.3.8 2 개의 Nash 균형이 존재하는 게임

		경기자 2	
		A	B
경기자 1	A	**(1, 1)***	(0, 0)
	B	(0, 0)	**(3, 3)***

또 다른 예로 표 3.3.9 와 같은 게임 상황을 생각해 보자. 이 게임에서 Nash 균형은 (A, A), (B, B), (C, C), (D, D)이다. 이 Nash 균형 중 실제로 어떤 균형이 이루어질 지는 이론적 해답은 제시할 수 없다. 실제 게임 경기자들의 행동은

훨씬 더 조직적이고 직관적으로 예측가능하다. 임의의 두 피실험자로 하여금 이 공조게임에 참여하도록 한 실험결과에 의하면 거의 예외 없이 (A, A) 균형이 나타났다. 이처럼 **이론적으로 실현가능한 여러 개의 균형 가운데 직관적으로나 현실적으로 가장 실현성이 높은 균형을 초점이라 부른다.**

표 3.3.9 초점을 확인하기 위한 실험용 게임

		경기자 2			
		A	B	C	D
경기자 1	A	**(1, 1)***	(0, 0)	(0, 0)	(0, 0)
	B	(0, 0)	**(1, 1)***	(0, 0)	(0, 0)
	C	(0, 0)	(0, 0)	**(1, 1)***	(0, 0)
	D	(0, 0)	(0, 0)	(0, 0)	**(1, 1)***

다음으로 비열등전략 Nash 균형을 더 선호하는 경향을 표 3.3.10 의 게임 상황으로 살펴보자. 최적대응법으로 Nash 균형을 찾아보면 (A, A), (B, B) 2 개가 있음을 알 수 있다. 표 3.3.10 의 보수행렬을 보면 두 경기자 모두에게 A 는 약열등전략이다. 게임이론에서 약열등전략을 사용하는 것은 반드시 비합리적이라고 말할 수 없다. 경기자 2 가 A 를 선택하는 경우 경기자 1 에게는 A 와 B 가 모두 최적대응이므로 A 를 선택하는 것은 비합리적인 선택이 아니다.

그러나 전략 A 와 B 를 비교해 보면 A 가 아닌 B 를 선택하는 것이 상대방의 선택에 관계없이 이득이 되면 이득이 되었지 절대 손해가 되지는 않는다. 따라서 어떤 경기자가 합리적일뿐만 아니라 위험부담을 지기 싫어 한다면 A 보다는 B 를 선택하는 것이 더 좋은 선택이 될 것이다. 결론적으로 약열등전략을 사용하는 (A, A)보다 (B, B)가 현실적으로 더 일어날 가능성이 높은 균형이다.

표 3.3.10 비열등전략 Nash 균형을 더 선호하는 게임 상황

		경기자 2	
		A	B
경기자 1	A	**(2, 2)***	(0, 2)
	B	(2, 3)	**(1, 4)***

3.4 Nash 균형의 예

3.4.1 죄수의 딜레마 게임

죄수의 딜레마(Prisoner's Dilemma) 게임은 가장 많이 언급되는 게임 중 하나이다. 경찰에 잡힌 두명의 죄수는 다음과 같은 딜레마에 빠진다.

- 한명만 자백하면 그는 무죄이고 부인한 사람은 10년형을 받는다.
- 두명 모두 자백하지 않고 부인하면 각각 1년형을 받는다.
- 두명 모두 자백하면 증거가 확실함으로 각각 5년형을 받는다.

위와 같은 게임 상황을 표현하면 표 3.4.1 과 같다.

표 3.4.1 죄수의 딜레마 게임

		죄수 2	
		자백	부인
죄수 1	자백	(5 년형, 5 년형)	(무죄, 10 년형)
	부인	(10 년형, 무죄)	(1 년형, 1 년형)

보수행렬 개념으로 다시 표현하면 표 3.4.2 와 같다.

표 3.4.2 죄수의 딜레마 게임의 보수행렬 표현

		죄수 2	
		자백	부인
죄수 1	자백	**(5, 5)***	(10, 0)
	부인	(0, 10)	(7, 7)

표 3.4.2 의 보수행렬에서 보수는 이득의 개념이어야 하므로 무죄는 10 으로, 10 년형은 0 으로 표현하였고 5 년형은 5 로 1 년형은 7 로 표현하였다. 보수로 변환시 절대적 크기는 크게 중요하지 않고 상대적 크기가 중요하다. 1 년형을 8 로 표현하여도 5 보다 크고 10 보다 작으므로 게임의 결과에는 영향을 미치지 않는다.

경기자가 2 명이고 각 경기자의 전략이 2 개이므로 가능한 전략명세는 총 4 개이다. 이 4 개를 Nash 균형의 개념에 입각하여 하나씩 검토해 본다. 먼저 (부인, 부인)은 Nash 균형이 아니다. 죄수 2 가 부인을 유지한 상태라 하더라도 죄수 1 이 자백을 하게 되면 보수가 7 에서 10 으로 증가하기 때문이다. 따라서 이탈 요인이 존재한다. 마찬가지로 죄수 1 이 부인을 유지해도 죄수 2 가 자백으로 변경하면 7 의 보수가 10 으로 증가하기 때문에 이탈 요인이 존재한다.

다음으로 (자백, 부인)을 검토해 본다. 죄수 1 이 자백을 유지해도 죄수 2 가 부인에서 자백으로 전략을 변경하면 0 의 보수에서 5 의 보수로 증가하기 때문에 이탈 요인이 존재한다. 따라서, (자백, 부인)은 Nash 균형이 아니다.

다음으로 (부인, 자백)을 검토해 보면 죄수 2 가 자백을 유지해도 죄수 1 이 부인에서 자백으로 전략을 변경하면 0 의 보수에서 5 의 보수로 보수가 증가하기 때문에 이탈 요인이 존재한다. 따라서, (부인, 자백)은 Nash 균형이 아니다.

마지막으로 (자백, 자백)을 보면 상대방이 그 전략을 계속 유지하면 자신이 이탈하여 다른 전략으로 이동하더라도 보수가 증가하지 않는다. 따라서 (자백, 자백)이 Nash 균형이다.

문제는 둘 다 부인하면 둘 다 자백하는 것보다 더 좋은 보수를 얻을 수 있는데도 그런 전략을 선택하지 못하고 더 좋지 않은 선택을 하는 것이다. 이것은 최선을 선택하지 못하는 불신의 비극이라고 할 수 있다. “완벽한 의사소통과 정직성이 있는 세계에는 죄수의 딜레마는 없다. 그러나 그건 우리의 세계가 아니다.” 라고 게임이론의 실질적 창시자 Von Nuemann 은 말했다.

죄수의 딜레마 문제는 냉전시대 미국과 소련이 핵무기 감축이 최선인 줄 알면서도 핵무기 경쟁을 벌인 사례에도 적용될 수 있다.

3.4.2 성대결 게임

성대결(Battle of Sexes) 문제는 표 3.4.3 에 보이는 것과 같이 남성과 여성이 원하는 전략이 다른 상황을 표현하는 게임이다. 남성은 여가시간에 여성과 함께 야구 구경을 가고 싶어 하고 여성은 여가시간에 남성과 함께 발레 구경을 가고 싶다. 만약 둘이 다른 장소로 간다면 둘의 보수는 모두 0 이 된다. 그러나 자신이 가고 싶은 곳으로 가게 되면 2 의 보수를 얻고 상대방은 자신이 가고 싶지 않은 곳으로 가기 때문에 1 의 보수를 얻게 된다. 이 게임의 Nash 균형은 (야구, 야구), (발레, 발레) 2 개가 존재한다.

표 3.4.3 성대결 게임

		여성	
		야구	발레
남성	야구	**(2, 1)***	(0, 0)
	발레	(0, 0)	**(1, 2)***

이 문제는 서로 호환이되지 않는 소프트웨어 회사 간에 제품이 호환되도록 만드는 상황에 적용될 수 있다. 두 제품의 호환성이 달성되면 보다 많은 소비자가 이 제품을 사용할 수 있으므로 그만큼 수요가 늘어나서 두 기업 모두에게 이익이 될 수 있다. 이 같은 현상을 수요측의 규모의 경제라 불리는 네트워크 외부성(Network Externality)라고 부른다. 그러나 어느 기업쪽으로 호환성을 달성하는가는 또 다른 문제이다. 호환성을 맞추기 위해 제품을 변경시켜야 하는 기업은 생산라인, 생산공정, 작업자 재교육, 디자인 변경과 같은 행동들이 필요하기 때문에 언뜻 나서지 않는다. 다른 기업이 자사의 제품에 호환성을 맞추어 주기를 바라는 것이다. 어느 쪽으로 행동통일이 이루어지는냐 하는 것은 추가적인 정보가 필요하다.

3.4.3 사슴사냥게임

사슴사냥(Stag Hunter)게임은 2 명의 사냥꾼이 같이 사슴을 사냥하는 것이 둘 다 가장 좋은 보수를 얻고 그 다음으로 같이 산토끼 사냥을 하는 것이 두 번째 좋은 보수를 얻으며 각자 다른 목표를 사냥하면 산토끼를 사냥하는 사냥꾼만 약간의 보수를 얻으며 사슴을 쫒는 사냥꾼은 보수가 가장 좋지 않은 결과를 얻는 게임이다. 즉 사슴사냥게임은 공조게임(Coordination Game)의 특수한 예이다.

같이 협력하여 사슴을 사냥하는 것이 가장 큰 보수를 얻는 것이다. 협력하지 않으면 오히려 협력하는 것보다 좋지 않은 결과를 낳는다. 사슴사냥게임은 열등전략이 존재하지 않으므로 열등전략의 반복적 소거로 게임의 해를 구할 수 없다.

각 전략명세를 잘 살펴보면 표 3.4.4 의 보수행렬에서 보는 것과 같이 Nash 균형은 (사슴, 사슴), (산토끼, 산토끼) 2 개가 존재한다. 그러나 (사슴, 사슴)이 더 좋은 Nash 균형임에는 분명하지만 둘 다 (사슴, 사슴)으로 약속을 했지만 사냥꾼 2 가 토끼로 전략을 변경하면 사냥꾼 2 는 1 의 보수를 얻지만 사냥꾼 1 은 0 의 보수를 얻게 되므로 위험이 많은 Nash 균형이다.

이런 의미에서 (사슴, 사슴)은 위험열등(Risk Dominated) 균형, (산토끼, 산토끼)는 위험우월(Risk Dominant) 균형이라고 부른다. 이 게임이 보여주는 것은 Pareto 우월한 균형이 그에 수반되는 위험 때문에 실현되지 못할 수도 있다는 것이다. 여기서, Pareto 우월이라 함은 다음과 같다. **A 와 B 가 있는 상황에서 B 와 비교해 A 에서 모든 사람의 효용이 더 높거나 적어도 같다면, 즉 누구도 B 보다 A 에서 더 나빠지지 않고 적어도 일부는 더 좋아진다면 A 가 B 보다 Pareto 우월하다고 말한다.**

표 3.4.4 사슴사냥게임

		사냥꾼 2	
		사슴	산토끼
사냥꾼 1	사슴	**(5, 5)***	(0, 1)
	산토끼	(1, 0)	**(2, 2)***

이와 같이 2 개의 Nash 균형이 존재하고 둘 중 하나가 더 바람직할 경우, 바람직한 균형을 유도하기 위한 조정(Coordination)이 매우 중요하다. 또한 이런 상황에서 사람들의 기대(Expectation)가 매우 중요해진다. 만약 사람들이 상대가 협력할 것이라고 기대하면 '좋은' 균형이 달성되고 반대로 상대가 비협력적 태도로 취할 것이라고 기대하면 '나쁜' 균형이 초래된다. 이처럼 사람들의 기대대로 결과가 나오는 것을 자기실현적 기대(Self-fulfilling Expectation)이라고 부른다.

3.4.4 치킨게임

치킨(Chicken) 게임이란 어느 한쪽이 양보하지 않을 경우 양쪽이 모두 파국으로 치닫게 되는 극단적 게임이론을 말한다. 치킨게임에서의 치킨은 겁쟁이를 의미한다. 치킨게임은 원래 도로에서 두 운전자가 정면으로 돌진하다 충돌 직전에 핸들을 먼저 꺾는 이가 지는 자동차 게임을 말한다.

표 3.4.5 에 나와 있는 것과 같이 게임에 참가한 청년 1 과 청년 2 의 최선의 상황은 자신은 용감하게 직진을 하고 상대방은 겁을 먹고 회피를 하여 자신의 용감성을 보이는 것이다. 그러나 둘 다 직진을 해서 충돌하게 되면 파국을 피할 수 없어서 각자 최악의 보수를 받게 된다. 둘 다 회피를 하게 되면 충돌을 피할 수는 있으나 자신의 용감성을 보이는 것보다는 보수가 작다.

표 3.4.5 치킨게임

		청년 2	
		회피	직진
청년 1	회피	(0, 0)	**(-1, 1)***
	직진	**(1, -1)***	(-5, -5)

이 게임의 Nash 균형은 (직진, 회피), (회피, 직진) 이라는 것을 알 수 있다. 이 게임은 대립하는 사안에 대해 둘 다 양보하지 않고 끝까지 대립을 고집하면 최악의 상태로 치달을 수 있다는 것을 나타낸다. 적대국 간의 무력충돌 상황이나 경쟁기업의 과도한 무한 경쟁상황은 치킨게임의 상황과 동일하다.

3.4.5 공조 게임

표 3.4.6 과 같은 게임 상황을 생각해 보자. 여기에서는 (X, X), (Y, Y) 와 같이 2 개의 Nash 균형이 존재한다. 이 게임에서는 두 경기자의 선호가 일치하는 게임이다. 그럼에도 불구하고 Pareto 우월한 (X, X)가 유일한 Nash 균형이 되지 못하고 Pareto 열등한 (Y, Y)도 Nash 균형이다.

두 경기자 모두 (X, X)를 더 선호하고 가능하면 둘 다 X 를 선택하고 싶다. 그러나 각자는 X 를 선택하고 싶은데 어떤 이유에서인지 상대방이 Y 를 선택하리라고 생각하면 자신도 Y 를 선택하는 것이 최적대응이다. 그런데 상대방이 Y 를 선택하는 이유는 다름 아닌 자신이 Y 를 선택하기 때문이다. 이러한 이유로 Y 가 Pareto 열등한 선택이지만 상호 최적대응이 되므로 (Y, Y)도 Nash 균형이 된다. 이렇듯 공조(Coordination) 게임은 두 경기자의 선호가 일치하는 게임이다.

표 3.4.6 공조게임

		경기자 2	
		X	Y
경기자 1	X	**(3, 3)***	(0, 0)
	Y	(0, 0)	**(1, 1)***

표 3.4.7 의 게임 상황을 생각해 보자. 중앙선이 없는 시골길에 두 대의 자동차가 서로 마주보고 달려오고 있다. 이 두 대의 자동차 모두 자신의 우측이든 좌측이든 동일한 방향을 택하면, 두 자동차는 충돌없이 무사히 지나게 되며 이 때 운전자는 각각 1 의 보수를 얻는다. 그러나 한 운전자는 우측으로 주행하는데 상대방이 좌측으로 주행하게 되면 충돌하게 되고 운전자 각자는 0 의 보수를 얻는다. 이러한 상황을 순수 공조(Pure Coordination) 게임이라고 부른다. 이 게임에는 두 개의 Nash 균형이 존재하는데 (좌측 주행, 좌측 주행), (우측 주행, 우측 주행)이다. 두 개의 균형 중 어느 균형이 선택되는지는 역사적 진화과정과 사회적 전통에 의해 결정된다.

표 3.4.7 순수 공조게임

		운전자 2	
		좌측 주행	우측 주행
운전자 1	좌측 주행	**(1, 1)***	(0, 0)
	우측 주행	(0, 0)	**(1, 1)***

3.5 순수전략 하 Nash 균형이 존재하지 않는 동시게임

3.5.1 가위·바위·보 게임

표 3.5.1과 같은 가위·바위·보(Rock, Scissors, Paper)게임을 생각해 보자. 두 경기자가 가위·바위·보 게임에서 비길 때는 보수가 둘 다 없으며 이길 때는 이기는 측이 1의 보수를, 지는 측이 -1의 보수를 가진다.

표 3.5.1 가위·바위·보 게임

		경기자 2		
		가위	바위	보
경기자 1	가위	(0, 0)	(-1, 1)	(1, -1)
	바위	(1, -1)	(0, 0)	(-1, 1)
	보	(-1, 1)	(1, -1)	(0, 0)

이 게임에서 가위에 대한 최적대응은 바위, 바위에 대한 최적대응은 보, 보에 대한 최적대응은 가위이므로 순수전략 Nash 균형은 존재하지 않는다.

3.5.2 동전 짝 맞추기 게임

표 3.5.2 에 나와 있는 동전 짝 맞추기(Matching Pennies) 게임에서는 두 경기자는 각각 동전의 앞면 혹은 뒷면을 선택하고 이를 동시에 펼쳐 보이게 된다. 각자가 선택한 것을 비교해 보아 만약 둘의 선택이 일치하면 경기자 1 이 이겨 1 의 보수를 얻고, 경기자 2 는 -1 의 보수를 얻는다. 만약, 서로 엇갈리게 선택하면 경기자 2 가 이겨 1 의 보수를 얻고 경기자 1 은 -1 의 보수를 얻는다.

표 3.5.2 동전 짝 맞추기 게임

		경기자 2	
		Head	Tail
경기자 1	Head	(1, -1)	(-1, 1)
	Tail	(-1, 1)	(1, -1)

이 게임은 경기자 둘의 이해가 완전히 상반되는 경우이다. 즉, 경기자 1이 이익을 얻으면 경기자 2는 손해를 입고, 경기자 2가 이익을 얻으면 경기자 1이 손해를 입는 경우이다. 이와 같은 상황에서는 서로 동시에 최적대응을 취하기가 불가능하여 Nash 균형이 존재하지 않는다.

3.5.3 Blotto 대령 게임

블로토 대령(Colonel Blotto) 게임 혹은 'Divide a Dollar' 게임 등으로도 불린다. 죄수의 딜레마와 더불어 게임이론에서의 주요 문제 중 하나이다. 1921 년에 Emile Borel 에 의해 처음 제시되었으며 이 때 '경기자의 심리가 중요한 게임'의 예시로 나왔다. 1950 년 Gross 와 Wagner 가 '블로토 대령' 게임'이라는 이름을 붙여 현재까지 이어져 오고 있다.

당시에는 주요 수학자들이 한 번씩은 해결하기 위해 노력한 문제이지만 현재는 게임이론 초창기와 비교하면 더 적게 연구되고 있다. 그 이유 중 하나는 해답이 깔끔하게 제시되지 못한다는 점을 들 수 있을 것이다 이 게임은 여러 변형을 가할 수 있지만, 대표적인 게임의 형태는 다음과 같은 2 인 Zero-Sum 게임이다.

- 블로토 대령은 N 명의 군대를 가지고 있으며, M 개의 전장에 군대를 배치해야 한다.
- 적 또한 N 명의 군대를 가지고 있으며 M 개의 전장에 군대를 배치한다.
- 군대를 더 많이 투입한 측이 승리하며, 똑같은 숫자를 투입할 경우 비긴다.
- 최대한 많은 전장에서 승리를 거두는 것이 목표이다.

구체적 수치를 들어보자. 두 경기자는 5 개의 전장에 20 명의 병사를 배치한다고 했을때, 한쪽이

(4,4,4,4,4)를 배치한다면 상대방의 배치 (5,5,5,3,2)에 (패, 패, 패, 승, 승)으로 패배한다.

(5,5,5,3,2)는 (7,7,6,0,0)에 (패, 패, 패, 승, 승)으로 패배한다.

(7,7,6,0,0)은 (9,8,1,1,1)에 (패, 패, 승, 패, 패)로 패배한다.

(0,0,7,7,6)은 (1,1,9,9,0)에 (패, 패, 패, 패, 승)로 패배한다.
(9,8,1,1,1)은 (4,4,4,4,4)에 (승, 승, 패, 패, 패)로 패배한다.

이 다섯을 모두 대결시켜보자면 (0,0,7,7,6)은 (1,1,9,9,0)을 제외한 나머지를 다 이기므로 최고로 좋은 전략이고, (4,4,4,4,4)는 (1,1,9,9,0)을 제외한 나머지에게 모두 지므로 최고로 좋지 않은 전략이다. (7,7,6,0,0)은 (0,0,7,7,6)에게 지고 (1,1,9,9,0)과 비기며 나머지를 모두 이기므로 2 승 1 무 1 패가 된다.

이렇게 상대보다 단 한 명만 더 보내도 그 전장을 이길 수 있기 때문에, 순수전략 Nash 균형이 존재하지 않는다. 참고로 만약 N=M 일 경우, 각 전장에 1 명씩의 군인을 배치하면 절대 지지 않는다. 이기거나 최소한 비기게 된다.

블로토 대령 게임은 국가 간 전쟁뿐 아니라 선거 등 여러 분야에 응용할 수 있다. 미국 대통령 선거에서 공화당과 민주당이 50 개 주로 구성된 '전장'에서 '대의원 챙기기' 경쟁을 할 때 어느 주에 어느 정도의 노력을 투입할지에 대한 전략을 짜려면 블로토 대령 게임이론을 응용할 수 있다.

또, 블로토 대령 게임은 북한문제를 미국과 중국의 블로토 대령 게임에 적용할 수 있다. 미국이 북한 문제를 중국으로 하여 해결하고자 생각하고 있다면 큰 문제다. 블로토 대령 게임으로 보면 아시아·태평양 지역에서 미국과 중국은 북한, 남중국해 영유권 갈등, 중국과 대만 간의 양안 문제 등 3 개의 핵심 전장에서 대결하고 있다.

미국은 이 세 개의 전장에서 독립된 게임을 하고 싶어 하지만 중국이 이를 용인할 리 없다. 블로토 대령 게임에서 개개의 전장이 내부적으로 서로 연계돼 있기 때문이다. 중국이 남중국해에 인공섬 건설 및 군사 시설 구축 등을 통해 전력을 집중 배치하자 미국은 항공모함 배치와 B-52 폭격기 위협 비행 등으로 맞서고 있다. 미국이 남중국해에 매달리다 보면 북한을 제어하도록 중국에 압력을 가할 동력이 소진될 수 있다.

미국이 이 게임에서 승리하려면 냉전에서 이겼을 때처럼 게임의 속성을 이해하고, 큰 그림을 그릴 수 있어야 한다. 북한의 핵실험을 계기로 국제사회에 제 2 의 핵무기 개발 경쟁 시대가 도래하고 있는 현실을 미국이 직시하는 게 무엇보다 중요하다. 이는 어디까지나 미국 입장이고, 한국의 사정은 다르다. 특히 미국이 한국의 안보 무임승차론, 한국의 핵무장 용인론, 주한 미군 철수 가능성

등 전략을 저울질할 때, 한국은 북한 문제를 미국과 중국 간의 블로토 대령 게임에 맡기고, 한가하게 뒷짐을 지고 있을 수 있는 입장이 결코 아니다. 한국은 국익을 극대화할 북핵 해법의 블로토 대령 게임 해법을 만들어야 한다. 그리고 미국과 중국이 이를 수용하도록 움직여야 한다.

제4장

혼합전략 하에서 Nash 균형

4.1 혼합전략 개요

혼합전략(Mixed Strategy)이란 일반적으로 미리 선택된 확률에 의해 자신의 행동을 무작위로 선택하는 전략을 뜻하는데, 여기에서 핵심이 되는 것은 혼합의 기초가 되는 확률을 결정하는 일이다. 한 경기자가 이러한 확률을 결정하는 요령은 상대방이 어떤 전략을 선택하든 똑같은 기대보수를 얻을 수밖에 없도록 만드는 것이다. 이렇게 되면 상대방은 적극적으로 자신의 보수를 증가시킬 전략을 찾을 유인이 없어지고 상대방의 전략에 의해 자신에게 불리한 결과가 돌아오는 것을 막을 수 있게 된다.

3.5 절에서 우리는 '동전 짝 맞추기' 게임과 '가위·바위·보' 게임에서 순수전략으로는 게임의 해를 구할 수 없음을 알았다. 그러나 경기자가 자신의 전략을 확률적으로 혼합하여 사용하면 게임의 해를 구할 수 있다. 어느 경기자의 순수전략이 A 와 B 이면 혼합전략은 A 와 B 를 얼마의 확률로 사용할 것인지를 (p_A, p_B)와 같이 확률의 쌍으로 표시할 수 있다. 확률의 성질에 따라 $0 \leq p_A, p_B \leq 1$이고 $p_A + p_B = 1$이다. 만약 전략이 A, B, C 와 같이 3 개인 경우는 (p_A, p_B, p_C)로 확률을 나타낼 수 있고 $0 \leq p_A, p_B, p_C \leq 1$이고 $p_A + p_B + p_C = 1$이다.

실제 순수전략은 혼합전략의 특수한 경우라고 생각할 수 있다. 따라서 혼합전략이 순수전략보다 폭넓은 개념이라고 할 수 있다. 혼합전략을 정의하기 위해 σ_i 를 경기자 i 의 혼합전략이라고 하자. 또, 경기자 i 의 가능한 모든 혼합전략을 모은 집합을 Σ_i 라 한다. 그러면 다음과 같은 혼합전략균형을 정의할 수 있다.

(σ_1^*, σ_2^*)가 다음 두 조건을 만족하면 혼합전략균형이다.

- 모든 $\sigma_1 \in \Sigma_1$에 대해 $u_1(\sigma_1^*, \sigma_2^*) \geq u_1(\sigma_1, \sigma_2^*)$
- 모든 $\sigma_2 \in \Sigma_2$에 대해 $u_2(\sigma_1^*, \sigma_2^*) \geq u_2(\sigma_1^*, \sigma_2)$

4.2 혼합전략과 Nash 균형

4.2.1 가위·바위·보 게임에서의 Nash 균형

3.5.1절에서 가위·바위·보 게임은 순수전략 Nash 균형이 존재하지 않는다는 것을 설명하였다. 그러면 가위·바위·보 게임을 혼합전략으로 풀면 균형이 존재하는지 알아보자.

표 4.2.1 가위·바위·보 게임과 Nash 균형

		경기자 2		
		가위	바위	보
경기자 1	가위	(0, 0)	(-1, 1)	(1, -1)
	바위	(1, -1)	(0, 0)	(-1, 1)
	보	(-1, 1)	(1, -1)	(0, 0)

경기자 1이 가위를 낼 확률을 p, 바위를 낼 확률을 q, 보를 낼 확률을 $(1-p-q)$라고 하자. 경기자 2가 가위를 냄으로써 얻을 수 있으리라 기대되는 경기자 2의 보수는 식 (4.2-1)과 같다.

$$p \times 0 + q \times (-1) + (1-p-q) \times 1 = 1 - p - 2q \qquad (4.2\text{-}1)$$

경기자 2가 바위와 보를 냄으로써 얻을 수 있으리라 기대되는 경기자 2의 보수는 각각 식 (4.2-2)와 식 (4.2-3)과 같다.

$$p \times 1 + q \times 0 + (1-p-q) \times (-1) = -1 + 2p + q \qquad (4.2\text{-}2)$$
$$p \times (-1) + q \times 1 + (1-p-q) \times 0 = -p + q \qquad (4.2\text{-}3)$$

혼합전략 Nash 균형에서 양(+)의 확률로 선택되는 전략은 똑 같은 기대보수를 가져다준다. 따라서 식 (4.2-1), (4.2-2), (4.2-3)을 연립하여 풀면 $p=\frac{1}{3}$, $q=\frac{1}{3}$이 된다. 따라서 경기자 2로 하여금 3가지 전략간에 차이가 없도록 해주는 경기자 1의 혼합전략은 가위, 바위, 보를 각각 정확히 $\frac{1}{3}$의 확률로 임의 선택하는 전략이다. 대칭적인 논리에 의해 경기자 2의 혼합전략 또한 가위, 바위, 보를 각각 정확히 $\frac{1}{3}$의 확률로 임의 선택하는 전략이다.

4.4.2 동전 짝 맞추기 게임에서의 Nash 균형

3.5.2절에서 언급했던 동전 짝 맞추기 게임의 게임 상황은 표 4.4.2와 같다.

표 4.2.2 동전 짝 맞추기 게임

		경기자 2	
		Head	Tail
경기자 1	Head	(1, -1)	(-1, 1)
	Tail	(-1, 1)	(1, -1)

경기자 2가 Head를 낼 확률을 q, Tail를 낼 확률을 $(1-q)$라고 하자. 경기자 1이 Head를 낼 때 얻을 수 있으리라 기대되는 경기자 1의 보수 $u_1(H)$는 식 (4.2-4)와 같다.

$$u_1(H) = q \times 1 + (1-q) \times (-1) = 2q - 1 \quad (4.2\text{-}4)$$

경기자 1이 Tail을 낼 때 얻을 수 있으리라 기대되는 경기자 1의 보수 $u_1(T)$는 식 (4.2-5)와 같다.

$$u_1(T) = q \times (-1) + (1-q) \times 1 = 1 - 2q \quad (4.2\text{-}5)$$

만약 $u_1(H) > u_1(T)$ 이면 경기자 1은 Head를 내는 것이 유리하고 $u_1(H) < u_1(T)$ 이면 Tail을 내는 것이 유리하다. 만약 $u_1(H) = u_1(T)$ 이면 Head와 Tail 어느 쪽을 택하든 혹은 둘을 어떤 확률로 혼합하여 사용하든 경기자 1의 효용은 동일하다.

식 (4.2-4), (4.2-5)를 계산해 보면 $u_1(H) > u_1(T)$ 은 $q > \frac{1}{2}$일 때 성립한다. 마찬가지로 $u_1(H) < u_1(T)$ 은 $q < \frac{1}{2}$일 때 성립하며 $u_1(H) = u_1(T)$ 은 $q = \frac{1}{2}$일 때

성립한다. $BR_1(q)$ 를 경기자 2가 Head를 택할 확률이 q 일 때 경기자 1의 최적대응(Best Response)이라고 정의하면 $BR_1(q)$는 다음과 같다.

$$BR_1(q) = \begin{cases} 1 & q > 1/2 \\ p \in [0,1] & q = 1/2 \\ 0 & q < 1/2 \end{cases}$$

동일한 방법으로 경기자 2의 최적대응을 분석해 보자.

경기자 1이 Head를 낼 확률을 p, Tail를 낼 확률을 $(1-p)$라고 하자. 경기자 2가 Head를 낼 때 얻을 수 있으리라 기대되는 경기자 2의 보수 $u_2(H)$는 식 (4.2-6)과 같다.

$$u_2(H) = p \times (-1) + (1-p) \times 1 = 1 - 2p \quad (4.2\text{-}6)$$

경기자 2가 Tail을 낼 때 얻을 수 있으리라 기대되는 경기자 2의 보수 $u_2(T)$는 식 (4.2-7)과 같다.

$$u_2(T) = p \times 1 + (1-p) \times (-1) = 2p - 1 \quad (4.2\text{-}7)$$

만약 $u_2(H) > u_2(T)$ 이면 경기자 2는 Head를 내는 것이 유리하고 $u_2(H) < u_2(T)$ 이면 Tail을 내는 것이 유리하다. 만약 $u_2(H) = u_2(T)$ 이면 Head와 Tail 어느 쪽을 택하든 혹은 둘을 어떤 확률로 혼합하여 사용하든 경기자 2의 효용은 동일하다.

식 (4.2-6)과 (4.2-7)을 계산해 보면 $u_2(H) > u_2(T)$ 은 $p < \frac{1}{2}$일 때 성립한다. 마찬가지로 $u_2(H) < u_2(T)$ 은 $p > \frac{1}{2}$일 때 성립하며 $u_2(H) = u_2(T)$ 은 $p = \frac{1}{2}$일 때 성립한다. 경기자 1이 Head를 택할 확률이 p 일 때 경기자 2의 최적대응을 $BR_2(p)$이라고 정의하면 $BR_2(p)$은 다음과 같다.

$$BR_2(p) = \begin{cases} 1 & p < 1/2 \\ q \in [0,1] & p = 1/2 \\ 0 & p > 1/2 \end{cases}$$

$BR_1(q)$ 와 $BR_2(p)$를 p, q 평면상에 그려보면 그림 4.2.1과 같다. Nash 균형은 두 최적대응의 교점으로 (1/2, 1/2)이 된다. 즉, 경기자 1과 경기자 2가 Head와 Tail을 1/2의 확률로 혼합하여 내는 것이 유일한 Nash 균형이 된다.

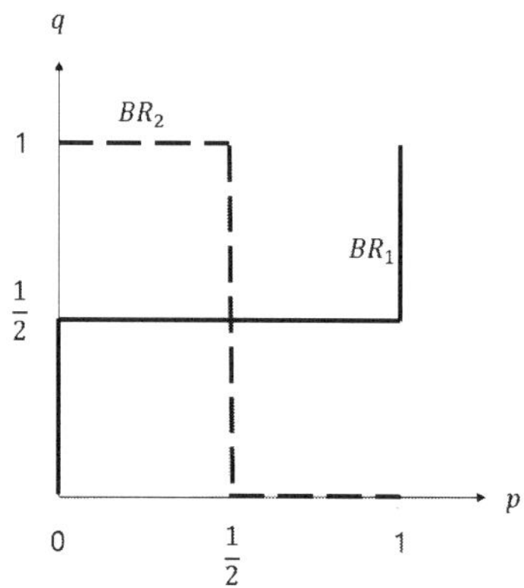

그림 4.2.1 Nash 균형과 최적대응

4.2.3 납세 탈세 게임

표 4.2.3과 같은 국세청과 납세자간 게임 상황을 생각해 보자. 납세자는 T의 세금을 내어야 하고 납세자가 세금을 내면 국세청은 T만큼의 세금을 받게 된다. 그러나 납세자가 탈세를 하고도 적발되지 않으면 납세자의 보수는 0이 되고 국세청의 보수도 0이다. 국세청은 C의 비용을 들여 세무조사를 할 수 있으며 이 경우 탈세를 적발하면 세금 T와 벌금 P도 징수할 수 있다. 당연히 탈세조사 비용 C보다는 P를 크게 책정할 것이다.

표 4.2.3 납세 탈세 게임

		납세자	
		납세	탈세
국세청	세무조사 실시	(T-C, -T)	(T+P-C, -T-P)
	세무조사 미실시	(T, -T)	(0, 0)

이 게임은 순수전략 Nash 균형이 존재하지 않는다. 세무조사를 반드시 하면 탈세할 납세자가 없을 것이고 납세자가 세금을 내면 비용을 들여 세무조사를 할 필요가 없기 때문에 직관적으로 균형이 존재하지 않는다는 것을 알 수 있다.

납세자가 납세할 확률을 p라 하고 세무조사를 할 확률을 q라고 하자. 그러면 다음과 같은 기댓값을 구할 수 있다.

- 납세의 기댓값: $q \times (-T) + (1-q) \times (-T) = -T$
- 탈세의 기댓값: $q \times (-T-P) + (1-q) \times 0 = -qT - qP$
- 세무조사 실시의 기댓값:

$$p \times (T-C) + (1-p) \times (T+P-C) = T - C + (1-p)P$$

- 세무조사 미실시의 기댓값: $p \times T + (1-p) \times 0 = pT$

기댓값들을 같다고 놓고 풀면 p와 q를 구할 수 있다.

$$p = \frac{T+P-C}{T+P}$$
$$q = \frac{T}{T+P}$$

여기에서 p는 납세자가 성실하게 납세할 확률인데 세무조사 비용 C 가 커지면 납세의 확률이 내려간다는 사실, 즉, 탈세의 확률이 증가한다. 반면 $T+P$ 가 커지면 납세의 확률이 증가한다. q는 국세청이 세무조사를 실시할 확률인데 T가 크면 세무조사의 확률이 올라가지만 P가 크면 세무조사의 확률이 감소한다. 세금 T가 크면 세무조사를 늘릴 것이고 P가 오르면 벌금이 무서워서 납세자들이 탈세를 줄일 것이므로 세무조사의 필요성이 감소한다고 해석 가능하다.

4.2.4 최소극대화/최대극소화 전략과 혼합전략균형

표 4.2.4 와 같은 게임 상황을 생각해 보자. 이 게임에서 유일한 Nash 균형은 (C, E)이다. 이 때 균형보수벡터는 (5, 9)이다. 현실에서 경기자 1 에게 전략 중 하나를 선택하게 했을 때 C 를 선택할지는 의문이 든다. 왜냐하면 경기자 1 이 C 를 선택했을 때 무슨 이유인지는 모르지만 경기자 2 가 D 를 선택하게 되면 경기자 1 의 보수는 -500 으로 엄청난 손해를 입기 때문이다. 만약 경기자 1 이 A를 선택하게 되면 경기자 2의 선택에 관계없이 최소 3의 보수는 보장된다. 즉, 경기자 1 에게는 A 전략은 최소 3 의 보수를 보장하는 안전한 전략의 선택이지만 C 전략은 기껏해야 5 의 보수를 얻을 수 있지만 -500 이라는 엄청난 보수의 재앙을 만날 수 있다. 위험회피적 경향을 가진 경기자라면 이런 경우에는 A 전략을 선택하는 것이 타당할 것이다.

표 4.2.4 최소극대화/최대극소화 전략게임 (I)

		경기자 2	
		D	E
경기자 1	A	(4, 2)	(3, -20)
	B	(6, 0)	(-10, 1)
	C	(-500, 8)	(5, 9)*

이러한 위험기피적인 경기자는 그가 선택할 수 있는 전략이 각각 최악의 결과를 가져온다고 가정하고 그 중에서 그나마 가장 큰 보수를 선택할 것이다. 이러한 전략선택방법을 최소극대화(Maxmin) 전략이라고 한다. 최소극대화 전략은 다음과 같이 정의된다.

- 경기자가 n명인 전략형게임에서 경기자 i의 최소극대보수 $\underline{v}_i$는 다음과 같다.

$$\underline{v_i} = \max_{s_i \in S_i}\left[\min_{s_{-i} \in S_{-i}} u_i(s_i, s_{-i})\right]$$

여기서, $s_{-i} = (s_1, .., s_{i-1}, s_{i+1}, ..., s_n)$이다.

그러므로 위의 게임의 최소극대화 전략에 의한 해를 구해 보면 표 4.2.5 와 같다.

표 4.2.5 최소극대화/최대극소화 전략게임 (II)

		최소 보수	
경기자 1	A		3
	B		-10
	C	-500	

각 전략의 최소 보수 중 극대값은 3 이므로 게임의 해는 (A, E)가 된다. 이는 Nash 균형인 (C, E)와는 다르다. 즉, **최소극대화 전략은 상대방이 합리적으로 행동할 것이라는 확신이 없을 때 최악의 상황을 피하기 위해 사용할 수 있다.** 만약, 상대가 가학적이어서 나의 보수를 낮추는 것이 지상의 목표일 때 나는 최소극대화 전략을 사용하는 것이 합리적이다. 그러나 상대가 자신의 보수와 관계없이 나의 보수를 무조건 낮추려고 한다는 것은 게임이론의 기본인 합리적 의사결정을 한다는 것에 위배된다.

그러나 3.5.2 절에서 설명한 동전 짝 맞추기 게임에서는 상황이 달라진다. 표 4.2.6 과 같은 동전 짝 맞추기 게임을 생각해 보자. 이런 종류의 게임을 정합게임이라고 하는데 모든 전략명세에서 경기자의 보수합이 일정하다. 따라서 나의 보수가 낮아진다고 하는 것은 상대의 보수가 커짐을 의미한다.

표 4.2.6 정합 게임

		경기자 2	
		Head	Tail
경기자 1	Head	(1, -1)	(-1, 1)
	Tail	(-1, 1)	(1, -1)

경기자 2가 Head를 낼 확률을 p, Tail를 낼 확률을 $(1-p)$라고 하자. 경기자 1가 Head를 낼 때와 Tail을 낼 때 얻을 수 있으리라 기대되는 경기자 1의 보수

$u_1(H)$와 $u_1(T)$는 다음과 같다.

$$u_1(H) = p \times 1 + (1 - p) \times (-1) = 2p - 1$$
$$u_1(T) = p \times (-1) + (1 - p) \times 1 = 1 - 2p$$

$u_1(H)$와 $u_1(T)$를 그림으로 표시하면 그림 4.2.2와 같다.

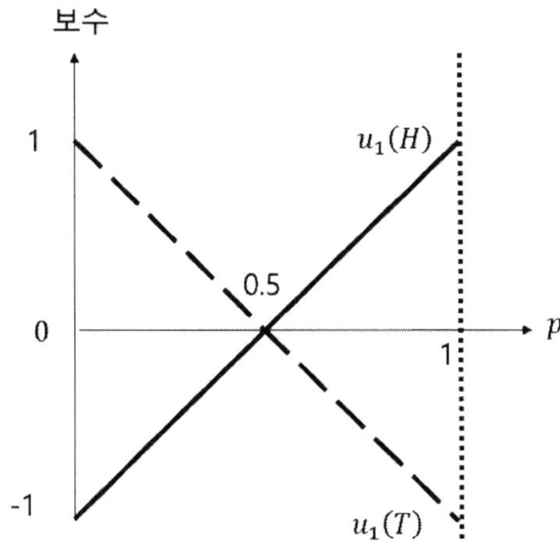

그림 4.2.2 $u_1(H)$와 $u_1(T)$

경기자 2 는 항상 경기자 1 의 보수를 최소화하려고 하므로 그림 4.2.3 에서 보듯이 $p < 1/2$이면 Head 을 택하고 $p > 1/2$이면 Tail 을 택할 것이다. 따라서 각각의 p값에 대해 $u_1(H)$와 $u_1(T)$ 중 더 작은 값이 경기자 1 의 보수가 된다. 이를 그림으로 나타내면 그림 4.2.3 과 같이 경기자 1 의 기대보수가 최대가 되는 점은 $p = 0.5$이다. 즉, 상대가 나의 보수를 최소화하려고 할 때 나는 Head 와 Tail 을 각각 1/2 의 확률로 혼합하여 사용하는 것이 가장 보수를 최대화하는 방법이다.

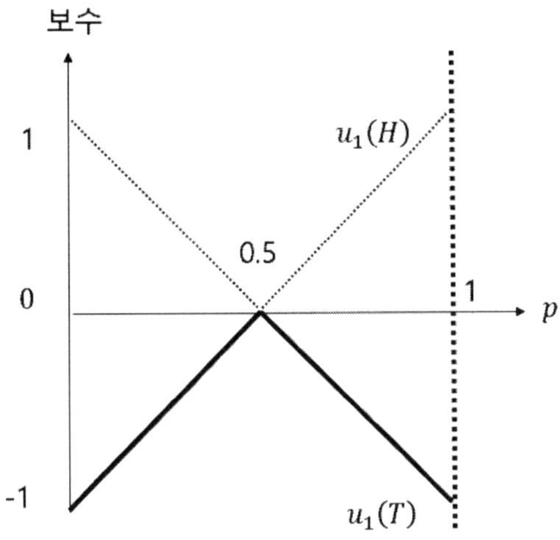

그림 4.2.3 혼합전략균형

2 인 정합게임에서는 최소극대화 전략에 따른 해는 Nash 균형이다. Nash 균형이 전략적 안정성(Stability)를 개념화한 반면 최소극대화 전략은 안전성(Security)를 개념화한 것이다.

최소극대화 전략과 대비되는 개념으로 최대극소화(Minmax) 전략이 있다. 최대극소화 전략은 다음과 같이 정의된다.

- 경기자가 n명인 전략형게임에서 경기자 i의 최대극소보수 $\overline{v}_i$는 다음과 같다.

$$\overline{v}_i = \min_{s_{-i} \in S_{-i}} \left[\max_{s_i \in S_i} u_i(s_i, s_{-i}) \right]$$

여기서, $s_{-i} = (s_1, .., s_{i-1}, s_{i+1}, \dots, s_n)$이다.

표 4.2.4에서 제시된 게임 상황을 그대로 사용하여 경기자 1의 최대극소화 전략으로 게임의 해를 구해보면 표 4.2.7과 같다.

표 4.2.7 최대극소화 전략

		경기자 2	
		D	E
경기자 1	A		
	B	6	
	C		5

각 전략의 최대 보수 중 극소값은 5이므로 게임의 해는 (C, E)가 된다. 최대극소보수는 최소극대보수보다 항상 크다. 즉, 어떠한 경기에 대해서도 $\overline{v}_i \geq \underline{v}_i$가 성립한다.

대잠 항공기와 잠수함 게임

2차 세계대전시 대잠항공기는 폭뢰투하시 적절 폭발심도를 결정하기 위해 자주 고민에 빠지곤 했다. 이상적으로는 잠수함이 있는 심도에 폭뢰를 투하하고 폭발시키면 가장 효과가 크지만 그렇지 않으면 잠수함 격침확률은 감소하게 될 것이기 때문이었다. 대잠항공기와 잠수함이 우연히 같은 심도를 선택할 가능성은 크지 않았다. 이 문제의 핵심은 예측불가성에 있었다. 이러한 예측불가성에 대응하는 것 중에 하나는 무작위한 확률로 전략을 선택하는 것이다. 표 4.2.8과 같은 게임을 생각해 보자. 보수는 대잠항공기의 보수로서 잠수함 격침확률이다.

표 4.2.8 대잠 항공기와 잠수함 게임

대잠항공기 보수 (**잠수함 격침확률**)		잠수함		
		수심 1	수심 2	수심 3
대잠 항공기	수심 1	0.3	0.1	0.0
	수심 2	0.2	0.8	0.3
	수심 3	0.0	0.1	0.25

4.2.4절에서 적용한 순수전략으로 최소극대화와 최대극소화 전략으로 게임의 해를 구해 보면 다음과 같다.

$$\underline{v}_i = \max_{s_i \in S_i}\left[\min_{s_{-i} \in S_{-i}} u_i(s_i, s_{-i})\right] = 0.2,\ \overline{v}_i = \min_{s_{-i} \in S_{-i}}\left[\max_{s_i \in S_i} u_i(s_i, s_{-i})\right] = 0.3$$

여기서, $s_{-i} = (s_1, .., s_{i-1}, s_{i+1}, ..., s_n)$

따라서, 순수전략에서는 균형이 존재하지 않는다. 그러나 대잠 항공기가 혼합전략, (수심 1, 수심 2, 수심 3)=(0.3, 0.7, 0.0)을 사용하는 상황에서 잠수함이 수심 1을 사용하는 경우에는 그림 4.2.4에서 보는 것과 같이 보수는 $0.3 \times 0.3 + 0.7 \times 0.2 = 0.23$이 된다. 만약 잠수함이 수심 2를 사용하거나 수심 3을 사용하는 경우에는 각각 $0.3 \times 0.1 + 0.7 \times 0.8 = 0.59$, $0.3 \times 0.0 + 0.7 \times 0.3 = 0.21$이 되어 이 중 가장 최소값은 0.21이 되고 $\underline{v}_i = 0.2$ 보다 증가하게 된다. 즉, 대잠 항공기가 혼합전략, (수심 1, 수심 2, 수심 3)=(0.3, 0.7, 0.0)은 순수 전략보다 더 좋은 게임값을 준다.

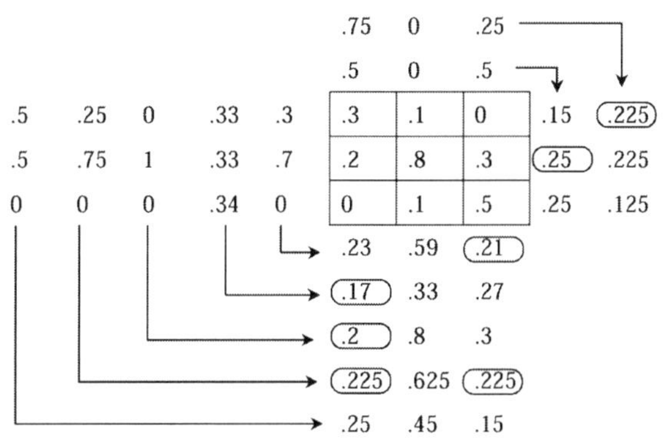

그림 4.2.4 혼합전략에서의 보수

몇 가지 다른 대잠 항공기의 혼합전략을 조사해 보면 그림 4.2.4와 같고 가장 좋은 대잠항공기의 혼합전략은 (수심 1, 수심 2, 수심 3)=(0.25, 0.75, 0.0)라는 것을 알 수 있고 이 때 격침확률 0.225를 보장한다. 사실 대잠항공기에는 무한히 많은 혼합전략이 존재하지만 이들을 모두 조사할 필요는 없다. 왜냐하면 잠수함 격침확률이 0.225를 넘지 않을 것이라는 것을 보장할 수 있기 때문이다. 이 게임의 게임값은 0.225이며 게임의 해는 대잠항공기 (0.25, 0.75, 0.00), 잠수함 (0.75, 0.00, 0.25)이다.

일반적으로 보수행렬을 A 라 하면 혼합전략의 해 (x_i^*, y_j^*) 는 다음과 같은 성질을 만족한다.

$$\sum_i a_{ij} x_i^* \geq V \ \ for\ all\ j$$
$$\sum_j a_{ij} y_j^* \leq V \ \ for\ all\ i$$

여기서, $a_{ij} \in A$, $i \in$ 경기자 1의 전략, $j \in$ 경기자 2의 전략
V: 게임값

4.2.5 혼합전략균형의 성질

추가하여 몇 가지 혼합전략과 Nash 균형에 대해 알아보면 다음과 같은 사실을 확인할 수 있다.

- 순수전략균형이 존재하는 경우에도 혼합전략균형이 존재할 수 있다.
- 그러나, 순수전략균형이 존재하는 모든 게임에서 혼합전략균형이 항상 존재하는 것은 아니다.
- IDSDS에 의해 제거되는 순수전략은 혼합전략균형에서 사용되지 않는다.
- 혼합전략균형에서 양(+)의 확률로 사용되는 순수전략은 모두 같은 기대보수값을 가진다.

제5장

완비정보하에서 동태적게임

5.1 전개형게임

순차게임은 한 경기자가 행동을 먼저 하고 그 결과를 보고 그 다음 경기자가 행동을 하는 형태의 게임이며 이러한 순서를 두고 계속 반복하는 게임이다. 순차게임을 표현하는 방법은 게임나무이다. 게임나무에서 마디는 경기가 시작되는 뿌리마디, 경기자의 행동을 나타내는 의사결정마디, 게임의 결과와 보수를 나타내는 종결마디로 이루어 진다. 가지는 의사결정마디에서 각 경기자의 선택지마다 뻗어 나와 다음 의사결정마디 또는 종결마디를 나타내는 화살표이다.

먼저 순수전략을 사용하는 전개형게임에 대해 살펴본다. 그림 5.1.1 과 같은 전개형게임이 있다고 하자. 먼저 경기자 1 이 A 또는 B 전략을 선택하고 이를 본 경기자 2 가 A 또는 B 전략을 선택한다. 그리고 종결마디에 있는 보수는 (경기자 1 의 보수, 경기자 2 의 보수)로 표현되어 있다.

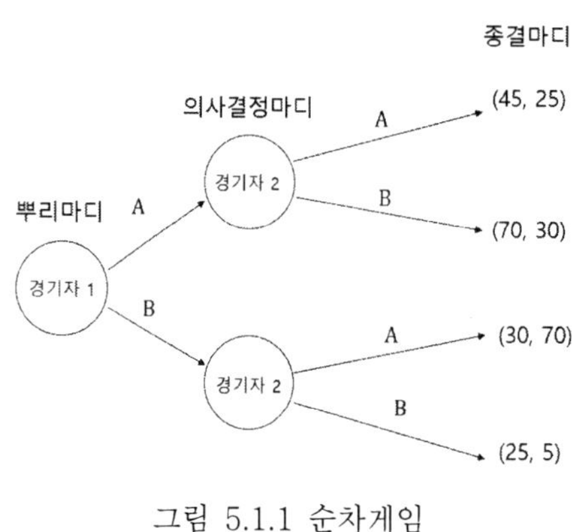

그림 5.1.1 순차게임

경기자 2 는 경기자 1 의 선택을 사전에는 알 수 없으므로 경기자 1 의 2 가지 선택에 대해 미리 대응을 생각해 두어야 한다. 따라서 경기자 1 이 A 전략을 선택할 시 자신의 선택이 A 또는 B 일 수 있고 경기자 1 이 B 를 선택할 시 역시 자신의 선택은 A 또는 B 일 수가 있어서 4 가지 경우에 대해 모두 생각해 두어야 한다. 위의 경우는 (경기자 1 의 전략, 경기자 2 의 전략) 쌍으로 표현하면 (A, A), (A, B), (B, A), (B, B)와 같이 4 개의 조합이 가능하다. 이를 사전적 대책(Complete Contigency Plan)이라고 한다.

5.2 전개형게임의 전략형게임으로 표현

전개형게임을 전략형게임으로 변환하는 과정은 우선 전개형게임으로부터 각 경기자가 선택할 수 있는 순수전략을 열거하여 순수전략조합의 집합을 만든다. 그 다음 각각의 전략조합이 실현될 경우 도달할 종결마디를 찾아내고 그 종결마디에서 각 경기자가 얻는 보수를 보수조합으로 나타내면 된다. 이렇게 얻어진 전략형게임을 **동등전략형게임**(Equivalent Strategic-form Game)이라고 한다.

순차게임의 해는 동시게임에서 말한 Nash 균형 중 하나가 된다. 모든 원리는 동시게임의 Nash 균형으로 통하고 있는 것이다. 그림 5.1.1 에서 예를 든 전개형게임을 전략형게임으로 변환하여 게임의 해를 찾아보자. 순차게임을 동시게임으로 전환하기 위해서는 먼저 표 5.2.1 과 같이 보수행렬로 표현하여야 한다.

경기자 2의 전략을 표기하기 위해 경기자 1이 A를 선택했을 때의 경기자 2의 전략을 왼쪽에, 경기자 1 이 B 를 선택했을 때 경기자 2 의 전략을 오른쪽에 쓰면 (A, A), (A, B), (B, A), (B, B)와 같이 쓸 수 있다. 표 5.2.1 의 게임에서 (A, (A, A)), (A, (B, A)), (B, (A, A)), (B, (B, B))는 전개형게임에서 쉽게 찾을 수 있다. 그러나 나머지 4 개의 전략명세는 조금 깊이 생각해 보아야 한다. 예를 들면 (A, (A, B))는 경기자 1 이 전략 A 를 선택하였고 경기자 2 가 A 를 선택한 것이며 (A, B)에 있는 B는 실제로 일어나지 않는 것이 된다.

표 5.2.1 순차게임을 동시게임으로 표현

		경기자 2			
		(A, A)	(A, B)	(B, A)	(B, B)
경기자 1	A	(45, 25)	(45, 25)	**(70, 30)***	**(70, 30)***
	B	(30, 70)	(25, 5)	(30, 70)	(25, 5)

게임의 Nash 균형은 (A, (B, A))와 (A, (B, B))가 된다.

그림 5.2.1 과 같이 전개형게임으로 표현한 것은 1.4.2 절에서 표현한 것과 같이 당연히 표 5.2.2 와 같이 전략형게임으로 변환된다.

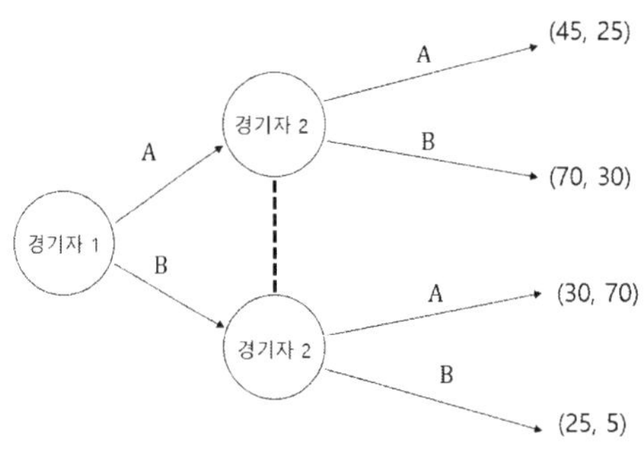

그림 5.2.1 전개형게임 표현

표 5.2.2 전략형게임 표현

		경기자 2	
		A	B
경기자 1	A	(45, 25)	(70, 30)
	B	(30, 70)	(25, 5)

5.3 부분게임완전균형과 역진귀납법

5.3.1 진입게임의 Nash 균형

한 시장을 기업 2 가 독점하고 있는데 기업 1 이 이 시장에 진입을 검토하고 있다. 기업 1 이 진입하지 않으면 기업 1 과 기업 2 의 보수는 (0, 2)이다. 만약 기업 1 이 시장에 진입을 하면 기업 2 는 이를 받아 들여 시장을 반분하면 양 기업의 보수는 (1, 1)이 되고 기업 2 가 공격적인 가격정책으로 대응하면 기업 1 은 -1 의 보수를 얻지만 기업 2 역시 보수가 0 가 되어 실이익이 없다. 이런 게임의 유형을 진입게임이라 하고 순차게임으로 표현하면 그림 5.3.1 과 같다.

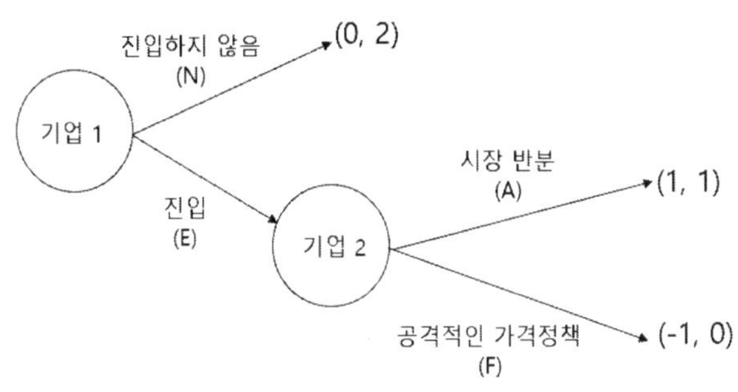

그림 5.3.1 진입 게임

이 게임에서 기업 1의 전략은 N과 E, 2가지이다. 즉, 즉, $S_1 = \{N, E\}$이다. 기업 2 의 전략은 기업 1 이 N 을 선택하면 게임이 끝나버려 아무런 행동을 취하지 않아도 된다. 만약 기업 1이 E를 선택하면 A와 F 둘 중 하나를 선택할 수 있다. 즉, $S_2 = \{A, F\}$이다.

진입게임을 최적대응법으로 Nash 균형을 찾기 위해 전략형게임 형태로 변경해 보면 표 5.3.1 과 같다. 여기서 전략명세 (N, F)는 기업 1 이 N 을 선택하고 기업 2 가 F 를 선택한다는 것이 아니다. 기업 1 이 N 을 선택하면 게임이 종료되기 때문에 기업 1과 기업 2의 보수가 (0, 2)가 된다는 의미이다.

표 5.3.1 최적대응법으로 찾은 진입게임의 Nash 균형

		기업 2	
		A	F
기업 1	N	(0, 2)	**(0, 2)** *
	E	**(1, 1)** *	(-1, 0)

표 5.3.1 의 게임을 최적대응법으로 Nash 균형을 구해 보면 (E, A)와 (N, F) 2 개가 존재한다. (E, A)는 기업 1 이 진입하면 기업 2 가 이를 수용하여 시장을 반분한다는 의미로 전반적으로 상식에 부합한다. 그러나 (N, F)는 기업 1 이 시장 진입을 하지 않는데 기업 2가 공격적인 가격정책으로 기업 1에게 피해를 입히는 경우인데 상식적으로 타당하지 않다. 이는 신빙성(Credibility)가 떨어진다. 이런 전략을 헛된 위협(Empty Threat)이나 신빙성이 없는 위협(Non-credible Threat)라고 한다.

Nash 균형만으로는 이런 신빙성이 떨어지는 균형을 제외할 수 없다는 것이다. (N, F)는 Nash 균형의 정의에 정확히 부합하기는 하지만 현실성 없는 균형이므로 우리는 이런 균형을 제거한 강화된 균형개념이 필요하다.

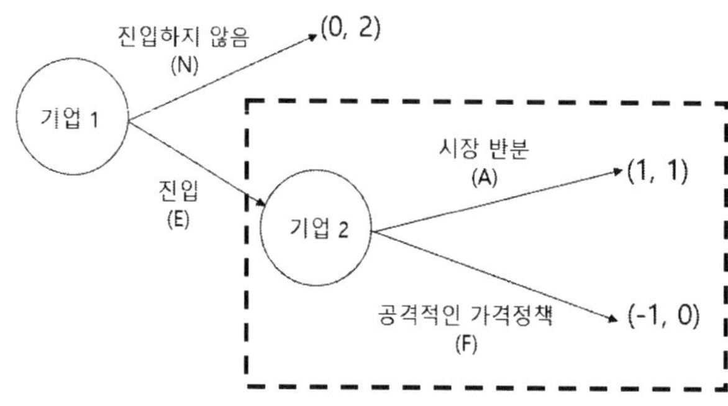

그림 5.3.2 도달되지 않는 영역

그림 5.3.2 에서 점선으로 둘러싸인 부분은 기업 1 이 E 를 선택해야 도달하는 부분이다. 따라서 이 부분은 (N, F) 균형이 도달되지 않는 영역이고 그렇기 때문에 기업 2 가 신빙성 없는 전략 F 를 사용해도 (N, F)가 Nash 균형이 될 수 있었다. 이러한 사실은 현실적으로 의미를 갖는 Nash 균형이라고 할 수가 없어서 좀 더 강화된 Nash 균형의 의미를 찾는 것이 필요하다. 만약 Nash 균형이라면 도달하지 않는 부분에서도 모두가 합리적인 선택을 하도록 할 필요가 있다. 이렇게 하면 기업 2 의 합리적인 선택은 F 가 아니라 A 가 될 수 있다.

5.3.2 부분게임

부분게임(Subgame)이란 주어진 전개형게임의 한 부분으로서 단 하나의 의사결정마디 및 그 마디로부터 파생된 모든 후계마디들로 이루어진 게임이다. 다시 말하면 부분게임은 그 부분만 독립적으로 분리해서 별도의 게임으로 분석할 수 있는 부분을 말한다. 즉, 부분게임이라고 하는 것은 다음과 같은 성질을 만족하는 부분이다.

- 하나의 결정마디에서 시작한다.
- 시작하는 결정마디와 그 뒤에 존재하는 모든 결정마디 및 보수로 구성된다.
- 정보집합을 자르지 않는다.

정보집합에 대한 개념은 1.4.2 에 기술되어 있다. 위의 정의를 수학적으로 표현하면 다음과 같다.

마디 $x' \in G$ 이며 마디 x'' 가 x' 과 동일한 정보집합내에 있을 경우 $x'' \in G$ 가 성립한다면 G를 부분게임이라 한다.

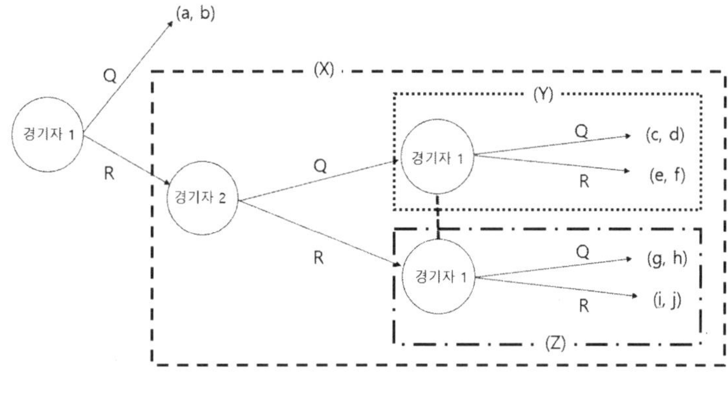

그림 5.3.3 부분게임

그림 5.3.3 게임은 경기자 1 이 먼저 전략을 선택하는데 만약 경기자 1 이 Q 를 선택하면 게임이 종료되고 경기자 1 과 2 는 각각 a 와 b 의 보수를 받는다. 만약 경기자 1 이 R 을 선택하면 경기자 2 는 경기자 1 의 선택을 보고 다시 Q 또는 R 을 선택할 수 있고 그 다음 경기자 1 이 다시 Q 또는 R 을 선택하여 경기자 1 과 2 가 각각 보수를 받는 구조로 되어 있다.

경기자 2 의 선택이 이루어지고 난 이후 경기자 1 이 선택을 할 때 실제 경기자 2 는 경기자 1 이 Q를 선택했는지 R을 선택했는지 알지를 못한다. 따라서 이들을 나누어 별개로 취급하는 Y 와 Z 는 독립적으로 분석할 수 있는 것이 아니다.

따라서 그림 5.3.3 의 게임에서는 부분게임의 정의에 부합하는 X 가 부분게임이며 Y 와 Z 는 부분게임이 아니다. 물론 게임전체도 부분게임의 정의에 부합하기 때문에 부분게임이다. 하지만 일반적으로 우리가 부분게임이라고 할 때는 게임 전체를 제외한 나머지 부분게임을 말한다.

5.3.3 부분게임완전균형

부분게임완전균형(Subgame Perfect Nash Equilibrium, SPNE)은 실제로 부분게임완전Nash 균형을 말한다. 그러나 우리는 여기서 부분게임완전균형이라는 용어를 사용한다. SPNE 는 경기자들이 모든 부분게임에서 최적의 선택을 하는 Nash 균형이다. 즉, SPNE 는 모든 부분게임에 대해 Nash 균형이 달성되도록 하는 전략명세이다.

SPNE 를 구하는 가장 직관적이고 간단한 방법은 역진귀납법(Backward Induction)이다. 역진귀납법을 설명하기 위해 먼저 행동하는 경기자를 선발자, 나중에 행동하는 경기자를 후발자라고 하자. 순차게임의 기본적인 사고방식은 동시게임과 같다. 각각 선발자와 후발자 입장에서 생각하고 그 경기자에게 최적인 선택을 고려하여 최종적으로 객관적인 제 3 자의 입장에서 게임의 결과를 예측하는 것이다. 동시게임에서는 어느 경기자의 입장에서 생각해도 상관없지만 순차게임에서는 시간적으로 나중에 행동하는 경기자부터 순서대로 거슬러 올라가며 생각하는 것이 중요하다.

다시 말하면 역진귀납법은 앞을 내다보고 거꾸로 추론하는 방식이다. 경기자 1과 경기자 2가 게임을 하는 상황을 생각해 보자. 경기자 1이 먼저 선택을 하고 이를 관찰한 이후 경기자 2 가 선택한다고 하자. 이 경우 경기자 2 의 선택은 간단하다. 경기자 1의 선택을 보고 경기자 2는 그에 대한 최적대응을 하면 된다. 경기자 1 의 행동을 A_1이고 하면 경기자 2 는 A_1에 대한 최적대응 $BR_2(A_1)$를 선택할 것이다.

경기자 1 은 자신의 각각의 행동 A_1에 대해 경기자 2 가 $BR_2(A_1)$를 통해 $u_1(A_1, BR_2(A_1))$가 될 것을 알 수 있다. 따라서 경기자 1 은 이를 미리 예측하여 A_1을 선택하여야 한다. 이러한 문제를 수학적으로 표현하면 다음과 같다.

$$\max_{A_1} u_1(A_1, BR_2(A_1))$$

이 최적화문제는 A_1만으로 구성된 문제이므로 최적화기법을 통해 해를 구할 수 있다. 이렇게 구한 A_1에 따라 경기자 2 의 행동 A_2도 정해진다. 이를 표현하면 다음과 같다.

게임의 순서:	A_1	$\rightarrow$	A_2
역진귀납법:	$\max_{A_1} u_1(A_1, BR_2(A_1))$	$\leftarrow$	$BR_2(A_1)$

다시 그림 5.3.4 과 같은 진입게임을 생각해 보자.

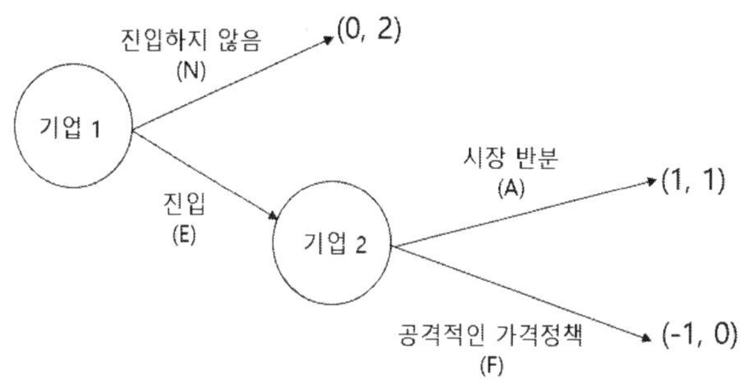

그림 5.3.4 진입게임

이 게임을 그림 5.3.5 와 같이 역진귀납법으로 구하면 먼저 기업 2 의 입장에서 생각하여 A 와 F 중 어느 전략의 보수가 더 좋은 가를 판단한다. A 의 경우 1 의 보수를 F 의 경우 0 의 보수를 획득 가능하므로 A 전략이 더 좋다. 그럼으로 기업 2 는 A 를 택할 것이라 기업 1 은 예측한다. 그 다음 기업 1 은 기업 2 가 A 를 선택했을 때 N 과 E 전략 중 어느 전략이 기업 1 에게 더 큰 보수를 주는지 확인한다. N 을 선택했을 때 기업 1 은 0 의 보수를 얻지만 E 를 선택했을 때는 1 의 보수를 얻는다. 따라서 기업 1 은 E 를 선택한다. 결론적으로 전략명세 (E, A)가 Nash 균형임을 알 수 있다.

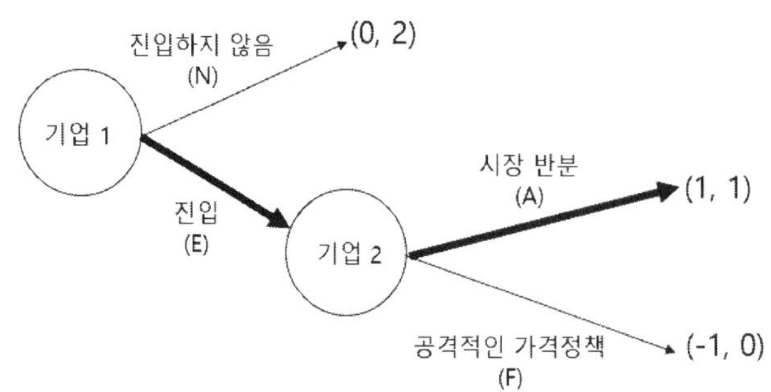

그림 5.3.5 역진귀납법으로 구한 게임의 해

전략이 유한개이고 점선으로 표시된 정보집합이 없는 게임에서는 반드시 적어도 하나의 SPNE 가 존재함을 쉽게 알 수 있다.

5.4 전개형게임과 역진귀납법

5.4.1 2인 게임의 예

5.1 절의 그림 5.1.1 의 게임으로 역진귀납법을 적용해 보자. 그림 5.4.1 에서 보는 것과 같이 먼저 후발자의 입장에서 생각한다. 선발자가 A 전략을 선택했을 때 자신은 어떤 전략을 선택하는 것이 좋은지 판단해 본다. 만약 후발자가 A 를 선택하면 25 의 보수를 얻고 B 를 선택하면 30 의 보수를 얻는다. 따라서 이 경우는 B 를 선택하는 것이 더 좋은 전략 선택이다. 다음으로 선발자가 B 전략을 선택했을 때 자신은 어떤 전략을 선택하는 것이 좋은지 판단해 본다. 만약 후발자가 A 를 선택하면 70 의 보수를 얻고 B 를 선택하면 5 의 보수를 얻는다. 따라서 이 경우는 A 를 선택하는 것이 더 좋은 전략 선택이다.

다시 말하면 경기자 1이 A를 선택하면 경기자 2는 B를 선택해야 하고 경기자 1 이 B 를 선택하면 경기자 2 는 A 를 선택하는 것이 더 좋은 보수를 얻는다.

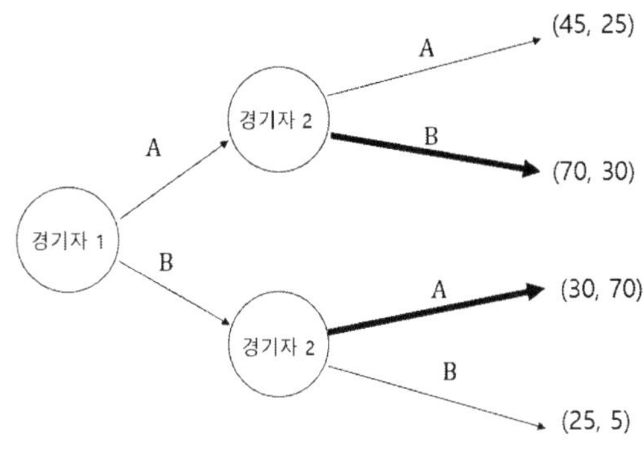

그림 5.4.1 역진귀납법 (I)

다음으로 선발자의 입장에서 생각해 본다. 선발자의 입장에서는 자신의 선택에 따라 그 후에 후발자가 어떻게 행동하는지를 예측하는 것이 필수 불가결하다. 다시 말하면 선발자는 자신의 선택에 따를 후발자의 행동을 예측하고 자신에게 최적인 행동을 선택한다. 이 예측이 순차게임을 푸는 최대 중요점이다.

선발자 입장에서 생각해 본다. 우선 선발자는 자신이 A 를 선택하면 후발자가 B 를 선택하여 자신은 70 의 보수를 얻을 것을 알 수 있다. 만약 선발자가 B 를 선택하면 후발자가 A 를 선택할 것이고 이 때 선발자는 30 을 얻을 것을 예측할 수 있다. 즉, 선발자인 경기자 1 이 A 를 선택하면 70 의 보수를 B 를 선택하면 30 의 보수를 얻을 수 있으므로 A 를 선택하는 것이 합리적이다.

이 게임결과를 게임나무로 연결하면 그림 5.4.2 와 같다. 일반적으로 순차게임의 결과는 뿌리마디로부터 각 경기자에게 최적인 선택을 연결한 종결마디에 이르는 경로이며 이것을 결과의 경로라 부른다. 따라서 경기자 1 은 A 를 선택하고 경기자 2 는 B 를 선택하는 것이 게임의 해이다.

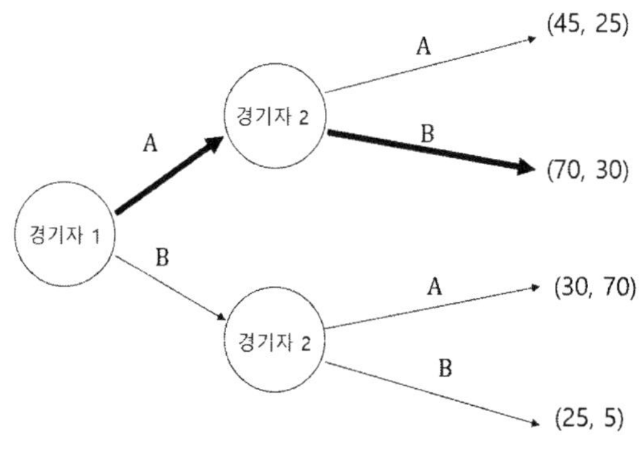

그림 5.4.2 역진귀납법 (II)

그러나 이러한 결과의 경로는 게임의 결과를 충분히 설명한 것이라 할 수 없다. 왜냐하면 이 경로만으로는 왜 선발자가 A 를 선택했는지를 충분히 설명할 수 없기 때문이다. 최초부터 선발자가 A 를 선택한 이유는 만약 선발자가 B 를 선택했다면 후발자가 A 를 선택한다는 예측이 있었기 때문이다. 이 예측을 설명하려면 결과에는 관계가 없을지라도 선발자가 A 를 선택했을 때 후발자가 어떤 선택을 할 것인가를 설명할 필요가 있다. 다시 말하면 게임의 결과를 제대로 설명하려면 모든 의사결정마디에서 각 경기자가 어떤 선택을 하는지를 정해야 한다. 이와 같이 모든 마디에서 예측을 한 경기자의 최적의 행동을 표시하는데 이것을 순차게임의 해라 한다. 그림 5.4.3 그림에서와 같이 실제로는 일어나지 않은 의사결정마디에서도 어떤 선택을 하는지를 보여야만 결과를 논리적으로 설명한 것이 된다.

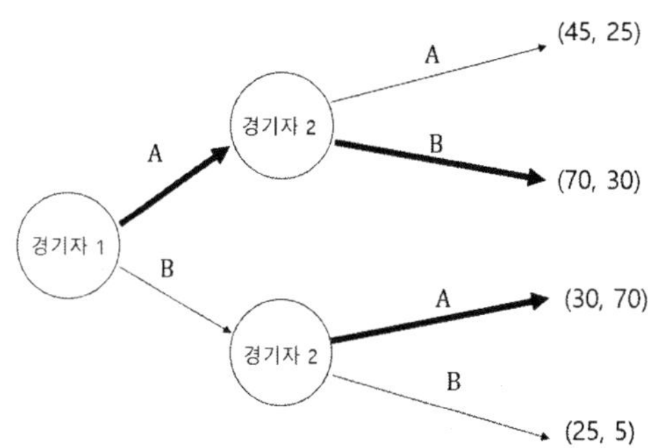

그림 5.4.3 역진귀납법 (III)

5.4.2 3인 게임의 예

그림 5.4.4 와 같은 3 인 순차게임을 생각해 보자. 경기자 1 이 먼저 행동하고 그 다음으로 경기자 2, 마지막으로 경기자 3 이 행동하여 그 결과로 각각 보수를 얻는 게임이다.

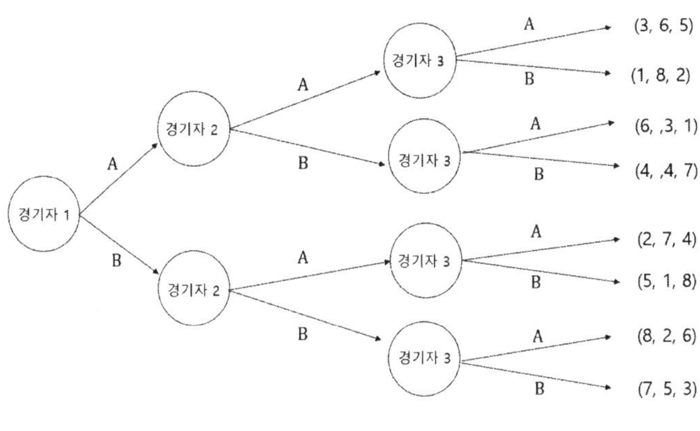

그림 5.4.4 3 인 순차게임

이 게임에 역진귀납법을 적용하면 그림 5.4.5 와 같이 먼저 경기자 3 의 입장에서 경기자 2 의 행동의 결과에 따라 자신의 전략선택에 따른 보수를 비교해 가장 좋은 전략선택의 행동을 결정한다.

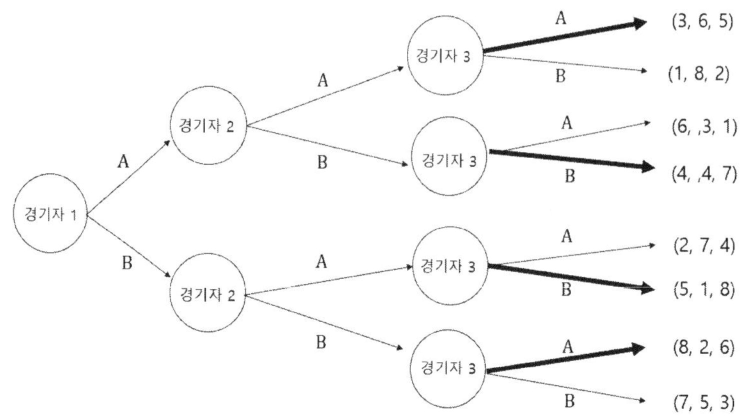

그림 5.4.5 3 인 순차게임의 역진귀납법 (I)

다음으로 그림 5.4.6 과 같이 경기자 3 의 선택을 바탕으로 경기자 2 의 최적인 선택을 찾는다.

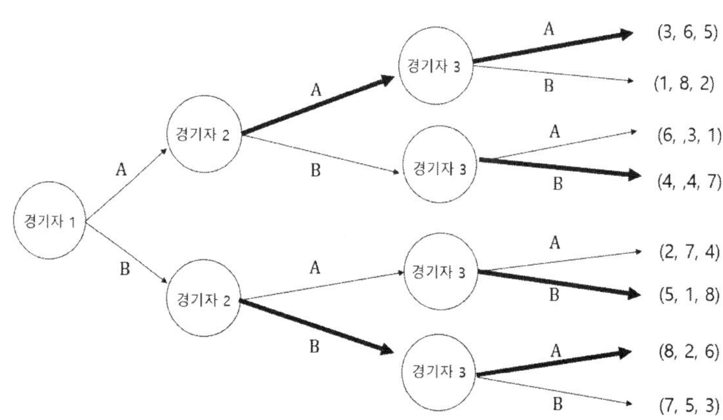

그림 5.4.6 3 인 순차게임의 역진귀납법 (II)

마지막으로 그림 5.4.7 와 같이 경기자 2 와 경기자 3 의 선택을 바탕으로 경기자 1 에게 최적인 선택을 찾는다. 게임의 해는 (B, B, A)가 된다. 그러나 앞에서 설명한대로 완전한 게임의 설명을 위해 일어나지 않은 의사결정마디에서도 어떤 선택을 하는지 표시해 둔다.

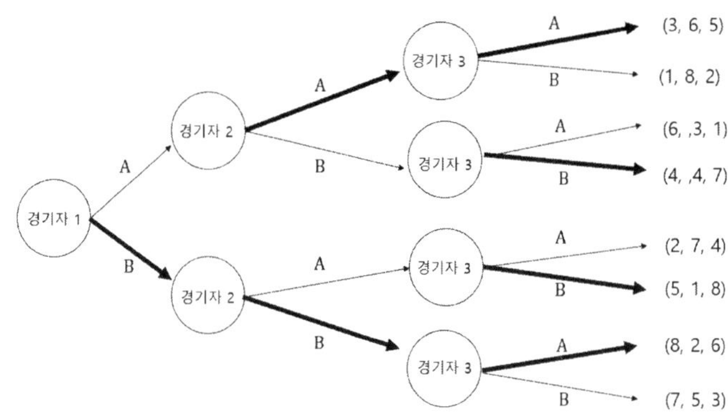

그림 5.4.7 3 인 순차게임의 역진귀납법 (III)

5.5 역진귀납법과 SPNE 의 괴리

지네게임은 수년에 걸쳐 광범위하게 연구되어 온 게임이론 시나리오의 전형적인 예이다. 이는 경기자가 서로 상호 작용하는 방식에 따라 결과가 달라지는 상황에서 협력과 배신의 역학을 탐구하는 방법으로 자주 사용된다. 게임은 일반적으로 두 명의 경기자가 진행하며 각 경기자가 차례로 선택해야 하는 일련의 선택을 포함한다. 게임의 각 단계에서 경기자는 게임을 계속할지 아니면 중단하고 승리를 요구할지 결정해야 한다.

그림 5.5.1 과 같은 게임을 생각해 보자. 먼저 경기자 1 이 경기를 Stop 하면 경기자 1 은 14, 경기자 2 는 11 의 보수를 얻게 된다. 만약 경기를 Go 하면 경기자 2가 Go와 Stop할 수 있는데 만약 Stop하면 경기자 1은 12, 경기자 2는 18 의 보수를 얻을 수 있다. 이렇게 해서 게임을 끝까지 진행시키면 경기자 1 은 74, 경기자 2 는 26 의 보수를 얻게 된다. 이러한 게임을 게임의 모양이 지네와 같이 생겼다 해서 지네(Centipede)게임이라 한다. 이 게임은 미국의 경제학자 Rosenthal 이 고안한 게임으로 역진귀납법의 결과와 SPNE 의 괴리성을 보이는 예로 자주 등장한다.

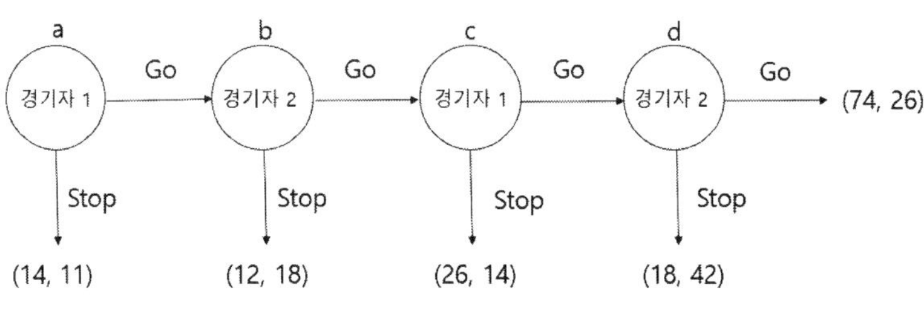

그림 5.5.1 지네 게임

지네게임을 역진귀납법를 적용해서 게임의 해를 구해보면 경기자 2 가 d 마디에 있다면 Stop 을 선택하여 42 의 보수를 얻을 것이다. 그 다음으로 만약 경기자 1 이 c 마디에 있다면 Go 를 한다면 18 의 보수를 얻지만 Stop 을 선택한다면 26 의 보수를 얻을 수 있으므로 Stop 을 선택할 것이다. 마찬가지로 경기자 2 가 b 마디에 있다면 Stop 을 하면 18 의 보수를 얻지만 Go 를 하면 14 의 보수를 얻으므로 Stop 을 선택할 것이다. 이런 방식으로 역진귀납법을 적용해 보면 모든 마디에서 Stop 을 결정하는 SPNE 가 결정된다.

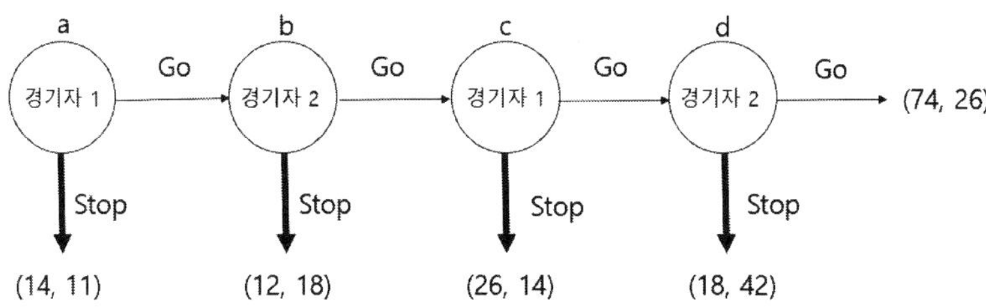

그림 5.5.2 지네 게임의 SPNE

이 균형에서 경기자 1 은 게임을 시작하자마자 게임을 끝내 버린다. 그러나 게임을 진행을 계속하면 할수록 보수의 합이 증가하며 경기자 1 과 경기자 2 가 받는 보수가 게임을 끝내는 것보다 좋다. 이 지네게임을 4 마디가 아닌 10 마디로 확장한다고 하면 훨씬 더 큰 보수를 받게 될 것이다.

이상과 같이 SPNE 에서 구한 해는 현실과 괴리가 크다. 실험결과에 따르면 중간쯤에 해당하는 (26, 14)가 가장 많았고 (12, 18)과 (18, 42)도 상당수 있었다. SPNE 에서 해로 제시된 (14, 11)을 3% 정도였다. 심지어 d 마디에서 Go 로 진행한 경우도 18%에 달했다. 이러한 실험결과는 우리의 직관과 역진귀납법의 결과의 괴리를 보여준다.

현실에서 지네게임이 처음에 바로 끝나지 않고 계속 진행된다고 해서 반드시 비합리적이라고 단정짓기 힘들 측면도 있다. 가령, 자신은 합리적이지만 상대방이 비합리적이어서 다음 기에 바로 끝내지 않고 계속 진행시킬 것 같다거나 혹은 상대방이 내가 합리적이지 않을 것이라고 생각해서 게임을 계속 진행할 가능성이 있어 보인다면 게임을 바로 끝내지 않고 상대방에게 다음 기회를 주는 행위가 적어도 부분적으로 설명될 수 있다.

지네게임의 딜레마는 배신과 신뢰 사이의 선택에 있다. 두 경기자가 서로를 배신할 것인지, 믿을 것인지를 결정해야 하는 의사결정 게임이며, 결과는 두 경기자의 결정에 따라 달라진다. 게임은 의사결정을 다루는 수학의 한 분야인 게임이론에서 광범위하게 연구되어 왔다. 지네게임의 딜레마에 대한 다양한 관점이 있으며, 각 관점은 게임의 역학과 관련된 의사 결정 프로세스에 대한 고유한 통찰력을 제공한다.

첫 번째 관점은 경기자가 합리적이고 이기적이라고 가정하는 합리적 선택 이론의 관점이다. 이러한 관점에 따르면 최적의 전략은 첫 번째 마디에서 다른 경기자를 배신하는 것이다. 이는 경기자의 보상을 극대화하기 때문이다. 그러나 이 전략은 배신과 반배신의 순환으로 이어져 두 경기자 모두에게 차선의 결과를 초래할 수 있기 때문에 항상 최선의 전략은 아니다.

두 번째 관점은 사회적 규범과 신뢰의 관점이다. 이 관점에 따르면 경기자는 사회적 규범과 신뢰에 의해 동기를 부여받으며, 이는 서로 협력하고 배신을 피하도록 장려한다. 이 경우 최적의 전략은 첫 번째 마디에서 상대방을 신뢰하는 것이다. 이는 신뢰와 협력의 규범을 확립하여 두 경기자 모두에게 더 나은 결과를 가져오기 때문이다.

세 번째 관점은 제한된 합리성의 관점으로, 경기자가 정보를 처리하고 결정을 내리는 능력이 제한되어 있다고 가정한다. 이러한 관점에 따르면 경기자는 인지 편향과 경험적 방법의 영향을 받기 때문에 항상 최적의 결정을 내리지는 못할 수 있다. 예를 들어, 경기자는 매몰비용 오류의 영향을 받을 수 있으며, 이로 인해 효과가 없다는 것이 분명하더라도 차선책 전략을 계속 사용하게 된다.

네 번째 관점은 게임역학의 관점으로, 경기자의 결정과 게임결과 사이의 Feedback Loop 를 고려한다. 이러한 관점에 따르면 최적의 전략은 상대방의 행동과 게임의 역사에 따라 달라진다. 예를 들어, 상대방이 과거에 지속적으로 배신했다면, 반배신하는 것이 최적일 수 있다. 이는 보복 패턴을 설정하여 장기적으로 더 나은 결과로 이어지기 때문이다.

지네 게임의 딜레마는 다양한 관점과 의사결정 전략을 포함하는 복잡한 문제이다. 최적의 전략은 상대방의 행동, 게임의 역사, 경기자의 인지적 편견 등 다양한 요인에 따라 달라진다. 게임의 역학과 관련된 다양한 관점을 이해함으로써 경기자는 더 많은 정보를 바탕으로 결정을 내리고 더 나은 결과를 얻을 수 있다.

5.6 불완전 정보와 SPNE

5.6.1 순차게임과 동시게임이 같이 있는 게임

순차게임과 동시게임 모두 포함되는 그림 5.6.1 의 상황을 생각해 보자. 이런 경우 SPNE 를 어떻게 구할 것인지 알아본다. 경기자 1 이 B 를 선택하면 동시게임이 진행된다. 그림 5.6.1 에서 점선으로 연결된 부분이 불완전 정보를 나타내고 있다. 그림 5.6.1 에서 경기자 1 이 선택하고 난 후 다시 경기자 1 이 선택을 하는데 동시게임이므로 큰 의미는 없다. 동시게임만 부분게임이므로 Nash 균형은 (C, C), (D, D)이다. 만약, 경기자 1 이 (C, C)가 균형이라고 생각하면 뿌리마디에서 경기자 1 은 B 를 선택하는 것이 최상이다. 그러나 (D, D)가 균형이라고 예상한다면 경기자 1 은 A 를 선택해야만 한다.

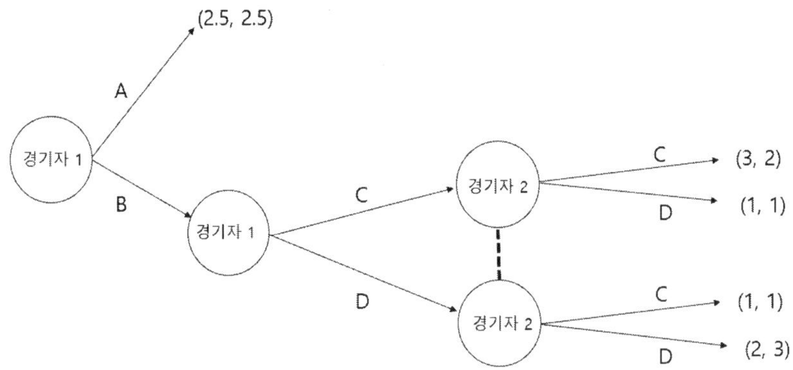

그림 5.6.1 순차게임과 동시게임이 같이 있는 경우

따라서 이 게임의 SPNE 는 (BC, C)이고 또 다른 하나는 (AD, D)이다. (BC, C)에서 BC 의 의미는 경기자 1 의 첫 번째 선택 전략이 B 이고 두 번째 전략 선택이 C 라는 것을 의미한다. 마지막 C 는 경기자 2 가 선택한 전략을 의미한다.

즉, 순차게임과 동시게임이 동시에 포함된 게임에서도 역진귀납법의 논리를 따라 뒤에서부터 각 경기자의 최적선택을 파악하여 거슬러 파악하면 된다. 그런데 (AD, D) 균형은 경기자 1 이 A 를 선택하여 게임이 종료되는데 동시게임에서 경기자 2 가 D 를 선택하는 것에 의문을 가질 수 있다. 이 의문에 대한 답은 전략이 발생가능한 모든 경우에 대한 행동지침이라는 것이다. 만약 경기자 1 이 실수로 B 를 선택하여 동시게임이 진행되면 이 상황에 대해서 경기자 1 은 어떤 지침도 갖지 못하게 된다. 전략은 그 전략에 따르면 절대 발생하지 않을 상황에 대해서도 행동지침을 완비하고 있어야 한다. 2 개의 SPNE 에 대해 어느 균형이 발생할 것인지는 추가적인 조건이나 설명없이 판단하기 어렵다.

5.6.2 죄수의 딜레마의 순차게임과 동시게임

3.4.1 절에서 설명한 죄수의 딜레마 게임을 국가간의 환경문제로 다시 구성하면 다음과 같다. 커다란 호수를 사이에 두고 위치한 A 국과 B 국은 호수의 물을 국가 기간산업에 활용하고 있다. 최근 두 국가에서 배수되는 물이 호수를 오염시키고 환경파괴뿐만 아니라 산업 자체에도 악영향을 주고 있어서 정화기준을 강화하자는 요구가 있다. 그러나 표 5.6.1 에서 보는 것과 같이 한쪽 국가만

정화기준을 강화하면 다른 한쪽 국가가 기준을 지금 상태로 유지하더라도 호수의 수질은 충분한 수준으로 유지되는 것을 알기에 두 국가는 협력할지 말지 딜레마에 빠져 있다. 물론 정화기준을 강화하면 각국의 산업은 커다란 비용을 부담하게 된다. 그 비용을 연구개발이나 설비투자에 사용하면 자국 산업의 국제경쟁력은 상대국을 능가하게 되고 자국에게 이익을 상대국에겐 손실을 초래하게 된다.

표 5.6.1 협정체결 이전 게임(X)의 보수행렬

게임 X		B 국	
		협력	비협력
A 국	협력	(3, 3)	(-10, 6)
	비협력	(6, -10)	**(-5, -5)***

이 게임의 Nash 균형은 (비협력, 비협력)으로 양국의 보수는 (-5, -5)이며 양국 모두 협력했을 때 보수 (3, 3)보다 좋지 않다. 이 딜레마는 죄수의 딜레마 게임과 동일한 유형이다.

이런 유형의 죄수의 딜레마를 해결하는 한가지 방법은 비협력적인 행위에 벌칙이나 보복을 가하는 협정이나 계약을 사전에 맺는 방법이 있다. 따라서 양국은 협정을 맺어 환경감시단을 상대국에 파견하여 만약 기준이 지켜지지 않을 때는 상대국에게 9 의 비용을 지불하는 협정을 제안한다고 가정해 보자. 그러면 양국이 협정을 맺은 후 게임(Y)의 보수행렬은 표 5.6.2 와 같다. 이 게임의 Nash 균형은 (협력, 협력)으로 양국의 보수는 (3, 3)이다.

표 5.6.2 협정 체결 후 게임(Y) 보수행렬

게임 Y		B 국	
		협력	비협력
A 국	협력	**(3, 3)***	(-1, -3)
	비협력	(-3, -1)	(-5, -5)

문제는 이 협정에 양국이 합의하는지 여부이다. 그래서 A 국이 이 제안에 대해 합의할 것인지 결정하고 그 다음에 B 국이 협정에 합의할 것인지를 정한다고

한다. 두 국가가 합의했을 때만 협정은 성립하며 한 국가만 합의했을 때는 성립되지 않는다. 이렇게 하면 그림 5.6.2 에서 보는 것과 같이 두 국가의 딜레마가 순차게임과 동시게임을 혼합한 형태가 된다.

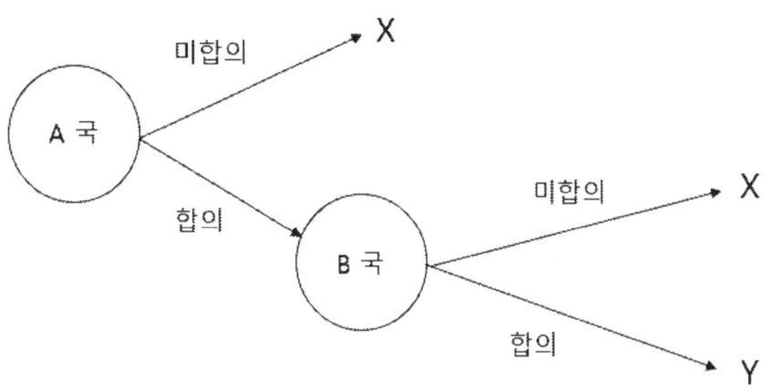

그림 5.6.2 두 국가 딜레마의 순차게임과 동시게임

게임 X 의 Nash 균형은 (비협력, 비협력)으로 양국의 보수는 (-5, -5) 이다. 그러나 게임 Y 의 Nash 균형은 (협력, 협력)으로 양국의 보수는 (3, 3)이다. 그림 5.6.3 과 같이 순차게임과 동시게임이 혼합된 형태에서는 부분게임을 독립된 게임으로 생각하고 게임의 해를 구한다. 순차게임에서 사용하는 역진귀납법은 사실 이 사고방식의 특수형이라는 것을 알 수 있다.

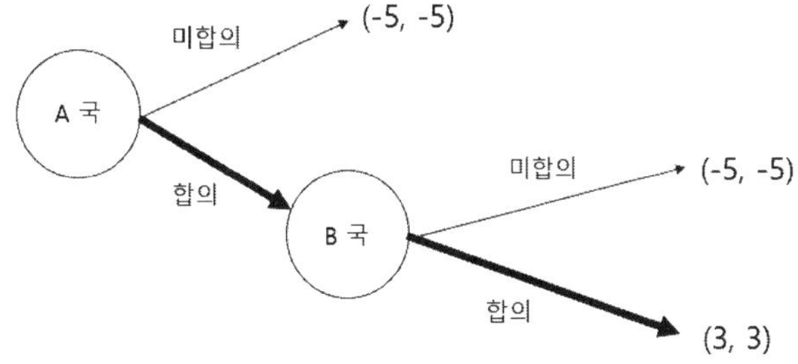

그림 5.6.3 두 국가 딜레마 게임의 역진귀납법에 의한 게임 해

이 게임의 SPNE 는 (합의, 합의)이며 이때 양국의 보수는 (3, 3)이다.

5.6.3 배수의 진

이웃한 A 국과 B 국은 두 나라의 사이에 작은 섬을 두고 늘 갈등상태에 있다. 현재 이 섬은 B 국이 점령하고 있는데 A 국은 이 섬에 대해 B 국의 점령을 묵인하고 현상태를 유지할 수 있으며 섬의 영유권을 장악하려 B 국을 침공할 수도 있다. 만약 A 국이 침공을 하면 B 국은 전쟁을 수행하거나 후퇴하는 2 가지 방안이 있다. 현상태를 유지하면 A 국의 보수는 -10 이며 B 국의 보수는 10 이다. 만약 A 국이 침공을 하여 B 국이 전쟁을 하게 되면 양국은 -100 의 보수를 얻는 재앙에 직면한다. 그러나 A 국의 침공에 B 국이 후퇴하게 되면 A 국은 10 의 보수를 B 국은 -10 의 보수를 얻게 된다.

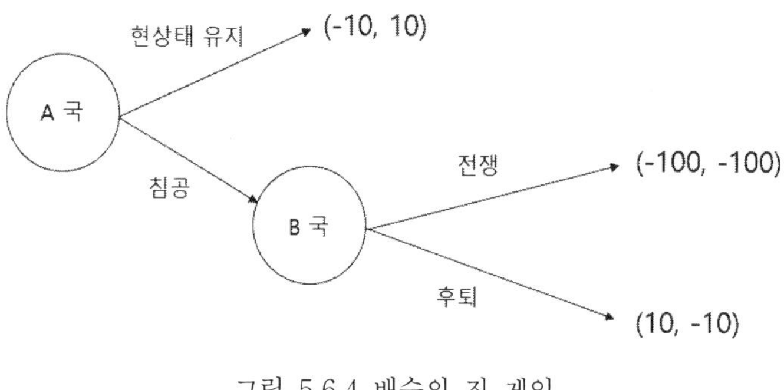

그림 5.6.4 배수의 진 게임

이 게임을 역진귀납법으로 SPNE 를 구해보면 그림 5.6.5 와 같이 (침공, 후퇴)가 되며 A 국은 10 의 보수를 B 국은 -10 의 보수를 얻는다. 이 상황에서 A 국은 선발자이며 B 국은 후발자로 당연히 선발자가 유리한 게임이다.

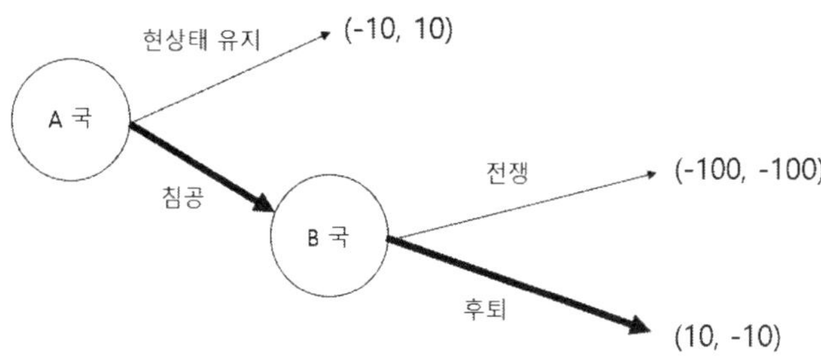

그림 5.6.5 배수의 진 게임 역진귀납법에 의한 게임 해

이 상황에서 후퇴를 할 수밖에 없는 B 국이 할 수 있는 것은 '배수의 진'을 치는 것이다. 배수의 진의 원래 의미는 배후에 물을 두고 싸우는 것과 같이 후퇴없는 결전의지를 나타내는 것이며 서양에서는 'Burn the Bridge behind'라고 한다. 이 게임에서 배수의 진은 B 국이 후퇴를 할 수 없다는 것을 A 국에게 확실히 알려주는 것이다. B 국은 후퇴하지 않는다고 국제적으로 선언하고 총동원령을 내리고 결전의지를 다지면 그림 5.6.6 과 같은 게임으로 바뀐다. 물론 배수의 진은 3.4.4 절에서 소개한 치킨게임에서는 운전대를 뽑아 버리는 행동을 보여주는 것 같은 과감한 행동이 필요하다. 그러면 Nash 균형은 (현상태유지, 전쟁)이 된다.

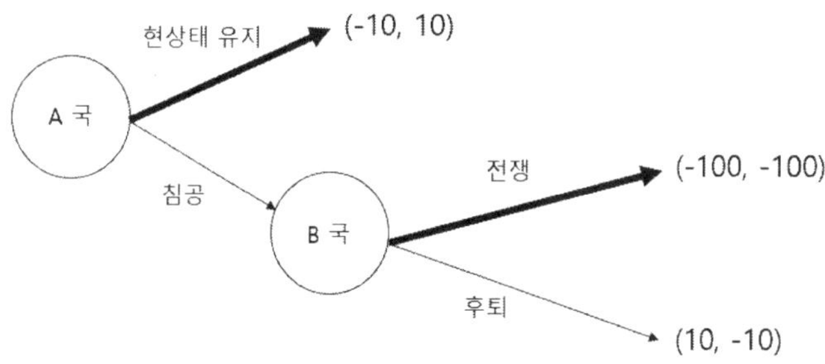

그림 5.6.6 배수의 진 Nash 균형

이처럼 스스로 자신의 행동에 제약을 가하는 것을 자기구속(Commitment)이라고 부른다. 일반적 경우와 달리 전략적 상황에서는 자기구속을 통해 자신의 이득을 높이는 것이 가능한 경우가 있다.

제6장

반복게임

6.1 반복게임과 History 개념

반복게임이란 동일한 전략적 상황이 계속 반복되는 게임이다. 하나의 일회성게임이 진행되는 각 시점을 스테이지(Stage) 혹은 기(Period)라고 부른다. 따라서 일회성 게임을 스테이지 게임이라고도 한다. 반복게임에서 스테이지별 또는 매 기별 전략은 동일해야 한다. 반복적으로 게임이 진행되지만 매 기의 게임의 전략이 다른 것은 반복게임이 아니다.

반복게임은 유한반복게임과 무한반복게임으로 나눈다. 유한반복게임은 게임이 끝나는 기가 유한한 상황을 의미하고 무한반복게임이란 주어진 일회성게임을 끝없이 계속하는 상황을 말한다.

게임이론에서는 전략이 발생가능한 모든 상황에 있어서 해당 경기자의 행동을 완전한 계획으로 규정해야 한다. 이 정의가 반복게임에도 적용된다. 예를 들어 경기자 1 과 경기자 2 가 2 회 반복하는 게임에 참여한다면 각 경기자의 전략은 우선 첫 번째 기에 어떠한 행동을 취할 것인가에 대한 계획을 포함해야 한다. 그리고 각 경기자의 전략은 첫 번째 기에 실현된 결과에 대하여 두 번째 기에 어떤 행동으로 대응해야 하는지를 포함해야 한다.

따라서 반복게임에서는 지나간 과거의 경기자들의 선택의 결과가 중요하다. 이를 경기자들의 History 라 부른다. 반복게임에서 t 기 History 란 첫 번째 기로부터 $(t-1)$번째 기까지 경기자들이 선택했던 행동들의 기록이다.

예를 들어 2 명의 경기자가 2 개의 전략 A 와 B 를 가지고 반복게임을 할 때에 History 와 전략을 생각해보자. 1 기의 History 는 그 이전에 발생한 사건이 아무것도 없고, 전략은 A 와 B 중 하나를 고르는 것으로 나타난다. 즉 이때 전략은 2 가지다. 2 기의 History 는, 경기자 1 과 경기자 2 의 전략이 빚어내는 결과물들이다. 즉 (A, A), (A, B), (B, A), (B, B) 4 가지가 등장하게 된다. 2 기에서 한 경기자의 전략은 이 각각의 경우에 대하여 A 또는 B 를 택하는 것이므로 전략은 $2^4 = 16$가지가 나올 것이다. 3 기의 History 는, 1 기와 2 기에서 경기자들의 전략이 빚어낸 결과물들이다. 즉 (AA, AA), (AA, BA),...,(BB, BA), (BB, BB) 등 총 16 가지가 도출된다. 즉 3 기의 전략은 이 16 가지 History 에 기반하여 A 와 B 중 하나를 선택해야 하므로, 3 기의 전략은 $2^{16} = 65,536$ 가지가 나오게 된다. 따라서 3 기에 걸친 반복게임에서 한 경기자의 전략의 총 수는 $2 \times 2^4 \times 2^{16} = 2^{21} =$

1.552×10^{28}가지가 된다. 스테이지 게임이 몇 번만 반복되어도 전략의 수가 매우 커진다.

다음은 History 의 부분게임 관점에서 살펴보자. 예를 들어 그림 6.1.1 과 같은 일회성게임은 경기자 1과 경기자 2간의 2인 전략형게임이다. 경기자 1과 경기자 2 가 선택할 수 있는 행동은 A 와 B 라고 하자. 그러면 다음과 같은 전략선택의 조합이 나올 수 있으므로 2 기의 History 는 경기자 1 과 경기자 2 의 전략이 빚어내는 결과물들이다. 즉 (A, A), (A, B), (B, A), (B, B) 4 가지이다.

		경기자 2	
		A	B
경기자 1	A	AA	AB
	B	BA	BB

그림 6.1.1 전략형게임

마찬가지로 그림 6.1.2 와 같이 3 기의 History 는 16 개의 부분게임이 존재한다. 3 회 반복게임의 경우 4 기 게임이 개시되는 시점에 실현가능한 History 는 64 개의 부분게임이 존재한다. 즉, 4 기 게임이 개시되는 시점에는 64 개 History 중 한 경로에서 시작한다.

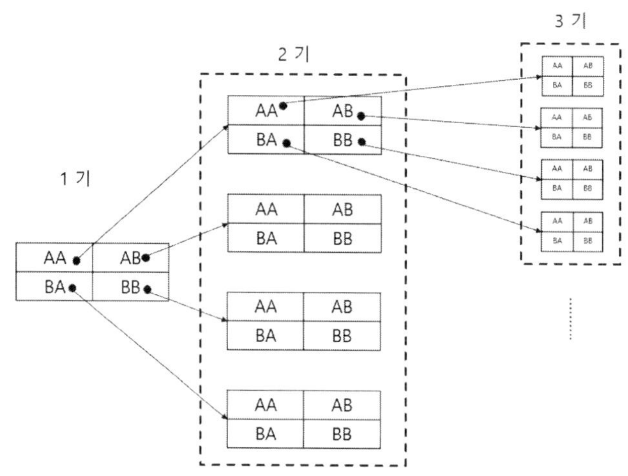

그림 6.1.2 1~3 기 History

6.2 반복게임에서 보수의 변화

게임이론에서 사용하고 있는 Finance 이론은 '현재의 1 원은 미래의 1 원보다 가치가 높다.'라는 것이 기본적인 사고 방식이다. 현재의 1 원은 운용에 따라 1 년 후에는 1 원 이상으로 만들 수 있다. 예를 들어 은행에 맡기고 이자를 받는 경우에도 1 년 후에는 1 원 이상의 가치가 된다.

이자율을 γ 라 할 때 1원을 1기간 운용한 수익은 $(1+\gamma)$원이 된다. 일반적으로 이자율을 γ라 할 때 1 기간 이후에 a원은 $a(1+\gamma)$원이 된다. 2 기간 이후에는 이것이 더 나아가 $(1+\gamma)$배가 되므로 $a(1+\gamma)^2$원이 되며 n기간 이후에는 $a(1+\gamma)^n$원이 된다.

이 방식을 거꾸로 계산하면 미래의 돈을 현재의 가치로 환산하는 식을 얻을 수 있다. 이자율을 γ이라 하고 1 기간 이후의 a원은 현재의 $a/(1+\gamma)$원과 같은 가치가 된다. 여기서 $1/(1+\gamma)$을 할인인자라 하고 δ로 표시한다. 그러면 앞의 계산에서 2 기간 이후의 a원의 현재가치는 $a\delta^2$원이며 일반적으로 n기간 이후의 a원의 현재가치는 $a\delta^n$원이 된다.

만약 특정 경기자가 t번째 기에 u_i의 보수를 얻는다고 하면 할인인자 δ이라 하면 T회 반복게임에서 경기자가 얻는 보수의 현재가치 총액 V은 식 (6.2-1)과 같다.

$$V = u_1 + u_2\delta + u_3\delta^2 + \cdots + u_T\delta^{T-1} \qquad (6.2-1)$$

반복게임에서 경기자가 식 (6.2-1)의 기준으로 계산한 보수와 반복게임을 구성하는 일회성게임의 보수를 비교하는 것은 쉽지 않다. 무한반복게임에서 $\delta = 0.9$라 할 때 경기자가 매 기 1 원의 보수를 얻는다고 할 때 $V = 1 + 1 \times 0.9 + 1 \times 0.9^2 + \cdots = \frac{1}{1-0.9} = 10$ 원이다. 이 보수 10 원과 일회성 반복게임의 보수 1 과 비교하기가 쉽지 않다. 이 경기자가 매 기마다 1 원의 보수를 얻는다면 반복게임에서 그가 평균적으로 얻는 현재가치 보수도 1 원이라고 보는 것이 적절하다. 즉 위에서 계산된 10 원에 0.1 을 곱해 준 수치를 무한반복게임의 현재가치화된 평균보수로 사용하는 것이 편리하다. 따라서 반복게임의 보수를 현재가치의 총액이 아니라 식 (6.2-2)와 식 (6.2-3)과 같은 평균할인보수로 간주하기도 한다.

유한반복게임: $v = \left(\frac{1-\delta}{1-\delta^T}\right)\sum_{t=1}^{T} \delta^{t-1} u_i$ (6.2-2)

무한반복게임: $v = (1-\delta)\sum_{t=1}^{\infty} \delta^{t-1} u_i$ (6.2-3)

무한반복게임의 평균할인보수인 식 (6.2-3)을 아래와 같이 분해해 보자.

$$v(u_1, u_2, u_3, \dots) = (1-\delta)\sum_{t=1}^{\infty} \delta^{t-1} u_i = (1-\delta)(u_1 + \delta u_2 + \delta^2 u_3 + \delta^3 u_4 + \cdots)$$

$$= (1-\delta)u_1 + \delta(1-\delta)(u_2 + \delta u_3 + \delta^2 u_4 + \cdots)$$

$$= (1-\delta)u_1 + \delta v(u_2, u_3, u_4, \dots) \qquad (6.2\text{-}4)$$

식 (6.2-4)에서 보는 것과 같이 $t = 1$ 에서 시작되는 무한반복게임의 평균할인보수 $v(u_1, u_2, u_3, \dots)$는 $t = 1$에서 얻는 보수 u_1과 $t = 2$로부터 시작되는 반복게임의 평균할인보수 $v(u_2, u_3, u_4, \dots)$의 가중평균값이다. $t = 1$에서 얻는 보수 u_1 에는 $(1-\delta)$ 의 가중치가 주어지고 $t = 2$ 로부터 시작되는 반복게임의 평균할인보수 $v(u_2, u_3, u_4, \dots)$에는 δ의 가중치가 주어진다. 할인인자 δ는 경기자의 인내력 또는 미래지향적 성향을 나타낸다. 따라서 경기자의 할인인자가 클수록 $t = 1$에서 얻는 보수 u_1에 주어지는 가중치는 작아지고 $t = 2$로부터 시작되는 미래의 보수에 주어지는 가중치는 커진다.

6.3 유한반복게임

6.3.1 죄수의 딜레마 게임의 유한반복

표 6.3.1 과 같은 죄수의 딜레마 게임을 생각해 보자. 이 게임의 유일한 Nash 균형은 (N, N)이다.

표 6.3.1 죄수의 딜레마 게임

		죄수 2	
		자백(N)	부인(C)
죄수 1	자백(N)	**(1, 1)***	(4, 0)
	부인(C)	(0, 4)	(3, 3)

이 게임을 표 6.3.2 와 같이 2 회 반복게임을 한다고 하자.

표 6.3.2 죄수의 딜레마 2 회 반복

		죄수 2	
		N	C
죄수 1	N	(1, 1)	(4, 0)
	C	(0, 4)	(3, 3)

→

		죄수 2	
		N	C
죄수 1	N	(1, 1)	(4, 0)
	C	(0, 4)	(3, 3)

2 회 반복게임을 전개형게임으로 표현하면 그림 6.3.1 과 같다. 보수는 1 기와 2 기의 보수의 합이며 편의상 이자율은 없다고 가정한다.

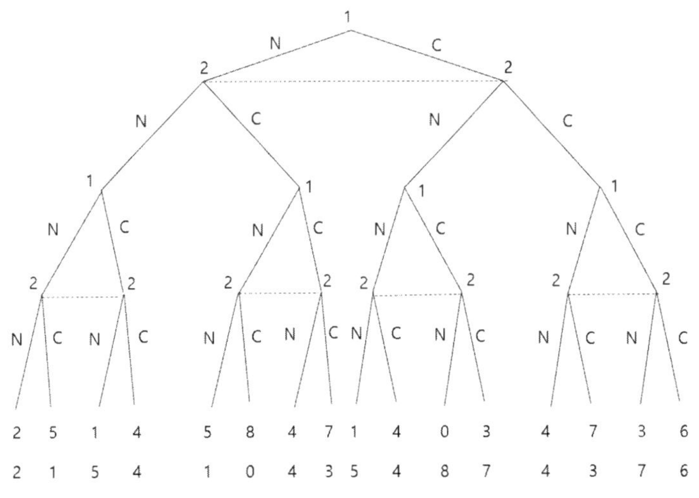

그림 6.3.1 죄수의 딜레마 게임의 2 회반복 전개형게임으로 변환

이 게임을 역진귀납법으로 Nash 균형을 찾아보면 그림 6.3.2 와 같이 각 경기자들이 1 기에 N 을 선택하고 그 이후에도 History 에 관계없이 계속 N 을 선택하는 것이다. 이 결과를 보면 죄수의 딜레마 게임이 반복될 경우

유한반복게임에서는 협조가 가능하지 않다. 즉, 아무리 게임이 계속 진행되는 유한반복게임에서는 협조는 발생하지 않는다. **일반적으로 Nash 균형이 유일하게 존재하는 게임에서는 유한반복게임에서는 협조가 존재하지 않는다.**

유일한 Nash 균형을 가지는 스테이지 게임이 유한번 반복될 때 이 유한반복게임은 유일한 SPNE 를 가진다. 이 SPNE 에서는 매기마다 스테이지 게임의 Nash 균형이 반복적으로 나타난다.

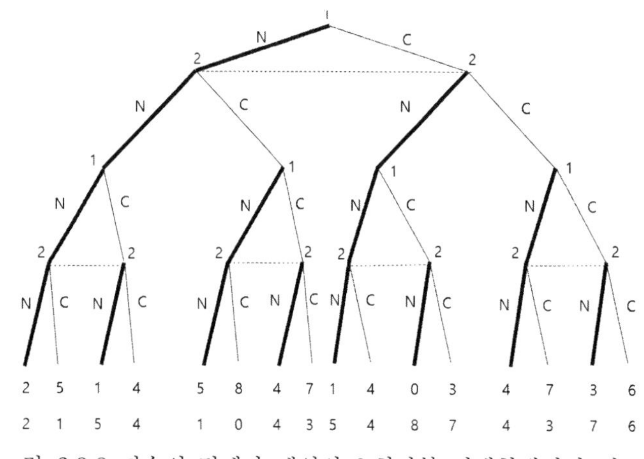

그림 6.3.2 죄수의 딜레마 게임의 2 회반복 전개형게임의 해

6.3.2 복수의 Nash 균형을 갖는 유한반복게임

표 6.3.3 과 같은 게임 상황을 생각해 보자. 이 게임을 2 회 반복게임으로 진행하고 이자율은 없다고 가정한다. 최적대응법을 사용하여 Nash 균형을 구해보면 (A, A)과 (C, C) 두개의 균형을 구할 수 있다. 그런데 Nash 균형이 아닌 (B, B)가 경기자 1 과 경기자 2 의 Nash 균형 보수보다 크다는 사실에 주목한다.

표 6.3.3 복수의 Nash 균형을 갖는 게임

		경기자 2		
		A	B	C
경기자 1	A	**(1, 1)***	(4, 0)	(1, 0)
	B	(0, 4)	(3, 3)	(1, 1)
	C	(0, 1)	(1, 1)	**(2.5, 2.5)***

이 게임의 SPNE 에 대해 찾아보면 매 기에 스테이지 게임의 Nash 균형이 발생하는 SPNE 가 존재한다. 1 기에 경기자 1 과 경기자 2 가 A 를 선택하고 2 기에는 History 에 관계없이 A 를 선택하는 경우 명백히 SPNE 이다. 왜냐하면 (A, A)가 스테이지 Nash 균형이기 때문이다. 이와 같이 2 기에 History 에 관계없이 모두 A 를 선택하고 1 기에 모두 A 를 선택하는 것 역시 주어진 상대에 대한 최적대응이기 때문에 SPNE 이다.

마찬가지로 1 기에 둘 다 A 를 선택하고 2 기에 둘 다 History 에 상관없이 C 를 선택하는 것도 SPNE 이다. 또, 1 기에 C 를 선택하고 2 기에는 History 에 상관없이 A 를 선택하는 것도 SPNE 이다. 마지막으로 1 기에 C 를 선택하고 2 기에는 History 에 상관없이 C 를 선택하는 것도 SPNE 이다.

그러나 우리의 관심은 반복으로 인한 보복의 가능성이 있을 때 1 기에 협조가 가능한 것인가 하는 것이다. 다시 말해 1 기에 (B, B)를 선택하는 상황이 SPNE 에서 달성가능한가 하는 것이다.

두 경기자가 다음과 같은 선택을 했다고 가정해 보자. 즉, 1 기에는 (B, B)를 선택하고 2 기에는 좋은 Nash 균형과 나쁜 Nash 균형 중 하나를 선택하는 경우이다.

- 1 기: B 선택
- 2 기: C 선택; 1 기에 (B, B)가 발생했을 경우
  A 선택; 1 기에 (B, B) 이외의 결과가 발생한 경우

이러한 전략이 SPNE 인지 알아본다. 먼저 2 기에는 (C, C) 또는 (A, A) 중 하나가 선택되는데 이는 2 기에 실행되는 부분게임의 Nash 균형이다. 그럼 1 기의 전략이 최적인지 확인해 본다. 상대가 위의 전략에 따라 B 를 선택하면 나도 B 를

선택하여 (B, B)가 실현되고 2 기에는 상대가 C 를 선택할 것이므로 나도 C 를 선택하는 것이 최선의 선택이다. 따라서 이 때 보수는 3+2.5=5.5 가 된다.

다음으로 1 기에 상대방이 B 를 선택하는 하는 상황에서 내가 이탈하여 B 를 선택하지 않으면 A 를 선택하는 것이 3 의 보수에서 4 의 보수를 받으므로 1 의 보수가 증가하여 최선이다. 위 전략에 따라 2 기에서는 상대방은 A 를 선택할 것이고 나도 A 를 선택하는 것이 최선이다. 이 경우 총 보수는 4+1=5 가 된다. 이는 원래대로 1 기에 B를 선택할 때보다 보수가 감소한다. 따라서 주어진 2 기의 전략을 따를 때 1 기에 B 를 선택하는 것이 최적이다.

따라서 위에 제시된 두 경기자의 전략은 SPNE 이다. 우리가 주목할 점은 1 기에 (B, B)라는 Nash 균형이 아닌 (B, B)를 선택하는 협조가 달성되는 경우도 있다는 것이다. 그러나 **복수의 Nash 균형을 갖는 유한반복게임에서 항상 협력이 가능한 것은 아니다.**

6.4 무한반복게임

6.4.1 방아쇠전략

게임이 무한반복된다는 것은 게임의 끝이 없다는 것이다. 즉, 이 경우에 비협조시 보복조치가 중요해진다. 왜냐하면, 보복전략을 어떻게 구성하느냐에 따라서 각 경기자의 보수에 할인인자를 곱하여 현재가치를 구했을 때 그 가치가 협조를 깨버리기에 충분할 수도 있고, 불충분할 수도 있기 때문이다. 상대방이 협조를 깨뜨렸을 때, 곧바로 보복전략이 발동되는 이것을 방아쇠전략(Trigger Strategy)라고 한다. 표 6.4.1 과 같이 다시 죄수의 딜레마 게임 상황을 예로 설명한다. 여기서, $d > c > n > 0$라고 가정한다. 그러면 전략명세 (N, N)이 Nash 균형이나 (C, C)보다는 보수가 작아서 비효율적인 균형이다.

표 6.4.1 죄수의 딜레마 게임 보수행렬

		죄수 2	
		N	C
죄수 1	N	$(\boldsymbol{n},\ \boldsymbol{n})^*$	$(d, 0)$
	C	$(0,\ d)$	$(c,\ c)$

- 1 기: C 선택
- t 기(t>1):
  - C 선택; 지금까지 계속 (C, C)가 유지된 경우
  - N 선택; 지금까지 한 번이라도 (C, C) 이외의 결과가 발생한 경우

유한반복게임에선 게임의 '끝'이 존재했기 때문에 역진귀납법을 사용해서 SPNE를 도출할 수 있었지만 무한반복게임에서는 역진귀납법을 사용할 수 없다.

따라서 SPNE 의 정의를 활용하여 위의 전략이 균형전략이 될 수 있는지를 살펴보자. SPNE 는 모든 부분게임에서 Nash 균형이 달성되도록 하는 전략명세이다. 무한반복게임은 History 에 따라서 2 가지로 구별할 수 있다. 하나는 단 한번이라도 협조가 깨지지 않은 경우, 그리고 한 번이라도 협조가 깨진 경우이다. 이제 상대가 방아쇠전략을 채택하고 있을 때, 내가 방아쇠전략을 택하는 것이 최적인지를 생각해보자.

단 한번이라도 협조가 깨진 적이 있는 경우에는 상대는 방아쇠전략에 따라 영원히 전략 A를 고수할 것이다. 상대가 A로 나올 때, 나 역시 A로 나가는 것이 우월전략이므로, 방아쇠전략이 Nash 균형을 구성함을 보여준다.

다음으로 단 한번이라도 협조가 깨지지 않은 경우에는 상대는 B 를 선택할 것이고 계속 협조적으로 나올 것이다. 이 때 나의 유익한 이탈을 현재가치로 구한 보수로 평가하기 위해서 할인인자가 중요하다. 내가 계속 협조를 한다고 할 때의 보수는 $c + c\delta + c\delta^2 + \cdots = c/(1-\delta)$가 되고 협조를 깨는 경우의 보수는 $d + n\delta + n\delta^2 + n\delta^3 \ldots = d + n\delta/(1-\delta)$이 된다.

이탈유인이 없으려면 $c/(1-\delta) \geq d + n\delta/(1-\delta)$이되어야 한다. 여기서 등호가 포함되는 이유는 Nash 균형을 명확히 정의해주기 위함이다. 등호가 불포함되는 경우 근사값으로 정의해야 하므로 최적대응을 명확히 정의하기 힘들다. 다시

정리하면 $\delta \geq \frac{d-c}{d-n}$가 된다. $d > c > n > 0$이라고 가정했으므로 $d - c < d - n$이다. 그러므로 $\frac{d-c}{d-n} < 1$이 성립하여 이 식을 만족하는 δ는 존재한다.

결론적으로 한 번이라도 협조가 깨어지고 나서 도달한 부분게임에서는 방아쇠전략이 항상 Nash 균형을 이루고 지금까지 계속 협조가 이루어진 상태에서 도달한 부분게임에서는 $\delta \geq \frac{d-c}{d-n}$이면 방아쇠전략이 Nash 균형을 이룬다. 이 경우 방아쇠전략이 무한반복 죄수의 딜레마 게임의 SPNE 를 구성한다.

무한반복게임에서는 게임이 무한 반복되므로, 가능한 이탈의 수 역시 무한이 많게 된다. 예컨대 1 기에만 이탈하고 계속 원래의 전략을 따르거나, 짝수기에만 이탈을 하거나 3 의 배수인 시기에만 이탈을 하거나... 이런식으로 무한히 많다. 이 경우 우리가 Nash 균형을 확인하기 위해 상대가 어떤 전략을 택할 때 나의 이탈유인을 평가해야할 경우의 수가 무한히 많아지므로 평가가 어렵게 된다. 그러나 모든 이탈에 대해서 득실을 따지지 않아도 되는데 바로 일회이탈원리 (One-shot Deviation Principle) 때문이다. 무한반복게임에서 1 회의 이탈로 이득을 볼 수 없다면, 2 회 이상의 이탈로도 이득을 볼 수 없다는 것이다.

이것이 가능한 이유는, 반복게임의 정의 때문이다. 반복게임은 보수구조, 전략, 경기자가 바뀌지 않고 동일하기 때문에 1 회 이탈로 이득을 볼 수 없다면, 2 회 이상의 이탈로도 당연히 이득을 볼 수 없다. 따라서 우리는 일회이탈원리를 바탕으로 SPNE 를 구할 수 있다. 가령 3 기에 처음 이탈을 한다면, 첫 두 개 기에는 C 를 택해 협조를 한다는 것이므로, 원래 전략을 따르는 것이므로 비교할 필요가 없다. 즉 이탈이 일어난 3 기부터 양자를 비교하면 된다. 즉, 보수를 3 기부터 구하여 비교하면 된다. 이것은 그냥 1 기에 바로 이탈을 하는 상황과 실질적으로 아무 다를 바가 없다.

어쨌든 보수를 구하면 할인인자 δ 가 중요해지는데, δ가 일정값 이상 되어야만 방아쇠전략이 SPNE 가 될 수 있다. 할인인자는 일종의 인내력 수준이라고 보면 된다. 할인인자가 1 이면 인내력이 높아서 현재의 보수와 미래의 보수가치가 동일하다는 것이고, 할인인자가 0 이면 인내력이 아예 없어서 미래의 보수의 가치를 할인했을 때 가치가 0 이라는 의미이다. 이때 이탈시 획득하는 보수 d 의 크기가 중요해지는데, 만약 c와 n이 고정된 상태에서 d 가 무한대로 커진다고 가정하자. 그러면 할인인자 δ는 1 에 수렴할 것이고 이는 인내심이 매우 높은 경기자만이 협조하게 된다는 것을 의미한다.

한편 d 와 n 은 고정된 상태에서 협조유지시 획득하는 보수 c 의 크기가 커진다고 해보자. 이 경우 $d-c$가 작아지므로 할인인자 δ의 크기는 점점 작아질 것이고, 이는 인내심이 낮은 사람도 협조하게 됨을 의미한다. 또 d와 c는 고정한 상태에서 보복에 따른 보수 n 의 크기가 커지는 경우 $d-n$ 이 작아지므로 할인인자 δ 의 크기가 점점 커질 것이다. 이는 이탈을 해서 보복을 받더라도 보수가 풍족하므로 인내심이 높은 경기자만 협조하게 될 것임을 의미한다.

5.6.2 절에서 소개한 양국의 문제를 방아쇠전략으로 게임을 분석해 보자. A 국과 B 국의 보수행렬은 표 6.4.2 와 같다. 앞에서 소개한 **방아쇠전략은 상대가 협력하는 한 협력한다. 상대가 한번이라도 비협력하면 그 이후에는 영원히 비협력이라는 전략**이라고 할 수 있다.

표 6.4.2 국가간 협력, 비협력 게임

보수행렬		B 국	
		협력	비협력
A 국	협력	(3, 3)	(-10, 6)
	비협력	(6, -10)	(-5, -5)

그러면 할인인자를 δ 이라고 하고 두 국가가 계속 협력했을 때 기대보수는 다음과 같다.

$$3 + 3\delta + 3\delta^2 + 3\delta^3 + \cdots = 3/(1-\delta)$$

두 국가가 계속 비협력했을 때 기대 보수는 다음과 같다.

$$-5 - 5\delta + 5\delta^2 + 5\delta^3 + \cdots = -5/(1-\delta)$$

1 기에서 A 국이 비협력, B 국이 협력, 2 기부터는 양국 모두 비협력시 기대보수는 다음과 같다.

$$\text{A 국: } 6 - 5\delta + 5\delta^2 + 5\delta^3 + \cdots = 6 - 5/(1-\delta)$$

$$\text{B 국: } -10-5\delta+5\delta^2+5\delta^3+\cdots=-10-5/(1-\delta)$$

그러면 표 6.4.3 과 같은 보수행렬을 얻을 수 있다.

표 6.4.3 국가간 협력, 비협력 전략에 따른 보수행렬

		B 국	
		방아쇠	비협력
A 국	방아쇠	$(3/(1-\delta),\ 3/(1-\delta))$	$(-10-5/(1-\delta),$ $6-5/(1-\delta))$
	비협력	$(6-5/(1-\delta),$ $-10-5/(1-\delta))$	$(-5/(1-\delta),\ -5/(1-\delta))$

$\delta = 0.9$라면 보수행렬은 다음과 같이 계산할 수 있다.

표 6.4.4 할인인자 $\delta = 0.9$일 때 보수행렬

		B 국	
		방아쇠	비협력
A 국	방아쇠	**(30, 30)***	(−55, −39)
	비협력	(−39, −55)	(−50, −50)

Nash 균형은 (방아쇠, 방아쇠)이며 양측의 협력이 달성된다.

6.4.2 무한반복게임의 전략

무한반복게임에는 여러가지 전략이 있을 수 있다. 이중 가장 간단한 전략은 신사(Nice) 전략, 깡패(Nasty) 전략, 교대(Alternation) 전략이 있다. 신사전략은 과거 History 가 어땠었건 혹은 상대방이 어떤 선택을 하든 무조건 C 를 선택하는 반복전략게임이다. 반면, 깡패전략은 상대방이 어떤 선택을 하든 무조건 N 을 선택하는 반복전략게임이다. 교대전략은 상대방의 직전 기 선택에 상관없이 홀수 기에는 C 를 짝수 기에는 N 을 선택하는 전략이다. 이러한 전략은 상대방의

선택이나 History에 무관하게 사전에 정해진 대로 매 기의 선택을 한다는 특징이 있다.

반면, 상대방의 과거 전략이 나의 현재 행동을 촉발하는 방아쇠전략이 있다. 여기에는 무자비(Grim) 전략, '눈에는 눈 이에는 이(Tit-for-tat)' 전략, '한번은 봐주고 다음부터 복수(Tit-for-two-tats)' 전략이 있다. 무자비전략은 상대방이 N 을 선택했다면 나는 이번 기부터는 무조건 N 을 선택하는 전략으로 정의된다. '눈에는 눈 이에는 이' 전략은 상대방이 직전 기에 선택했던 행동을 오늘 내가 그대로 따라 행동하는 전략이다. '한 번은 봐주고 다음부터 복수' 전략은 상대방이 계속해서 두 번 배신하는 경우에 N을 선택하는 것을 말한다. 무한반복게임전략은 이 외에도 무수히 많은 전략이 존재한다.

6.5 전래 정리

전래 정리(Folk Theorem)는 사회 딜레마가 반복해서 발생하는 반복게임에서는 보다 나은 상황으로의 다른 결과(균형)가 나올 수 있다는 것이다. 사회 딜레마가 반복적으로 연출된다면 경기자들에게 더 좋은 상황인 협조적 결과가 일반적이라는 것이다. 누군가가 이미 증명한 것처럼 보여 게임이론가들 사이에 그 결과가 잘 알려져 있었으나, 누구 한 명을 지정하여 그 사람이 증명하였다고 말하기 힘들어 이를 전래 정리라 부른다. 사실상 정리도 없었고 증명도 없었다.

이를 수학적으로 정리하면 다음과 같다.

어느 스테이지 게임이 무한히 반복되며, 이 스테이지 게임의 Nash 균형에서 경기자 1 과 경기자 2 가 얻는 균형보수가 각각 u_1^*, u_2^*라고 하자. 이제, 이 게임에서 매 기 평균적으로 달성가능한 임의의 보수조합 (u_1, u_2)가 있고 이것이 $u_1 > u_1^*$, $u_2 > u_2^*$를 만족한다면 할인인자 δ가 충분히 클 경우 경기자 1 과 경기자 2가 매 기 평균적으로 각각 u_1, u_2를 얻는 SPNE가 존재한다.

제7장

불완비 정보하의 정태적게임

7.1 불완비정보게임 개념

게임 상황에서 정보가 완비되었다는 것은 게임의 3 요소인 경기자, 전략, 보수를 게임에 참여하는 모든 경기자가 알고 있는 상황을 의미한다. 반면, 상대방에 대한 정보를 온전히 갖고 있지 못할 때 불완비정보(Incomplete Information)가 있다고 하고 불완비정보가 포함된 게임을 불완비정보게임이라고 한다. 이러한 비대칭정보는 무엇에 관한 정보가 결여되어 있는가를 기준으로 감추어진 유형(Hidden Type)과 감추어진 행동(Hidden Action)의 두 종류로 나눌 수 있다. 가장 빈번하게 발생하는 불완비정보게임은 보수에 대해 잘 알지 못한 채 게임을 하는 경우이다.

현실적 게임 상황은 완비정보보다는 불완비 정보가 훨씬 많다. 특히, 상대방의 의도를 정확히 알기는 힘들기 때문이다. 가령 중고물품을 구매하려고 할 때 판매자가 얼마만큼의 금액을 받기를 원하는지를 알기 어렵고 경매에서도 구매자가 얼마만큼의 금액으로 낙찰 받기를 원하는지를 알기 어렵다. 인간관계에서도 상대방이 어떤 생각을 가지고 있는지 확인하기 어렵다.

불완비정보가 있을 때 자신만 알고 있고 다른 사람이 모르는 정보를 사적정보(Private Information)라고 부른다. 불완비정보게임은 사적정보가 있는 게임으로 생각해도 무방하다. 어떤 경기자의 사적정보를 그 경기자의 유형(Type)이라고 한다. 이러한 유형은 확률분포에 따라 계산된다. 이처럼 사적정보가 있어서 사람마다 가지고 있는 정보에 차이가 있으면 비대칭정보(Asymmetric Information)이 존재한다고 말한다.

7 장에서는 불완비정보가 존재할 때 전략선택의 매커니즘을 설명한다.

7.2 투자-진입게임

표 7.2.1 과 같은 기업의 투자-진입게임을 생각해 보자. 기업 1 이 독점하고 있는 시장에 기업 2 가 진입을 결정하려고 한다. 기업 1 은 생산용량을 증설하기 위해 추가투자 여부를 결정하고 기업 2 는 시장 진입여부를 결정한다고 하자. 기업 1 은 추가투자를 위한 비용을 정확히 알고 있다. 즉, 사적정보를 가지고 있다. 그러나 기업 2 는 기업 1 의 추가투자 비용을 정확히 알지 못하고 5 또는 1 이라고

추정만 할 수 있다. 이런 상황에서는 기업 1 과 기업 2 간에는 기업 1 의 추가투자비용에 대해 비대칭정보가 존재한다. 기업 2 의 입장에서 기업 1 의 투자비용이 5 일 확률을 α, 1 일 확률을 $1-\alpha$라고 하자.

그러면 표 7.2.1 은 같은 기업 1 의 투자비용이 5 일 확률이 α일 때 투자-진입게임의 보수행렬이다. 기업 1 이 5 의 추가투자를 하고 기업 2 가 시장에 진입하면 기업 1 은 1 의 보수를 얻고 기업 2 는 -2 의 보수를 얻는다. 이 보수행렬에서 추가투자를 하는 것은 투자 취소 대비 강열등전략이다.

표 7.2.1 기업 1 의 투자비용이 5 일 확률이 α일 때 보수행렬

		기업 2	
		진입	진입포기
기업 1	추가 투자	(1, -2)	(5, 0)
	투자 취소	(4, 2)	(6, 0)

기업 1 의 투자비용이 1 일 확률이 $1-\alpha$일 때 투자-진입게임의 보수행렬은 표 7.2.2와 같다. 기업 1 이 1 의 추가투자를 하고 기업 2 가 시장에 진입하면 기업 1 은 5 의 보수를 얻고 기업 2 는 -2 의 보수를 얻는다. 여기에서 투자 취소는 추가투자 대비 강열등전략이다.

표 7.2.2 기업 1 의 투자비용이 1 일 확률이 $1-\alpha$일 때 보수행렬

		기업 2	
		진입	진입포기
기업 1	추가 투자	(5, -2)	(9, 0)
	투자 취소	(4, 2)	(6, 0)

기업 2 의 입장에서 생각해 보자. 기업 2 는 위의 사실을 합리적으로 예상하고 진입여부를 결정한다. 만약 진입을 포기하게 되면 기업 1 의 투자여부에 상관없이 0 의 보수를 얻게 되면 진입을 하게 되면 α의 확률로 2 의 보수를 얻고 $1-\alpha$의 확률로 -2 의 보수를 얻게 된다. 왜냐하면 기업 1 은 강열등전략은 선택하지 않을 것이기 때문이다. 즉, 기업 2 의 보수는 $2 \times \alpha + (-2) \times (1-\alpha)$가 된다.

그러면 기업 2 의 입장에서는 보수가 0 보다 크면 시장진입을 할 것이고 0 이하이면 시장진입을 포기할 것이다.

$$2 \times \alpha + (-2) \times (1 - \alpha) > 0$$
$$\alpha > 0.5$$

결론적으로 기업 2 는 기업 1 이 5 를 투자할 확률이 0.5 보다 높을 때는 시장에 진입하고 0.5 이하일 때는 진입을 포기한다. 이와 같은 게임 상황을 전개형게임으로 표현하면 그림 7.2.1 과 같다. 여기에서 뿌리마디에 자연(Nature)이라는 개념을 도입하여 확률이 α인 방향과 $1-\alpha$방향을 나누어서 묘사하고 있다. 이는 자연을 경기자로서 포함시켜 불완비게임을 표현하는데 자연은 경기자의 유형을 주어진 사전확률분포에 따라 선택하는 역할을 한다. 이렇게 하면 지금까지 적용했던 분석도구를 그대로 적용할 수 있다.

기업 1 은 자신의 유형을 알고 있지만 기업 2 는 자신의 유형을 모르게 때문에 좌우의 정보집합이 묶인다. 좌우측의 묶인 정보집합은 동시게임을 나타내고 좌우를 묶는 정보집합은 자신의 유형을 모르는 것을 나타낸다.

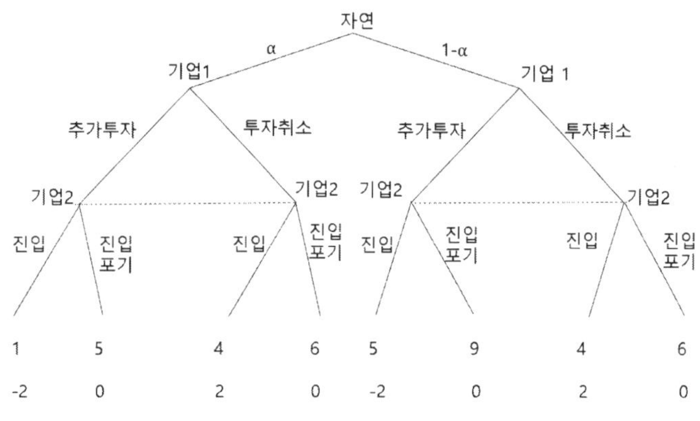

그림 7.2.1 불완비정보게임의 전개형게임

여기서 주목할 점은 불완비정보게임에서 경기자들이 상대방의 유형에 대해서는 정확히 알지 못하지만 그에 대한 확률분포는 알고 있다고 가정하는 것이다. 이와 같이 자연이 각 경기자의 유형을 정할 때 사용하는 확률분포는 공통지식이라고 가정하는데 경기 참여자들이 경험이나 통계치를 바탕으로 대체적으로 공유하는 확률분포를 가질 수 있다는 점에 비추어보면 어느 정도 타당하다. 확률분포가 공통지식이라는 가정 없이는 불완비정보게임에 대해 의미있는 분석을 하기가 어렵다.

7.3 Bayesian-Nash 균형

Bayesian-Nash Equilibrium(BNE)은 불완비정보게임에서 모든 경기자가 동시에 상대의 전략에 대해 최선의 선택을 하고 있는 상황을 말한다. 따라서 사적정보가 있는 경기자는 자신의 유형, 상대방의 유형에 대한 확률분포, 다른 경기자의 전략에 대해 자신의 기대보수를 극대화하려는 전략을 취한다. 그러나 사적정보가 없는 경기자는 상대방의 유형에 대한 확률분포, 다른 경기자의 전략에 대해 자신의 기대보수를 극대화하려는 전략을 취한다.

먼저 사적정보가 있는 경기자는 기대보수를 구할 때 실현된 자신의 유형을 활용하여 기댓값을 구한다. 다시 말하면 실현된 자신의 유형을 이용한 조건부 기댓값을 구한다. 조건부 기댓값은 어떤 변수의 기댓값을 구할 때 추가된 정보나 증거를 활용하여 기댓값을 구하는 것을 말한다.

반면, 사적정보가 없는 경기자는 공통지식으로 주어진 확률분포와 다른 경기자의 전략에 대해 자신의 기대보수를 극대화하는 전략을 구사한다. 다시 말하면 사전적으로 주어진 확률분포를 기본으로 상대 경기자의 전략에 대해 최적대응을 한다.

3.4.2 절의 성대결을 다음과 같이 변형시켜서 생각해 보자. 먼저 서로 좋아하는 남녀의 성대결 보수행렬은 표 7.3.1 과 같다.

표 7.3.1 여성이 남성을 좋아할 때 성대결 게임

		여성	
		야구	발레
남성	야구	(2, 1)	(0, 0)
	발레	(0, 0)	(1, 2)

그러나 여성이 남성을 싫어한다면 남성의 선택과 다른 선택을 해서 이 남성과의 데이트를 회피할 것이다. 이 경우 표 7.3.2 와 같은 보수행렬이 된다고 가정하자. 이 보수행렬에서는 남성은 계속해서 여성과 동일한 선택을 하고 싶어 하지만 여성은 남성과 다른 선택을 하고자 한다. 남성이 여성의 선호를 정확히 안다면 표 7.3.2 의 전략형게임은 기본적으로 동전짝 맞추기 게임과 동일한 구조를 가진다.

표 7.3.2 여성이 남성을 싫어할 때 성대결 게임

		여성	
		야구	발레
남성	야구	(2, 0)	(0, 2)
	발레	(0, 1)	(1, 0)

이제 여성은 자신이 남성을 좋아하는 지 싫어하는 지를 알지만 남성은 여성의 유형, 즉 여성이 자신을 좋아하는지 싫어하는지를 모르는 경우를 생각해 보자. 이 남성은 여성이 자신을 좋아할 확률이 0.5, 싫어할 확률이 0.5라고 생각하고 있다. 이 게임을 전개형게임으로 표현하면 그림 7.3.1 과 같다. 남성은 자신이 어느 경기를 하고 있는지 모르는 상황이므로 남성의 두 결정마디는 점선으로 표시된 정보집합으로 묶인다. 여성의 결정마디도 2 개씩 정보집합으로 묶이는데 이는 성대결게임이 기본적으로 동시게임이기 때문이다. 여성은 자신의 유형을 알고 있기 때문에 현재 펼쳐지는 게임이 좌측 게임인지 우측 게임인지인지는 분명히 구분하고 있다.

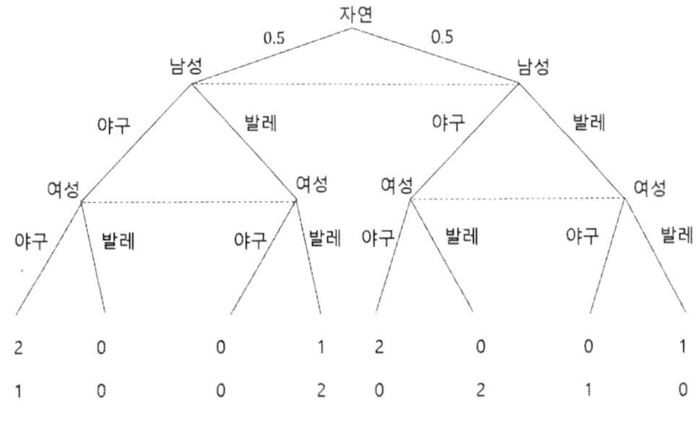

그림 7.3.1 성대결의 전개형게임

이 게임의 BNE 를 구해보자. 남성의 전략집합 S_1은 단순히 야구 또는 발레를 선택하는 것이다. 즉 경기자 1 의 전략집합 $S_1 = \{야구, 발레\}$ 가 되고 여성의 전략집합 $S_2 = \{(야구, 야구), (야구, 발레), (발레, 야구), (발레, 발레)\}$ 가 된다. 그러므로 우리가 고려해야 하는 전략명세는 총 $2 \times 4 = 8$ 가지가 된다.

그러므로 BNE 는 (*, (*, *))와 같은 형식이 될 것이다. 여기서 *는 남성의 전략이고 (*, *)은 여성의 전략이다. BNE 에서는 두 경기자의 전략은 서로 상대방의 전략에 대한 최적대응이 되어야 한다. 이 게임에서는 남성의 전략의 수가 여성의 전략의 수보다 작으므로 남성의 전략을 기준으로 생각해 보자.

먼저, (야구, (*, *))를 생각해 보자. 남성이 야구를 선택할 시 여성의 최적대응에 대해 알아본다. 남성이 야구를 선택시 좌측게임에서는 여성이 야구를 선택하면 1 의 보수를 얻는 반면 발레를 선택하면 0 의 보수를 얻으므로 야구를 선택하는 것이 더 높은 보수를 얻는다. 우측게임에서는 남성이 야구를 선택시 여성이 야구를 선택하면 0 의 보수를 얻고 발레를 선택하면 2 의 보수를 얻으므로 발레를 선택하는 것이 최적대응이다. 그러므로 여성의 최적대응은 (야구, 발레)이다.

(야구, (야구, 발레))가 BNE 가 되려면 거꾸로 (야구, 발레)에 대해 남성의 전략 야구가 최적대응인지 확인해 보아야 한다. 여성이 (야구, 발레)를 선택할 때 남성이 야구를 선택하면 기대보수 $u_1(야구, (야구, 발레))$는 다음과 같다.

$$u_1(야구, (야구, 발레)) = 1/2 \times 2 + 1/2 \times 0 = 1$$

반면, (발레, (야구, 발레))를 선택시 기대보수 $u_2(발레, (야구, 발레))$는 다음과 같다.

$$u_2(발레, (야구, 발레)) = 1/2 \times 0 + 1/2 \times 1 = 1/2$$

이는 여성의 선택 (야구, 발레) 에 대해 남성의 선택 야구가 최적대응임을 나타낸다. 따라서 (야구, (야구, 발레))는 BNE 이다.

다음으로, (발레, (*, *))를 생각해 보자. 남성이 발레를 선택할 시 여성의 최적대응에 대해 알아본다. 남성이 발레를 선택시 좌측게임에서는 여성이 야구를 선택하면 0 의 보수를 얻는 반면 발레를 선택하면 2 의 보수를 얻으므로 발레를 선택하는 것이 더 높은 보수를 얻는다. 우측게임에서는 남성이 발레를 선택시 여성이 야구를 선택하면 1 의 보수를 얻고 발레를 선택하면 0 의 보수를 얻으므로 야구를 선택하는 것이 최적대응이다. 그러므로 여성의 최적대응은 (발레, 야구)이다.

(발레, (발레, 야구))가 BNE 가 되려면 거꾸로 (발레, 야구)에 대해 남성의 전략 발레가 최적대응인지 확인해 보아야 한다. 여성이 (발레, 야구)를 선택할 때 남성이 발레를 선택하면 기대보수 $u_1\big(\text{발레}, (\text{발레}, \text{야구})\big)$는 다음과 같다.

$$u_1\big(\text{발레}, (\text{발레}, \text{야구})\big) = 1/2 \times 1 + 1/2 \times 0 = 1/2$$

반면, (야구, (발레, 야구))를 선택시 기대보수 $u_2\big(\text{야구}, (\text{발레}, \text{야구})\big)$는 다음과 같다.

$$u_2\big(\text{야구}, (\text{발레}, \text{야구})\big) = 1/2 \times 0 + 1/2 \times 2 = 1$$

이는 여성의 선택 (발레, 야구) 에 대해 남성의 선택 야구가 최적대응임을 나타낸다. 따라서 (발레, (발레, 야구))는 BNE 가 아니다. 결론적으로 (야구, (야구, 발레))는 유일한 BNE 이다.

두 번째 방법은 전략집합의 조합을 전략형게임으로 표현하여 최적대응법을 적용하는 것이다. 남성의 전략집합이 $S_1 = \{\text{야구}, \text{발레}\}$이고 여성의 전략집합 $S_2 = \{(\text{야구}, \text{야구}), (\text{야구}, \text{발레}), (\text{발레}, \text{야구}), (\text{발레}, \text{발레})\}$ 이므로 표 7.3.3 과 같은 전략형게임을 구성할 수 있다. 여기에서 제시된 보수는 앞에서와 같이 기대치로 계산된 값이다.

표 7.3.3 전략형게임으로 표현하여 최적대응법 적용(I)

		여성			
		(야구, 야구)	(야구, 발레)	(발레, 야구)	(발레, 발레)
남성	야구	(2, 0.5)	(1, 1.5)	(1, 0)	(0, 1)
	발레	(0, 0.5)	(0.5, 0)	(0.5, 1.5)	(1, 1)

최적대응법을 적용하여 유일한 BNE (야구, (야구, 발레))를 구할 수 있다.

표 7.3.4 전략형게임으로 표현하여 최적대응법 적용(II)

		여성			
		(야구, 야구)	(야구, 발레)	(발레, 야구)	(발레, 발레)
남성	야구	(2, 0.5)	(1, 1.5)*	(1, 0)	(0, 1)
	발레	(0, 0.5)	(0.5, 0)	(0.5, 1.5)	(1, 1)

제8장

불완비 정보하의 동태적게임

8.1 완전베이즈균형의 필요성

제 3 장에서 완비정보하 동시게임에서 복수의 Nash 균형 중 무엇이 더 신빙성 있는 Nash 균형인지 찾기 위해 보수우월과 초점, 비열등전략 Nash 균형 2 가지 개념을 살펴보았다. 제 5 장에서 완비정보하 순차게임에서의 복수의 Nash 균형 무엇이 더 신빙성 있는 Nash 균형인지를 찾기 위해 SPNE 개념을 도입하였다. 제 7 장에서는 불완비정보하 동시게임에서 Nash 균형 대신 사전적 확률분포를 반영한 BNE 개념을 소개하였다. 이제 제 8 장에서는 불완비정보하 순차게임에서 복수의 BNE 중 무엇이 더 신빙성 있는 균형인지 찾고자 완전베이즈균형(Perfect Bayesian Nash Equilibrium, PBNE)에 대해 알아본다.

제 5 장에서 게임나무로 표시되는 순차적게임에서 Nash 균형만으로는 신빙성 없는 위협에 기반을 둔 균형을 제거할 수 없음을 보고 Nash 균형보다 더 강화된 SPNE 를 도입하였다. 역진귀납법에 의해 얻은 이 균형은 경기자들이 균형에서의 도달 여부에 관계없이 모든 부분게임에서 합리적으로 행동하도록 요구함으로써 헛된 위협에 기초한 비현실적인 Nash 균형을 제거하였다. 그러나 불완비정보가 있는 동태적게임에서는 이 SPNE 도 충분하지 않을 수 있다.

5.3.2 절에 소개한 진입게임을 다시 여기에 소개하면 그림 8.1.1 과 같은 구조로 되어 있다.

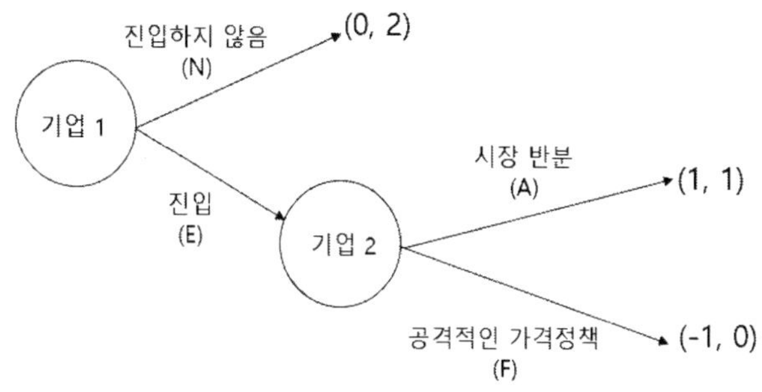

그림 8.1.1 진입게임

이게임을 불완비정보가 있는 동태적게임으로 변경하면 그림 8.1.2 와 같이 표현할 수 있다. 불완비정보게임에서는 자연이라는 경기자를 상정하여 그가 다른 경기자들의 유형을 결정한다. 위쪽 상황을 선택할 확률과 아래쪽을 선택할 상황을 동일하게 0.5 로 가정한다. 그림 8.1.2 의 위쪽 유형을 택할 때는 원래의 진입게임과 같다. 그러나 아래쪽 유형을 택할 때는 기업 1 이 진입하여 얻는 보수(A 일 때 -1, F 일 때 -2)는 위쪽 유형을 택할 때의 보수(A 일 때 1, F 일 때 -1)보다 좋지 못하다. 이는 여러가지 이유가 있어 발생한 결과라고 간주한다.

이 게임 상황에서는 기업 1 은 기업 2 의 유형을 모르는 상태에서 진입(E)와 진입하지 않음(N)을 선택하게 된다.

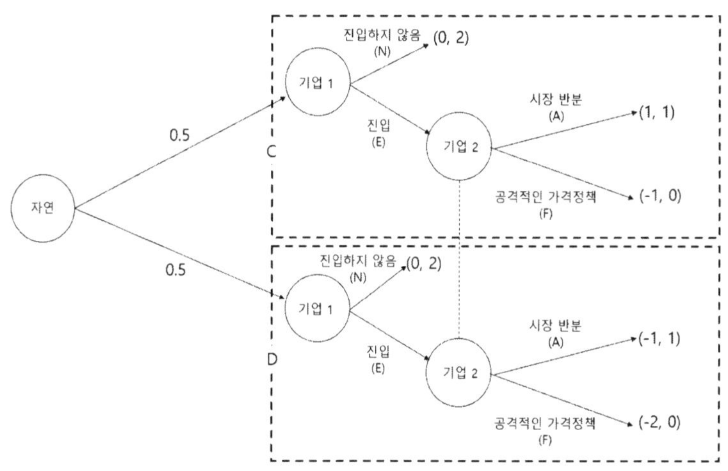

그림 8.1.2 진입게임을 불완비정보가 있는 동태적게임으로 변경

이 게임의 SPNE 를 찾기 위해 게임나무를 살펴보면 이 게임에는 부분게임이 존재하지 않는다. 기업 1 이 진입했을 때 도달하는 기업 2 의 두 결정마디가 정보집합으로 묶여있기 때문에 기업 1 의 진입 이후 상황을 독립적인 게임으로 생각할 수 없다. 부분게임이 존재하지 않으므로 전체게임의 Nash 균형이 SPNE 가 된다.

이 게임의 Nash 균형을 구하려면 각 경기자의 전략을 먼저 파악해야 한다. 기업 1 의 전략은 각 유형에 대해 N 과 E 중 어느 것을 택할지 명시해야 한다. 즉 기업 1 의 전략은 2 개의 행동으로 구성되어 있다. 즉 기업 1 의 전략집합 $S_1 = \{(\text{EE}), (\text{EN}), (\text{NE}), (\text{NN})\}$가 되고 첫 번째 전략은 자신의 유형이 C 일 때 두 번째 전략은 자신의 유형이 D 일 때를 나타낸다. 예를 들어 (NE)에서 N 은 자신의 유형이 C 일 때 전략을, E 는 자신의 유형이 D 일 때 전략을 나타낸다

기업 2 의 전략집합은 $S_2 = \{A, F\}$이다. 이제 이 게임을 전략형게임으로 나타내면 표 8.1.1 과 같다. 여기서 나타난 보수는 7.3 절에서 설명한 것 같은 기댓값 개념으로 구한 것이다.

표 8.1.1 진입게임의 전략형게임 표현

		기업 2	
		A	F
기업 1	EE	(0, 1)	(-1.5, 0)
	EN	(<u>0.5</u>, <u>1.5</u>)*	(-0.5, 1)
	NE	(-0.5, 1.5)	(-1, 1)
	NN	(0, 2)	(<u>0</u>, <u>2</u>)*

이 게임을 3.3.2 절에서 설명한 최적대응법으로 Nash 균형을 구해보면 (EN, A)와 (NN, F)이며 이 게임은 부분게임이 존재하지 않으므로 이 Nash 균형이 SPNE 가 된다.

그런데 (EN, A)와 (NN, F)의 타당성을 검토해 보면 (EN, A)는 C 유형에서 기업 1 은 기업 2 의 행동을 예측하여 진입(E)을 하고 D 유형에서는 진입하지 않은 것(N)이 진입하는 것(E)보다 더 유리하므로 진입하지 않는 것이다. 또한 기업 2 의 전략은 기업 2 의 기대보수를 최대화하는 전략이므로 타당하다.

그러나 (NN, F)를 보면 NN 이라는 것은 기업 1 이 진입을 아예 하지 않겠다는 것이다. 그리고 이에 대하여 기업 2 는 F, 즉 공세적 입장을 취하겠다는 것이다. 그런데 만약 기업 1 이 마음을 바꿔서 진입한다고 하자. 즉 EE, EN, 또는 NE 를 선택해 버렸다고 하자. 이때 기업 2 에게 있어서 전략 F 는 A 에 대하여 모두 열등하다. 따라서 기업 1 이 진입을 하게 된다면 전략 F 를 선택할 이유가 없다. 따라서 (NN, F)는 신빙성 없는 Nash 균형이라고 할 수 있다. 그러나 이 게임의 부분게임이 존재하지 않는다는 이유로 인해 SPNE 가 되어서 SPNE 가 신빙성없는 Nash 균형을 거르지 못하는 문제가 발생한다.

이처럼 SPNE 만으로는 불완비정보게임하에서 동태적게임에서는 비현실적 균형을 제거하기 힘든 문제가 발생한다. 주로 이러한 현상은 불완비정보에 따른

정보집합의 존재로 인해 부분게임이 존재하지 않는 경우에 주로 발생한다. 이러한 문제를 해결하기 위해 더 강화된 균형개념인 PBNE 를 소개한다.

8.2 완전베이즈균형(PBNE)

8.2.1 믿음체계

BNE 에 비해 PBNE 에서는 경기자들의 믿음(Belief)이 명시적으로 표시되고 매우 중요한 역할을 한다. 제 3 장에서 Nash 균형을 구성하는 두 가지 요소로 최적화와 합리적 기대를 언급하였다. 여기서 합리적 기대란 모든 경기자들이 상대방의 행동에 대한 믿음을 형성하면 그것이 정확하다는 것을 의미한다.

3.4.3 절의 사슴사냥게임의 게임 상황은 표 8.2.1 과 같다. 이 게임의 Nash 균형은 (사슴, 사슴), (산토끼, 산토끼)이다.

표 8.2.1 사슴사냥게임

		사냥꾼 2	
		사슴	산토끼
사냥꾼 1	사슴	**(5, 5)***	(0, 1)
	산토끼	(1, 0)	**(2, 2)***

(사슴, 사슴) 균형은 각 경기자가 상대가 사슴을 택할 것이라는 믿고 사슴을 택하는 경우이며 결과적으로 이러한 믿음은 옳은 것으로 판명된다. 마찬가지로 (산토끼, 산토끼) 균형은 각 경기자가 상대가 산토끼를 택할 것이라는 믿고 산토끼를 택하는 경우이며 결과적으로 이러한 믿음은 옳은 것으로 판명된다. 이러한 믿음은 자명한 것이어서 균형을 묘사할 때 표현하지 않아도 된다.

그러나 불완비정보가 있는 게임에서는 믿음이 다른 경기자의 균형전략뿐만 아니라 경기자들의 유형에 대한 확률분포에 의해서도 결합적으로 결정된다. 올바른 믿음을 형성하기 위해서는 다른 경기자의 균형전략과 유형에 대한 확률분포를 모두 고려해야 한다.

8.1 절에서 설명한 진입게임을 다시 생각해 보자. 8.1 절에서 (NN, F)가 타당하지 않은 이유를 설명하였다. 기업 1 이 (NN)이라는 전략을 택할 경우

게임이 바로 끝나버리므로 기업 2 는 실제로 선택을 할 일이 없다. 그럼에도 불구하고 기업 1 이 어떤 이유로든 진입을 하여 기업 2 가 선택을 해야 할 상황이 된 경우 기업 2 는 어떤 선택을 해야 하는지 생각해 보자. 이에 대한 답은 기업 2 가 기업 1 의 유형에 대해 어떤 믿음을 가지고 있는지가 명시되어야 한다.

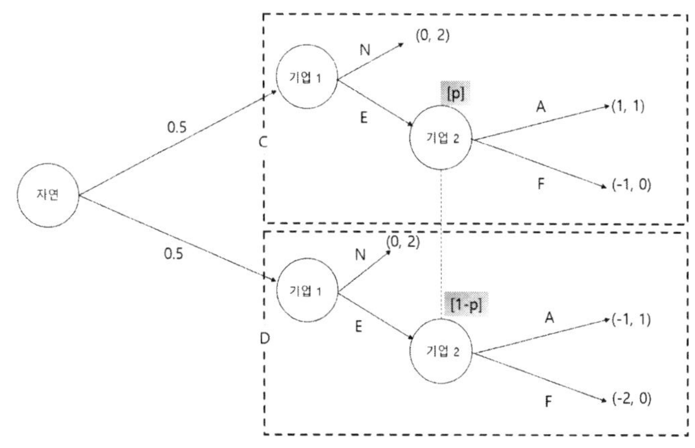

그림 8.2.1 사슴사냥게임의 전개형게임의 믿음

(NN, F)라는 균형에서 기업 2 의 정보집합은 애초에 도달하지 않기 때문에 기업 1 이 진입하여 기업 2 가 정보집합에 도달한 경우 기업 2 가 기업 1 의 유형에 어떤 믿음을 가졌다고 해도 잘못되었다고 할 수 없다. 기업 2는 C 유형에 있을 확률을 p, D 유형에 있을 확률을 $1-p$ 로 믿는다고 하자.

이러한 상황에서 기업 2 가 어떤 선택을 하는 것이 유리한지 살펴본다. 기업 1 이 진입을 한 상황에서는 기업 2 는 F 보다 A 를 선택하는 것이 유리하다. 먼저 C 유형을 보면 A 를 선택하면 1 의 보수를 얻는데 비해 F 를 선택하면 0 의 보수를 얻어 A 가 유리하다. D 유형에서도 A 를 선택하면 1 을 얻는데 F 를 선택하면 0 의 보수를 얻으므로 A 를 선택하는 것이 유리하다. 따라서 기업 1 이 진입을 한 경우에는 기업 2 는 A 를 선택하는 것이 현명한 선택이다. 따라서 p 값에 관계없이 A 를 선택하는 것이 유리한데 (NN, F) 균형은 타당성이 없다.

다음으로 (EN, A) 균형에 대해 타당성을 알아본다. 기업 1 은 C 유형이면 진입을 하고 D 유형이면 진입하지 않는다. 만약 기업 1 이 진입하였다면 기업

2 는 어떤 믿음을 가져야 하는가를 생각해 보면 기업 2 는 기업 1 이 확실하게 C 유형이라고 믿어야 한다. 사전적인 확률분포는 C 유형과 D 유형이 각각 0.5 이지만 균형전략에 따르면 기업 1 은 C 유형일 경우에만 진입을 하므로 기업 2 는 기업 1 이 C 유형이라고 믿는 것이 합리적이다. 이 경우 $p = 1$ 만이 기업 1 의 균형전략에 부합하는 일관된 믿음이다. 그리고 이 믿음하에 기업 2 가 A 를 선택하는 것 또한 합리적이다. 또한 기업 2 가 A 를 선택하는 상황에서 기업 1 의 전략인 EN 역시 최적대응이다.

8.2.2 PBNE 정의

앞에서 설명한 것과 같이 불완비정보하 동태적게임에서 SPNE 를 강화하기 위해 PBNE 를 도입하였다. 불완비정보하 동태적게임의 균형을 PBNE 로 나타내기로 하자. PBNE 는 다음의 4 가지 요건을 만족하는 전략과 믿음체계이다.

I. **완비된 믿음체계**: 모든 경기자는 자신의 모든 정보집합에 대해 잘 정의된 믿음체계를 갖는다. 즉, 각 경기자는 자신의 모든 정보집합에 속한 결정마디들에 대해 확률분포를 가지고 있어야 한다. 단적으로 단 하나의 결정마디도 단독정보집합이며 1 의 확률로 믿음을 갖는다.

II. **일관된 믿음**: **균형경로 상의 정보집합의 믿음**은 주어진 균형전략과 확률분포를 이용한 Bayes 정리에 의해 결정된다.

III. **일관된 믿음**: **균형경로 밖의 정보집합의 믿음**은 '가능한 한' 주어진 균형전략과 확률분포를 이용한 Bayes 정리에 의해 결정된다.

IV. **순차적 합리성**: 각 정보집합에서 경기자의 전략들은 자신의 믿음체계 하에서 다른 경기자의 전략에 대한 최적대응이다. 순차게임이다 보니 자신의 선택 전후에 행동하는 다른 경기자의 선택에 대해 최적대응을 하여야 한다.

다시 정리하자면 PBNE 는 일관된 믿음체계 하에 모든 경기자의 전략이 순차적 합리성을 만족하는 상황을 말한다.

8.2.3 구직자 게임

8.1 절에서 설명한 진입게임과 유사한 구직자-회사 게임을 PBNE 로 풀어보자. 회사에서는 영어능력이 우수한 직원을 한명 채용하고자 한다. 구직자는 지원하는 회사의 급여수준을 보고 기존회사에 잔류할 것인지 이직을 결정한다. 영어능력이 우수한 구직자가 잔류시는 100 의 보수를 얻고 영어능력이 미흡한 구직자가 잔류시 그는 80 의 보수를 얻는다. 회사는 구직자에 대해 110 의 급여와 90 의 급여를 제공할 수 있는데 만약 영어능력이 우수한 구직자가 지원하고 110 의 급여를 줄 시 회사는 10 의 보수를 얻는다. 반면 만약 영어능력이 우수한 구직자가 지원하고 90 의 급여를 줄 시 회사는 30 의 보수를 얻는다. 동일하게 만약 영어능력이 미흡한 구직자가 지원하고 110 의 급여를 줄 시 회사는 -15 의 보수를 얻는다. 반면 만약 영어능력이 미흡한 구직자가 지원하고 90 의 급여를 줄 시 회사는 5 의 보수를 얻는다

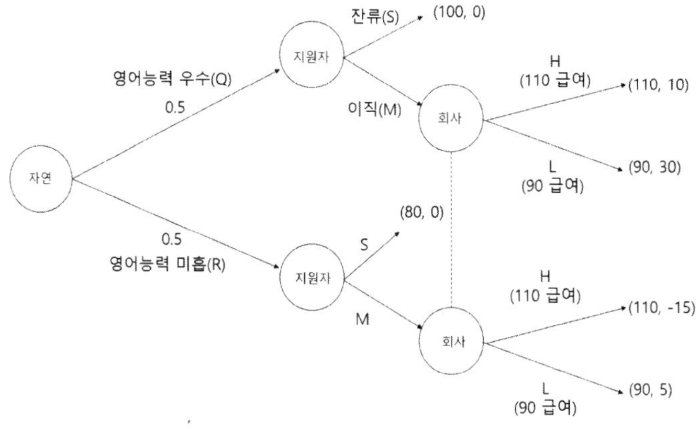

그림 8.2.2 구직자 게임

회사에서는 구직자가 영어능력이 우수한 사람인지 영어능력이 미흡한 사람인지 판단하기가 곤란하므로 우선 사전적으로 동일한 확률 0.5 로 추정한다. 회사에서는 영어능력우수 유형에서 판단하는지 영어능력미흡 유형에서 판단하는지 어렵기 때문에 동일한 정보집합으로 묶는다.

한 개의 정보집합에서는 한 개의 행동이 선택된다. 즉, 동일한 정보집합에서는 모든 마디에서 같은 행동이 선택되어야 한다. 이 규칙에 따르면 회사는 급여를 110 으로 할지 90 으로 할지 동일한 행동을 선택해야 한다. 따라서 회사에서는 영어능력우수 유형과 영어능력미흡 유형이 어느 정도 확률로 일어나고 있는지를 추측해야 한다. 이를 회사의 믿음이다. 회사는 이 믿음을 바탕으로 기대보수가 최대가 되도록 행동한다.

회사에서는 두 가지 유형의 확률을 각각 0.5 로 추정했고 이 믿음의 타당성을 검토해 본다. 회사가 급여를 110 으로 했을 때 기대보수 $u_1(H)$은 다음과 같이 계산할 수 있다.

$$u_1(H) = 0.5 \times 10 + 0.5 \times -15 = -2.5$$

회사가 급여를 90 으로 했을 때 기대보수 $u_2(L)$은 다음과 같이 계산할 수 있다.

$$u_2(L) = 0.5 \times 30 + 0.5 \times 5 = 17.5$$

급여를 90 으로 했을 때가 급여를 110 으로 했을 때보다 회사의 보수가 더 높으므로 회사는 급여를 90 으로 결정한다.

이러한 회사의 행동을 예측할 수 있다면 구직자는 다음과 같이 최적의 행동을 선택할 수 있다. 영어능력우수 유형에서는 기존회사 잔류의 보수 100 이 지원회사로 이직해서 90 급여를 받는 것보다 더 높다. 마찬가지로 영어능력 미흡 유형에서는 이직의 보수 90 이 잔류해서 80 급여를 받는 것보다 더 높다.

최종적으로 이 믿음에서 얻은 게임의 해는 영어능력 우수 구직자는 현재 회사에 잔류하고 영어능력이 미흡한 구직자는 지원회사로 이직한다는 것이다. 이것을 회사가 파악하면 영어능력이 미흡한 구직자만 입사한다는 것이다. 즉, 영어능력 우수 유형 0, 영어능력 미흡 유형이 1 이어야 한다. 이것은 임의로 정한 믿음 두 가지 유형의 동일한 확률 0.5 과 모순된다.

게임의 해에서 행동과 믿음은 일치해야 한다. 이것이 불완비정보게임의 최대로 중요한 점이다. 게임의 해가 파악한 끝에 찾은 결과라면 경기자의 믿음은 상대의 전략적 행동을 반영한 것이어야 한다. 이와 같은 믿음을 전략에 정합적인 믿음이라고 한다.

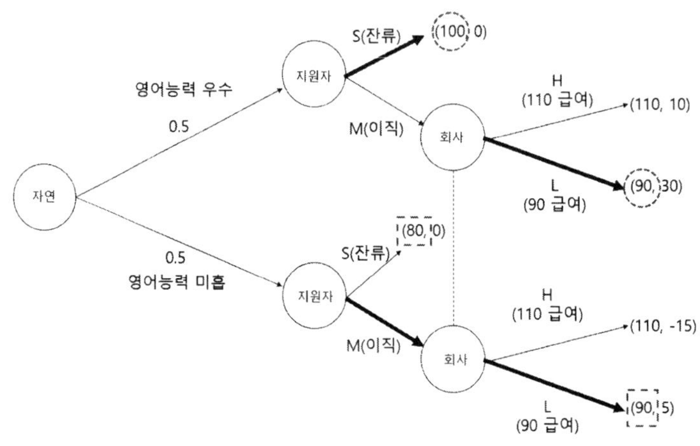

그림 8.2.3 구직자 게임의 해

다시 회사에서는 두 개의 유형의 확률을 각각 0 과 1 로 정하고 이 믿음의 타당성을 검토해 본다. 회사가 급여를 110 으로 했을 때 기대보수 $u_1(H)$ 은 다음과 같이 계산할 수 있다.

$$u_1(H) = 0 \times 10 + 1 \times -15 = -15$$

회사가 급여를 90 으로 했을 때 기대보수 $u_2(L)$은 다음과 같이 계산할 수 있다.

$$u_2(L) = 0 \times 30 + 1 \times 5 = 5$$

그러면 회사는 급여를 90 으로 결정한다. 이것은 구직자의 전략선택과 동일하다.

구직자의 영어능력이 우수하면 현재 회사에 잔류하고 영어능력이 미흡하면 지원회사로 이직한다. 회사의 믿음을 구직자의 영어능력 우수가 0, 영어능력미흡을 1 이라고 하고 회사의 선택을 90 급여로 하면 이들의 조합은 부분게임완전균형의 조건을 만족시키고 믿음도 정합적이다. 균형행동과 정합적인 믿음, 이 두 가지의 조합을 PBNE 이라 한다.

8.3 신호발송게임

8.3.1 신호발송게임 개념

8.2 절의 PBNE 를 보면 회사는 구직자의 능력을 알 수 없기 때문에 높은 급여로 영어능력미흡자를 고용하게 될 가능성을 배제할 수 없다. 그 결과 낮은 급여를 지불한다는 안전책을 채택할 수밖에 없었고 구직자가 그것을 예측한다면 영어수준이 우수할 경우 지원회사로 이직하지 않는다. 회사는 높은 급여를 지불해도 영어수준이 우수한 구직자를 고용하고 싶다는 목표를 달성하지 못했다. 구직자로서도 영어수준이 우수하면 지원회사에 높은 급여를 받고 들어가는 것이 좋지만 그마저 성사되지 않았다. 양쪽에게 모두 좋은 방책은 정보의 비대칭성 때문에 가로 막히게 되었다. 이러한 현상을 역선택이라 한다.

역선택 문제를 극복하기 위해서 정보를 가진 측이 자신의 정보를 드러내는 특정한 행동을 하는 경우가 있다. 예를 들면, 노동시장에서 구직자는 학벌이나 자격증 등을 통하여 자신의 능력을 간접적으로나마 드러낼 수 있다. 이것이 가능한 이유는 한마디로 능력이 우수한 사람이 이런 것들을 더 쉽게 이룰 수 있기 때문이다. 분명히 좋은 학벌을 갖추고 어려운 자격증을 따는 것은 많은 시간과 노력을 들여야 하는 일이고 각 개인들에게 비용을 초래하는데, 능력이 우수한 사람은 그래도 이런 것들을 이루는 데 드는 노력이 상대적으로 더 적다. 따라서 능력이 우수한 사람과 그렇지 않은 사람 간에 합리적 선택이 달라진다. 그러나 이러한 신호를 발송하는 데는 일정한 비용이 들어가고, 이는 사회 전체적으로 낭비가 되는 결과를 초래할 수 있다. 제조업에서 보증서, 광고에 많은 돈을 들이거나, 명품이 높은 가격을 유지하는 것도 일종의 신호라고 할 수 있다.

불완비정보 순차게임에서 사적정보를 가진 사람이 먼저 전략을 취하고 사적정보가 없는 사람이 이를 바탕으로 판단을 하는 경우와 반대로 사적정보가 없는 사람이 먼저 전략을 취하고 사적정보를 가진 사람이 이를 바탕으로 판단하는 경우가 있을 수 있다. 사적정보를 가진 사람(발송자: Sender)이 먼저 행동(신호: Signal)을 취하고, 사적정보가 없는 사람(수신자: Receiver)이 판단을 하는 경우를 신호발송게임(Signaling Game)이라 한다.

단 서로 다른 유형의 발송자가 보내는 신호엔 교집합이 있어야 분석에 의미가 있다. 발송자 1 은 A 라는 행동만 취할 수 있고, 발송자 2 는 B 라는 행동만 취할 수 있다면 수신자는 신호만을 보고 1 인지 2 인지를 판단할 수 있기 때문이다.

신호발송게임의 구조는 그림 8.3.1 과 같다.

(i). 자연은 주어진 확률분포에 의해 발송자의 유형을 선택한다. 발송자는 자신의 유형을 정확히 안다. 수신자는 발송자의 유형이 추출된 사전확률분포만을 알뿐 발송자의 정확한 유형은 모른다.

(ii). 신호발송자는 수신자에게 신호를 발송한다. 이때 발송자는 자신의 신호발송 전략에 대응하여 수신자가 아래 (iii)과 (iv)에서 설명하는 것과 같이 반응할 것임을 미리 예측하고 기대보수를 극대화하는 신호발송전략을 세운다.

(iii) 수신자는 발송자가 보낸 신호를 근거로 발송자의 유형을 추측한다. 구체적으로 수신자는 발송자가 보낸 신호에 입각하여 발송자의 유형에 대하여 갖고 있던 믿음의 확률분포를 새롭게 개정한다. 이때 수신자는 Bayes 법칙을 적용하여 믿음을 개정한다.

(iv) 수신자는 새롭게 개정된 믿음, 즉, 사후확률분포에 이거하여 최선의 전략을 선택한다.

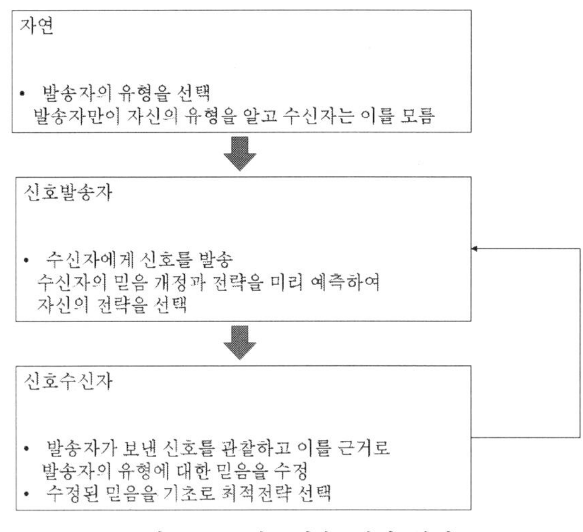

그림 8.3.1 신호발송 게임 절차

8.3.2 신호발송게임의 게임나무

일반적으로 신호발송게임을 게임나무로 표현하면 그림 8.3.2 와 같다. 두 경기자가 있는데 발송자는 1이고 수신자는 2이다. 1은 A와 B 유형 중 하나이고 이는 1의 사적정보이다. 경기자 1이 A 유형에 속할 확률이 p이고 B 유형에 속할 확률이 $1-p$로 경기자 2는 경기자 1의 유형을 확률적으로만 추측할 뿐이지 정확하게는 알지 못한다.

경기자 1이 L 이나 R 행동을 취하면 경기자 2는 이를 관찰한 후 L 이나 R 행동을 선택한다. 경기자 2는 경기자 1의 행동은 구분하지만 유형은 구분하지 못한다. 이러한 불확실성 속에서 경기자 2는 자신의 행동을 선택해야 한다.

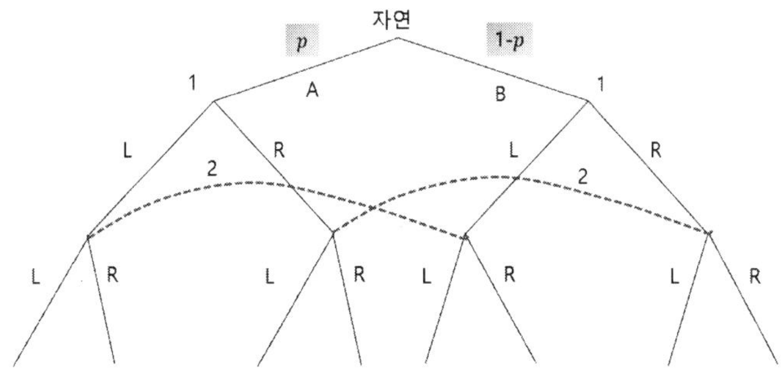

그림 8.3.2 신호발송게임의 게임나무 표현 (I)

그림 8.3.2 와 같은 신호발송게임을 그림 8.3.3 과 같이 표현하는 형식도 많이 사용된다. 이 그림은 정보집합이 서로 교차하지 않아 좋지만 발송자의 유형이 3 개 이상일 경우는 그림이 복잡해진다.

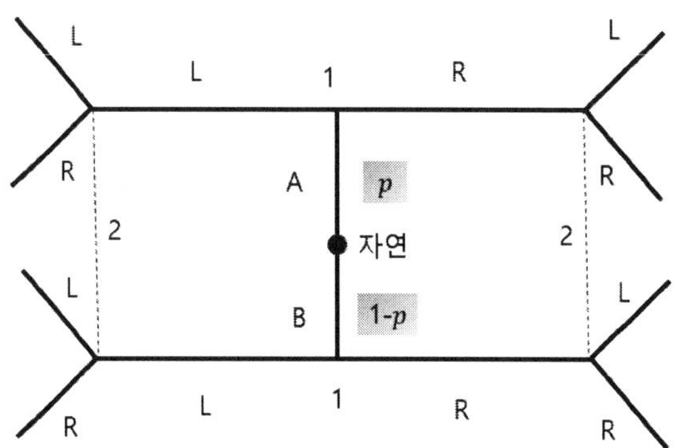

그림 8.3.3 신호발송게임의 게임나무 표현 (II)

신호발송게임에서는 수신자가 발송자의 신호를 통해 상대방의 유형을 알아내는 것이 중요하다. 그런데 A 유형은 a 와 b 신호만 보낼 수 있고 B 유형은 c 와 d 신호만 보낼 수 있다면 수신자는 발송자가 보내는 신호를 보고 발송자의 유형을 완벽히 알 수 있다. 이런 상황은 신호발송게임의 의미가 없다. 신호발송게임에서는 서로 다른 유형의 발송자가 공통으로 보낼 수 있는 신호가 적어도 하나는 존재해야 한다.

8.3.3 신호발송게임 유형

분리균형(Seperating Equilibrium)

발송자의 유형이 다를 경우 각기 다른 신호를 보내는 분리전략(Seperating Equilibrium)을 구사하는 경우이다. 이땐 균형에서 신호를 관찰함으로써 발송자의 유형을 완벽히 파악할 수 있으며 기존의 사전적 확률분포에 새로운 정보가 더해짐으로써 Bayes 정리를 통해 믿음이 구축된다.

그림 8.3.4 와 같이 경기자 1 이 A 유형일 때 L 을 선택하고 B 유형일 때 R 을 선택한다고 가정하고 경기자 1 이 L 을 선택하면 경기자 2 는 경기자 1 이 A 유형이라고 확신한다. 따라서 사전믿음 p와 $1-p$는 사후믿음 1, 0 로 변경된다. 만약 경기자 1 이 R 을 선택하면 경기자 2 는 경기자 1 이 B 유형이라고 확신한다.

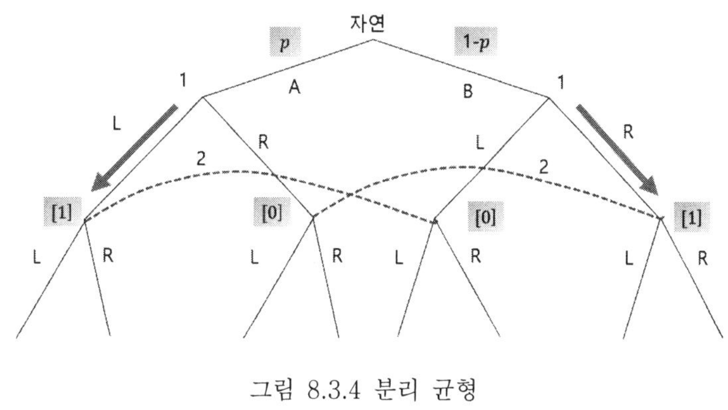

그림 8.3.4 분리 균형

합동균형(Pooling Equilibrium)

발송자의 유형이 다르더라도 같은 신호를 보내는 방법을 구사하는 경우이다. 이땐 균형에서 신호를 관찰하여도 발송자의 유형을 전혀 파악할 수 없다. 정보집합이 균형상 경로라면 사전적 확률분포를 그대로 믿음으로 유지할 수밖에 없다.

그림 8.3.5 에서 보는 것과 같이 합동균형에서는 경기자 1 이 A 유형이든 B 유형이든 L 을 선택하므로 경기자 2 는 경기자 1 이 L 만 선택하는 것을 관찰하게 된다. 따라서 사전믿음은 갱신되지 못하고 p와 $1-p$로 그대로 유지된다.

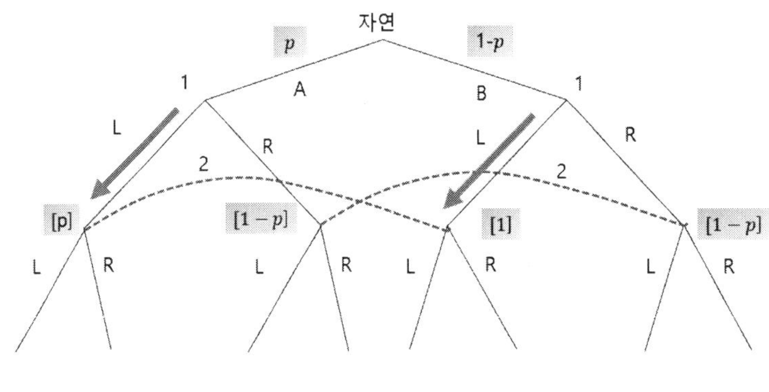

그림 8.3.5 합동 균형

혼성균형(Hybrid Equilibrium)

A 유형의 발송자는 순수전략으로 L 을 선택하지만, B 유형의 발송자는 L 과 R 을 q, $1-q$ 의 확률로 혼합전략을 구사하는 경우도 생각해볼 수 있다. R 을 관측하였을 땐 확률 1 의 믿음을 갖고 B 유형임을 확신할 수 있지만, L 을 관측하였을 땐 Bayes 정리를 통해 믿음을 갱신하여야 한다. 경기자 2 가 L 을 관찰한 경우는 2가지로 나누어 생각할 수 있다. 하나는 경기자 1이 A유형이어서 L 을 선택한 경우이고 나머지 하나는 B 유형인데 q의 확률로 L 을 선택한 경우이다.

신호가 L 일 때 경기자 1 이 A 유형일 조건부 확률은 Bayes 정리를 이용하여 다음과 같이 구할 수 있다.

$$p(A|L) = \frac{p \times 1}{p \times 1 + (1-p) \times q} = \frac{p}{p + (1-p)q}$$

여기에서, $p + (1-p)q < p + (1-p) = 1$이므로 $p(A|L) > p$가 되어 신호를 보낸 발송자가 A 유형일 조건부 확률은 사전적 확률인 p보다 크다.

균형밖 믿음

균형밖 믿음(Off-equilibrium Belief)이란 균형경로 밖에 있는 정보집합에서의 믿음을 말한다. 즉, 균형에서라면 절대로 도달하지 않을 정보집합에서의 믿음을 말한다. 앞에서 말한 합동균형에서 경기자 1 이 LL 전략을 사용하는 경우, 경기자 1 이 R 을 선택할 때 도달하는 정보집합에 대해서도 경기자 2 가 믿음을 가지고 있어야 한다는 것을 말한다.

8.3.4 신호발송게임에서의 전략

그림 8.3.6 과 같이 전형적인 신호발송게임을 생각해 보자. 발송자의 유형이 두 개이며 발송자와 수신자가 선택할 수 있는 행동의 개수도 각각 두 개이다. 게임나무에서 발송자의 유형은 A 또는 B 이다. 자연이 A 를 발송자의 유형으로 선택할 사전확률은 p 이고 B 를 선택할 사전확률은 $1-p$이다. 발송자의 유형이 결정되면 발송자는 L 또는 R 중에 하나의 행동을 선택하며 이것이 수신자에게 보내는 신호이기도 하다. 수신자는 발송자가 선택한 행동을 관찰할 수 있으나 발송자는 어떤 유형인지는 모른다. 즉, 수신자는 자신이 위쪽 의사결정마디에 위치하고 있는지 아래쪽 의사결정마디에 위치하고 있는지를 모른다. 대신 수신자는 점선으로 연결된 정보집합 안에서 어느 마디에 위치하고 있는지에 대해 믿음을 형성하고 그 믿음에 근거하여 u 또는 d를 선택한다.

발송자가 취할 수 있는 순수전략은 다음과 같은 4 가지이다.

- 발송자 전략 1: A유형이건 B유형이건 항상 L을 선택
- 발송자 전략 2: A유형이건 B유형이건 항상 R을 선택
- 발송자 전략 3: A유형이면 L을 선택하고 B유형이면 R을 선택
- 발송자 전략 4: A유형이면 R을 선택하고 B유형이면 L을 선택

수신자가 취할 수 있는 순수전략은 다음과 같은 4가지이다.

- 수신자 전략 1:

발송자가 L을 선택하였건 R을 선택하였건 항상 u를 선택

- 수신자 전략 2:

  발송자가 L을 선택하였건 R을 선택하였건 항상 d를 선택

- 수신자 전략 3

  발송자가 L을 선택하였으면 u를 선택하고,

  R을 선택하였으면 d를 선택

- 수신자 전략 4

  발송자가 L을 선택하였으면 d를 선택하고,

  R을 선택하였으면 u를 선택

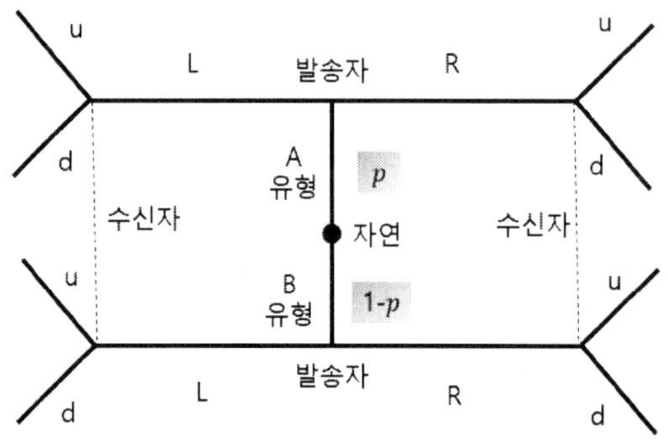

그림 8.3.6 전형적 신호발송 게임

위에 열거한 것과 같이 발송자가 선택할 수 있는 순수전략은 모두 4 개이며 수신자가 선택할 수 있는 순수전략도 모두 4 개이다. PBNE 은 16 개의 순수전략조합 중에 상대방의 전략이 주어져 있다는 가정하에 어느 누구도 현재의 전략으로부터 이탈할 유인이 없는 상태로 정의된다. PBNE 은 발송자의

최적전략이 유형에 따라 다른지 혹은 유형에 상관없이 같은지에 따라 분리전략과 합동전략으로 나누어진다.

발송자의 4 가지 전략 중에서 세 번째와 네 번째 전략을 분리전략이라고 부른다. 발송자가 분리전략을 사용하는 것이 균형이라면 분리균형이라 부른다. 반면, 발송자의 첫 번째와 두 번째 전략을 합동전략이라고 부른다. 합동전략에서는 발송자는 유형에 관계없이 항상 동일한 행동을 취함으로써 수신자가 발송자의 행동을 관찰함으로써 얻을 수 있는 추가적인 정보는 없다. 따라서 발송자가 합동전략을 사용할 경우 수신자가 발송자의 행동을 관찰한 후 수정한 사후믿음과 수신자의 사전믿음은 정확히 일치한다. 발송자가 합동전략을 사용하는 것이 균형을 형성한다면 이를 합동균형이라 부른다.

8.3.5 구직자 신호발송게임

8.2.3 절에서 설명한 구직자-회사 게임을 조금 변형하여 신호발송게임의 해를 구해 본다. 구직자는 능력에 따라 영어자격증을 취득할 것인지 하지 않을지 결정한다. 구직자의 능력이 높으면 자격증 취득이 용이하고 비용은 5 가 든다. 반대로 능력이 낮으면 자격증을 취득하기 어려워 비용이 35 가 든다고 가정한다.

회사는 자격증 유무를 식별할 수는 있지만 구직자의 진짜 능력은 알 수 없다. 즉, 구직자가 자격증이 있을 때 실제로 구직자가 영어능력이 우수한지 미흡한지를 판단할 수가 없다. 회사는 자격증 유무에 따라 110 또는 90 의 급여를 제시한다. 구직자는 영어능력이 우수하면 110 의 급여를 받고 지원회사로 이직하지만 90 을 제시받으면 현재 회사에 잔류하여 100 의 보수를 받고 근무한다. 만약 영어능력이 미흡한 구직자는 110 이든 90 의 급여 상관없이 지원회사로 이직하여 근무한다.

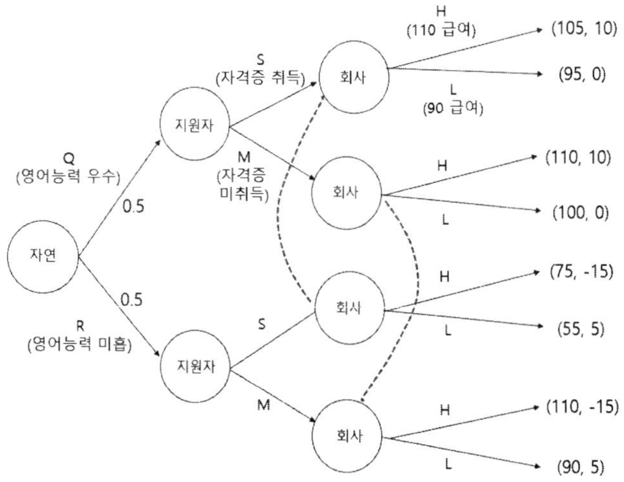

그림 8.3.7 구직자 신호발송 게임

이 게임에서 구직자는 자격증을 취득할 것인가 취득하지 않을 것인가를 결정해야 하며 회사는 급여를 110 으로 제시할 것인지 90 으로 제시해야 할 것인지를 결정해야 한다.

앞에서 설명한대로 선으로 묶여 있는 정보집합에서는 같은 행동을 선택해야 한다. 회사는 급여를 110 으로 제시할 것인지 90 으로 제시할 것인지를 결정하기 위해 확률적으로 어느 유형에서 행동하고 있는지에 대한 믿음을 확률로 가지고 있다.

믿음과 전략의 조합은 아주 많이 존재할 수 있으나 그 중 하나인 다음과 같은 믿음과 전략의 조합은 PBNE 가 된다.

- 영어능력이 우수한 구직자의 행동: 자격증을 취득한다.
- 영어능력이 미흡한 구직자의 행동: 자격증을 취득하지 않는다.
- 자격증 소지자에 대한 믿음
  - 자격증이 있고 영어능력이 우수할 마디 확률 1
  - 자격증이 있고 영어능력이 미흡할 마디 확률 0

- 자격증 미소지자에 대한 믿음
  - 자격증이 없고 영어능력이 우수할 마디 확률 0
  - 자격증이 없고 영어능력이 미흡할 마디 확률 1
- 자격증 소지자에 대한 회사의 행동: 110 급여 제시
- 자격증 미소지자에 대한 회사의 행동: 90 급여 제시

이러한 PBNE 에 대한 전략을 그림으로 표현하면 그림 8.3.8 과 같다.

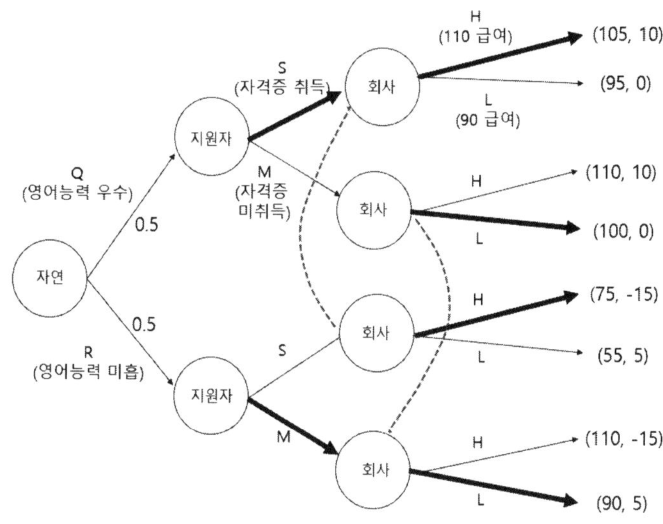

그림 8.3.8 구직자 신호발송게임의 PBNE

이 문제의 PBNE 에 대해 타당성을 검토해 본다. 먼저 정보집합 내에 있는 모든 마디에서 같은 행동을 취하고 있다. 다음으로 믿음에 대해 최적의 행동을 취하고 있는지 확인해 본다. 우선 자격증 소지자에 대한 회사의 행동을 생각해 본다. 이 믿음을 토대로 회사가 110 의 급여를 제시하면 보수는 10 이 되고 90 을 제시하면 보수는 0 이므로 회사의 최적의 행동은 110 을 제시하는 것이라는 것을 알 수 있다. 마찬가지로 이 믿음을 토대로 회사가 자격증 미소지자에게 취할 최적의 행동은 90 의 급여를 제시하는 것이다.

구직자의 전략은 역진귀납법으로 확인한다. 구직자가 회사의 위와 같은 행동을 예측하면 영어능력이 우수하면 자격증을 따면 급여가 105 가 되고, 따지 않는다면 급여가 100 이므로 자격증을 취득하는 것이 더 좋은 행동이다.

제시된 믿음을 바탕으로 양쪽 경기자 모두 최적의 행동을 하고 있다는 사실을 알 수 있다. 마지막으로 이 믿음이 정합적인지 확인한다. 구직자의 영어능력이 우수할 때는 자격증을 취득하고 영어능력이 미흡할 때는 자격증을 취득하지 않는다는 점에서 자격증 소지자에 대한 믿음은 구직자의 영어능력이 우수할 확률이 1, 영어능력이 미흡할 확률이 0 으로 정합적이다. 자격증 미소지자에 대한 믿음도 마찬가지로 정합적이다.

제9장

게임이론의 안보분야 적용

9.1 핵 억지력 게임과 북핵 게임

9.1.1 핵 억지력 게임의 일반적 이론

1960 년대 냉전 기간 동안 미국과 소련은 치열하게 핵무기 개발 경쟁을 벌였다. 그 결과 60 년대 중반부터 양국은 상대국의 핵공격에 대해 핵잠수함을 통해 보복을 가할 수 있는 능력을 보유하게 되었다. 한 국가가 선제공격을 하면 상대국의 보복공격을 받게 된다. 선제공격을 받은 국가는 큰 타격을 입게 되고 선제공격을 가하는 국가도 그 보다는 덜하지만 역시 상당한 타격을 입게 된다. 이에 따라 핵에 의한 선제공격은 보복의 위협에 의해 억제되게 된다. 이 상황을 게임나무를 통해 도시하면 그림 9.1.1 과 같으며 이 게임의 SPNE 은 두 나라 모두 공격하지 않는 것이다.

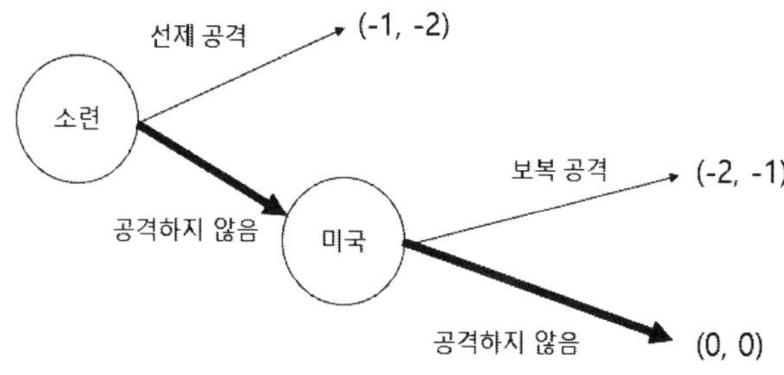

그림 9.1.1. 핵공격 모형

그림 9.1.1 의 게임에서는 소련이 먼저 공격할 수 있는 것으로 되어 있다. 만약 두 나라 중 어느 나라가 먼저 공격을 가할 수 있는지 불확실하다면 양국은 상대방 국가가 먼저 공격을 해올 지 모른다는 불안감에 빠져 자국이 먼저 공격하는 것이 유리하다고 판단할 수 있다. 그리하여 상대방이 먼저 공격할 것이라는 두려움은 핵전쟁을 유발할 수 있는 것이다. 이를 게임 상황으로 나타내면 그림 9.1.2 과 같다.

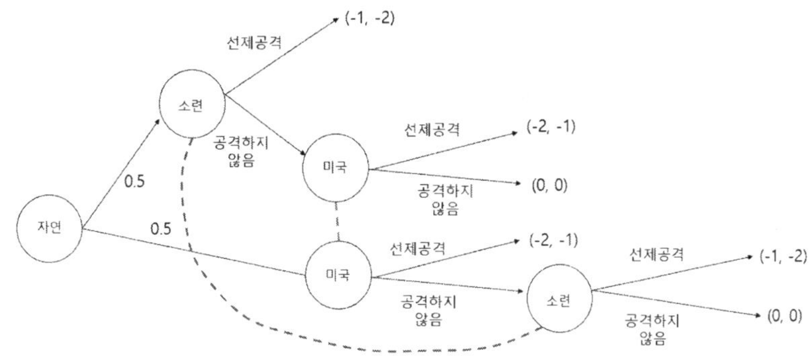

그림 9.1.2. 선제 공격을 모르는 상황 핵공격 모형

그림 9.1.2 의 게임나무에서 알 수 있듯이 미국과 소련은 각각 누가 먼저 움직일 수 있을지 잘 알지 못한다. 즉, 각국은 누가 먼저 공격을 할 수 있는지의 여부를 알지 못한다. PBNE 는 두 나라의 전략조합과 믿음체계로 구성된다. 이를 다음과 같은 (소련의 행동, 미국의 행동; 소련이 자기가 선제공격할 수 있다고 생각하는 확률, 미국이 자기가 먼저 선제공격할 수 있다고 생각하는 확률) 쌍으로 표현하기로 하자.

이 게임에서 (선제 공격, 선제공격; 1, 1), 즉, 미국이 그의 정보집합에서 자신이 선제공격을 할 수 있다고 추측하고 선제공격을 하고, 소련도 자신이 선제공격을 할 수 있다고 추측하고 선제공격을 하는 것은 PBNE 가 된다. 이를 확인해 보면 다음과 같다.

소련이 선제공격을 할 때 미국의 정보집합은 도달되지 않는다. 그러므로 균형에서 미국의 정보집합에 도달되어 의사결정을 해야하는 상황은 미국이 선제공격을 할 수 있는 경우임을 미국은 안다. 그러므로 PBNE 에서의 미국의 추측은 균형전략조합과 정합적이다. 이 때 미국이 공격을 하지 않는다면 소련이 그 다음에 공격을 할 것이므로 미국은 공격을 하는 것이 최적이다.

소련의 경우도 마찬가지 논리로 추측이 균형전략조합과 정합적이며 공격을 하는 것이 최적이다. 그러므로 위의 전략조합과 믿음체계는 PBNE 이다.

이 게임에는 다른 균형도 존재한다. 예를 들어, (공격하지 않음, 공격하지 않음; 1/2, 1/2)도 PBNE 이다. 미국은 소련이 공격을 하지 않을 것임을 정확히 추측한다. 그러므로 이 경우 미국의 정보집합은 항상 도달되고 이 정보집합 상의 어느 마디에 위치하는지는 자연이 선택하는 확률에 의해 결정된다. 그러므로 미국이 먼저 움직일 확률은 1/2 이 된다. 그리고 이때 미국의 최적의 선택은 공격을 하지 않는 것이다. 소련의 경우도 마찬가지 논리로 공격을 하지 않는 것이 최적이다. 그러므로 (공격하지 않음, 공격하지 않음; 1/2, 1/2)은 PBNE 이다.

9.1.2 북핵의 시작과 현재

북핵은 1980-1990 년대에 시작되었다는 인식이 많지만 사실 김일성은 일찍이 1950-1960 년대부터 핵무장에 대한 야욕을 숨기지 않고 있었다. 최소한 냉전 시기에는 소련과 중국이 당근과 채찍을 써 가며 이를 저지시킬 수 있었으나, 1958 년부터 냉전이 끝나는 1991 년까지 한국에 미국의 핵무기가 대량으로 배치되었고, 이는 북한에게 중대한 위협으로 작용하였다. 냉전이 공산권의 붕괴로 끝나자 경악한 북측은 독자적인 핵무장을 갖추는 노력에 더욱 박차를 가하게 된다. 이것이 그들의 생존전략이었기에 그 어떤 외부의 설득과 협박과 제재에도 굴하지 않고 현재까지 북한은 쉬지 않고 핵무기에 대한 집념을 불태우고 있다.

그들의 인식과 주장에 따르면, 동구권의 붕괴로 인한 핵우산 철수 이후 지금까지 미국이라는 거대 패권 세력으로부터 살아남는 것이 가능했던 것은 끝까지 핵 주권을 보유하고 있었기 때문이었고, 결국 북핵의 제일, 그리고 유일의 목표는 바로 김씨 왕조체제의 유지이다. 핵무기를 가진 뒤 내외에 핵 보유국이라고 선전하는 것이 정권 유지에 엄청난 도움이 되기 때문이다.

북한의 핵보유 성공은 바로 그들이 외부의 압력에 대항할 방어막이 완성된다는 것을 의미한다. 아무리 자국 내 여론이 무섭다고 하더라도 핵 공격의 위험을 감수하고서 북한에 개입할 수는 없다. 애초에 그 여론이라는 것도 본인들이 핵공격의 사거리 안에 있다면 정부의 인내를 참아줄 만큼 비겁해지는 건 당연하다. 따라서 북한 내부에서 대규모 내전 혹은 민중봉기가 일어난다고 해도, 북한 정권에게 핵무기가 있다면 외부로부터의 개입을 걱정할 필요가 전혀 없어질 것이다.

군사적인 목적으로는 이른바 대칭전력 경쟁에서는 현재 북한이 한국에 크게 뒤쳐져 있는 상황이기 때문이다. 육·해·공군 재래식 전력에서는 이제 한국에 상대가 안 된다는 것을 북한 스스로도 잘 알고 있다. 현재 남북한 GDP 격차는

60 배 이상, 인구 격차는 2 배 이상으로 이것이 역전될 가능성은 없다. 재래식 전력의 질, 그리고 이를 유지시킬 수 있는 능력 등에서 상대가 안 되는 상황이기 때문에, 이를 만회할 방법은 오직 비대칭전력뿐이다.

북한의 재래식 군사력이 아무리 약하다 하더라도 발악적으로 발사한 핵무기들 중 단 1 발이라도 주요 도시에 떨어진다면 엄청난 손실과 참상이 벌어질 것은 말할 것도 없다. 현재 북한은 이미 6 차 핵실험을 통해 수백 kt 급의 전략핵무기를 개발한 상태이며 이 정도 위력이라면 단 1 발만으로도 서울에 100 만 명 이상의 사상자를 강요할 수 있으며, 심지어 재돌입과정 외에 사실상 요격방법이 없는 현 상황이라면 피해가 더 늘어날 수도 있다.

또 북한이 핵탄두 소형화와 ICBM 개발을 완료할 경우 본토에 위협이 현실화된 미국이 한국에서 핵우산을 철수시킬지 모른다는 우려가 있다. 이는 최근 소위 "서울을 위해서 워싱턴을 포기하겠는가?"라는 말로 대표되며 한국이 핵개발을 해야 한다는 주장을 뒷받침하는 데도 사용된다. 그러나 북한보다 훨씬 뛰어난 미사일 기술과 45,000 개의 핵탄두를 가졌던 소련에 대해서도 유럽 동맹국을 지키며 대항했던 미국이 고작 북한 100 여개의 핵탄두에 굴복할 리가 없다는 점에서 이는 별로 타당하지 않다. 또한 미국의 현 동맹체계는 미국이 제공하는 핵우산에 의존하는 구조인데, 정작 핵위협이 현실화된 한국에서 핵우산을 거둔다면 미국의 동맹은 모두 흩어지면서 미국은 패권을 상실하는 결과가 발생할 수 있다. 따라서 북핵의 존재가 미국의 핵우산 철회나 주한미군의 철수로 이어진다는 것은 지나친 비약이다.

그러나 북핵은 현재 대한민국의 가장 심대한 위협이며 핵심적으로 대응해야 할 국가 존망이 걸린 문제로서 깊이 들여다보지 않을 수 없다.

9.1.3 북핵 위협의 게임이론적 분석

북핵에 대해 북한이 취할 있는 전략은 핵무기 개발 포기와 핵무기 개발 지속으로 생각할 수 있고 미국의 전략은 북한을 공격하는 경우와 공격하지 않는 경우로 나누어 볼 수 있다. 따라서 이를 게임이론적 측면에서 북한과 미국이 경기하는 2 인 게임형태로 만들면 표 9.1.1 과 같다.

표 9.1.1 북한과 미국의 전략

		미국	
		공격	미공격
북한	핵개발 포기	결과 1	결과 2
	핵개발 지속	결과 3	결과 4

표 9.1.1 의 보수행렬에 들어가는 값을 찾기 위해서는 경기자들의 주목표와 부차적 목표를 식별해야 한다. 북한의 주목표는 핵무기를 개발해서 핵무장국가가 되는 것이며 미국의 주목표는 북한의 핵개발을 저지하는 것이다. 미국이 북한을 공격하더라도 모든 북한의 핵무장 능력을 제거하지 못한다고 가정하면 북한은 '결과 1'보다는 '결과 3'을, '결과 2'보다는 '결과 4'를 더 선호할 것이 분명하다. 또한, 북한은 미국의 공격이 이루어지지 않는 '결과 4'을 미국의 공격이 있는 '결과 3'보다 더 선호할 것이고, 같은 논리로 '결과 2'를 '결과 1'보다 더 선호할 것이다. 결론적으로 북한의 선호도는 (결과 4> 결과 3> 결과 2> 결과 1)로 될 것으로 판단된다. 핵개발이 지속되면 '결과 3'과 '결과 4'가 핵개발 포기시는 '결과 1'과 '결과 2'가 미국의 공격과 미공격 전략을 만나게 된다.

미국은 '결과 3 보다'는 '결과 1'을, '결과 4'보다는 '결과 2'를 더 선호한다. 왜냐하면, 북한이 핵개발을 포기하면 미국과 동맹국의 이익을 한반도에서 실현할 수 있기 때문에 미국의 주목표가 이루어지는 것이기 때문이다. 또한, 미국은 군사적 행동이 실패할 수 있는 것을 고려하여 '결과 1'보다는 '결과 2'를, '결과 3'보다는 '결과 4'를 더 선호한다. 결론적으로 미국의 선호도는 (결과 2> 결과 1> 결과 4> 결과 3)로 될 것으로 판단된다.

일반적인 게임이론의 보수를 표시하는 관점에서 가장 선호하는 순서대로 4, 3, 2, 1 로 수치를 부여하여 보수행렬을 구성하면 표 9.1.2 와 같다.

표 9.1.2 북한과 미국의 전략, 보수행렬

		미국	
		공격	미공격
북한	핵개발 포기	(1, 3)	(2, 4)
	핵개발 지속	(3, 1)	**(4, 2)** *

표 9.1.2 에서 미국은 북한의 전략에 상관없이 미공격이 더 좋은 보수를 주는 우월전략이라는 것을 알 수 있다. 북한이 핵개발을 포기하고 미국이 미공격시 미국은 4 의 보수를 얻는데 공격시는 3 의 보수를 얻기 때문이다. 만약 북한이 핵개발을 지속하고 미국이 미공격시 2 의 보수를 얻는데 미국이 공격시는 1 의 보수를 얻기 때문이다.

반면, 북한의 입장에서 살펴보면 북한은 미국의 전략과 상관없이 핵무기 개발을 지속하는 것이 더 좋은 보수를 얻을 수 있다. 미국이 공격하는 상황에서 북한이 핵개발을 지속하면 3 의 보수를 얻는데 핵개발을 포기하게 되면 1 의 보수를 얻는다. 미국이 공격하지 않은 상태에서 북한이 핵개발을 지속하면 4 의 보수를 얻는데 핵개발을 포기하게 되면 2 의 보수를 얻는다.

따라서, Nash 균형은 (북한, 미국)=(핵개발 지속, 미공격)이 된다. 이러한 균형은 한반도에서 북한이 핵무기 개발을 지속하고 있고 미국이 공격하지 않은 상태를 잘 설명한다.

9.1.4 북핵 시설 공격에 대한 게임이론적 분석

다음은 미국이 선제적으로 북한 핵시설을 공격할 때와 공격하지 않을 때 북한의 전략을 대상으로 게임이론적으로 분석해 본다. 북핵 시설 공격에 관련한 연구 중에서 박주현의 "북한 위협에 관한 게임이론적 분석"을 소개한다.

그림 9.1.3 과 같이 미국이 먼저 북한의 핵시설을 공격하는 경우와 미공격하는 경우를 게임 상황으로 가정하고 게임이론의 보수행렬을 구성한다.

보수의 값은 절대적인 값이 중요한 것이 아니라 상대적인 값이 중요하다. 여기에서는 경우 1 과 경우 2 로 나누어 분석한다. 경우 1 에서는 미국이 북한 핵시설을 공격하지 않았을 경우를 기준으로 하여 서로가 0 의 보수를 갖는다고 가정하고 이 경우 0 보다 좋으면 양(+)의 값을, 나쁘면 음(-)의 값을 주는 식으로 결정하였다. 즉 미국이 북한 핵시설을 공격시 북한이 미국/한국을 공격하지 않으면 미국은 좋고 북한은 나쁘다고 보고, 경우 1 이나 경우 2 의 경우 모두 미국은 양의 값을 북한은 음의 값을 부여하였다.

또한 미국이 북한 핵시설 공격시 북한도 미국/한국을 공격하면 서로 나쁘다고 보고 모두에게 음의 값을 주었다. 경우 1 과 경우 2 의 차이는 오로지 미국이 북한 핵시설 공격했다는 가정하에, 북한이 미국/한국을 미공격했을 시 북한의 보수의 값이 바뀐 차이 밖에 없다. 이의 의미는 미국이 북한 핵시설을 공격시 북한이 미국/한국을 보복공격하는 것이 과연 좋은 것인지 여부에 달려있다. 만약 공격하는 것이 피해는 있을지라도 좋다면 경우 1 에 해당되며, 공격하는 것이 오히려 참는 것 보다 더 피해가 되면 경우 2 가 된다. 경우 2 는 미국의 보복공격으로 북한정권의 멸절이 예상되는 경우라고 생각하면 된다.

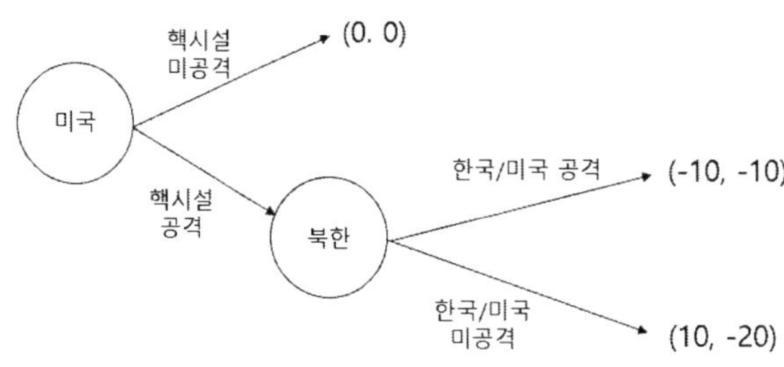

그림 9.1.3 순차적 게임형태의 북핵 문제 (경우 1)

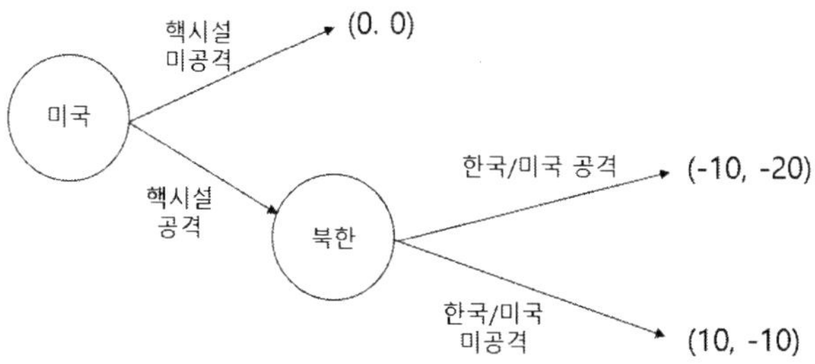

그림 9.1.4 순차적 게임형태의 북핵 문제 (경우 2)

그림 9.1.3 의 게임을 전략형게임으로 표현하면 표 9.1.3 과 같다. 위협을 믿을 수 있는 지의 여부는 게임의 균형개념과 밀접한 관련이 있다. 균형개념은 Nash 균형과 SPNE 인데 먼저 Nash 균형부터 설명한다. Nash 균형은 각 경기자가 각자의 최선의 전략을 선택하였다고 가정하고 어느 일방도 그 전략으로부터 이탈할 유인이 없는 경우 이 취해진 전략을 Nash 균형 전략이라고 하며 이것이 게임의 해가 된다. 여기서 균형이란 개념은 어느 누구도 일방적으로 변화할

유인이 없다는 점에서 안정적이며 따라서 균형이 된다. 그림 9.1.3 의 경우을 갖고 전략형 게임에서의 Nash 균형을 찾아보고자 한다. 먼저 균형을 살펴보기 전에 가정사항으로서 경기자들 모두 각자의 전략집합 및 보수를 서로가 알고 있다고 가정한다. 이러한 경우를 게임이론에서는 완비정보(Complete Information) 하의 게임이라고 부른다. 이러한 가정하에서 전략형게임은 표 9.1.3 과 같이 표시된다.

표 9.1.3 경우 1 의 북한과 미국의 전략, 보수행렬

		북한	
		핵시설 피격시 한국/미국 공격	핵시설 피격시 한국/미국 미공격
미국	핵시설 미공격	**(0, 0)** *	(0, 0)
	핵시설 공격	(-10, -10)	(10, -20)

Nash 균형을 찾는 방법을 소개하기 위해서 먼저 미국이 북한 핵시설을 공격하고 북한이 미국/한국을 보복공격하는 전략을 취한다고 가정하자. 이 경우 미국, 북한 모두 -10 을 얻는다. 이러한 전략이 Nash 균형인지 여부를 분석하기 위해서는 미국의 전략을 고정시켜 놓고 북한이 미국/한국 공격의 전략으로부터 다른 전략, 즉 미국/한국을 공격하지 않는 전략으로 전환할 이유가 있는지의 여부를 조사한다.

이 경우 북한은 전략을 변경하지 않으려고 하는데 그 이유는 미국/한국 공격시 보수는 -10 인데 반하여 미공격시는 보수가 -20 이기 때문이다. 따라서 북한은 균형전략으로부터 이탈할 유인이 없으나 Nash 균형이 되기 위해서는 미국측의 경우도 고려해 보아야 한다. 즉 북한의 전략을 고정시켜 놓고 미국의 전략을 핵시설 공격에서 미공격으로 바꿀 유인이 있나 조사해 보면 공격시는 보수가 -10 인데 반해 미공격시는 0 의 보수를 얻으므로 바꿀 유인이 있게 된다. 따라서 Nash 균형의 조건을 만족하지 않으므로 균형전략이 아니다.

따라서 다른 전략의 조합도 이와 같은 방법으로 찾아보면 오로지 미국은 북한 핵시설을 공격하지 않고 북한은 북한 핵시설 피격시 미국/한국을 공격하는 전략이 균형이 된다. 이 균형의 의미를 살펴보면 북한은 북한 핵시설이 피격당하면 미국/한국을 공격하겠다는 전략과 미국은 북한 핵시설을 공격하지 않겠다는 전략이 균형이 되는 것으로, 즉, 이는 북한이 북한 핵시설이

피격당하면 미국/한국을 공격하겠다는 위협을 미국이 믿었기 때문에 미국은 북한 핵시설을 공격하지 않은 것이라고 볼 수 있다. 만약 북한이 북한 핵시설이 피격되어도 미국/한국을 공격하지 않겠다면 미국은 북한 핵시설을 미공격하는 전략을 취하지 않았을 것이며 따라서 이 형태의 게임에서 Nash 균형은 북한의 미국/한국 공격 위협을 신빙성있는 위협으로 간주하고 있다.

만약 경기자들의 보수가 경우 2 와 같은 경우는 어떠한 전략조합이 균형전략이 되는 것을 살펴보자. 경우 2 의 전략형 게임은 표 9.1.4 와 같다. 이 경우 북한이 북한 핵시설을 공격당하더라도 군사적인 보복을 취하는 것보다 인내하는 것이 더 나은 경우이다. 그 이유를 생각해 보면 군사적 보복이 자칫하면 북한의 멸망을 가해올 수도 있기 때문이다. 이 경우의 Nash 균형을 살펴보면 두 개가 존재하게 된다. 하나는 앞의 경우와 같이 미국은 북한 핵시설을 공격하지 않는 전략이며 북한은 북한 핵시설이 피격당하면 미국/한국을 공격하겠다는 전략으로서 서로 보수를 0 을 얻는 경우이다. 다른 하나는 미국은 북한 핵시설을 공격하고 북한은 미국/한국을 공격하지 않는 것으로 미국은 10 을 얻고 북한은 -10 을 얻게 된다.

표 9.1.4 경우 2 의 북한과 미국의 전략, 보수행렬

		북한	
		핵시설 피격시 한국/미국 공격	핵시설 피격시 한국/미국 미공격
미국	핵시설 미공격	**(0, 0)***	(0, 0)
	핵시설 공격	(-10, -20)	**(10, -10)***

왜 이 전략이 Nash 균형이 되는가를 부연해서 설명하면 미국이 북한 핵시설을 공격했을 때 북한은 군사적 공격을 가하는 것보다 하지 않는 것이 더 좋기 때문에 전략을 바꿀 유인이 없으며 미국으로서도 북한이 핵시설을 공격받아도 미국/한국을 공격하지 않기 때문에 핵시설을 공격하지 않는 것보다 공격하는 것이 유리하므로 변화할 유인이 없게 된다. 따라서 Nash 균형이 된다.

따라서 이러한 상황이 벌어지면 둘 중의 하나의 균형이 택해지게 되는데 북한에서는 (핵시설 미공격, 핵시설 피격시 한국/미국 공격) 균형이 -10 의 보수 대신에 0 의 보수를 얻게 되므로 더 좋은 균형이 된다. 물론 Nash 균형이 두 개

있을 경우는 어떤 전략을 실제로 취하게 되는지 알 수 없으나 첫 번째 균형을 보자. 첫번째 균형의 경우도 앞의 경우 1 과 같이 균형이 되는 이유는 미국이 북한 핵시설을 폭격하지 않는 전략을 고려하는 이유는 북한이 북한 핵시설을 공격하면 미국/한국을 공격하겠다는 전략을 취하기 때문이다. 따라서 미국/한국이 공격당하면 오히려 미국측에서는 손해가 되므로 북한 핵시설을 공격하지 않게 된다. 그러나 여기서 한 가지 유의할 점은 앞의 경우와는 달리 미국이 북한 핵시설을 공격했을 시 북한이 미국/한국을 공격하겠다는 위협이 과연 논리적으로 타당한 위협인가하는 점이다. 왜냐하면 북한은 미국이 북한 핵시설을 공격했다 하더라도 군사적 보복을 가하는 것보다 하지 않는 편이 더 좋기 때문이다. 따라서 이러한 위협은 신빙성이 없다. 이를 좀더 확실히 살펴보기 위해 그림 9.1.4 의 전개형게임에서 살펴보고자 한다.

첫 번째 Nash 균형은 미국이 북한 핵시설을 공격하지 않고 북한은 북한 핵시설피격시 미국/한국을 공격하는 전략으로서 전개형게임에서 보면 사실상 북한마디에는 도달하지 않은 경우이다. 즉 (0, 0) 으로 직접 가버린 경우이다. 따라서 북한은 사실상 어떤 전략을 취해도 무관하나 미국이 북한 핵시설을 공격하지 못하도록 하기 위한 위협으로서 만약 북한마디에 도달하면 미국/한국을 공격하여 미국에게 피해를 입히겠다는 전략이다. 그러나 만약 북한마디에 도달하면 북한의 입장에서 보면 미국/한국을 공격하는 전략은 -20 의 보수를 얻고 미국/한국을 공격하지 않고 딴 방법을 취하면 -10 의 보수를 얻게 되므로 미국/한국을 공격하지 않는 것이 우수한 전략이 된다. 따라서 위와 같은 보수를 갖고 있는 경우 북한이 미국/한국을 공격하겠다고 위협을 주는 것은 신빙성이 없다. 그러나 Nash 균형은 이러한 것을 믿고 균형으로 취급한다는 단점이 있다.

이러한 문제를 해결하기 위해 등장한 개념이 부분게임완전균형이다. 먼저 부분게임이란 원래 게임을 하부에 있는 한 마디를 축으로 게임을 떼어 낼 수 있을때 이를 부분게임이라 한다. 그림 9.1.4 의 게임에서는 북한마디를 정점으로 하나의 부분게임을 떼어낼 수 있다. 이를 표시한 것이 그림 9.1.5 이다.

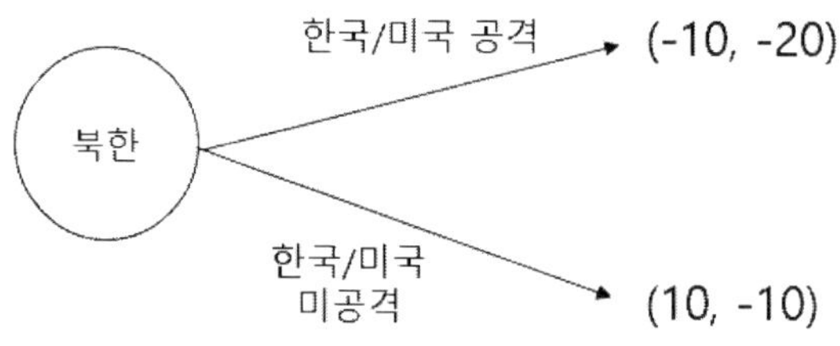

그림 9.1.5 경우 2 의 부분게임

이 경우 북한의 전략은 미국/한국을 공격하지 않은 것이 최선의 전략이 된다. 부분게임완전균형이란 Nash 균형, 즉, 균형전략이 부분게임에 있어서도 균형전략의 일부가 되어야 함을 의미하는 전략이다. 즉 첫번째 Nash 균형은 미국은 북한 핵시설을 공격하지 않는 전략을 택하고 북한은 북한 핵시설피격시 미국/한국을 공격한다는 전략을 택하는 것이었으나 막상 부분게임에서는 미국/한국공격 대신 미국/한국올 공격하지 않는 전략이 균형이므로 이러한 균형은 부분게임완전균형이 될 수 없어 삭제하는 개념이다.

따라서 경우 2 의 경우 부분게임완전균형은 오직 하나로서, 미국은 북한 핵시설을 공격하는 전략을 택하며 북한은 북한 핵시설피격시 미국/한국을 공격하지 않는 전략을 택하게 된다. 이를 전개형 형태에서 찾는 방법은 역진귀납법으로 찾으면 된다. 즉 그림 9.1.5 의 결과를 먼저 찾은 후에 그림 9.1.4 를 변형한 그림 9.1.6 에서 균형을 찾으면 된다.

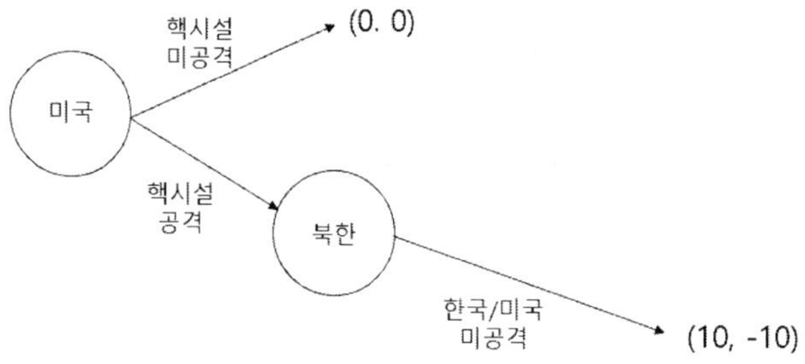

그림 9.1.6 경우 2 의 전개형 게임

그림 9.1.6 에서 북한의 전략은 북한마디에서 미국/한국을 공격하지 않는 전략만 남게된다. 그 이유는 그림 9.1.5 의 부분게임에서 본 바와 같이 미국/한국을 공격하는 전략은 열등전략이기 때문에 삭제한 후 이를 고려한 결과를 갖고 원래 게임을 분석한다. 따라서 이 경우 미국이 북한 핵시설을 공격하면 북한이 미국/한국을 공격하지 않기 때문에 미국은 북한 핵시설을 공격하지 않는 것보다 공격하는 것이 유리하게 되고 북한은 미국/한국을 공격하지 않는 전략이 균형이 되게 된다. 이것이 부분게임완전균형이다.

따라서 이 균형은 두 개의 Nash 균형 중 첫 번째 불합리한 위협을 포함한 Nash 균형을 제거시키는 보다 합리적인 균형개념이다. 이 의미를 다시 설명하면 최초에 북한이 북한 핵시설을 피격당하면 미국/한국을 공격하겠다는 위협이 부분게임완전균형의 입장에서 보면 믿을 수 없는 위협으로 간주되는 것이다. 왜냐하면 막상 미국이 공격하였다면, 즉, 북한마디에 도달하였다면 북한은 미국/한국을 공격하지 않는 것이 더 좋기 때문이다. 따라서 Nash 균형이 단순히 상대의 말을 그대로 가능성이 있다고 믿는 반면에 부분게임완전균형은 그러한 상황에 도달하였을 경우를 가정하고 그 경우에도 과연 그 위협을 준수할 수 있는 것인가를 확인한 후 그럴 가능성이 없다면 그런 위협은 믿을 수 없다고 보는 것이다. 따라서 미국과 북한 간의 위협의 분석에 있어서도 Nash 균형적인 위협의 개념보다는 부분게임완전균형적인 위협개념을 받아들여야 한다

그러면 문제는 과연 북한이 앞에서 북한 핵시설을 피격당하면 진정으로 미국/한국을 공격하겠다고 믿게 하려면 어떠한 방법이 훨요한 것인가? 경우 2 와 같은 보수하에서는 도저히 믿게 할 방법이 없다. 따라서 보수를 바꾸는 방법을 고려해야 고려해야 하는데 그 방법의 하나가 바로 5.6.3 절에서 설명한 '배수의 진', 다시 말하면 확언 전략이다.

'협상에 있어서 최선의 전략은 협상을 거절하는것이다.' 라는 말이 있듯이 협상력을 증대시키는 방법, 협상의 이익을 극대화하기 위해서는 자기의 조건을 제시한 후 타협을 하지 않는 방법이 가장 바람직하다. 이해를 돕기 위해 시장에서 어떤 물건을 구매하는 경우를 가정해 보자. 판매자가 사전에 제시한 가격보다 낮은 가격에는 절대 팔지 않겠다고 확언한 경우를 가정하자. 이 경우 구매자의 선택은 오직 그 가격에 살것인지의 여부만을 결정해야 한다. 따라서 만약 판매자가 구매자가 살수 있을 정도의 가격까지 높이 매기되 구매자에게 사는 것이 유리하도록 약간의 이익만 보장해 준다연 구매자는 사는 것이 사지

않는 것보다 유리하므로 할 수 없이 그 가격에 구입하게 된다. 따라서 거래로부터 발생되는 이득의 거의 전부를 판매자 즉 확언자가 가져가게 된다.

마찬가지로 만약 구매자가 확언을 할 수 있다면 판매자가 손해보지 않을 정도까지의 아주 낮은 가격을 제시하고 팔 것인지의 여부를 결정하게 하면 구매자가 거의 모든 이익을 차지하게 된다. 이와 같이 협상에 있어서 확언을 할 수 있는 여부가 협상이득을 얼마나 차지할 수 있는가의 중요한 요소가 된다. 그러나 확언이 효과적이기 위해서는 상대방이 이를 믿어야만 한다.

만약 앞의 예의 경우 판매자가 한 말을 구매자가 믿지 않는 경우는 협상의 이익을 얻기는 고사하고 협상이 파기될 수도 있으며 만약 협상의 파기를 원하지 않는 경우 확언을 취소하면 즉 가격을 조정할 수 있다고 제시하게 되면 일반적인 흥정과 다를 바 없게 된다. 따라서 확언은 상대방이 이를 믿을 수 있는 경우에만 가능한 것이며 효과가 있다. 만약 협상시 당신만 확언할 능력이 있고 상대방은 확언을 할 능력이 없다면 거의 모든 협상이익을 당신이 차지하게 된다. 이를 가리켜 '상대방을 구속할 힘은 자기자신을 제한하는 힘에 의존하는 역설'이라고 표현한다.

이것은 어떻게 보면 역설같이 보이지만 자세히 살펴보면 역설이 아님을 쉽게 발견할 수 있다. 협상의 이득은 일반적으로 행동 및 전략의 유연성이 많을 경우가 적을 경우보다 크기 때문에 확언은 역설적으로 보인다. 그러나 협상기술로서 확언을 사용하는 것과 초기에 전략을 결정할 당시의 전략의 가능성과는 그 의미가 다름에 유의해야 한다. 확언이란 그 많은 가능성 중에 한가지 방법을 택하는 것으로서 즉 당신이 협상하기 원하는 전략 및 위치를 고정시키는 것이다. 따라서 협상시 전략수가 많을수록 협상의 영역이 넓어지며 확언할 대상이 넓어지기 때문에 좋다. 즉 협상 전에는 유연성을 갖는 것이 바람직하나 협상 중간에는 유연성이 없는 것이 바람직하다. 즉, 확언은 '전부 아니면 무'인 것이 특징이다.

왜 확언은 돌이킬 수 없는 것인가? 때로는 새로운 정보를 획득하게 됨으로써 이전에 했던 확언을 돌이키고 싶은 경우가 발생할 것이다. 위의 예에서 구매자가 진정으로 사려고 하는 가격이 낮다든지, 북한이 미국/한국을 공격하는 것이 북한에게 별로 피해가 크지 않다는 새로운 사실이 알려진 경우라든지 하는 경우이다. 그러나 확언을 부인할 능력이 있다는 자체는 확언으로부터 얻을 이득을 제거해 버려는 것이 된다. 따라서 확언의 효과가 있기 위해서는 당신이 확언한 입장이 비록 후회스럽더라도 확언을 유지할 것이라고 상대방이 믿어야 한다. 즉 확언전략은 상대가 도저히 번복이 불가능하다고 믿어야만 가능한 것이다. 이상과 같이 확언은 협상에 있어 상당히 유리한 고지를 차지할수 있는 것을 살펴보았다. 그러면 어떻게 확언을 달성할 수 있는가? 즉 확언할 수 있는 능력을 갖는 방법이 무엇인가를 살펴보고자 한다.

첫째, 명예(Reputation)에 의한 방법이다. 만약 당신이 명예를 중히 여기는 사람으로서 확언을 한번 하였다면 상대방은 이를 믿을 것이다. 왜냐하면 비록 확언을 취소하고 싶더라도 한번 변경하면 당신의 명예는 치명적인 손상을 입게 되어 그 피해가 확언을 취소해서 얻는 이득보다 크기 때문이다. 물건 판매의 예에 있어서 한번 구매자에게 확언한 가격 이하로 팔게되면 다른 소비자들은 다시는 그 판매자의 말을 믿지 않게 되며 따라서 다시는 확언을 할 수 없게 된다. 국가간의 협의나 정상회담시 이루어진 합의문 등도 번복시에 국가의 명예에 커다란 타격을 준다면 그 국가는 확언을 할 수 있고 상대국은 그 확언을 믿게 된다. 이러한 예로서 미국정부는 인질범들과 타협하기를 거부한다. 비록 인질범과 타협하여 언명을 구하는 것이 보다 인간적인 것 같아 보이지만 한번 타협하면 계속 이러한 일이 발생할 동기를 만들어 주기 때문이다. 따라서 장기적인 관점에서 볼 때 인질범과의 협상을 거절하는 것이 더 좋기 때문이다. 그러나 과거의 예를 보면 가끔 타협을 함으로써 정부의 말을 믿지 못하는 상태가 발생하였다. 북한의 경우 김정은의 말은 한번 하면 번복이 힘들다고 모든 사람들이 믿고 있다면 김정은의 말은 확언의 성격이 된다.

둘째, 협상대리인을 고용하는 방법이다. 협상대리인에게 공적으로 알려진 절차에 따라 협상을 진행하도록 요청한다. 현실적인 예로 상점 주인이 아닌 고용인과 협상을 하는 것은 유리하지 못한데 그 이유는 고용인은 가격을 할인해 줄 권한이 없어 주어진 가격을 고집하기 때문이다. 가령 상대를 위협하고자 할 때 원하는 것을 수락하지 않으면 당신의 약점이 담겨 진 비밀자료를 공개하겠다고 하면서 이미 비밀자료는 타인에게 넘겨놓은 상태라고 한다면 당신의 협상력은 상당히 강화되는 것과 마찬가지 이치이다. 북미대화시에 있어서 북한의 대표는 사실상 아무런 실권이 없는 것과 마찬가지이다. 그들은 준비된 내용과 절차에 의해서 회담을 진행하므로 일종의 김정은의 대리인과 같은 성격이라고 보여 진다.

셋째, 확언을 위한 더욱 더 강력한 방법으로서는 다리를 불태우는 것이다. 이렇게 하여 돌아갈 퇴로를 자체적으로 끊음으로써 후퇴하지 않겠다는 것을 상대에게 확언할 수 있다. 적과의 전투에서 배수진을 치는 것도 일종의 확언이다. 이 이외에도 확언을 하는 방법은 번복하였을 경우 심한 제재를 받도록 상황을 만드는 것이다. 이러한 방법은 확언을 포기할 수 없는 상황을 상대방에게 공식적으로 알릴 수 있기 때문에 효과적이다. 또한 법적인 제도장치를 만드는 방법도 고려할 수 있다. 가령 인질범 예의 경우 대통령은 인질범과 협상을 할 수 없는 법규를 정식으로 의회에서 통과시킨다면 이것이 대통령의 행동을 구속시킴으로써 확언할 수 있는 기회를 주게 되어 오히려 권한을 강화시키는 결과를 갖게 된다. 이상에서 살펴본 바와 같이 확언을 할 수 있도록 만드는 방법은 여러 가지가 있으며 경우에 따라 적절한 방법을 고려하여야 한다.

여기서 한가지 주의하여야 할 사항은 서로가 확언할 수 있는 경우이다. 지금까지는 주로 일방이 확언할수 있는 경우를 대상으로 하여 분석하였는데 상대방도 확언을 할 수 있으면 상황은 크게 달라진다. 만약 서로가 확언할 수 있으면 서로 타협할 수 없는 내용을 요구할 수 있으며 이 경우 확언의 전략은 위험한 전략이 된다. 즉, 당신이 확언할 수 있다면 그 기대이익은 크다. 그러나 상대도 확언할 수 있으면 협상은 결렬되는 것이다. 따라서 협상가는 누가 구속력 있는 확언을 할 능력이 있는가를 분석하는 것이 무엇보다도 중요하다. 만약 당신이 확언할 수 있고 상대는 확언이 불가능한 경우에는 협상의 이득을 최대한 얻기 위하여 확언을 하는 것이 바람직하다 이것이 협상에 있어서 가장 유력한 수단이다.

앞에서 우리는 게임에 참여하는 모든 경기자들이 자신의 전략 및 보수는 물론 상대방의 전략 및 보수도 모두 안다고 가정하였다. 이러한 경우를 완비정보게임이라고 부른다. 그러나 실제 협상시의 경우 정보가 완전하지 않은 경우가 일반적이다. 협상가들은 자신의 목표는 감추고 상대의 목표는 밝히려고 노력한다. 따라서 훌륭한 협상가는 가능한 상대의 많은 정보를 획득 분석하려고 노력한다. 일반적으로 공식적으로 획득한 자료들은 유용한 정보가 된다. 그러나 주의해야 할 점은 상대가 고의로 잘못된 정보를 흘릴 수도 있다는 점이다. 이러한 것을 분석하는데는 한계가 있으나 게임이론은 한계내에서 논리적인 설명이 가능하다.

앞에서 우리는 북한의 미국/한국 공격이 경우 1 에서는 믿을 수 있는 위협이 되지만 경우 2 에서는 믿을 수 있는 위협이 되지 못함을 보였다. 그 주요한 차이가 만약 미국이 북한 핵시설을 공격한다면 그러한 상황이 도래하였다고 가정했을 때 과연 북한은 미국/한국을 공격하는 것이 하지 않는 것보다 더 유리한가 불리한가 하는 것이 주요한 판단의 근거가 된다고 하였다. 따라서 북한이 미국/한국을 공격하는 것이 손해가 된다면 북한의 북한 핵시설 피격시 미국/한국을 공격하겠다는 위협은 믿을 수가 없게 된다.

그러나 만약 북한의 보수에 대해 미국이 알지 못하는 경우는 어떻게 될 것인가, 이러한 상황을 정보의 비대칭성이라고 하는데, 즉, 북한은 자신의 정보를 알고 있으나 미국은 북한의 정보를 모르는 경우, 이 경우에는 합리적 기만이 가능하게 된다. 합리적 기만이란 비록 북한이 미국/한국을 공격하는 것이 해가 된다 할 지라도 이러한 사실을 미국은 모르기 때문에 북한은 기만을 할수 있게 된다. 즉 "미국이 북한 핵시설을 공격하면 우리는 미국/한국을 공격하겠다. 왜냐하면 우리에게는 미국/한국을 공격하는 것이 하지 않는 것보다 더 유리하기 때문이다"라는 논리가 성립하게 된다. 이 경우를 전개형 형태로 나타내면 그림 9.1.7 과 같다.

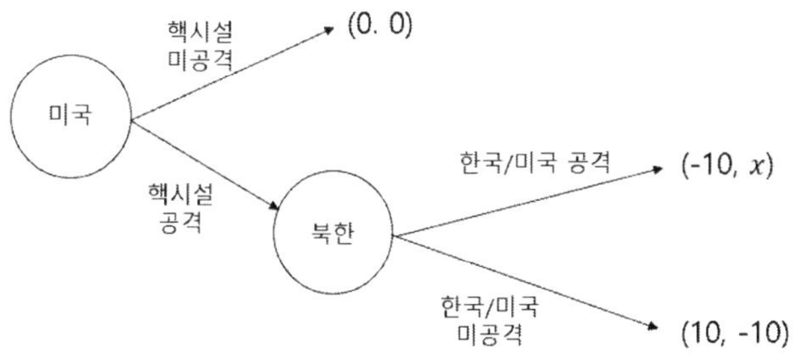

그림 9.1.7 경우 2 의 전개형 게임형태

그림 9.1.7 에서 북한이 미국/한국을 공격할 시 얻는 보수가 x로 표시되어 있다. 북한은 이 x 값을 정확히 알고 았으나 미국은 알지 못한다고 하면 북한이

주장하는 북한 핵시설 피격시 미국/한국을 공격하겠다는 위협이 가능하게 된다. 비록 x가 -20 이더라도 이를 알 수 없기 때문에 합리적 기만이 되는 것이다. 그러나 만약 미국이 x에 대한 정확한 값은 알 수 없어도 x가 -10 보다도 더 작다 (x <-10)는 것을 안다면 북한의 위협은 무위로 돌아가게 된다.

따라서 미국이 북한의 보수 x 값이 -10 보다 클 수도 있다고 믿어야만 합리적인 기만이 가능하게 된다. 가령 미국이 생각하는 x값이 -20 일 확률이 0.7 이고 -5 일 확률이 0.3 이라고 하면 북한의 미국/한국 공격위협은 기만은 아니다. 왜냐하면 x값이 -5 일 확률이 0 보다 큰 값이면 항상 가능성은 있기 때문이다. 이 경우 균형은 2 개가 나오게 되며 북한의 위협도 가능성이 있게 된다. 하지만 확률이 낮을수록 제 1 의 균형, 즉, 북한의 위협을 믿지 않는 균형으로 될 가능성이 높다고 보겠다. 그러나 제 2 의 균형도 가능하기 때문에 일반적으로 불확실성하의 협상은 죄수의 딜레마 게임 같이 서로에게 바람직하지 못하는 결과를 많이 초래할 수 있다. 즉 서로가 협상의 이익을 많이 차지하기 위하여 자신의 사적인 정보를 이용하는 협상은 상호간의 이득이 존재함에도 불구하고 협상의 결렬을 가져올 경우가 많이 있다.

9.2 미국의 확장억제 공약의 신뢰성 및 유효성 분석

9.2.1 배경

북한은 1950 년대 이후 핵개발 노력을 지속해오고 있으며, 2017 년까지 6 차례의 핵실험을 감행하고, 대륙간탄도미사일(ICBM)을 포함한 다수의 미사일을 발사하는 등 한반도 지역의 핵전쟁 위협을 고조시키고 있다. 이와 같은 북한의 위협으로 대한민국 내부에서도 핵무기에 대응하기 위한 군사전략 수립의 필요성이 대두되고 있으며, 나아가 자체적인 핵개발 및 무장이 필요하다는 여론이 형성되고 있다. 이에 미국은 북한의 핵사용을 미연에 방지하고, 동맹국인 한국의 자체 핵무장 여론을 잠재우기 위해 소위 핵우산이라고 불리는 확장억제의 제공을 약속하고 있다.

확장억제는 주로 핵무기를 보유하고 있는 국가가 핵을 보유하지 않은 동맹국을 대상으로 유사시 핵사용을 약속함으로써 적대국의 핵공격을 방지하는 것으로, 자국의 안보를 동맹국의 지원에 의존하기 때문에 유사시 동맹국이 적대국에 대한 보복공격을 실제로 이행할 것인가라는 신뢰성의 문제를 내포하고 있다. 한국 내에서도 미국의 핵 확장억제의 신뢰성에 대한 회의적 여론이 형성되어 있으며, 북한의 핵 능력이 고도화되면서 미국의 확장억제 이행이 어려워질 수도 있다는 연구결과도 제시되고 있다.

다음은 이태복 등이 연구한 “신호게임을 이용한 미국 확장억제 공약의 신뢰성 및 유효성 분석” 논문을 소개한다.

9.2.2 연구 모형

국제정치 현상은 다양한 요인들이 복합적으로 어우러져 발생하기 때문에, 이를 하나의 게임 모형으로 단순화 및 추상화하는 과정은 간단하지 않다. 특히 균형 도출의 핵심 요소라고 할 수 있는 보수의 정확한 산출은 평가 기준의 모호성 및 객관적 평가지표의 부재로 많은 어려움이 따른다. 따라서 연구목적 및 범위를 고려하여 설명하고자 하는 현상의 일부요인을 적절하게 가정하는 것은 필수적이며, 미국의 한반도 확장억제와 관련된 선행연구를 참고하여 다음과 같은 가정을 하였다.

우선 미국은 확장억제를 이행 또는 이행하지 않는 유형중 하나라고 가정하였다. 미국이 이행 유형일 경우 북한의 지속되는 핵위협 및 공격에 대해 핵무기를 활용하여 강력하게 대응하지만, 불이행 유형이라면 핵무기를 사용하지 않고 재래식 전력이나 외교 및 경제적 수단을 이용해 대응한다고 가정한다. 이때 확장억제 이행과 관련된 유형은 미국만 알고 있는 사적정보이므로 북한은 이를 확률적으로만 추측하게 된다. 한편 게임의 진행순서는 다음과 같다. 우선 자연이 확장억제 이행 유형일 확률이 p, 불이행 유형일 확률이 $(1-p)$라는 사전정보를 바탕으로 미국의 유형을 결정한다.

이어서 미국은 결정된 유형에 따라 확장억제 이행의지를 표출하기 위한 군사행동을 강화할 것인지 또는 선언적 발언의 수준만 유지할 것인지를 결정한다.

이와 같은 미국의 신호를 관찰한 북한은 한국에 대한 핵위협을 지속 또는 중단하는 전략 중 하나를 선택한다. 이 때 북한이 핵위협을 지속한다는 것은 실제 핵무기를 사용한 공격이 이뤄질 수도 있다는 점을 의미하는데, 이는 과거 일부 핵보유국이 정치 및 군사옵션의 하나로 핵무기 사용을 고려해 왔던 것처럼 북한 역시 핵무기의 사용을 검토할 수 있으며, 북한이 채택하고 있는 핵전략 자체도 선제적이며 공세적이기 때문이다. 반면 북한이 핵위협을 중단하는 경우는 추가 핵실험이나 장거리 미사일 발사 등의 도발을 중지하고 비핵화협상에 나서는 상황으로 가정하였다. 지금까지의 논의를 바탕으로 그림 9.2.1 과 같은 신호발송게임 모형을 구성하였다. 모형에 표기된 문자는 각 국가의 보수를 의미하는데, 아래첨자로 표기된 U 는 미국의 보수, N 은 북한의 보수를 의미한다.

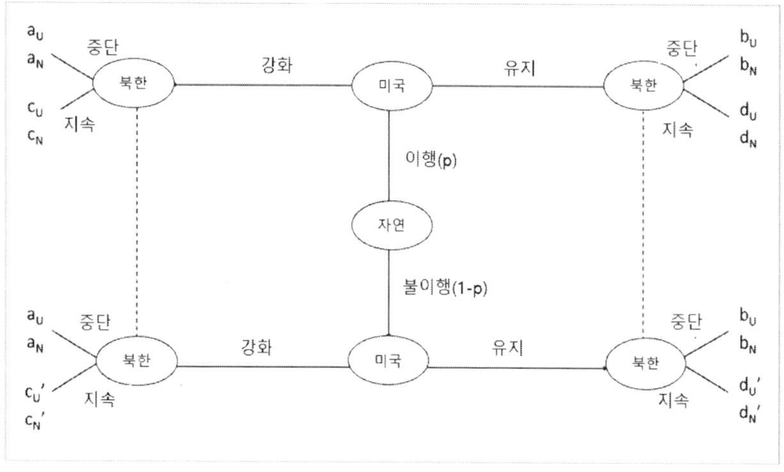

그림 9.2.1 미국 확장억제 공약 신호발송 게임

9.2.3 보수행렬

신호발송게임의 균형은 신호발송자와 수신자가 얻는 보수의 상대적 크기에 따라 달라질 수 있다. 따라서 이에 대한 가정은 게임의 균형을 결정하는 매우 중요한 과정이라고 할 수 있다. 이에 미국과 북한이 각 전략을 선택함으로써 얻을 수 있는 보수의 상대적 크기에 대해 정리하고자 하는데, 이는 설명하고자 하는 상황과 변수의 복잡성, 객관적 측정척도의 부재 등으로 인해 각 보수의 절대적 크기를 산출하는 것이 현실적으로 제한되기 때문이다.

일반적으로 국가이익을 논의할 때 국력의 네 가지 척도인 외교, 정보, 군사, 경제(Diplomatic, Informational, Military, Economic, DIME)를 기준으로 하는 경우가 많다. 여기에서도 미국 및 북한 보수의 상대적 순위를 비교하기 위한 기준으로 DIME 요소를 활용하고자 한다. 다만, 미국과 북한내 여론에 대한 설명을 추가할 수 있도록 외교항목을 국내정치분야까지 확장하였으며, 확장억제와 관련된 정보는 대부분 군사정보(Military Information)에 해당한다는 점을 고려하여 정보항목은 군사분야에 포함하였다.

정리하자면 보수의 상대적 우선순위를 판단하기 위한 기준으로 DIME 요소를 차용하되, 연구 목적 및 대상을 고려하여 정치적, 경제적, 군사적 측면의 세가지 기준으로 수정하여 적용하였다. 앞의 연구모형에서 미국이 발송할 수 있는 두가지 신호 중 하나는 확장억제 이행의지를 전달하기 위해 전략자산의 한반도 전개, 전술핵 무기배치 등의 군사행동을 강화하는 것이다. 미국이 1 개의 항공모함전단을 운영하기 위해 연간 3 조원 이상을 지출한다는 점을 고려할 때, 이러한 군사행동의 강화는 적지 않은 비용의 지출을 수반한다. 다만 미국과 북한이 군사적으로 충돌하는 상황이 발생하게 되면, 사전에 전개 또는 배치된 미국의 자산들은 북한의 전쟁수행에 부정적인 요인으로 평가될 수 있다. 한편 미국이 북한이 핵무기를 사용하여 한국을 공격할 때 핵보복공격을 가할 것이라는 선언적 수준의 신호를 보낼 때는 이러한 비용이 지출되지 않는다고 가정하였다.

다음으로 미국의 보수들에 대해 살펴보고자 한다. 우선 a_U 는 군사행동 강화신호에 북한이 위협을 중단할 때 얻는 미국의 보수인데, 미국이 전쟁없이 북한의 핵위협을 중단시킨다는 측면에서 높은 순위를 차지한다고 가정하였다. 그러나 미사일 발사훈련, 전략폭격기 및 잠수함의 한반도 전개 등을 위해 적지 않은 비용이 지출된다는 점을 고려할 때, 군사행동의 강화없이 북한의 위협이 중단되는 경우 얻는 미국의 보수가 상대적으로 더 클 것으로 가정하였다($a_U < b_U$). 또한 북한의 위협이 중단됨으로써 미국이 얻는 보수는 미국정부의 정책기조(이행 유형)와 상관없이 미국의 대외 전략차원에서 얻는 중장기적인 이득이므로 이행(p), 불이행$(1-p)$으로 요약가능한 미국의 유형과는 상관없이 동일하다고 가정하였다.

c_U 와 d_U 는 북한이 위협을 지속할 때 이행유형의 미국이 얻는 보수인데, 이 경우 미국은 많은 전쟁비용을 지출할 것으로 예상된다. 과거 미국이 아프카니스탄전쟁에서 공식적으로 8,147 억 달러를, 브라운대학교의 추정치에 의하면 2 조 2,610 억 달러에 달하는 금액을 지출했다는 점을 통해 북한과의 전쟁상황에서도 큰 비용이 발생할 것으로 추정할 수 있기 때문이다. 또한 핵전쟁에 따른 대내외적 정치적 부담 역시 무시할 수 없는 부정적 요인 중 하나이다.

한편 미국이 북한을 보복하는 상황은 북한의 공격(2 격)을 성공적으로 방어하는 경우와 방어에 실패하는 경우로 구분하여 살펴볼 수 있다. 먼저 미국이 북한을 공격하면서 발생할 수 있는 북한의 대응공격(2 격)을 성공적으로 방어하는 상황에서는 본토의 인명 및 재산의 피해없이 북한의 핵위협을 제거할 수 있으므로 미국이 불이행 유형일 때 북한이 핵위협을 지속하는 경우의 보수보다 크다고 가정하였다($c_U > c'_U$, $d_U > d'_U$).

하지만 북한의 장거리미사일에 의해 미국본토가 피해를 받게 된다면, 핵공격을 받은 도시에 대한 복구비용, 이로 인해 확대될 수 있는 반전여론 및 내부적 갈등으로 인해 불이행 유형일 때 북한의 핵위협이 지속되는 경우보다 적은 보수를 얻게 될 것이라고 가정하였다($c_U < c'_U$, $d_U < d'_U$), 한편 미국이 한반도 확장억제를 이행할 것이라는 선언적 태도를 유지한다면 군사행동에 따른 비용을 절감할 수 있어 상대적으로 큰 보수를 얻게 된다($c_U < d_U$, $c'_U < d'_U$).

다음으로 c'_U 은 불이행유형의 미국이 군사행동을 강화했음에도 북한이 위협을 지속할 때 미국의 보수이다. 이 경우 핵전쟁비용은 발생하지 않지만, 확장억제정책에 대한 다른 동맹국들의 신뢰가 낮아질 수 있고, 북한은 핵위협 또는 공격을 통해 소기의 목표를 달성하게 되므로 미국은 아주 부정적인 보수를 얻게 된다고 가정하였다($c'_U < a_U$). d'_U 는 c'_U 의 보수상황과 유사하나 군사행동 비용이 지출되지 않아 상대적으로 큰보수를 얻는다고 가정한다($c'_U < d'_U$).

지금까지의 논의를 바탕으로 미국 보수의 우선순위를 표 9.2.1 과 같이 정리해 볼 수 있다. 이때 확장억제 이행 의지표출을 위한 군사행동에 지출되는 비용보다 핵전쟁비용이 훨씬 크다는 점, 북한의 비핵화를 통해 미국이 얻을 수 있는 전략적 이익 등을 고려하여 가중치를 주었다.

표 9.2.1 미국의 보수

범주	보수	정치 요소	경제 요소	군사 요소	우선순위
#1 미 본토 피해 없음	a_U		군사행동 비용(-)		2
	b_U				1
	c_U	·반전 여론(-) ·국제적 압력(-)	·군사행동 비용(-) ·핵전쟁 비용(--)	북한 비핵화 달성(++)	4
	d_U	·반전 여론(-) ·국제적 압력(-)	핵전쟁 비용(--)	북한 비핵화 달성(++)	3
	c'_U	동맹국 신뢰 저하(-)	군사행동 비용(-)	북한 핵 증강 (--)	6
	d'_U	동맹국 신뢰 저하(-)		북한 핵 증강 (--)	5
#2 미 본토 피해 있음	a_U		군사행동 비용(-)		2
	b_U				1
	c_U	·반전 여론(-) ·국제적 압력(-)	·군사행동 비용(-) ·핵전쟁 비용(--)	북한 비핵화 달성(++)	6
	d_U	·반전 여론(-) ·국제적 압력(-)	핵전쟁 비용(--)	북한 비핵화 달성(++)	5
	c'_U	동맹국 신뢰 저하(-)	군사행동 비용(-)	북한 핵 증강 (--)	4
	d'_U	동맹국 신뢰 저하(-)		북한 핵 증강 (--)	3
·긍정적 요소는 +로 부정적 요소는 -로 표시 ·우선순위는 가중치로 고려					

다음으로 북한이 얻는 보수의 우선순위를 살펴보면 표 9.2.2 와 같다. a_N 과b_N은 이행유형일 때 위협을 중단한 북한이 얻게 되는 보수이다. 북한이 핵위협을 중단하면 미국 및 주변국가로부터 경제적 보상을 받게 될 것이다. 다만, 핵무력정책을 법령화하고, 공세적인 핵전략을 채택하고 있는 북한의 상황을 고려할 때 핵위협의 중단은 김정은의 지도력에 부정적 영향을 미칠 수 있다. 또한 군사적인 면을 고려하더라도 핵무기를 비대칭전력으로 사용할 수 없게 됨에 따라 부정적인 평가를 받게 될 것이다.

그럼에도 불구하고 핵위협을 지속했을 때 미국의 핵보복공격으로 인해 김정은정권이 와해될 정도의 심대한 타격을 받을 수 있다는 점을 고려한다면 핵위협을 지속할 때 보다 중단하는 경우의 북한의 보수가 더 클것이라고 가정할 수 있다 ($a_N > c_N$, $b_N > d_N$) . 또한 회복하기 어려운 피해를 입게 되는 북한입장에서 미국본토에 대한 2 격의 성공여부에 따른 보수의 차이는 없는 것으로 가정하였다. 한편 미국의 군사행동강화 신호의 일환으로 한반도지역에 전개 또는 배치된 미국의 전략자산은 그자체로 군사적 압박 및 위협수단으로 활용될 수 있으므로 미국이 군사행동을 강화하는 대신 선언적 수준을 유지할 때 북한의 보수가 더 큰 것 으로 가정하였다($b_N > a_N$, $d_N > c_N$, $d'_N > c'_N$).

한편 c'_N은 북한이 핵위협을 지속하더라도 미국이 강경한 대응을 하지 않는 경우의 보수이다. 이때 북한은 국제적인 비난을 받을 수는 있지만, 김정은 중심의 내부결속이 강화될 뿐만 아니라 한반도 내 핵주도권을 장악할 수 있게 되므로 위협중단시보다 큰 보수를 얻는다고 가정하였다($c'_N > a_N, d'_N > b_N$). 앞서 언급한 북한의 보수는 표 9.2.2 와 같이 정리할 수 있는데, 현북한의 체제상 김정은정권의 붕괴는 북한 입장에서 최악의 결과라는 점을 고려하여 높은 가중치를 주었고, 미국의 보수와 마찬가지로 핵전쟁비용에 가중치를 두어 우선순위를 판단하였다.

표 9.2.2 북한의 보수

범주	보수	정치 요소	경제 요소	군사 요소	우선순위
#1, #2	a_N	김정은 지도력 저하(-)	위협중단에 따른 보상(+)	미 전략자산에 의한 압력(-)	4
	b_N	김정은 지도력 저하(-)	위협중단에 따른 보상(+)		3
	c_N	·국제적 비난(-) ·정권붕괴(--)	핵전쟁 비용(--)	미 전략자산에 의한 압력(-)	6
	d_N	·국제적 비난(-) ·정권붕괴(--)	핵전쟁 비용(--)		5
	c'_N	·국제적 비난(-) ·정권강화(+)	핵 관련 비용(-)	한반도에서 핵 우위권 확보(++)	2
	d'_N	·국제적 비난(-) ·정권강화(+)	핵 관련 비용(-)	한반도에서 핵 우위권 확보(++)	1

9.2.4 균형의 도출

(i) 분리균형

우선 미국이 북한의 보복핵공격(2 격)을 방어하여 본토에 피해를 받지 않는 상황(#1)에서 이행유형의 미국만 군사행동을 강화하는(강화, 유지) 분리전략이 균형을 형성할 수 있는지 살펴본다.

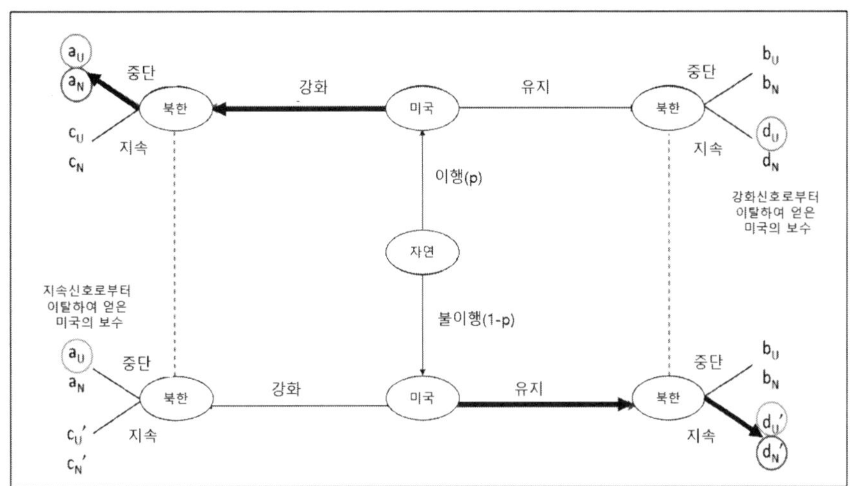

그림 9.2.2 분리균형 (I)

그림 9.2.2 를 통해 확인할 수 있듯이 (강화, 유지) 전략이 분리균형이 되기 위해서 북한은 미국이 군사행동을 강화할 때 이행유형이라 믿고, 선언적 수준을 유지할 때 불이행유형이라고 믿어야 한다. 이러한 믿음을 바탕으로 북한은 미국이 군사행동을 강화하면 위협을 중단하고$(a_N > c_N)$, 선언적 수준의 약속을 유지한다면 위협을 지속한다$(d'_N > b_N)$. 이에 따라 미국과 북한의 보수는 미국이 이행유형일 때는 (a_U, a_N), 불이행 유형인 경우는 (d'_U, d'_N)이 된다. 그런데 불이행 유형의 미국이 본래의 전략인 선언적 의미의 유지에서 이탈하여 군사행동을 강화한다면 북한은 미국이 이행유형인 것으로 오판하여 위협을 중단하게 되고, 미국은 기존 보수인 d'_U 보다 높은 a_U 의 보수를 얻게 된다. 즉 불이행 유형의 미국이 현재의 전략에서 이탈할 유인이 있기 때문에 미국의 (강화, 유지) 전략은 북한의 믿음을 고려한 최적의 전략이 될 수 없다. 또한 이러한 과정을 인식하고 있는 북한이 선언적 의미의 유지전략을 택한 미국이 불이행 유형이라고 믿는 것 역시 합리적이지 못하므로, (강화, 유지) 전략은 분리균형이 될 수 없다.

반대로 불이행유형의 미국만 군사행동을 강화하는(유지, 강화) 전략의 분리균형 성립 여부는 그림 9.2.3 을 통해 확인할 수 있다.

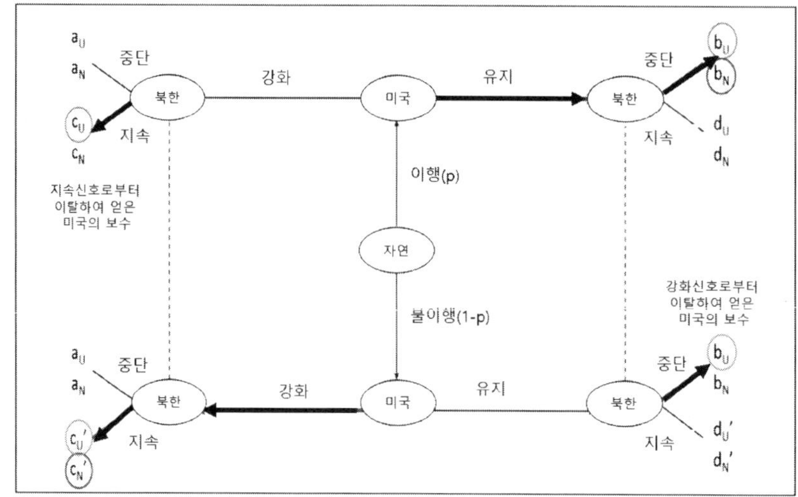

그림 9.2.3 분리균형 (II)

미국이 (유지, 강화) 전략을 선택하는 것이 분리균형이 되려면 북한은 미국이 확장억제공약을 선언적 수준에서 유지할 때 이행유형이라고 믿고, 군사행동을 강화하면 불이행유형이라고 믿어야 한다. 이러한 믿음에 따라 북한은 미국이 유지신호를 보낼 때 핵위협을 중단하고$(b_N > d_N)$, 군사행동 강화신호를 보내면 위협을 지속한다$(c_N{}' > a_N)$. 이에 따라 미국과 북한의 보수는 미국이 이행 유형일 경우(b_U, b_N), 불이행 유형일 때 (c'_U, c'_N)이 된다. 그런데 불이행 유형의 미국이 본래의 강화신호에서 이탈하여 유지신호를 보내면 북한은 미국이 이행유형이라고 오판하여 위협을 중단하게 되고$(b_N > d_N{}')$, 미국은 기존의 보수인 c'_U보다 큰 b_U의 보수를 얻을 수 있다. 즉, 불이행유형의 미국이 유지신호로 이탈할 유인이 있으므로 (유지, 강화) 전략은 분리균형이 될 수 없다. 한편 미국이 북한의 보복 핵공격을 효과적으로 방어하지 못해 본토피해를 받게되는 상황(#2)의 분리균형도 앞서 도출한 것과 동일하게 나타난다. 그이유는 각상황에 대한 북한의 보수순위가 다르지 않고, 북한이 위협을 중단할 때 얻는 미국의 보수(a_U, b_U)가 북한이 위협을 지속할 때의 보수보다 항상 큰 것으로 가정하였기 때문이다.

정리 1. 미국의 본토 피해유무와 상관없이 분리균형은 존재하지 않는다.

(ii) 합동균형

이어서 미국이 유형과 관계없이 같은 신호를 보내는 합동전략을 취할 때 본게임모형의 균형이 성립되는지를 분석하고자 하며, 이는 미국이 (유지, 유지) 전략과 (강화, 강화) 전략을 선택하는 상황으로 구분하여 살펴볼 수 있다. 먼저 그림 9.2.4 를 통해 확인할 수 있듯이 미국이 (유지, 유지) 전략을 취할 때 합동균형이 성립되려면, 북한은 미국이 선언적 수준의 공약을 유지할 때 이행유형일 확률이 p, 불이행유형일 확률이 $(1-p)$라고 믿어야 한다.

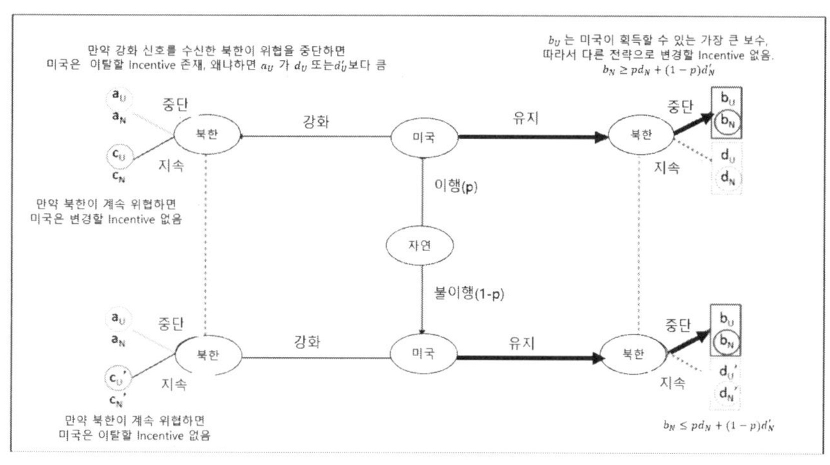

그림 9.2.4 합동 균형 (I)

이러한 믿음을 바탕으로 미국의 유지신호에 북한이 위협을 중단했을 때 얻는 기대보수는 $E_N(\text{중단}|\text{유지}) \equiv b_N$ 이며, 위협을 지속할 때의 기대보수는 $E_N(\text{지속}|\text{유지}) \equiv pd_N + (1-p)d_N'$ 이다. 이때 북한은 기대보수가 더 큰 전략을 선택할 것이다. 즉, 미국이 유지신호를 보낼 때 북한이 위협을 중단하기 위한 조건은 $E_N(\text{중단}|\text{유지}) \geq E_N(\text{지속}|\text{유지})$, 즉 $b_N \geq pd_N + (1-p)d_N' \Leftrightarrow p \geq (b_N - d'_N)/(d_N - d'_N)$ 이며, 미국과 북한이 얻게 될 보수는 각각 (b_U, b_N)이다.

이러한 전략조합 하에서 미국은 북한의 핵보복 공격에 의한 본토의 피해유무와 상관없이 최고의 보수인 b_U 를 얻어 강화신호로 이탈할 유인이 없기 때문에 균형의 성립 조건이 충족된다. 반면에 $E_N(\text{중단}|\text{유지}) \leq E_N(\text{지속}|\text{유지})$, 즉 $b_N \leq pd_N + (1-p)d_N' \Leftrightarrow p \leq (b_N - d'_N)/(d_N - d'_N)$ 이면 북한은 핵위협을 지속하는 선택을 한다. 따라서 미국과 북한의 보수는 미국이 이행유형이라면 (d_U, d_N),

불이행 유형일 때에는 (d_U', d_N') 이 된다. 이때 각 유형의 미국이 강화신호로 이탈할 유인이 없는 때에만 균형이 성립할 수 있는데, 이 이탈유인은 '강화'를 선택한 이후 북한의 행동(지속/중단)에 의해 결정된다.

만약 미국이 강화를 선택한 균형 외 경로(Off the Equilibrium Path)에서 북한이 위협을 지속한다면, 미국은 군사행동의 비용을 추가지출하는 반면 핵전쟁이 일어나는 결과는 달라지지 않으므로 미국은(유지, 유지)에서 이탈할 유인이 없다. 반대로 이 경로에서 북한이 위협을 중단한다면, 미국은 d_U 나 d_U''을 얻는 대신 a_U를 얻을 수 있으므로 (유지, 유지)에서 이탈할 유인이 있다. 즉, (유지, 유지)가 합동균형으로 성립하려면 미국이 강화를 선택하는 균형 외 경로에서 북한이 위협을 지속해야 한다. 그리고 북한이 이 경로에서 위협을 지속하기 위해서는 강화신호를 보내는 미국이 이행유형일 확률 $q = p_r(\text{이행}|\text{강화})$ 에 대한 북한의 믿음 (q) 이 $(a_N - c_N')/(c_N - c_N') \geq q$ 를 만족해야 하며, 이는 미국의 본토피해 유무(#1, #2)와 상관없이 동일하게 적용된다.

다음으로 그림 9.2.5 를 통해 미국이 (강화, 강화) 전략을 사용할 때의 합동균형 성립여부를 확인할 수 있다. 이때 북한은 강화신호를 보내는 미국이 이행 유형일 확률이 p, 불이행일확률이 $(1-p)$ 라고 믿는다. 이러한 믿음을 바탕으로 미국의 강화신호에 북한이 위협을 중단했을 때의 기대보수는 $E_N(\text{중단}|\text{강화}) \equiv a_N$ 이며, 위협을 지속하는 경우의 기대보수는 $E_N(\text{지속}|\text{강화}) \equiv pc_N + (1-p)c_N'$ 이다. 따라서 미국이 군사행동을 강화할 때 북한이 위협을 중단하기 위한 조건은 $E_N(\text{중단}|\text{강화}) \geq E_N(\text{지속}|\text{강화})$ 즉, $a_N \geq pc_N + (1-p)c_N' \Leftrightarrow p \geq (a_N - c_N')/(c_N - c_N')$ 이며, 미국과 북한은 (a_U, a_N)의 보수를 각각 얻게 된다.

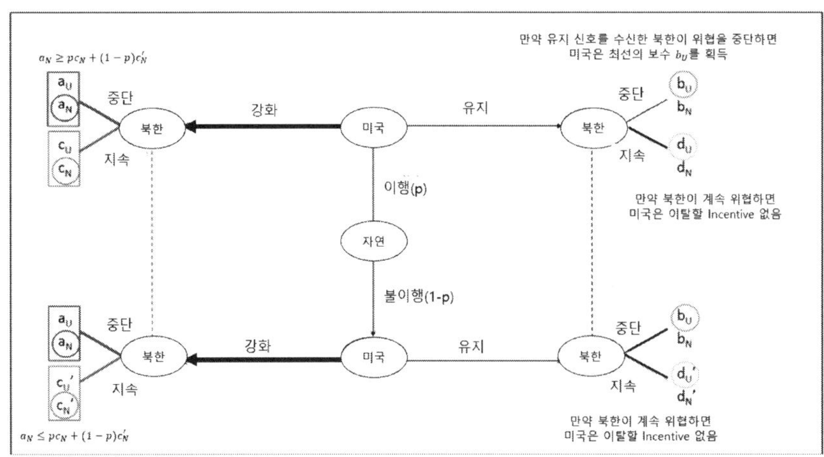

그림 9.2.5 합동 균형 (II)

이와 같은 북한의 선택이 합동균형이 되려면, 각 유형의 미국이 유지신호로 이탈하지 말아야 한다. 다시 말해 미국이 유지신호로 이탈함으로써 기존보수인 a_U 보다 높은 보수 b_U를 얻지 않아야 하며, 이를 위해 북한은 위협을 지속하여 미국이 a_U 보다 작은보수(d_U 나 d_U')를 얻도록 해야 한다. 즉, 미국의 유지신호에 북한이 위협을 지속함으로써 얻게 되는 기대보수 $E_N(\text{지속}|\text{유지}) \equiv qd_N + (1-q)d_N'$ 가 위협을 중단하는 경우의 기대보수 $E_N(\text{중단}|\text{유지}) \equiv b_N$ 보다 커야 한다.

이러한 조건은 $E_N(\text{지속}|\text{유지}) \geq E_N(\text{중단}|\text{유지})$, 즉 $qd_N + (1-q)d_N' \geq b_N \Leftrightarrow (b_N - d_N')/(d_N - d_N') \geq q$ 로서 미국이 유지신호를 보내는 균형 외 경로에서 미국이 이행유형일 확률 $q = p_r(\text{이행}|\text{유지})$에 대한 북한의 믿음이 위 조건식을 충족해야 한다. 또한 앞서 제시한 부등식조건은 미국의 본토피해 유무(#1, #2)와 상관없이 같은 결과를 보여준다. 한편 $E_N(\text{중단}|\text{강화}) \leq E_N(\text{지속}|\text{강화})$, 즉 $a_N \leq pc_N + (1-p)c_N' \Leftrightarrow p \leq (a_N - c_N')/(c_N - c_N')$ 이면 북한은 미국의 군사행동 강화신호에 위협을 지속하는 선택을 한다.

이때 미국과 북한이 얻게되는 보수는 미국이 이행유형일 때(c_U, c_N), 불이행 유형일 때 (c_U', c_N') 이 된다. 이와 같은 북한의 선택은 각 유형의 미국이 유지신호로 이탈하지 않을 때 균형전략이 될 수 있다. 다시 말해 미국이 선언적 발언수준을 유지하는 신호로 이탈하여 기존의 c_U 나 c_U'보다 높은 b_U의 보수를 얻지 말아야 하며, 북한은 위협을 지속함으로써 미국이 c_U 나c_U'보다 작은 d_U 나 d_U'의 보수를 얻도록 해야 한다. 이를 위해 미국이 유지신호를 보낼 때 위협을

지속함으로써 얻게 되는 북한의 기대보수 E_N(지속|유지) $\equiv qd_N + (1-q)d_N{}'$ 가 위협을 중단할 때의 기대보수 E_N(중단|유지) $\equiv b_N$ 보다 커야 한다. 이러한 조건은 E_N(지속|유지) $\geq E_N$(중단|유지), 즉 $d_N + (1-q)d_N{}' \geq b_N \Leftrightarrow (b_N - d'_N)/(d_N - d'_N) \geq q$ 로서 미국이 유지신호를 보내는 균형 외 경로에서 미국이 이행유형일 확률 $q = p_r$(이행|유지) 에 대한 북한의 믿음이 위의 조건식을 만족해야 한다. 또한 이 조건은 미국의 본토 피해 유무에 상관없이 동일하게 적용된다.

정리 2. ① 미국의 본토 피해유무와 상관없이 미국이 (유지, 유지) 전략을 선택하는 합동균형은 $p \geq (b_N - d'_N)/(d_N - d'_N)$ 인 경우에 성립하며, 미국의 유지신호에 북한은 위협을 중단한다. ② 미국의 본토피해 유무와 상관없이 $p \leq (b_N - d'_N)/(d_N - d'_N)$ 이라면, 균형 외 경로에서 미국이 이행유형일 확률 $q = p_r$(이행|강화) 에 대한 북한의 믿음이 $(a_N - c'_N)/(c_N - c'_N) \geq q$인 경우에만 미국의 (유지, 유지) 전략이 합동균형이 되며, 미국의 유지신호에 북한은 위협을 지속한다. ③ 미국의 본토피해 유무와 상관없이 $p \geq (a_N - c'_N)/(c_N - c'_N)$ 이라면, 균형 외 경로에서 미국이 이행유형일 확률 $q = p_r$(이행|유지) 에 대한 북한의 믿음이 $(b_N - d'_N)/(d_N - d'_N) \geq q$ 인 경우에만 미국의 (강화, 강화) 전략이 합동균형이 되며, 미국의 강화신호에 북한은 위협을 중단한다. ④ 미국의 본토 피해 유무와 상관없이 $p \leq (a_N - c'_N)/(c_N - c'_N)$ 이라면, 균형 외 경로에서 미국이 이행유형일 확률 $q = p_r$(이행|유지)에 대한 북한의 믿음이 $(b_N - d'_N)/(d_N - d'_N) \geq q$인 경우에만 미국의 (강화, 강화) 전략이 합동균형이 되며, 미국의 강화신호에 북한은 위협을 지속한다.

9.3 북한 급변사태에 대한 게임이론적 분석

9.3.1 개요

북한 급변사태에 대한 정의는 학자마다 다르게 정의하고 동북아 정세 및 시대에 따라 다르게 정의될 수 있지만 북한 급변사태는 정권붕괴와 같은 북한에서 대내외적으로 김정은정권의 통치행정력의 마비상태나 군지도부의 통제력 약화와 체제이반 현상의 무정부상태로 정의할 수 있다. 북한 급변사태로 인하여 북한의 김정은정권이 정권유지의 통제력을 상실하는 경우에 한국을 비롯한 주변강대국은 정치·외교적 측면에서 또는 군사적 측면에서 북한의 급변사태에 개입하여야 할 상황이 전개될 수 있다.

북한 급변사태의 요인으로는 여러 가지를 고려할 수 있으나 북핵문제를 중심으로 살펴본다면 두 가지 요인으로 분석할 수 있다. 첫 번째 요인으로는 북핵문제가 악화되어 발생하는 것이다. 북한 6차 핵실험 이후 UN 안보리의 대북 제재를 통한 국제사회의 대북조치가 북한의 국제적 고립화를 심화시키고 이에 따른 북한주민의 경제난이 악화되어 북한주민의 동요와 북한정권 고위층에서의 내부 균열로 북한 급변사태가 발생하는 것을 예상할 수 있다. 두 번째 요인으로는 UN 안보리의 대북 제재 이후에 북한이 이란의 경우처럼 국제사회의 압박에 굴복하여 북한이 북핵문제를 해결을 추진하여 북핵문제가 해결되고 이에 따라 북한의 개방조치가 확대되고 북한사회의 자유화·개방화로 북한주민이 동요하여 북한 급변사태가 발생할 수 있다. 위와 같은 요인에 따라 북한의 급변사태의 유형은 민중봉기 유형, 친위쿠데타 유형, 반김쿠데타 유형, 최고지도자 유고사태 등으로 예상할 수 있다.

9.3.2 북한 급변사태에 대한 게임 상황

북한 급변사태에 대한 게임이론을 적용한 논문 중 여기에서는 송봉주의 "게임이론을 이용한 북한 급변사태에 대한 분석"을 소개한다.

먼저, 게임 경기자 측면에서 보면 북핵에 관련된 국가는 북한 급변사태 시에 참여할 가능성이 있다. 한국의 경우에는 북한 급변사태는 한반도의 평화에 중대한 위협이고 한반도 통일에 있어서 결정적 단계이므로 외교적 개입과 군사적 개입은 필요할 것이며 개입의 시기나 방법이 중요한 주제이다. 북한 급변사태 시 한국의 군사적·외교적 개입에 대한 시기 및 방법, 한미공조 방향에 대하여서는 많은 연구에서 다양하게 분석되었다.

한국의 경우는 한미상호방위조약에 따라 군사적인 개입도 구체적으로 준비되어 있고 미국의 경우에도 아·태 중시전략에서의 북한의 전략적 중요성을 고려하여 볼 때 군사적·외교적인 개입을 할 것으로 예상된다. 그리고 중국의 경우는 북한을 미국과 중국의 지정학적이고 군사적인 완충지대로 여기고 있어 군사적인 개입과 외교적인 개입을 할 것으로 예상된다. 중국의 군사적인 개입은 다양한 형태로 이루어질 수 있다.

일본의 경우에도 적극적인 개입은 하지 않겠지만 한·미·일 공조체제나 국제정세의 상황에 따라 북한 급변사태 시에 개입할 가능성이 있다. 또한 러시아의 경우에도 북한 6 차 핵실험 이후 논의된 UN 안보리의 대북 제재에서 미국과 중국이 주도하는 대북제제에 제동을 걸고 개입하려고 한 것처럼 북한 급변사태 시에도 러시아 국내외 정치상황을 고려할 때 적극적으로 개입하지는 않겠지만 개입할 가능성은 있다. 위에서 살펴본 것과 같이 북한 급변사태 시에 한국, 미국, 중국, 일본, 러시아가 개입할 가능성이 있지만 전형적인 게임이론에서의 게임구조에 적합하도록 2 명의 경기자인 게임구조로 구성하기 위하여 게임 경기자를 한국과 중국의 2 개 국가로 한정하고자 한다.

게임 경기자인 한국은 북한 급변사태 시에 한·미 양국을 한국이라고 하는 하나의 국가로 표현한 것이라고 가정할 수 있으며 게임 경기자 한국을 한국·미국이라고 가정해도 무방할 것이다. 이러한 가정은 현실적으로 북한 급변사태 시에 한국과 미국은 긴밀한 공조로 외교적 개입을 추진할 것으로 예상되고 군사적 개입의 경우에도 양국은 한미상호방위조약에 따라 군사적 개입을 추진할 것이므로 타당하다. 또 다른 게임 경기자는 중국으로 북한 급변사태 시에 중국의 외교적·군사적 개입은 충분히 예상된다. 그렇지만 일본과 러시아는 북한 급변사태 시에 주도적인 역할을 하지 않을 것으로 예상하여 게임 경기자에서 배제하는 것으로 가정한다. 여기에서는 위와 같이 북한 급변사태 시에 경기자 1 을 한국으로 경기자 2 를 중국으로 가정하여 게임이론적 분석을 진행하겠지만 고려할 수 있는 또 다른 방법으로는 경기자 1 을 한·미·일 동맹으로 경기자 2 를 (북)중·러동맹으로 분석하는 방법이 있고 경기자를 6 개 국가로 분석하는 방법을 고려할 수도 있다.

그렇지만 한국정부의 북한 급변사태에 따른 개입전략에 관한 게임이론적 분석에서는 크게 다르지 않으므로 경제학의 특성상 오히려 단순한 가정으로 분석하는 것이 더 직관적이고 논리를 명확하게 할 수 있으므로 여기에서는 게임 경기자를 한국과 중국으로 가정하여 분석하고자 한다. 두 번째는 게임이론 구성의 전략적 측면이다. 북한 급변사태에 관한 게임이론 구조에서 전략을 크게 두 가지로 구분하려고 한다. 2 개의 다른 전략은 한국과 중국이 외교적 개입인가 또는 군사적 개입인가와 같은 개입의 방법으로 두 가지 전략으로 구분하는 것이 아니라 개입의 태도(정도)로서 전략을 두 가지로 구분하고자 한다. 이렇게 구분하는 이유는 개입의 방법에 따라 외교적 개입 또는 군사적 개입인가와 같은 두 가지로 전략을 구분하는 경우에는 전략에 따른 보수를 설정하는데 어려움이 있기 때문이다.

왜냐하면 북한 급변사태 유형에 따라 어느 경우에는 외교적 개입이 더 바람직할 수 있고 또 다른 경우에는 군사적 개입이 바람직할 수 있어 모든 시나리오를 가정한 게임전략에 따른 보수를 설정해서 게임이론을 전개하는 것에는 어려움이 있고 또한 논리적이고 의미있는 결과를 얻기 어렵기 때문이다. 또한 한국과 중국 모두 북한 급변사태가 발생하면 외교적 개입 또는 군사적 개입 중에서 어느 한 가지만을 선택하는 것이 아니고 한국과 중국 모두 외교적 개입과 군사적 개입을 동시에 시도할 것이고 단지 개입의 태도(정도)가 다른 전략을 택할 가능성이 높다.

실제적으로는 북한 급변사태 시에 한국(또는 한미 양국)의 경우에는 북한 급변사태 해결을 위한 외교적 개입과 군사적 개입을 고려할 수 있는데 북한 급변사태의 전개상황과 관련주변국의 외교적 조치 및 UN 을 통한 국제사회 외교적 노력 등의 외교정책이 다각도로 이루어질 수 있다. 그리고 군사적 개입의 경우에도 한미방호상호조약을 근거로 다양한 시나리오에 따른 한미 양국의 군사적 개입으로는 북한의 급변사태를 대비한 작계 5029, 북한의 남침에 따른 전면전을 고려한 작계 5027, 그리고 작계 5015 를 고려할 수 있는데 작계 5015 는 작계 5027 과 작계 5029 등을 통합한 종합적인 계획이다. 2016 년도 키리졸브·독수리연습에서는 유사시 북한의 명확한 이상징후가 있는 경우 북한에 대한 선제공격 개념도 포함된 작계 5015 가 처음으로 적용되어 실시되었다. 이처럼 한미양국은 다양한 형태의 북한 급변사태에 대비한 시나리오를 가지고 있다.

중국의 경우에도 북한 급변사태 시에 한반도 지역의 불안정 상황을 원하지 않으며 북한의 동아시아에서의 지정학적 중요성 때문에 국제사회에서 한반도 지역의 안정과 중국의 이익을 극대화하기 위하여 UN 을 통한 다각적인 외교적 개입을 할 것이다. 과거 한국전쟁 시에도 결정적인 순간에 군사적 개입을 한 것처럼 북·중관계의 혈맹관계가 약화되었다고 하지만 중국은 북한 급변사태 시에도 자국의 이익을 위하여 다양한 방법으로 군사적 개입을 할 것으로 예상된다.

그러므로 여기에서는 북한 급변사태에 대한 게임구조에서 게임 경기자의 전략은 한국과 중국 모두 외교적 개입과 군사적 개입을 동시에 시도할 것이라고 가정하고 단지 개입의 태도(정도)가 다른 전략을 택할 것으로 가정하여 게임 경기자 한국과 중국 모두 적극적 개입과 소극적 개입의 두 가지 전략만이 있는 것으로 가정하였다. 적극적 개입 전략이란 게임 경기자가 북한 급변사태를 자국의 국가이익이 매우 중요한 상황으로 인식하고 적극적인 국제협력 및 UN 을 통한 외교적 노력과 자국의 개입을 정당화하고 무력충돌의 우려가 있음에도 상대국의 전략에 상관없이 직접적이고 적극적인 군사적 개입을 추진하는 전략이다. 소극적 개입이란 게임 경기자가 국제사회에서 북한 급변사태에 대한 해결에 대하여 외교적 개입의 노력을 하지만 적극적으로 하지 않고 군사적 개입도 무력충돌의 우려에 따라 자제하거나 상대국의 군사적 개입 정도에 따라 군사적 개입을 신중하게 소극적으로 하는 전략이다.

세 번째로 보수에 관한 측면이다. 보수에 관한 설정은 각각의 전략에서의 보수를 명확한 숫자로 표시하는 것이 아니라 선호로 표시하여 선호에 대한 명확한 순위로서 균형전략에 대한 분석을 할 수 있다. 또 다른 방법은 각각의 보수에 대하여 합리적이고 논리적인 근거로 보수에 대한 특정한 숫자를 부여하는 방법이 있는데 여기서 중요한 것은 보수에 대한 숫자의 절대적인 값의 크기가 아니라 하나의 전략이 다른 전략에 대하여 더 높은 보수를 주는 상대적인 크기가 중요하다. 경제학 분야인 소비자이론의 무차별 곡선이론에서 우리는 특정한 함수의 형태로 효용의 크기를 특정한 숫자의 값으로 수치화한다. 이러한 경우 효용함수에서의 특정한 숫자의 의미는 절대적인 값의 크기를 의미하는 기수적 효용이 아닌 상대적 크기에 의미를 부여하는 서수적 효용이다. 위와 같은 서수적 효용의 논리처럼 본 논문에서도 보수에 대한 설정 방법을 따라 전략에 따른 보수는 직관적이고 논리에 근거한 적절한 특정한 값으로 부여하며 보수의 값은 상대적 크기가 중요하다. 보수에 대한 타당성에 대한 설명을 위하여 게임 경기자가 동시에 전략을 선택하는 동시게임 형태의 전략형게임을 가정하여 보수에 대하여 설명하도록 한다.

표 9.3.1 에서 괄호안의 숫자로 표현된 두 개의 값은 게임 경기자의 보수를 나타내는데 첫 번째 숫자가 게임 경기자 1 인 한국의 전략에서의 보수를 나타내고 두 번째 숫자가 게임 경기자 2 인 중국의 전략에서의 보수를 나타낸다.

표 9.3.1 한국과 중국의 보수

		중국	
		적극적 개입	소극적 개입
한국	적극적 개입	(10, 10)	**(30, 15)***
	소극적 개입	**(15, 30)***	(5, 5)

표 9.3.2 는 한국과 중국이 각각 적극적 개입과 소극적 개입의 전략을 선택함에 따른 북한 급변사태 해결 후의 새로운 체제를 요약한 것이다. 표 9.3.1 과 표 9.3.2 를 이용하여 각각의 전략에 따른 북한 급변사태 이후의 북한체제와 그에 따른 한국과 중국의 각각의 보수에 대하여 알아보자.

표 9.3.2 북한 급변사태 해결 후의 새로운 체제

		중국	
		적극적 개입	소극적 개입
한국	적극적 개입	중립적인 새로운 체제로 개편	한국주도에 의한 한반도 통일
	소극적 개입	친중 성향의 새로운 체제로 개편	현재의 북한체제 유지

먼저, 북한 급변사태 시에 어느 하나의 국가라도 적극적 개입의 전략을 선택하는 경우를 살펴보자. 여기에서는 최소 하나의 국가라도 적극적 개입을 하면 북한 급변사태는 심각한 국제사회 문제로 확대되어 북한에 의한 자체적 해결이 불가능하다고 가정한다. 첫째, 한국이 적극적 개입을 선택하고 중국이 소극적 개입을 선택하는 경우에는 현 북한체제 유지가 불가능하고 적극적 개입을 선택한 한국의 경우 한반도 통일 가능성이 증대되고 북한지역에 대한 관할권이 확대되고 협정 시에도 주도적인 역할을 할 수가 있어 보수가 크고 상대적으로

소극적 개입을 한 중국의 경우는 북한사태 해결 후의 새로운 체제에서 적극적 개입을 한 한국보다는 보수가 적어서 보수체계는 (30, 15)으로 가정한다. 즉, 적극적 개입을 한 한국의 보수는 30 이고 소극적 개입을 한 중국의 보수는 15 이다.

둘째, 첫째와 유사한 논리로 한국이 소극적 개입을 하고 중국이 적극적 개입을 하는 경우는 현재의 북한체제 유지가 불가능하고 적극적 개입을 한 중국의 의도에 따른 새로운 친중 체제가 수립될 것이 예상되고 한국은 소극적 개입으로 북한지역에 대한 관할권에 대한 문제나 새로운 정부 체계에서 협상 시에도 주도적인 역할을 할 수가 없어 보수체계는 (15, 30)으로 가정한다. 즉, 소극적 개입을 한 한국의 보수는 15 이고 적극적 개입을 한 중국의 보수는 30 이다.

셋째, 한국과 중국이 모두 적극적 개입 전략을 선택하는 경우 현 북한체제는 새로운 체제로 개편되고 양국의 이익의 크기는 동일할 것으로 예측할 수 있어 보수체계는 (10, 10)으로 가정한다. 이와 같이 양국이 적극적 개입을 하는 경우 양국의 보수가 10 으로 첫 번째와 두 번째 경우의 소극적 개입을 한 국가의 보수인 15 보다 적은 이유는 양국이 적극적 개입을 하는 경우에는 무력충돌의 가능성이 어느 하나의 국가만 적극적 개입을 하는 경우의 무력충돌 가능성보다 더 증가하는 것을 고려하기 때문이다.

다음으로는 두 나라 모두 소극적 개입을 하는 경우이다. 두 나라가 소극적 개입을 하면 북한 급변사태로 불안정해진 현북한체제가 북한에 의하여 자체적으로 해결된다고 가정하여 현재의 북한체제가 유지된다면 한국과 중국의 이익은 크게 증가하지 않을 것으로 예상할 수 있기에 두 나라가 소극적 개입을 하는 경우의 양국의 보수체계는 (5, 5)으로 가정하여 다른 어떠한 경우보다 양국의 보수의 값은 작다. 위와 같이 보수체계를 가정하는 경우에는 위의 30, 15, 10, 5 의 각각의 보수 값은 절대적 값의 크기가 중요한 것이 아니라 효용함수의 서수적 효용의 특징과 같이 상대적 크기에 따른 어떠한 전략이 더 높은 보수를 주는가에 대한 서수적 측면에서 보수의 값을 분석하는 것으로 현실의 논리적 상황에 따라 적절한 가정에 적합하게 부여한 보수체계이다. 위와 같이 북한 급변사태에 대하여 게임 구성요소의 게임 경기자, 전략 및 보수에 대하여 합리적인 가정을 기반으로 구체적으로 모형화 하였다. 이러한 모형화를 기반으로 게임이론의 Nash 균형을 분석하여 북한 급변사태 시에 중국의 대응에 따른 한국의 대응방안을 중심으로 중요한 정책적 함의를 도출해 보고자 한다.

9.3.3 전략형게임 상황에서의 분석

표 9.3.1 의 전략형게임에서 가장 먼저 살펴볼 수 있는 균형은 우월전략균형이다. 상대방의 경기자가 어떠한 전략을 선택하든지 경기 경기자의 특정한 전략에 대하여 더 높은 보수를 주는 대안 전략이 존재하는 경우를 강우월전략이라고 하는데 우리가 고려하고 있는 북한 급변사태의 전략형게임에서는 강우월전략이 없으므로 우월전략균형은 존재하지 않는다.

다음으로는 Nash 균형이다. 여기에서는 혼합전략 Nash 균형을 고려하지 않고 순수전략 Nash 균형만을 중심으로 분석하기로 하자. 상대방 경기자의 전략이 주어진 상태에서 자신에게 최적의 결과를 가져다주는 전략을 선택할 때 이러한 최적전략의 짝을 Nash 균형이라 하며 표 9.3.1 에서 Nash 균형을 찾아보면 (적극적 개입, 소극적 개입), (소극적 개입, 적극적 개입) 으로 2 개가 존재한다. 위와 같이 두 가지 가능성 있는 Nash 균형이 존재하여 두 국가가 같은 전략을 선택하는 경우는 Nash 균형이 되지 않고 위의 2 가지 Nash 균형에서는 적극적 개입을 선택한 국가의 보수가 소극적 개입을 선택한 국가의 보수보다 더 크다.

북한 급변사태의 게임 구조에서 중요한 것은 자국은 어떠한 경우에도 적극적 개입을 한다는 것을 상대방에게 알리고 이것을 상대방에게 믿게 하는 것이 자국에게 보다 좋은 결과를 가져다주는 균형이 이루어 질 수 있다. 이러한 북한 급변사태의 게임이론은 이해가 쉬운 다른 게임이론의 전형적인 예에서 더욱 더 직관적이고 논리적인 해법을 찾을 수 있다.

화장품 사업에 새롭게 진출하려는 두 기업이 있다고 가정하자. 각 기업들은 2 개의 전략을 각각 가지고 있는데 한 가지 전략은 여성용 화장품 사업에 진출하는 것이고 또 다른 전략은 남성용 화장품 사업에 진출하는 것이다. 두 기업 모두 수요가 풍부한 여성용 화장품 사업에 진출하고 싶지만 두 기업이 모두가 여성용 화장품 사업에 진출하면 경쟁 과열로 오히려 불리할 것이고 한 기업이 여성용 화장품 사업에 진출한다고 가정하면 오히려 다른 기업은 여성용 화장품 사업보다는 남성용 화장품 사업에 진출하는 것이 유리하다. 이러한 화장품 사업의 진출의 예는 우리가 현재 분석하고 있는 북한 급변사태와 동일한 게임구조를 가지고 있다. 위와 같은 화장품 사업 진출에 있어서 무엇보다도 중요한 것은 다른 기업이 자국 기업은 어떠한 상황이라도 여성용 화장품 사업에 진출한다는 것을 믿게 하는 것이 중 요하다.

이러한 논리를 북한 급변사태 게임 상황에 적용한다면 한국은 북한 급변사태 시에 어떠한 경우에도 적극적 개입을 한다는 것을 중국이 믿도록 하는 것이 가장 중요한 조치이다. 따라서 북한 급변사태 시의 한미공조를 통한 외교적 개입과 군사적 개입을 명문화하여 공표하는 방법도 좋은 방법이 될 수 있다. 그러므로 2016 년에 실시된 키리졸브·독수리연습에서는 북한에 대한 선제공격 개념도 포함된 작계 5015 가 처음으로 적용하여 실시한 것은 중국을 포함하여 국제사회에 북한 급변사태 시 한국의 적극적 개입 의지를 공표한 적합한 방법 중의 하나로 판단할 수 있다.

9.3.4 전개형게임 상황에서의 분석

북한 급변사태 시에 한국과 중국의 개입은 동시게임으로 진행되기 보다는 어느 한 국가가 먼저 개입하고 다른 국가가 개입하는 순차게임 형태로 진행될 가능성이 높다. 이러한 경우에는 전개형게임(순차게임)이 되어 선발자와 후발자가 존재하여 게임구조는 그림 9.3.1 과 같다.

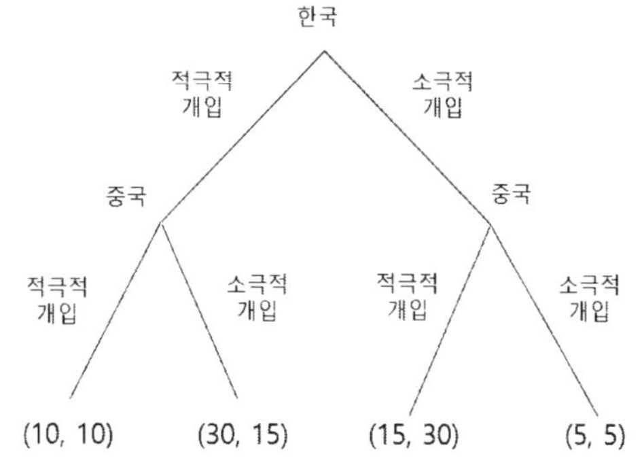

그림 9.3.1 북한 급변사태 동시게임(선발자 한국)

그림 9.3.1 과 같은 게임구조에서는 합리적이고 논리적인 균형을 찾기 위해서 SPNE 을 중심으로 분석해보자. SPNE 은 모든 부분게임에서 Nash 균형 조건을 만족하는 전략조합으로 역진귀납법을 이용하여 구할 수 있다. 그림 9.3.1 은 선발자가 한국이고 후발자가 중국인 경우로서 역진귀납법을 이용하여 분석해보면 중국이 전략을 선택해야 하는 시기가 오는 경우에는 한국이 적극적 개입을 선택하였으면 중국은 소극적 개입을 선택할 것이고 한국이 소극적 개입을 선택하였으면 중국은 적극적 개입을 선택할 것이다. 이러한 중국의 전략을 알고 있는 한국은 전략을 선택하기 전에 합리적으로 분석할 것이다. 한국이 적극적 개입을 선택하면 중국이 소극적 개입을 선택하여 한국의 보수는 30 이 되고 한국이 소극적 개입을 선택하면 중국이 적극적 개입을 선택하여 한국의 보수는 15 가 된다. 그러므로 선발자인 한국의 입장에서는 적극적 개입을 선택하는 것이 합리적이다. 위와 같은 논리로 SPNE 은 유일하며 한국이 적극적 개입을 선택하면 순차적으로 중국이 소극적 개입을 선택하는 것으로 이러한 경우의 보수는 한국은 30 이고 중국은 15 이므로 선발자의 보수가 후발자의 보수보다 큰 것을 알 수 있다.

그림 9.3.2 는 선발자가 중국이고 후발자가 한국인 경우로서 앞에서와 같은 논리로 역진귀납법을 적용하여 SPNE 을 찾아보자. 역진귀납법을 이용하기 위하여 먼저 후발자인 한국의 전략을 선택하여야 하는 경우를 살펴보자. 중국이 적극적 개입 전략을 선택하면 한국이 소극적 개입 전략을 선택하는 것이 바람직하고 중국이 소극적 개입전략을 선택하면 한국이 적극적 개입전략을 선택하는 바람직하다.

다음으로는 선발자인 중국의 전략을 살펴보자. 앞에서와 같은 한국의 전략을 알고 있는 중국은 전략을 선택하기 전에 합리적으로 분석할 것이다. 중국이 적극적 개입을 선택하면 한국이 소극적 개입을 선택하여 중국의 보수는 30 이 되고 중국이 소극적 개입을 선택하면 한국이 적극적 개입을 선택하여 중국의 보수는 15 가 된다. 그러므로 선발자인 중국은 적극적 개입을 선택하는 것이 합리적이다. 위와 같은 게임구조 하에서 SPNE 은 유일하며 중국이 적극적 개입을 선택하면 순차적으로 한국이 소극적 개입을 선택하는 것으로 중국은 30 만큼의 보수를 받고 한국은 15 만큼의 보수를 받아 선발자의 보수가 더 크다.

앞에서 살펴본 것과 같이 동시게임이 아닌 순차게임이 되어 전개형게임으로 표현하는 경우 SPNE 은 유일하며 언제나 선발자가 후발자보다 더 많은 보수를 받게 된다.

그림 9.3.1 북한 급변사태 동시게임(선발자 중국)

그러므로 북한 급변사태의 순차적인 게임에서의 제일 중요한 요소는 선발자가 되는 것이다. 북한 급변사태 발생의 징후가 포착되거나 확실 시 될 때 한국과 중국은 북한 급변사태 진행상황과 국내외적인 정치외교적인 측면을 고려하여 개입에 대한 시기와 적극적 개입을 할 것인지 소극적 개입을 할 것인지를 결정할 것이다. 북한 급변사태에 관한 게임이론 분석에서 순차게임이 되는 경우에 제일 중요한 요소는 어떻게 선발자가 되도록 하는 것이다.

어떤 북핵문제연구의 순차게임에서는 먼저 전략을 선택하는 선발자보다 선발자의 행동을 확인하고 이를 기반으로 전략을 선택하는 후발자에게 더 유리한 결과를 가져와서 북핵문제에 있어서는 관련 국가들이 후발자가 되기 위해 노력한다고 분석될 수 있지만 북한 급변사태의 순차게임에서는 관련 국가들이 선발자가 되기 위해 노력한다. 그러므로 북한 급변사태 게임구조에서 한국정부가 선발자가 되기 위해서는 북한 급변사태 시에 미국과의 공조 하에 신속한 개입결정을 하는 것이 중요하다. 경제 불황을 극복하기 위하여 정부가 재정정책을 추진하는 경우에 정책이 신속하게 결정되어야 하는 내부시차 문제가 중요한 것처럼 북한 급변사태 문제에서도 정책결정의 시기가 얼마나 중요한지를 순차게임을 통해서 알 수 있다.

9.4 남북한 협력가능성에 대한 게임이론적 분석

9.4.1 개요

게임이론을 이용한 남북한 협력에 대한 논문 중 여기에서는 박기홍의 "무한반복 죄수의 딜레마 게임으로 살펴본 남북한 화해 협력가능성"을 소개한다. 북한은 2011 년 12 월 김정은 집권이후 지금까지 '정전협정 전면 백지화' 선언, '제 2 의 조선전쟁 불가피 및 핵무기 선제타격 권리행사' 선언, 수십 차례에 달하는 공해상 탄도미사일 발사 등 대남 도발 수위를 꾸준히 높여오고 있으며, 특히 2012 년 2 월 제 3 차 핵실험을 감행한 이후 2016 년 1 월 제 4 차 핵실험에 이어 8 개월이 뒤인 9 월에는 제 5 차 핵실험을 실시하는 등 핵무기 공격을 통한 한반도 핵전쟁 위협 또한 고조시켜 왔다. 2017 년 8 월 트럼프 미국 대통령이 "북한이 미국을 계속 위협하면 화염과 분노에 직면할 것"이라고 경고하자 북한은 다음날 곧바로 미국령 괌에 미사일을 발사할 것이라고 응수했다. 뿐만 아니라 2017 년 9 월에는 제 6 차 핵실험도 감행하는 등 마치 한국 정부와 미국에 자신들의 비합리성과 비이성을 과시하는 모양새다.

북한이 핵실험을 감행한 것에 대해 "국제사회와 함께 최고의 강한 응징 방안"을 마련할 것을 지시하는 등 남북한 관계는 강대강 대치 속 군사적 긴장 고조 국면으로 흐르고 있다. 한국의 정권 교체기에 남북관계의 개선을 모색하는 상황에서 핵실험, 미사일 발사 등 북한의 잇따른 군사도발 위협은 우리 정부의 대북 대응기조를 시험하려는 시도임과 동시에 장차 대남·대미 협상력을 높이려는 북한의 의도가 내재되어 있다고 할 수 있다. 북한의 의도가 무엇이든, 군사적 긴장관계가 높아지고 있는 현재의 한반도 정세는 분명 한국에게 정치·경제·외교적 불확실성을 증대시켜 큰 비용을 초래하고 있다.

아울러, 이러한 북한 변수는 한국 정부에게는 남북관계의 국면전환에 큰 장애물이다. 따라서 현재 진행되고 있는 남북한 군사적 대치 국면에서 한반도 평화정착을 위한 화해·협력 가능성에 대한 분석과 이를 통한 합리적 정책방향의 제시가 어느 때보다 중요한 시점이다.

남북한 관계에 대한 기존의 많은 국내 연구들은 전통적으로 동북아와 한반도를 둘러싼 국제 정치학적 구조와 강대국의 대한반도 외교정책 또는 무력 충돌에서의 군사적 개입 측면에 초점을 맞추고 있으며, 전략적 경쟁과 상호작용을 분석하는 경제학적 분석틀인 게임이론을 이용한 연구는 상대적으로 활발하지 않다. 북한의 핵개발에 대한 한국의 대응전략 분석을 위해 바둑이나 체스처럼 한국과 북한의 두 행위자 중 한쪽이 먼저 의사결정을 하는 순차게임을 전제로 분석할 수 있으나 남북한 갈등은 현실적으로 가위·바위·보처럼 한국과 북한 모두가 동시에 전략을 결정하는 동시게임으로 간주된다.

향후 남북관계에서 한국이 과거 화해·협력정책과 유사하게 상당기간 동안 북한에 경제적 지원을 우선 제공하면서 북한의 자발적인 비핵화(협력) 추진을 기다릴 가능성은 낮으며 반대로 한국의 경제적 지원(협력)에 대한 약속을 전제로 북한이 먼저 비핵화(협력)를 단행할 만큼 한반도 비핵화가 단시일에 가능한 정치과정이 아니라는 점에서 북한은 자신의 선택을 변화시킬 수 있기 때문이다. 아울러, 동시게임도 순차게임과 유사하게 동태적 의사결정 과정을 훌륭하게 나타낼 수 있다. 이것을 가능하게 해 주는 것은 모든 상황에 대하여 어떻게 대응할 것인가를 지정하여 놓은 전략의 개념에 있다.

한편, 기존의 몇몇 연구들은 중국의 대한반도 전략, 북한 급변사태, 남북 경제교류, 한반도 신뢰프로세스, 북핵 6 자회담 등 남북한 관계를 둘러싼 다양한 이슈를 동시게임의 접근 방법으로 분석하였다. 하지만 이들의 분석은 무한반복게임의 구조측면에 대한 명확한 언급과 분석 없이 남북한이 각자의 이익을 극대화하는 전략으로서 협력을 선택하는 상황을 '상대방 따라 하기(Tit-for-tat, TFT)' 전략에 기초해 설명하고 있다. 특히, 무한반복게임의 핵심개념인 시간의 도입에 따른 할인인자를 명시적으로 고려하지 않고 있어 남북한의 전략적 상황에 대한 엄밀한 분석과 정책적 함의 도출에는 분명 한계가 따른다. 남북한 관계와 같이 무한히 반복적으로 발생하는 게임 구조에서는 각 상이한 시점에서 발생한 편익과 비용을 분석의 기준시점으로 일치시키는 과정은 매우 중요하며,

이때 할인인자는 미래의 가치를 현재가치로 환산을 가능케 해주는 필수적인 요소이다.

여기에서는 북한의 계속적인 도발로 증대되고 있는 한반도의 안보 불확실성이 야기할 수 있는 전략적 상호작용과 남북한 화해·협력의 가능성에 대해 경제학의 게임이론을 이용하여 이론적으로 분석하는데 목적이 있다. 이를 통해 핵실험과 미사일 시험발사로 날로 심각성이 더해가고 있는 현재의 남북문제 해결을 위해 향후 우리 정부의 대응은 어떻게 변해야 하는지에 대한 분석의 틀을 제공한다. 이러한 연구목적을 달성하기 위해서 본 연구에서는 남북관계를 설명하는데 일반적으로 이용되고 있는 게임이론의 고전적 사례인 '죄수의 딜레마 게임'으로 모형화하여 분석한다.

특히, 무한반복 죄수의 딜레마 게임에서의 협조가능성에 주목하고 기존 연구에서 명시적으로 고려하지 않았던 할인인자를 모형에 포함하여 남북한 화해·협력의 가능성을 보다 엄밀하게 분석한다. 앞서 언급한 현재 남북한의 군사적 대치국면은 서로를 완전히 믿지 못하는 전략적 상황에서 발생하는 일종의 죄수의 딜레마 게임과 매우 유사한 상황이다. 따라서 죄수의 딜레마 게임을 이용한 남북한 화해협력 가능성에 대한 분석은 유용한 정책적 시사점을 제공할 것이다.

9.4.2 게임 상황

남북관계를 죄수의 딜레마 게임에 기초하여 분석한다. 북한과의 화해· 협력을 통한 한반도의 평화와 안정을 추구하고 이를 통해 궁극적으로 남북관계의 평화와 번영을 달성할 수 있다는 전제에서 남북관계를 설명하는데 죄수의 딜레마 게임이 일반적이다. 게임이론으로 분석하기 위해서는 우선 게임에 참여하는 경기자가 누구인지 결정해야 한다.

남북관계 게임을 현실성에 맞추어 분석하려면 3 인 이상의 게임 경기자가 존재한다. 기본적으로 한국과 북한은 가장 중요한 경기 주체이다. 아울러 미국의 경우 한반도의 전략적 중요성을 고려하여 남북관계에 적극 개입할 것이며 중국 역시 북한을 미국과 한국에 대한 견제차원의 군사적인 완충지대로 여기고 있어 남북관계의 상황변화에 매우 민감할 것이다. 일본과 러시아는 미국과 중국만큼 남북관계에 적극적인 개입은 하지 않겠지만 일본의 경우 한·미·일 공조체제나 군사대국화 행보 등을 위해, 러시아의 경우 미국·중국 주도의 한반도 영향력에 제동을 걸기 위해 개입할 것으로 예상된다.

남북관계 분석에 있어 한국, 북한, 미국, 중국, 일본, 러시아 등 6 개 국가가 개입할 가능성이 있으나 본 연구에서는 게임의 구조를 단순화하여 분석하기 위해 전형적인 게임구조에 적합하도록 게임 경기자를 한국과 북한의 2 개 국가로 한정한다. 따라서 남북관계 분석을 위한 경기자의 집합은 {한국, 북한}이다.

다음으로 경기자가 게임에 참여한다면 어느 시점에서 선택할 기회가 주어져야 하는데 게임이론에서 경기자가 선택할 수 있는 여러 가지 대안을 통칭하여 전략이라고 한다. 현실의 상황을 단순화하여 생각해 보면, 한국은 북한에 대해서 경제적 지원 등 협력(Cooperation, CO)을 하거나 경제·외교·군사적인 제재(Sanction, SA)를 지속적으로 유지하는 두 가지 전략을 선택할 수 있다. 따라서 한국의 대북한 전략집합은 {협력(CO), 제재(SA)}이다.

유사하게 한국에 대한 북한의 입장 역시 두 가지가 있을 수 있다. 우선, 한국의 요구를 최대한 받아들이거나 순응(비핵화, 개혁과 개방 등)하여 협력(CO)을 하는 것이고, 다른 하나는 한국의 의사에 배반하여 핵보유, 미사일 개발 등 군사적 도발(Provocation, PR)을 하는 것이다. 따라서 북한의 전략집합은 {협력(CO), 도발(PR)}이다. 여기서는 한국과 북한이 위와 같은 각각 두 가지 전략을 가지고 게임을 하는 상황을 가정하여 분석을 시도할 것이다. 이러한 상황을 아주 단순화하여 나타낸 것이 표 9.4.1 이다.

표 9.4.1 남북한 전략과 보수

		경기자 2(북한)	
		협력(CO)	도발(PR)
경기자 1 (한국)	협력(CO)	(R, R)	(S, T)
	제재(SA)	(T, S)	(P, P)

앞서 설명한 바와 같이, 표 9.4.1 의 남북관계를 묘사하는 죄수의 딜레마 게임에서 한국과 북한은 경기자이고 가로축은 한국의 전략이며 세로축은 북한의 전략이다. 전략 CO 는 남북한 양측이 선택할 수 있는 협력전략을 의미하며 전략

PR 는 북한이 선택할 수 있는 도발 전략을, SA 는 한국이 선택할 수 있는 제재 전략을 각각 의미한다. 한편, 전략 CO 는 한반도의 평화를 보장하기 위해 남북한이 상호 대화하는 것이고, 전략 PR 와 SA 는 상대방을 위협하며 자신들의 이익을 추구하기 위해 압박하는 것으로도 이해할 수 있을 것이다.

남북한 양측은 모두 선택한 전략으로부터 기대하는 일종의 보상을 받게 되는데 한국과 북한이 받을 수 있는 보수를 T, R, P, S 로 표시한다. T 는 한국과 북한이 협력에서 이탈하는 유혹으로부터의 보수(Temptation's Payoff), R 은 협력에 따른 보상(Reward from Cooperation), P 는 비협력(한국-제재, 북한-도발)에 대한 처벌(Punishment from Non-cooperation), S 는 상대방은 비협력하는데 자신은 협력하는 멍청이의 보수(Sucker's Payoff)를 각각 의미한다. 각 보수들 사이에는 T> R> P> S 의 관계가 성립한다. 남북문제 게임 분석의 중요한 목표 중의 하나는 남북한 양측 간 안정적이고 예측할 수 있는 상호작용의 유형을 발견하는 것이다. 그것을 경제학의 선례를 따라 균형이라고 한다. 게임의 균형은 보수들의 상대적 크기에 직접적인 영향을 받으므로 보수들의 상대적 크기에 대한 가정은 매우 중요하다.

여기에서는 일반적인 죄수의 딜레마 게임에서 규정한 보수와 그 의미를 남북관계에 응용하였다. 표 9.4.1 에 표시된 보수 수준들의 의미를 보다 현실적으로 살펴보면 다음과 같다. 괄호안의 두 개의 문자 중 첫 번째 문자는 한국의 전략에서의 보수를 나타내고 두 번째 문자는 북한의 전략에서의 보수를 나타낸다.

한국과 북한은 각각 두 가지 전략을 가짐으로 인해 다음의 네 가지의 시나리오와 결과를 예측할 수 있고, 각 결과에 대한 남북한 양측의 보수는 모두 다르다. 우선, 북한이 핵실험 등의 도발 전략(PR)을 지속하고 한국 또한 이에 대응하여 국제사회와 함께 제재전략(SA)을 고수하여 현재와 같이 한반도의 긴장관계가 지속되는 상황에서 한국과 북한의 보수 수준은 (P, P)로 설정되었다. 이 경우 한국은 북한에 대한 경제적 지출 등을 줄일 수 있으나 남북관계가 경색되어 안보비용이 증가할 것이다. 북한은 한국과의 경제협력(경제적 지원)이 없으므로 현재 직면하고 있는 경제적 위기가 더욱 심화될 것이다. 하지만 자유민주주의와 시장경제의 확산과 같은 개방에 따른 부담을 차단할 수 있으므로 체제안정에는 도움이 될 것이다.

이러한 보수 수준은 남북한의 전략이 변화함에 따라 함께 변화할 수 있다. 예컨대, 북한이 비핵화·개혁·개방 등을 통한 협력전략(CO)을 선택하고 한국 또한 이에 대응하여 경제적 지원 등의 협력전략(CO)을 선택하면 상황이 발전하여 북한의 보수 수준은 현재의 P 에서 R 로 높아지고, 한국 또한 북한의 군사적 도발 위협의 감소로 안보 불안을 해소할 수 있어 보수 수준이 P 에서 R 로 높아져서 (R, R)의 상황이 된다고 가정할 수 있다. 이러한 '협력-협력'의 상황은 향후 남북관계가 지향해야 방향이며 최상의 시나리오라 할 수 있다.

하지만 북한이 협력전략(CO)을 택하였을 때 한국은 협력전략(CO) 대신 제재전략(SA)을 선택할 수 있다. 그렇게 되면 북한은 경제적 지원도 받지 못하고 체제도 위협받게 되는 최악의 상황이 되어 보수 수준이 S 로 낮아지게 된다. 반면, 한국은 경제적 지원도 하지 않고 안보위협이 감소하는 상황이 되어 보수 수준이 가장 높은 T 가 된다. 이 같은 상황에서의 한국과 북한의 보수 수준은 (S, T)로 설정되었다. 반대로, 한국이 협력전략(CO)을 택하였을 때 북한은 협력전략(CO) 대신 도발 전략(PR)을 선택할 수 있다. 이 경우 한국은 경제적 지원을 해 주고도 이에 대한 대가(안보불안 해소 등)가 없는 최악의 상황이 되어 보수 수준이 S 로 낮아지게 된다. 반면, 북한은 정권의 안정성을 크게 위협받지 않으면서 동시에 경제적 지원도 받는 상황이 되어 보수 수준이 가장 높은 T 가 된다. 따라서 한국과 북한의 보수 수준은 (T, S)로 설정되었다.

9.4.3 균형 분석

일반적으로, 죄수의 딜레마 게임은 안보문제와 같이 경기자 일방의 이익이 타방의 불이익이 되는 게임에서 설득력을 가질 수 있는 것으로 알려져 있다. 이하에서는 표 9.4.1 에 묘사된 남북관계 게임에서의 균형의 존재여부와 그 의미를 살펴본다.

우선, 북한이 도발전략(PR)을 선택할 경우 한국이 제재전략(SA)을 선택하면 P 를 얻고, 협력전략(CO)을 선택하면 S 를 얻는다. P>S 이므로 한국의 입장에서는 북한이 도발전략을 선택한다면 제재전략(SA)이 더 나은 선택이다.

유사하게, 북한이 협력전략(CO)을 선택할 때, 한국이 제재전략(SA)을 선택하면 T 를 얻고, 협력전략(CO)을 선택하면 R 을 얻는다. T>R 이므로 이 경우에도 제재전략(SA)이 더 나은 선택이다. 결국, 북한이 어떠한 전략을 선택하든지 간에 한국의 입장에서 보면 항상 제재전략(SA)을 선택하는 것이 더 나은 선택이다. 즉, 한국의 경우 제재전략(SA)이 강우월전략이다. 마찬가지로 북한의 경우에 있어서도 도발전략(PR)이 강우월전략이다.

결국, 남북관계 죄수의 딜레마 게임에서 남북한 양측은 상대방이 항상 비협력전략(한국-SA, 북한-PR)을 선택할 것임을 안다. 따라서 합리적인 선택에 의한 한국과 북한의 전략프로파일은 (SA, PR)이며 유일한 우월전략균형인 것이다 이 결과를 보수에 대한 구체적인 수치를 통한 분석에 적용하여 보자. 우선, 표 9.4.2 와 같이 합리적이고 논리적인 근거에 의해 각각의 전략에서의 보수를 명확하게 숫자로 표시할 수 있다.

표 9.4.2 남북한 전략과 보수의 수치 표현

		경기자 2(북한)	
		협력(CO)	도발(PR)
경기자 1 (한국)	협력(CO)	(3, 3)	(0, 4)
	제재(SA)	(4, 0)	**(1, 1)***

표 9.4.2 에 표시된 보수 수준들은 임의적으로 정한 것이지만, 현실의 상황을 최대한 반영하고자 하였다. 전략에 따른 보수는 직관적이고 논리에 근거한 적절한 특정한 값으로 부여하며 보수의 값은 상대적 크기가 중요하다. 표 9.4.2 에서 북한이 도발전략(PR)을 계속하고 한국이 제재전략(SA)를 계속하는 현재와 유사한 상황을 현상유지라는 의미에서 한국과 북한 모두 보수 수준이 1 인 (1, 1)으로 설정하였다. 북한의 협력전략(CO)에 대응하여 한국 또한 협력전략(CO)을 선택하면 한국과 북한 양측 모두 상황이 호전되어 현재의 보수 수준인 1 에서 3 으로 높아져서 (3, 3)의 상황이 된다고 가정하였다.

한편, 북한이 협력전략(CO)을 택하였을 때 한국이 협력전략(CO) 대신 제재전략(SA)을 선택할 수 있다. 그렇게 되면 북한은 최악의 상황이 되어 보수 수준이 0 으로 낮아지게 되는 반면, 한국은 최상의 상황이 되어 보수 수준이 가장 높은 4 가 된다고 볼 수 있다. 즉, 보수 수준은 (4, 0)이 된다고 가정한다. 반대로, 한국이 협력전략(CO)을 택하였을 때 북한이 협력전략(CO) 대신 도발전략(PR)을 선택할 수 있다. 그렇게 되면 한국은 최악의 상황이 되어 보수 수준이 0 으로 낮아지게 되는 반면, 북한은 최상의 상황이 되어 보수 수준이 가장 높은 4 가 된다고 볼 수 있다. 즉 보수 수준은 (0, 4)이 된다고 가정한다.

앞서 분석한 바와 같이, 표 9.4.2 에서도 북한이 협력전략(CO)을 선택하고 한국 또한 협력전략(CO)을 선택하는 이상적인 상황이 실현된다면 한국과 북한 모두 3 의 보수를 받는 (3, 3)이 실현된다. 이 경우 한국의 제재전략(SA) 고수와 북한의 도발전략 (PR) 지속이라는 현재와 같은 상황에서의 보수 수준인 (1, 1)이 개선될 수 있다. 하지만, 북한이 협력전략(CO)을 선택해도 한국이 협력전략(CO)을 선택하지 않고 제재전략(SA)을 선택할 가능성이 충분하므로 북한으로서는 협력전략(CO)을 선택을 망설일 수밖에 없고 도발전략 (PR)을 지속하게 된다.

유사하게, 한국이 협력전략(CO)을 선택해도 북한이 협력전략(CO)을 선택하지 않고 도발전략(PR)을 선택할 가능성이 충분하므로 한국으로서는 협력전략(CO) 선택이 아닌 제재전략(SA)을 지속하게 된다. 현실적으로 한국과 국제사회는 북한이 군사적 도발(핵·미사일 개발 등)을 지속하는 상황에서 경제적으로 지원해주는 것은 힘든 상황이다. 만약 북한이 군사적 도발을 멈추고 개혁과 개방 전략으로 선회한다면 경제적 지원을 할 수 있다는 입장을 취하고 있다.

따라서 북한이 지속적인 도발을 한다면 한국과 국제사회의 대응은 현재와 같이 제재뿐일 것이다. 반면 북한이 국제사회의 요구에 순응하여 협력하면 한국과 국제사회는 계속 제재를 선택할 수도 있지만, 지원을 선택할 수도 있다. 현실에서 미국 등 주변 국가들은 북한이 비핵화를 선택하면 강력한 지원을 해 줄 수 있다는 입장을 취하고 있다.

이상에서 논의한 바와 같이, 남북관계 게임에서 언제나 협력(CO)하는 건 좋지 않다. 비협력전략(SA, PR)을 선택하는 배신자에게 대응하기 어렵기 때문이다. 즉, 협력하지 않고 비협력전략을 선택하는 것은 다른 경기자가 어떤 전략을 선택하든 상관없이 항상 높은 보수를 보장하는 강우월전략이다. 따라서 합리적인 남북한 양측은 당연히 강우월전략을 선택할 것이므로, 이러한 상황 하에서 가장 좋은 결과는 한국과 북한 모두 비협력전략을 선택하는 것이다. 하지만 표 9.4.2 는 (SA, PR)은 최선의 전략프로파일이 아님을 알려준다. 명확하게 한국과 북한 모두가 더 행복해지는 방법이 있다. 양측 모두 협력전략을 택함으로써 각각 보수 (R, R)을 얻는 것이다. 다시 말해 (CO, CO) 전략프로파일이 (SA, PR) 전략프로파일 보다 남북한 양측에 더 높은 보수를 실현시킨다. 그러나 상대방이 합리적이라는 전제가 있는 한 상대방을 신뢰할 수 없고 각자 강우월전략인 비협력전략 프로파일 (SA, PR)을 선택해 협력전략 프로파일 (CO, CO)은 결코 달성될 수 없다.

남북관계에 있어서 죄수의 딜레마 게임이 던져주는 본질은 남북한 양측이 각자의 이익을 극대화하는 경쟁적 균형(SA, PR)과 한반도 전체적으로 가장 바람직한 최적균형(CO, CO)간의 괴리(사회 딜레마)로 요약된다. 국가의 존망이 걸린 안보라는 중요한 이슈에서 합리적(이기적)인 남북 양측이 서로를 믿지 못하는 전략적 상호작용의 기본구도 때문에 상호 협력하는 더 좋은 결과가 있음에도 불구하고 비협력하는 딜레마가 발생하는 것이다. 남북한이 상호 신뢰에 대한 확신이 없을 경우, 북한 입장에서는 비핵화 등 군사적 도발을 포기하고 개혁·개방을 선택하면 한국으로부터 약속한 수준의 지원이 이루어지지 않거나 체제 불안정의 가능성을 염려한다.

마찬가지로, 한국의 경우 북한이 경제적 지원을 얻은 후에도 군사적 도발(핵실험 등)을 지속할 가능성을 의심한다. 이런 게임 상황에서는 한국의 경제적 지원도 이루어지지 않고 북한의 군사적 도발도 멈추지 않는 현재의 남북관계와 유사한 상황이 도출된다. 종전 이후 현재까지의 남북관계는 죄수의 딜레마 게임에서와 정확히 동일한 결과가 발생해 왔다.

9.4.4 무한반복게임으로서의 남북관계

지금까지의 남북관계는 대체로 일회적 성격이 강했다. 화해와 협력의 와중에도 상호간의 불신으로 인해 단절과 대립의 반전으로 치달은 경우가 많았으며 이는 지금까지의 남북관계가 신뢰구축 진전의 축적이 아닌 다소 소모적인 결과로 마감되는 과정이었다. 앞에서 논의했던 죄수의 딜레마 게임은 남북한 양측이 게임을 단 한 번 하는 일회성 게임이었다. 일회성 게임에서 경기자들은 게임의 규칙에 따라 행동을 결정하고 이렇게 선택된 전략의 조합에 따라 보수가 결정됨으로써 게임이 종결된다. 앞서 살펴본 바와 같이, 남북관계의 1 회 한정 죄수의 딜레마 게임에서 합리적인 경기자들은 시종일관 유일한 균형인 (SA, PR)을 선택한다. 한국의 입장 에서는 제재 전략(SA)이 북한의 입장에서는 도발

전략(PR)이 강우월전략이기 때문이다. 이는 최상의 상황인 협조체제(CO, CO)가 결코 달성될 수 없음을 의미한다.

앞에서 살펴본 남북관계 죄수의 딜레마 게임은 마치 남북한이 미래에 다시 상호작용을 하지 않는 것처럼 한 번만 연출되었다. 남북관계의 경우 미래의 상호작용 없이 게임이 한 번만 연출된다는 가정은 바람직하지 못하다. 남북관계에서 양측의 전략 선택은 1 회에 그치는 것이 아니라 미래에 반복적으로 일어난다. 남북한 양측은 1 회 한정 죄수의 딜레마 게임에서 연출된 상황과 동일한 상황을 반복적으로 직면하게 될 것이다. 현실세계에서 많은 상황은 대등한 주체들 간의 반복적 상호작용으로 일어난다. 이처럼 게임의 주체들이 동일한 상대방과 여러 기간에 거쳐 되풀이해서 맞부딪히는 전략적 상황을 반복게임이라고 한다. 따라서 여기에서는 남북관계에서의 양측의 행위 또한 현실적으로 무한반복게임의 상황과 유사하다고 가정한다.

추가적인 논의를 전개하기에 앞서, 우선 무한반복게임의 의미를 명확히 규정하면 다음과 같다. 무한반복게임은 마치 경기자가 아무도 죽거나 은퇴하여 사라져 버리지 않는 세계를 의미하는 것처럼 느껴진다. 하지만 분명 경기자는 무한기간 존속할 수 없다. 무한반복게임에서의 무한의 개념은 문자 그대로 게임이 무한번 반복되는 것을 의미하는 것이 아니라 반복에 분명 한 종점이 없다는 것이 핵심이다. 게임이 반복적으로 연출되나 종점이 한정되지 않을 때, 즉 남북 양측이 현재의 게임이 끝난 후, 양(+)의 확률로 동일한 게임을 반복할 수 있다고 생각하면 이 상황은 무한히 많은 횟수로 반복되는 게임처럼 다룰 수 있다. 따라서 남북관계도 무한반복게임으로 보는 것이 적절하다.

사회 딜레마가 반복해서 발생하는 반복게임에서는 보다 나은 상황으로의 다른 결과(균형)가 나올 수 있다. 사회 딜레마가 반복적으로 연출된다면 경기자들에게 더 좋은 상황인 협조적 결과가 일반적이라는 것이다. 이를 '전래 정리'라고 한다. 누군가가 이미 증명한 것처럼 보여 게임이론가들 사이에 그 결과가 잘 알려져 있었으나, 누구 한 명을 지정하여 그 사람이 증명하였다고 말하기 힘들어 이를 전래 정리라 부른다. 사실상 정리도 없었고 증명도 없었다. 전래 정리에 따르면, 앞에서 분석했던 남북관계 1 회 한정 죄수의 딜레마 게임도 게임이 무한반복되면 남북한 양측 사이에 협력이 이루어지는 협조적게임으로 바뀔 수 있음을 암시한다.

무한반복 죄수의 딜레마 게임에서는 1 회 한정 죄수의 딜레마 게임에서 달성할 수 없었던 남북한 상호 협력체제인 (CO, CO) 전략프로파일 달성이 가능하다는 의미이다. 이러한 결과는 무한반복게임에 임하는 합리적인 경기자가 1 회 한정 게임의 경우와는 달리 전략선택에 따른 현재의 보수 수준뿐만 아니라 미래의 반복되는 게임에서 얻게 될 기대 보수 수준에도 관심을 갖기 때문이다. 바꾸어 말하면, 1 회 한정 게임에서 달성할 수 없었던 협력체제가 무한 반복게임에서 달성될 수 있는 핵심적인 이유는 바로 협력체제 이탈시 감수해야할 보복의 위협이다.

만일 미래의 장기적인 기대 보수수준 대해여 전혀 개의치 않는 근시안적인 경기자라면 비협조를 통한 높은 단기 보수 수준을 상대방의 보복으로 인한 손실보다 더 높게 평가한다. 따라서 상대방이 나중에 보복을 하든지 말든지 우선 당장 눈앞의 이득을 취하려고 할 것이고 결국 협조체제 구축이 이루어 질 수 없다. 반대로 비협조를 통해 얻을 수 있는 현재의 높은 보수 수준을 포기하고 상대방에 협조적인 행동을 함으로써 장래에 더 큰 보수를 받을 수 있는 경우에도 유사한 논리가 적용된다.

따라서 상대방에 비협조함으로써 당할 보복에 대한 두려움이나 협조체제를 유지함로써 장래에 받을 보수에 대한 약속은 1 회 한정 게임에서 불가능했던 경기자간 협조를 가능하도록 한다. 무한반복게임에서 논의되어야 할 중요한 핵심은 미래에 대한 가치 정도, 즉 할인인자의 크기이다. 할인인자는 이자율과 관련되어 있다. 이자율는 현재 소비하는 것보다 미래에 소비하는 것을 얼마나 더 선호하는지 나타내는 수치이며, 수치가 커질수록 현재 소비를 줄이고 미래소비를 늘리게 된다. 일반적으로, 높은 이자율(낮은 할인 인자)은 성급함과 관련되고 낮은 이자율(높은 할인인자)은 참을성과 관련된다. 전래정리에 따르면 할인인자가 1 에 가까우면 협조적인 결과(균형)를 가질 수 있다. 남북관계 무한반복게임의 경우, 남북한 양측이 단기적 이익을 중시하는 근시안적 전략(조급함)을 버리고 장기적인 관점에서 미래가치를 극대화하기 위한 전략(참을성)을 택한다면 한반도의 화해·협력이 달성될 수 있음을 의미한다.

이제 남북한 양측이 표 9.4.2 에 나타난 죄수의 딜레마 게임에서 t=1(오늘) t=2(내일), t=3(모레), ...에 계속해서 무한반복으로 참여하는 상황을 고려하자.

이때 할인인자는 δ 이다. 6.5 절의 전래 정리에서 협조체제 이탈시 영구히 단계게임의 비협조 균형(SA, PR)으로 돌아가는 보복을 사용하는 전략을 냉혹한 방아쇠전략이라고 한다. 남북한 양측은 각자 아래와 같은 냉혹한 방아쇠전략을 사용한다고 가정하고, 바람직한 결과인 협력적 균형 (CO, CO)의 달성 가능성을 살펴보자.

t 기 : 협력전략 CO 를 선택한다. (t+ 1)기 : · 정상국면 : 만일 t 기에 협력적 균형 (CO, CO)이 실현되었다면, 이번 기에도 협력전략 CO 를 선택한다. · 보복국면 : 만일 t 기에 누군가가 비협력전략(한국-SA, 북한-PR)을 선택하였다면, 상대방은 이번 기부터 영원히 비협조 전략을 선택한다

정상 및 보복국면에서 냉혹한 방아쇠전략을 사용한다는 사실을 남북한 양측이 모두 알고 있다고 가정하고 한국과 북한이 오늘 협력전략(CO)을 선택할 것인지 혹은 비협력전략(한국-SA, 북한-PR)을 선택할 것인지를 결정해야 하는 상황이다. 우선, 오늘 협력전략(CO)을 선택할 경우 당장 3 의 보수를 얻고 내일부터 시작되는 후속 단계게임에서도 오늘과 정확히 똑같은 상황에 직면하게 된다. 즉, 매 기 3 씩의 보수를 얻게 된다. 따라서 협력전략(CO)을 선택함으로써 얻는 평균 할인보수 $V_{협력}$는 다음과 같다.

$$V_{협력} = (1 - \delta) \times 3 + \delta V_{협력}$$
$$V_{협력} = 3$$

다음으로, 오늘 비협력전략(한국-SA, 북한-PR)을 선택한다면 배신자는 당장 4 의 보수를 얻을 수 있다. 그러나 이로 인하여 내일부터 영원히 둘 다 비협력전략을 선택하는 보복 국면으로 돌입할 것이므로, 내일 이후 매 기 1 씩의 보수를 얻게 된다. 따라서 비협력전략을 선택할 경우 얻는 평균 할인보수는 $V_{비협력}$는 다음과 같다.

$$\begin{aligned} V_{비협력} &= (1-\delta)\times 4 + \delta[(1-\delta)(1+\delta+\delta^2+\cdots)] \\ &= (1-\delta)\times 4 + (\delta \times 1) \\ &= 4 - 3\delta \end{aligned}$$

만약 협력전략을 선택할 경우 얻을 수 있는 평균할인보수가 비협력전략을 선택할 경우 얻을 평균할인보수보다 크다면($V_{협력} \geq V_{비협력}$) 남북한 모두 상호 협력할 동기가 존재한다. 즉, 식 (9.4-1)이 성립한다면 남북한 양측은 협조체제인 (CO, CO) 전략프로파일로부터 이탈할 유인이 없으며 남북한 화해·협력이 달성(유지)된다.

$$V_{협력} = 3 \geq 4 - 3\delta = V_{비협력} \qquad (9.4\text{-}1)$$

$$\delta \geq \frac{1}{3}$$

남북한 양측의 할인인자(δ)가 모두 $\frac{1}{3}$ 이상이라면, 이들은 오늘(t=1) 비협력전략을 선택하여 당장 4 의 보수를 얻고 내일(t=2)부터 1 씩의 보수 밖에 얻지 못하는 것보다 협조 전략(CO)을 계속하여 매일 3 씩의 보수를 얻는 것이 더 이득이 되어 협조적 결과인 (CO, CO) 전략프로파일을 균형 경로로 하는 균형이 존재한다.

무한반복게임 죄수의 딜레마 게임에서는 1 회 한정 죄수의 딜레마 게임의 우월전략균형인 (SA, PR) 전략프로파일이 아닌 협조적 결과인 (CO, CO) 전략프로파일이 균형으로 존재할 수 있다. 따라서 남북한 화해·협력의 가능성도 존재한다는 의미이다. 명심해야 할 사항은, 남북한 중 어느 한 경기자라도 할인인자(δ)가 $\frac{1}{3}$ 미만이라면 그는 협조체제로부터 이탈할 유인을 갖는다. 두 경기자의 할인인자(δ)가 모두 $\frac{1}{3}$ 이상이라면 협조체제가 무한반복게임의 균형 중 하나로 달성될 수 있다는 것이다. 즉, 남북한 양측이 충분히 미래지향적이라면 협조체제의 장기적인 유지가 균형현상의 하나로서 달성가능하다는 것이지

협조체제가 반드시 필연적으로 이루어지는 것은 아니라는 것이다. 무한반복게임의 협조적 균형은 경기자들 사이에 강제가 아닌 자발적으로 구속력 있는 계약을 맺을 수 있는 상황에서 가능하다. 협력관계를 위한 구속력 있는 계약이란 한 경기자가 그 계약을 위반(비협조 전략을 선택)한 경우, 상대편 경기자가 계약 내용을 위반한 사람을 처벌(응징)할 수 있다는 것을 의미한다. 결국, 남북관계의 화해·협력 달성을 위해 구속력 있는 계약이 중요하며, 이를 위해 북한이 계약을 위반할 경우 실효성 있는 처벌(응징)이 필수적이다. 이러한 맥락에서 현재 유엔안전보장이사회나 한미 공동의 대북정책 기조와 방향은 올바른 방향이라고 볼 수 있다.

반복되는 죄수의 딜레마 게임에서 '상대방 따라하기(Tit-for-tat, TFT)' 전략이라는 것이 있다. 일종의 관대한 방아쇠전략인 TFT 전략은 처음에는 협력전략(CO)으로 시작하고, 그 다음부터는 바로 직전 단계게임에서 상대방이 선택한 전략을 모방하는 전략을 의미한다. 한 경기자가 TFT 전략을 선택하였다면, 그 경기자는 1 기에 협조를 선택한다. 2 기 이후에는 해당 단계게임에서 상대방이 협조를 선택했으면 협조로, 비협조를 선택했으면 비협조로 대응한다.

TFT 전략이 게임이론에서 주목받는 이유는 게임연구자 Axelrod 가 두 번에 걸친 유한반복적인 죄수의 딜레마 게임에 사용할 전략을 공모한 결과 가장 좋은 결과를 낳은 전략이 바로 TFT 전략이기 때문이다. Axelrod 는 국제관계를 죄수의 딜레마 상황으로 규정하고 국제정치의 행위자인 국가들 이 규범을 강제할 중앙권위체제가 없는 무정부 상태에서도 각자의 이익을 극대화하는 전략으로 배반이나 갈등이 아닌 협력을 선택하는 상황을 TFT 전략에 기초해 설명하고 있다.

이제 남북한 양측이 각자 상대방이 이전 단계에서 선택한 행동을 내가 이번 단계에서 선택하는 TFT 전략을 통해 남북관계의 신뢰구축 가능성을 살펴보자. 구체적으로 표 9.4.2 에 묘사된 남북관계 죄수의 딜레마 게임에서 남북한 양측 모두 한 단계(N=1)동안 보복하는 TFT 전략을 사용할 때 협조체제 유지를 위하여 요구되는 할인인자(δ)의 최소값이 얼마인지 구해보자. 남북관계 게임의 개별 경기자인 한국과 북한 양측은 표 9.4.2 에 묘사된 죄수의 딜레마 게임에서

t=1(오늘) t=2(내일), t=3(모레), ...에 계속해서 무한반복으로 참여한다. 또한 남북한 양측의 TFT 전략은 다음과 같은 형태를 갖는다.

t 기 : 협력전략 CO 를 선택한다
(t+1)기 : · 정상국면 : 만일 t 기에 (CO, CO)가 실현되었다면,
이번 (t+1)기에도 CO 를 선택한다
· 보복국면 : 만일 t 기에 누군가가 비협력 전략
(한국-SA, 북한-PR)을 선택하였다면,
(t+1)기에 비협력 전략을 선택한다
(t+2)기 :
· 회복국면 : 만일 (t+1)기에 (SA, PR)이 실현되었다면
이번 기에 CO 를 선택한다

위에 묘사된 TFT 전략에 따르면, 남북한 각 경기자는 일단 협력전략(CO)을 취하다가 누군가가 비협력전략(한국-SA, 북한-PR)을 선택하여 배신할 경우 한 기간 동안 비협조 균형 (SA, PR)을 선택함으로써 배신자를 보복(응징)하고 다시 원상회복한다. 모든 경기자들이 (t+1)기의 정상국면에 묘사된 전략을 사용한다는 사실을 알고 있다고 가정하고, 개별 경기자가 오늘(t 기), 협력전략을 선택할 것인지 혹은 비협력전략을 선택할 것인지 결정한다고 하자. 협력전략을 선택한다면 오늘 당장 3 의 보수를 얻고 내일부터 시작되는 후속게임에서도 오늘과 정확히 동일한 상황에 직면하게 된다. 그러므로 협력전략을 선택함으로써 얻는 평균 할인보수 $V_{협력}$은 다음과 같다.

$$V_{협력} = (1 - \delta) \times 3 + \delta V_{협력}$$
$$V_{협력} = 3$$

오늘(t 기) 비협력전략을 선택한다면 당장 4 의 보수를 얻을 수 있지만, 이로 인하여 촉발되는 보복국면에 따르면, 내일(t+1 기) 1 의 보수를 얻고 모레(t+2기)부터 계속해서 3의 보수를 얻는다. 따라서 비협력전략을 선택할 경우 얻을 평균할인보수는 다음과 같다

$$V_{비협력} = (1-\delta)\times[4+(\delta\times 1)+\delta^2(1+\delta+\delta^2+\cdots)\times 3]$$
$$= 4(1-\delta)+(1-\delta)\delta+3\delta^2$$
$$= 4-3\delta+2\delta^2$$

만일 남북한 모두에게 협력전략을 선택할 동기가 존재한다면, 즉 식 (9.3-2)($V_{협력} \geq V_{비협력}$)이 성립한다면 남북한 양측은 협력 체제의 전략프로파일 (CO, CO)로부터 이탈할 유인이 없다.

$$V_{협력} = 3 \geq 4-3\delta+2\delta^2 = V_{비협력} \quad (9.4\text{-}2)$$
$$\delta \geq \frac{1}{2}$$

남북한 두 경기자가 한 기(N=1) 보복 전략인 TFT 를 사용할 경우 협력체제인 (CO, CO) 전략프로파일을 유지하기 위하여 요구되는 할인인자(δ)의 최소 임계치는 $\frac{1}{2}$이 된다. 남북한 어느 한 경기자라도 할인인자(δ)가 $\frac{1}{2}$ 미만이라면 협조체제로부터 이탈할 유인을 갖는다. 이는 앞서 전래 정리의 적용에서 분석된 두 경기자 모두 냉혹한($N=\infty$) 방아쇠전략을 사용할 경우의 협조체제 유지를 위해 요구되는 할인인자의 최소 임계치 $\frac{1}{3}$보다 크다. 이러한 결과는 남북관계에 있어 관대한 방아쇠전략(TFT)이 화해·협력 관계를 도출하지 못할 경우 냉혹한 방아쇠전략(TFT)이 화해·협력을 유도할 수 있다는 것이다. 비협력전략을 선택하는 상대방에 대한 보복(응징)하는 전략이 약할수록 협력체제가 유지되기 위해서는 경기자들이 상당히 미래지향적이어야 함을 의미하므로 직관에 매우 부합되는 결과이다. 북한의 경우 핵·미사일 등 재래식 군사도발의 주된 동기가 체제생존 보장에 있듯이, 체제생존을 보장받기 위해 지금 당장의 단기적 이익보다는 다가올 미래의 변화하는 전략 환경을 고려하여 미래가치를 극대화할 수 있는 전략을 취할 가능성이 존재한다. 우리정부의 대북정책이 장기적이고 미래지향적임은 두말할 필요도 없다. 따라서 남북한이 신뢰가 없는 최악의 상황(예: 강대강 군사적 대치 국면)에서도 전략적 상호작용을 거듭한다면, TFT 전략의 채택과 학습을 통해 상호 신뢰가 형성되어 협력할 가능성은 충분할 것이다.

9.5 쿠바 미사일 위기의 게임이론적 분석

9.5.1 위기의 시작과 전개 그리고 결말

1962 년 당시 미군이 보유한 소련에 투발 가능한 핵전력은 미 본토에서만 탄도탄 200 여기에 B-52 전략폭격기 555 대, 그리고 B-58 초음속 폭격기 116 대였다. 투발 가능한 전략 핵탄두만 총 1,830 기. 여기에 영국에는 PGM-17 토르 IRBM 이 60 여기가 배치되었고 PGM-19 주피터 MRBM 은 이탈리아에 30 여기, 튀르키예에는 15 기가 배치되며 소련 영토를 사거리에 두고 있었다. 그리고 전략초계 중인 조지 워싱턴급 잠수함들과 이튼 앨런급 잠수함들은 유사시 수십 발의 UGM-27 폴라리스 SLBM 을 소련 전역에 사격할 수 있었다.

소련군이 가진 건 66 기의 ICBM 과 SLBM 이었다. Tu-95 전략폭격기를 동원해도 차이가 커도 너무 커서 선제 핵공격을 통해 미국을 제압한다는 것은 불가능했고 실제 핵전쟁이 발발한다면 소련은 얼마 안 되는 핵무기를 다 사용하고 나서는 미국이 공격하면 제 2 보복 공격이 불가능한 상태였다.

그렇기 때문에 얼마 안 되는 ICBM 과 SLBM 을 가지고 미국 본토의 핵전력을 하나하나 공격하곤 있다간 미국의 핵전력은 별 타격 없는데 소련 대륙간 탄도탄 전력이 먼저 소진될 정도로 불리한 상황이었다. 소련이 그나마 시도해 볼 수 있는 것은 미국 본토의 대도시를 공격하는 것이었는데 이마저도 쉬운 일은 아니었다.

미국의 대도시권 북미 대륙 여기저기 드넓게 퍼져 있는 데다 콘크리트, 철골 건축물로 가득한 미국의 대도시에서 충분한 살상력을 내기 위해서는 도시 하나당 핵무기 한 발 가지고는 부족했다. 사실상 당시 소련의 핵전력 수준으로는 미국 본토의 대도시들을 타격해 미국의 전쟁수행능력 무력화를 시도하는 것은 선택이 가능하지 않을 정도로 모든 조건이 소련에게 절망적이었다.

특히 튀르키예와 이탈리아에 배치된 주피터 미사일은 모스크바를 사거리 안에 두고 있었다. 반면 소련으로선 중단거리 탄도미사일로 미국 본토 타격이 불가능한 상태였다. 소련 정부와 흐루쇼프서기장은 위기감을 느끼지 않을래야 않을 수 없었다. 여기서 흐루쇼프 이하 소련 지도부는 이러한 전략적 불균형 상황에서는 소련에게 무조건 항복과 저항 말고 그 어떠한 중간 선택지도 없다고 여겼고 미국에 대해서 매우 도발적이고 공세적인 외교 전략으로 나가게 되었다.

마침 대통령으로 당선된 케네디를 쉽게 여겼던 흐루쇼프는 그와의 첫 회담에서 그를 매우 고압적인 자세로 위협하였고 소련의 미사일과 핵공격력이 갖춰지지도 않은 상태에서 미국과 마치 금방이라도 대결할 것과 같은 자세를 취했다. 이는 흐루쇼프가 아이젠하워와의 회담을 통해 미국 역시 핵전쟁을 두려워하므로 이를 빌미로 협박하면 물러날 것이라고 확신했기 때문이었다.

한편 소련의 정보를 잘 알지 못했고 스푸트니크 쇼크와 차르 봄바 실험 이후 소련에 대한 공포로 미국은 정작 소련의 핵전력이 미국과 비슷하거나 오히려 더 우월하다고 과대평가하고 있었다. 하지만 미국은 소련이 설마 소련 바깥에 핵미사일을 배치하는 도발적인 전략을 취하진 않을 것이라고 믿었는데 이미 소련이 동독에 준중거리 미사일과 핵탄두를 배치했던 전례를 볼 때 이는 안일한 생각이었다.

게다가 흐루쇼프는 즉흥적이고 낙관적인 성격의 소유자였다. 소련 군부는 흐루쇼프의 핵만능주의와 미사일 전력 전략에 불만을 품었지만 미국에 대한 도발은 지지했고 소련군 총참모장 비류조프원수는 쿠바의 야자수 나무들로 핵미사일을 완벽히 숨길 수 있다는 보고까지 올렸다. 결국 소련은 쿠바에 5 만 명의 육군병력과 전략로켓군 MRBM 기지, 해군기지 설치 계획을 승인하고 이를 실행에 옮기기로 하였다.

쿠바에 사정거리가 워싱턴 D.C.를 비롯한 미국 동남부에 달하는 R-12 드비나 미사일과 여기에 탑재할 핵탄두를 9 월 8 일과 16 일에 나누어서 보내고 이후 당연히 미사일 기지를 만들 전문인력과 장비를 운송하였다. 이 미사일 기지는 총 40 개의 사일로를 가졌는데, 이 중 24 개는 R-12 를 위한 사일로이고 나머지 16 개는 이후 설치될 R-14 추소바야 미사일이었다. R-14 는 미국 본토의 워싱턴 주를 제외한 미 본토 전역에 핵 타격이 가능한 미사일이다.

그림 9.5.1. 쿠바에 전개 예정 R-14 소련 핵무기

1962 년 9 월 말 미국 신문들은 소련 선박이 쿠바로 무기를 이송 중이라고 보도하기 시작했다. 케네디는 국민들에게 그가 아는 바에 따르면, "이 무기들은 방어용이지 공격용이 아니다"라고 발표했다. 흐루쇼프는 케네디에게 그 발표가 맞다고 절대적인 보장을 해 주었다. 케네디는 "만약 이것이 사실이 아니라면, 거대한 사태가 발생할 것이다."라고 경고했다. 이때 쿠바에는 소련군의 MIG-21 전투기와 S-75 지대공 미사일이 배치된 것이 미국 정보당국에 의해 확인되었기에 더더욱 흐루쇼프의 말이 맞는 듯하였다. 그러나 CIA 국장인 존 맥콘은 해당 시설들이 탄도 미사일 사일로 배치를 위한 사전작업일 것이라고 정확히 추측했고 이와 같은 추측을 케네디 대통령에게 보고했다.

그림 9.5.2. 미국 정찰기에 찍힌 쿠바 미사일 기지

8 월에는 CIA 가 소련이 쿠바에서 뭔가를 한다는 것을 눈치챘지만 소규모 군사지원 정도로 여겼으며 소련군의 공사를 방해한 허리케인과 악천후는 미국의 정찰도 방해해서 짙은 먹구름이 소련군을 은폐해 주었다. 하지만 3 개월 후 기상조건이 호전되면서 더 이상의 은폐는 끝났고 기지가 건설되던 중 1962 년 10 월 14 일 쿠바의 하늘을 감시하던 U-2 가 찍은 항공사진이 펜타곤과 백악관에 전달됐다. 이전에도 CIA 의 첩보 활동으로 쿠바에 핵무기가 준비되고 있다는 정보는 이전부터 파악되고 있었지만 케네디는 증거가 없다며 이를 믿지 않았다.

이때 소련 정보장교인 올렉 펜콥스키 육군 포병대령이 R-12 미사일 특유의 발사대 모양과 배치 형태가 담긴 자료를 마이크로필름으로 입수해 MI6 와 CIA 요원에게 전달했기 때문에 소련군의 주둔지가 미사일 사일로라는 것을 결정적으로 확인할 수 있었다.

이후 반나절 안에 모든 미군 병력들의 비상경계가 발령되었고 그림 9.5.3 와 같이 소련제 중거리 탄도미사일의 사거리가 계산된 보고서가 만들어졌다. 미 의회는 북미항공우주방위사령부가 그린 가상 전황도를 보고 충격을 감추지 못했다. 앤틸러스 열도 - 쿠바가 중심이 된 붉은 원은 말 그대로 미국 전역을 덮고 있었다.

그림 9.5.3. 소련제 중거리 탄도 미사일의 사거리가 계산된 가상 전황도

지도 중간 크기의 원은 쿠바에 이미 배치했던 R-12 의 사정거리고 가장 큰 원은 그 다음 배치하려던 R-14 의 사정거리다. 이미 배치된 R-12 로도 수도인 워싱턴 D.C. 타격이 가능한 데다 R-14 로는 워싱턴주와 오리건, 캘리포니아 일부를 제외한 미국 본토 전 지역이 사정권에 들어가 있다. 여기에 소련 극동 지방의 미사일도 고려하면 사실상 태평양의 섬들을 제외한 미국 전 영토가 소련의 중거리 미사일 사정거리에 들어오게 되는 것이다.

케네디대통령은 즉시 국가안전보장회의를 소집했다. 이들은 대책을 논의하였으나 내부에서도 의견이 엇갈렸다. 군부는 이를 명백한 도전으로 간주하고 폭격이나 미사일로 쿠바의 미사일 발사시설을 제거하는 방안이 최선이라고 주장했다. 전면적인 선제 핵공격으로 소련과 쿠바를 초토화하자고 주장하는 위원도 있었다.

모든 인류의 생존이 걸린 제 3 차 세계 대전이 일어날 수 있는 문제에 케네디 대통령을 비롯한 온건파는 다른 방안이 나올 때까지 결정을 내리지 않았다. 케네디는 이때 제 1 차 세계 대전의 시작과 그 배경을 연구한 터크먼의 역사서 '8 월의 포성'을 읽은 직후라 사소한 행위가 얼마나 쉽게 대규모 전면전으로 갈 수 있는지를 심각하게 고려했다고 한다. 아울러 테일러장군이 논의 초반에 미사일 전면 제거는 어렵다는 조언을 한 것도 케네디 대통령의 생각에 영향을 끼친 것으로 보인다. 테일러장군은 쿠바 공습을 지지하는 입장이었지만 결정적 순간에 정확한 조언을 했다.

CIA 의 보고 직후에는 폭격밖에 답이 없지 않느냐는 매파가 우위인 분위기가 조성되기도 했다. 이러한 매파의 강경책은 쿠바에 소련의 전술핵이 없다는 가정에 기반을 두고 있었다. 그래서 강하게 나가더라도 최소한 쿠바만 피해를 본다는 논지였다. 그러나 위에서 설명한 대로 쿠바에는 R-12 미사일 36 발과 함께 핵탄두가 충분히 배치되어 있어 쿠바는 공격받을 경우 워싱턴 D.C.를 시작으로 미국 남동부와 중부의 주요 도시에 핵미사일을 제거할 능력과 계획을 가지고 있었고 소련도 보복을 충분히 준비하고 있었다.

이후 묵인, 전면 침공, 공습을 통한 습격, 회유 등의 수많은 대안들이 제시되었으나 케네디는 봉쇄를 선택했다. 소련에 미국의 단호한 대응의지를 보여주는 동시에, 미사일을 철수하여 평화적으로 위기를 해결할 기회를 준다는 취지였다. 케네디가 쿠바를 봉쇄하기로 생각을 정한 계기는 공군에서 '90% 이상의 미사일을 제거할 수 있을지 미지수'라고 보고해 왔기 때문으로 알려져 있다. 공습을 한다면 정확성이 보장되지 않는 일반 재래식 폭탄을 사용할 수밖에 없었다. 때문에 쿠바에 배치된 소련의 미사일 모두를 제거하는 데 기술적인 어려움이 컸고 그 과정에서 소련군인들까지 살상될 경우에도 미소 양국의 정면 충돌로 비화되는 위험부담을 감수해야 했다. 여기에 문제의 미사일에 관한 CIA 등 정보당국의 분석에서 '소련의 핵미사일이 실전배치 완료되기까지는 약 10 일 정도가 소요될 것'이라는 결론이 나와서 케네디는 좀 더 차분한 대응에 나설 수 있었다.

10 월 22 일 케네디 대통령은 TV 와 라디오를 통해 소련이 미국 전역에 핵공격을 가할 수 있는 기지를 건설 중이라고 전 세계에 알렸다. 추가적으로 쿠바에 위치한 소련의 미사일이 서반구 국가를 타격한다면 즉각 미국에 대한 전쟁행위로 간주하고 보복할 것이라고 경고했다. 전세계의 정부와 언론들은 쿠바에 시선을 모았다. 미국은 소련에게 국제연합의 감시 아래 시설의 철거를 요청했지만 누구도 흐루쇼프 서기장이 순순히 물러서리라 보지 않았다.

10 월 22 일의 케네디의 비난 성명에서부터 일이 틀어지기 시작했다. 흐루쇼프는 케네디가 쿠바에 핵이 있다는 것을 알게 되면 소련과 비밀리에 접촉하여 거래를 할 것이라고 여겼고 10 월 21 일까지 소련 지도부는 이 환상을 공유했다. 하지만 10 월 21 일 흐루쇼프는 케네디가 소련의 '배신'을 공개적으로 규탄하고 나설 것이란 정보를 입수하게 되었고 소련 지도부는 당황하였다. 흐루쇼프는 비극적인 상황이 되었다고 하였다. 소련 군부는 미국이 핵을 사용하는 것을 두려워하지 않을 것이라고 판단했고 흐루쇼프는 핵 없이는 쿠바의 멸망을 막을 수 없다고 믿었다. 이 때문에 소련 군부는 미국이 쿠바를 공격하면 전술핵무기 차원의 반격을 해야 한다고 주장했다. 흐루쇼프는 이 상황이 자칫 핵전쟁으로 번질 것이라고 깊이 우려하고 있었다. 그러면서도 쿠바 미사일 계획의 주 목적이 미국의 쿠바 침공을 억제하는 것이라며 소련 군부 매파들을 설득해나가기 시작했다. 그러나 말리놉스키 국방장관은 미국이 카리브 해에 배치한 해군력이 아직 형편없을 것이라고 예상하고 쿠바에 대한 미사일 전력 배치를 강행하자고 주장했다.

흐루쇼프는 세 가지 방안을 내걸고 토의했다.

1. 라디오를 통해 공식적으로 핵우산을 쿠바로 확대한다는 안을 발표하는 것.
2. 미군이 쿠바를 침공할 경우 즉각 소련군 핵무기 통제권을 쿠바군으로 넘기고 쿠바가 자국의 방어를 위해 핵무기를 사용하는 것을 허용하겠다는 의사를 밝히는 것.
3. 쿠바 주둔 소련군이 방어용으로 단거리 핵지대지 미사일만 운용하고 미국 본토를 타격할 수 있는 미사일을 운용하지 않는 것.

그러나 당시 소련 수뇌부의 회의는 미국이 소련 수뇌부의 예상을 깨고 비난성명을 한 이후에 나온 것이어서 단편적이고 혼란스러웠으며 소련 군부 매파들은 흐루쇼프가 결정을 미루고 강경한 대응을 하기를 주문했다.

10 월 22 일, 케네디 대통령은 전군에 데프콘 3 를 발령했다. 아울러 미 해군이 별다른 전력을 동원하지 못할 것이라는 소련 군부 매파의 예상을 깨고 미해군은 항공모함 8 척을 포함, 무려 90 척의 대규모 함대를 집결시켜 쿠바의 모든 영해를 봉쇄했다. 케네디 대통령은 카리브해로 미사일기지 건설자재를 싣고 오는 모든 선박에 대한 강제수색 명령을 내리고 이를 거부할 시 격침시키라는 초강수를 뒀다. 또 미공군은 플로리다 공군기지에 140 대였던 전투기를 511 대로 늘리는 동시에 40 기의 공중급유기를 파견해서 전력을 증강시켰으며 중앙방공사령부는 520 여기의 추가 항공기를 언제든지 출격시키게 준비하기도 했다.

흐루쇼프는 미국의 쿠바 봉쇄를 "공해상 항행의 자유를 제한하는 국제법 위반이자 해적행위"라고 강하게 비난하며 미사일 부품과 기술자를 태운 자국 선박에게 미국의 해상 봉쇄를 뚫고 핵잠수함 6 척의 호위 하에 쿠바로 강행 진입하라는 명령을 내렸다.

이에 미 해군은 P-3 오라이언 대잠초계기와 순양함을 급파했고 동시에 즉시 보유한 모든 핵전력에 비상대기 명령을 하달해 주요 전략폭격기에 핵탄두 탑재 준비를 마쳤으며 탄도미사일들은 발사준비절차에 돌입했다. 바르샤바 조약기구와 NATO 에 서로 비상이 걸리고 동독과 서독은 물론이며 소련과 미국의 군사력이 접하는 모든 곳에서 위험한 분위기가 조성되었다. 그야말로 '하루라도 더 버틸 수 있을까?' 싶은 상황이었다. 모든 인류가 두려워했던 제 3 차 세계 대전이 바로 눈앞에 다가온 순간이었다.

그러나 케네디의 초강경한 입장은 형식상 그렇다는 것이지, 실제로 무력의 사용을 최소화하라고 명령했다. 명령에 불응하거나 무기가 발견된 선박은 격침보다 나포하라고 명령했지만 이도 실제로 이행되지는 않았다. 아무 일도 없이 봉쇄를 뚫고 지나간 선박들도 많았고 흐루쇼프가 되돌린 선박들도 상당수 있었다. 미 해군과 마주치기 직전 방향을 돌린 선박들 중 상당수가 미사일을 탑재했던 것으로 추정된다. 흐루쇼프 입장에서도 무력 충돌은 피하고 싶었거니와 자국의 최신 무기체계인 핵미사일을 적의 수중에 넘겨줄 리가 없었다. 당시 소련 선박들은 잠수함의 근접호위를 받고 있었으며 실제 격침은 고사하고 소련 선박에 사격이라도 했다간 바로 대규모 전쟁으로 번질 만한 상황이었다. 이후 맥나마라 국방장관은 대서양에서 자칫하면 무력 충돌으로 이어질 수 있었던 대규모 핵잠수함 추적을 벌인 앤더슨제독과 심한 마찰을 빚기도 했다. 위기 종결 이후 앤더슨 제독은 2 차대전 이후 미 해군의 대잠 능력을 증명할 수 있었던 최적의 기회였다고 진술했다.

이 상황에서 미국 역시 봉쇄 및 검역에 대해 매우 조심스러운 조치를 취했다. 전세계와 미국 내부적으로는 쿠바는 확실하게 격리되고 있다는 미국의 의지를 보여주어야 했고 소련에게는 핵과 미사일을 실은 배를 어서 회항시키라는 압력이 필요한 상황에서 미 해군은 핵과 미사일이 실려있지 않은 것으로 판단되는 소련측 화물선 1 척을 먼저 골라서 검역을 결정했다. 검역에 나서는 함선들은 소련측 선박과 인원에게 화기를 겨누지 말라는 엄명을 받았다. 이런 조심스러운 행동 끝에 미국은 화물선 1 척을 검역한 후 통과시켜 주었고 이는 미국이 의도한 대로 전 세계에 미국의 결연한 의지를 보여주는 상징이 되었다.

한편 24 일 전략공군사령부의 파워 공군대장은 합동참모본부의 지휘하에 데프콘 2 를 발령했다. 준전시태세가 선포된 것이다. 이에 따라 1,400 대가 넘는 전략폭격기와 134 기의 ICBM 전체에 비상이 걸렸고 전시작계에 따라 공군 기지에 배치된 전략폭격기 부대가 핵공격에 대비해 미 본토 각지의 민간 공항에 분산전개하기 시작했으며, B-52 가 하루 평균 75 소티 출격하는 일촉즉발의 상황이 벌어졌다. 나머지 미군은 데프콘 3 을 유지했다.

한편 흐루쇼프도 전략 핵미사일이 쿠바에 도착하기 전에 상황이 해결되어야 한다고 여겼다. 교착 상황에서 10 월 27 일, 흐루쇼프가 먼저 해결책을 제시했다. 흐루쇼프는 케네디에게 튀르키예에서 ‘유사한 무기’를 제거한다면 자신들도 쿠바에서 무기를 제거하겠다고 제안했으며 미국과 소련이 UN 안보리에 튀르키예와 쿠바 양국의 국경과 주권의 보전을 존중하겠다고 약속할 것을 제안했다. 이런 흐루쇼프의 제안에 소련 외무기관들은 물론 소련 시민들도 안도했다. 빅토르 이스라엘란을 비롯한 고위 외무 관리들도 이를 상호 수용 가능한 타협 조건으로 환영했다.

10 월 27 일, 로버트 케네디와 아나폴리 도브리닌이 만나 쿠바를 침공하지 않겠다는 것과 이탈리아와 튀르키예의 미사일 철수를 쿠바에서의 미사일 철수와 교환하자고 합의했다. 로버트 케네디는 이 거래가 공개되면 미국 국내와 나토의 동요와 분열이 있을 것이므로 비공개로 해야 한다고 주장했다. 소련은 이를 수용 가능한 주장으로 보았고 상황이 정리되는 듯하였지만 상황은 걷잡을 수 없이 확대되고 있었다.

10 월 26 일에서 27 일을 거치는 새벽 카스트로는 아바나의 소련 대사관에 가서 "앞으로 24 시간, 늦어도 72 시간 내로 미국의 공습이 임박했다."”고 흐루쇼프에게 알렸다. 그리고 미국이 침공하는 즉시 소련이 미국을 향해서 핵공격을 감행해줄 것을 요청했다. 카스트로는 이것이 1941 년 독소전쟁의 재림을 막는 길이라고 주장했으며 미국 정찰기를 격추시킬 것을 명령했다. 즉 카스트로는 위기를 통제하고자 했던 흐루쇼프와 생각이 달랐다.

여기에 미 군부가 민간 도시들이 아니라 군사시설에만 핵공격을 퍼부어서 전쟁할 수 있다는 새로운 핵전쟁 교리를 들고 오자 흐루쇼프는 자신의 핵 벼랑끝 전술이 더는 먹히지 않을 수 있다는 사실에 분노했다. 미국이 핵전쟁을 군사시설만 타격하는 것으로 인식하여 핵전쟁을 두려워하지 않게 되면 모든 것이 허사였다. 흐루쇼프는 간부회에서 미국의 목표가 사람들이 핵전쟁을 두려워하지 않게 여기게 만드는 것이라고 비난했다. 핵전쟁이란 것이 통제 불가능한 것으로 여겼던 흐루쇼프는 플리예프의 명령으로 핵탄두가 무기고에서 나와 트럭에 실리자 전략 핵무기는 물론, 긴급전보로 비행기에 장착된 핵무기나 전술무기도 모두 금지한다는 방침을 확인시켰다. 그러나 모스크바와의 통신은 원활하지 않았고 현장의 실전 심리는 고조되어 있었다. 카스트로는 소련측 지휘관에게 쿠바영공을 침범하는 미군기에 대한 방공태세, 즉 요격과 격추를 요청했고 소련의 현장 지휘관은 이를 승인했다.

미국에는 흐루쇼프의 두 번째, 그리고 공개적인 메시지가 도착했다. 내용은 "튀르키예의 미국 미사일 기지도 철수할 것." 국가안보회의 참석자들은 튀르키예의 주피터 미사일 아무래도 상관없지만 그것이 공개적 메시지인 이상 흐루쇼프의 제안을 거부해야 한다고 주장했다. 공개적인 거래는 NATO 동맹국들의 걷잡을 수 없는 반발을 초래할 것이며 미국의 협상력을 약화시키고 굴복으로 비쳐 여론의 질타를 받을 것이었기 때문이다. 미국은 흐루쇼프가 비밀 전문을 보내면 될 것을 공연히 공개 메시지로 보내서 일을 망치고 있다고 분통을 터뜨렸다. 하지만 나중에는 '만약 핵전쟁이 일어난다면 그때 튀르키예에서 철수할 걸'이라고 후회하게 될 것이라고 생각을 바꾼다.

10 월 27 일, 미국 동부 표준시로 7 시이며 그리니치 표준시로 11 시에 영국에서는 해럴드 맥밀런 총리가 내각 회의 끝에 탄도미사일 및 핵폭격기 부대에 15 분 내 즉시 출격대기상태를 유지하라는 명령을 내렸다. 이로써 영국도 핵전쟁 태세에 돌입하게 되었다. 쿠바정부는 카스트로의 지휘하에 혁명지도부가 각기 쿠바 내 다른 지역을 맡아 방위전을 지휘하기로 하고 피델이 수도 아바나에 남았으며 라울 카스트로와 체 게바라가 쿠바 내 다른 도시로 이동했다. 이는 유사시 정부가 붕괴하는 것을 막기 위한 의도도 있었다. 동시에 쿠바 전국에 민방위체계 가동을 선포하고 공습에 대한 지침을 전파했다.

마침내 소련 시각 10 월 28 일, 미국 시각 10 월 27 일 오후 미국의 U-2 정찰기가 소련 브랑겔 섬의 영공을 침범해 미국측의 F-102 요격기들이 비통상탄두 미사일을 탑재하고 비행하여 소련 요격기들과 대치하는 초유의 사태가 일어났다. 다행히 U-2 가 소련 영공을 벗어나는 것으로 상황은 마무리되었다. 그러나 그 직후 쿠바영공의 다른 U-2 정찰기가 소련군의 SA-2 지대공 미사일에 의해 격추되어 미 공군 조종사 앤더슨이 사망했고 같은 날 쿠바 상공을 정찰 비행하던 미 해군 RF-8 정찰기는 쿠바군의 대공포 사격을 받았다.

이때 양측 수뇌부는 이 상황을 거의 파악하지 못하고 있었다. 미국의 U-2 정찰비행은 ICBM 시험발사와 같이 위기 발생 직전에 잡은 일정대로 이루어진 것이며 뒤늦게 이를 안 맥나마라 국방장관은 분노하며 모든 비행 일정들을 취소시켰다. 양측 전투기가 수칙에 따라 핵미사일을 탑재하고 이륙하여 대치했다는 사실은 양측 수뇌부 모두 상황 종식 이후에나 알았다. 또 다른 U-2 격추는 크렘린이 아닌 소련군 일선 지휘관의 결정이었으며 크렘린 역시 상황이 끝난 이후에나 이 사실을 보고받았다고 한다. 그야말로 일촉즉발의 위기에서 최고지도부들이 최일선에 대한 통제를 상실하고 있었다는 것이다.

쿠바 상공에서 U-2 가 격추된 순간 미 수뇌부는 당장 쿠바를 침공해야 한다면서 격노했으나 '24 시간 동안은 쿠바를 침공하지 않는다.'고 정하고 인내했다. 같은 날 카리브 해에서는 미군이 훈련용 폭뢰를 통해 소련 해군 잠수함의 강제 부상을 시도했고 이것이 적중해 소련의 폭스트로트급 잠수함 B-59 함의 선체 근처에서 폭뢰가 폭발했다.

당연히 B-59 는 미군의 시도를 폭뢰 공격으로 오인했고 함선의 손상이 심한데도 미군의 폭뢰 투하로 인해 부상하지 못하다보니 산소 고갈 상태에 빠졌다. 약 4 시간 동안 함선 내부에서는 이산화탄소 농도가 급증해 승조원들이 쓰러지고 있었고 모스크바와의 통신도 불가능했다. 이런 와중에 다시 함선 근처에서 폭뢰가 터지자, B-59 함장 사비츠키대령은 이를 전쟁 발발 상황으로 간주, 정치장교 마슬렌니코프대령의 동의를 받아 탑재한 핵어뢰를 발사하려고 했다. 다행히 부장이자 K-19 함의 생존자 중 한 사람인 바실리 아르히포프가 반대하여 핵전쟁은 일어나지 않았다.

10 월 28 일 소련이 선제 핵공격을 했다!'는 경보가 북미방공사령부에 울려 퍼졌다. 플로리다로 핵미사일이 온다는 경고가 울린 것이다. 워낙 급작스러운 일이라 대통령에게 보복 핵공격을 건의하려는데 이미 핵폭발로 사라졌어야 할 도시에서 '이상 없다.'는 보고가 올라와서 조사했더니 핵공격을 대비한 자체 훈련 프로그램으로 인한 오보였다. 사태 파악이 늦었으면 어처구니없는 핵전쟁이 터질 뻔했다

결국 핵전력은 물론 봉쇄를 돌파할 만한 재래식 해상전력조차 없었고 끝까지 가면 국가 멸망을 피할 수 없었던 소련의 현실로 인해 흐루쇼프가 먼저 백기를 들었다. 흐루쇼프는 케네디에게 튀르키예에 배치한 미국의 중거리 탄도탄의 철수를 조건으로 쿠바에 미사일을 설치하지 않겠다는 라디오 방송을 했다. 그러나 미국은 이것이 공식 루트가 아닌 라디오 방송을 통해 전달되었다는 점에서 언론플레이로 의심했고 동맹국 튀르키예의 안전보장 문제 때문에 결단을 내리지 못했기 때문에 일단 그 제안을 거부했다.

그러나 미국의 의심과는 달리 흐루쇼프의 제안은 사실이었다. 라디오 방송으로 제안을 한 이유는 양국 간에 핫라인이 없어서 전보를 통해 메시지를 전달해야 했는데 이 과정에서 암호화하여 보내고 다시 이를 해독하고 또 통보하는 시간

등을 합치면 거의 하루가 걸린다. 게다가 그 전보가 진짜로 상대국의 국가원수에게서 온 건지도 의심되는 상황이었다. 쿠바 미사일 위기 당시 흐루쇼프는 2 번 전보를 보냈는데 미국은 이게 정말 흐루쇼프가 보낸 건지 고민했다. 제 3 차 세계대전의 위기에서 양국 수뇌간 의사교류에 시간이 이렇게 오래 걸려 문제가 더 악화되는 걸 막기 위한 방법이 바로 라디오였다.

흐루쇼프는 10 월 28 일을 기하여 선단에 회항 명령을 내리고 쿠바의 미사일을 철수시키겠다고 공식적으로 발표했다. 그렇게 쿠바 미사일 위기는 종결되었다.

9.5.2 메타게임 분석

미사일 위기를 설명하려는 게임이론가의 주목할만한 시도는 다음과 같다. 9.5.1 절에서 설명한 것처럼 미사일이 발견된 이후 미국이 취할 수 있는 선택은 두 가지뿐이었다. '쿠바를 봉쇄(B)하거나 미사일을 제거하려고 시도하여 협력을 중단'하는 것과 '외과적 공습(A)'이었다.

1962 년 10 월 22 일, 미국의 선택을 전체적으로 검토한 후 케네디는 다음과 같은 조치를 발표했다. 이 발표가 나온 후 소련도 두 가지 광범위한 전략적 선택의 조치를 취했다. 첫 째로 '미사일을 철수(W)하여 협력'하거나 '미사일을 유지하는 것(M)'을 유지함으로써. 이러한 전략조합은 표 9.5.1 과 같은 2×2 전략형게임을 생성한다. 여기에서 보수행렬은 4, 3, 2, 1 순으로 좋은 순으로 값을 매긴 것이다. 이 게임에서 Nash 균형은 (A, W)과 (B, M)이다.

표 9.5.1. 미국과 소련 쿠바 미사일 위기 보수행렬

		소련	
		미사일 철수(W)	미사일 유지(M)
미국	봉쇄(B)	타협 (3, 3)	**소련 승리 (2, 4)***
	외과적 공습(A)	**미국 승리 (4, 2)***	갈등 (1, 1)

그러면 쿠바 미사일 위기는 3.4.4 절의 치킨게임으로 정의할 수 있다. 치킨게임에서는 갈등이 최악의 결과라는 점을 기억해야 한다. 타협 (B, W)은 두 경기자 모두에게 차선책이다. '소련이 미사일을 유지하고 미국은 미사일을

제거하기 위해 공습을 시작하면 (A, M)' 전면적인 갈등이 발생할 것이다. 반대로, '미국이 쿠바와 소련을 봉쇄하기로 결정하고 소련이 미사일을 철수하기로 결정(B, W)'하면 타협이 이루어질 것이다. 물론 이런 일이 쿠바 미사일 위기에서 일어났기 때문에 현재 위기 상황에 대한 표준 이해를 암묵적으로 받아들인다. 즉 미국과 소련의 무승부였다.

위에서 언급한 바와 같이, 두 개의 동등하지 않고 상호교환 불가능한 Nash 균형이 존재한다. 이러한 결과를 갖는 치킨게임은 게임이론적 분석을 혼란스럽게 한다. 타협 결과는 Nash 균형이 아니기 때문에 그것을 어떻게 설명할 수 있는가 하는 것이다.

경기자가 상대방의 게임을 예상할 수 있는 가능성을 반영하기 위해 게임을 변경할 수 있다고 가정한다. 즉, 각 경기자는 자신이 기대하는 전략에 따라 자신만의 전략선택을 한다고 가정한다. 이러한 게임을 메타게임이라고 하고 다른 게임을 선택하면 이전에 경기자의 '머리 속에서' 메타게임이 만들어지고 시작된다. 실제 게임 경기자의 머리에 들어가서 보면, 메타게임에서 경기자는 전략보다는 메타전략을 선택한다. 메타게임의 안정적인 결과를 메타균형이라고 한다.

메타게임에서 경기자가 게임이 시작되기 전에 서로에게 메타전략을 발송한다. 이러한 신호는 말로든 다른 방식으로든 보내는 것이 가능하다. 즉, 메타게임이론은 비협조적인 게임환경에서 경기 이전 의사소통의 영향을 모델링한다. 메타게임의 목표는 합리적인 선택과 일치하는, 즉 연관된 의사소통 패턴을 식별하는 것이다.

한 쌍의 메타전략인 의사소통과 관측된 메타균형 사이에 그럴듯한 연결이 만들어지면 메타게임이론의 이론적 범위 내에서 설명이 가능하다. 경기 이전 의사소통을 통해 경기자는 게임이 진행되는 방식을 허용하는 것과 다중 상호교환 불가능하고 동등하지 않은 균형은 잠재적으로 논쟁의 여지가 있다.

예를 들어, 위기가 전개됨에 따라 소련 지도부는 다음과 같은 일이 일어날 수 있다고 믿었다고 가정한다. 미국의 전략 선택을 정확하게 예상하면 선택의 폭이 넓어질 수 있다고 믿어서 소련이 사용할 수 있는 범위가 확대될 것이다. 두 가지 전략(예: W 또는 M)만 사용하는 것이 아니라 전개형게임의 전략형게임으로 변환하면 표 9.5.2 와 같이 2×2=4 개의 메타전략을 가지게 된다.

1. W/W: 미국의 선택 여부와 관계없이 W 선택
2. M/M: 미국의 선택 여부와 상관없이 M 선택
3. W/M: 미국이 B를 선택하면 W를 선택하고,
   미국이 A를 선택하면 M을 선택(Tit-for-tat: 보복전략).
4. M/W: 미국이 B를 선택하면 M을 선택하고,
   미국이 A를 선택하면 W를 선택(Tat-for-Tit: 보복전략).

위와 같은 전략은 표 9.5.2 에 표시된 2×4 1 차 수준 메타게임을 생성한다. 세 번째 메타전략 소련의 Tit-for-tat 은 조건부 협력적이다. 이는 소련 지도자들이 미국이 협력할 의사가 있다고 믿는 경우(B)에만 소련의 협력(W)을 의미한다.

표 9.5.2. 미국과 소련 쿠바 미사일 위기 1 수준 메타게임 보수행렬

		소련			
		W/W	M/M	W/M	M/W
미국	B	(3, 3)	**(2, 4)***	(3, 3)	(2, 4)
	A	**(4, 2)***	(1, 1)	(1, 1)	**(4, 2)***

첫 번째 수준 메타게임에는 진하게 표시된 세 가지 메타균형 (B, M/M), (A, W/W), (A, M/W)이 있다. (B, M/M), (A, W/W)는 전략형 치킨게임의 Nash 균형에 해당한다. 반면 세 번째(A, M/W)는 엄밀히 말하면 메타게임의 결과로 만들어진 것이다. 결과적으로, 핵심적으로 설명해야 할 문제가 남아 있다. 표 9.5.1 의 타협 결과 (3,3)는 적어도 현재로서는 비합리적인 결과다.

만약 미국이 미국의 메타전략을 예측할 수 있다면 어떤 결과를 예측할 수 있는가가 관건이다. 소련은 그 예측에 기초하여 선택을 하였는가도 중요한 문제이다 미국이 조건을 충족할 수 있다면 소련의 메타전략에 대한 전략선택은 소련의 4 개 전략 각각에 대해 B 또는 A 를 선택할 수 있다. 이는 2×2×2×2=16 개의 두 번째 수준 메타전략을 제공한다. 예를 들어, 두 번째 수준 메타전략 A/A/B/A 는 미국에 다음 사항을 요구한다.

소련이 W/W 를 선택하면 A 를 선택한다(W 에 관계없이).
소련이 M/M 을 선택하면 A 를 선택한다. (M 에 관계없이)
소련이 W/M(Tit-for-tat)을 선택하면 B 를 선택한다.
소련이 M/W(Tat-for-Tit)를 선택하면 A 를 선택한다.

이 메타전략은 조건부 협력적이기도 하다. 이는 미국 지도자들이 소련 자체가 조건부로 협력적이라고 믿는 경우에만 미국의 협력(B)을 의미한다. 미국의 16 가지 2 수준 메타전략과 소련의 4 가지 1 수준 메타전략은 16×4=64 결과 메타게임을 만든다. 비반복적인 메타균형만 표 9.5.3 에 나와 있다. 이전과 마찬가지로 여러 가지 새로운 메타균형이 나타난다. 그 중에는 타협 결과 (3,3)에 해당하는 것이 있다.

그러나 결과는 균형이지만 각 경기자는 조건부 협력을 선택해야 한다. 메타전략(소련의 경우 W/M, 미국의 경우 A/A/B/A)을 사용하여 이러한 의도를 상대방에게 전달한다. 구체적으로, 소련은 다음과 같은 경우 (미사일 철수를 통해) 협력할 의도가 있어야 한다. (그리고 오직) 미국이 미사일을 제거하기 위해 무력을 사용하지 않음으로써(즉, 봉쇄를 통해) 협력하는 경우에만 가능하다. 그리고 미국은 소련이 쿠바를 봉쇄하는 경우에만 협력할 계획을 세워야 한다. 소련은 미사일을 철수함으로써 협력한다.

표 9.5.3. 미국과 소련 쿠바 미사일 위기 2 수준 메타게임 보수행렬

		소련			
		W/W	M/M	W/M	M/W
미국	B/B/B/B	(3, 3)	**(2, 4)***	(3, 3)	(2, 4)
		…	…	…	…
	A/B/B/A	(4, 2)	**(2, 4)***	(3, 3)	(4, 2)
		…	…	…	…
	A/A/B/A	(4, 2)	(1, 1)	**(3, 3)***	(4, 2)
		…	…	…	…
	A/A/A/A	**(4, 2)***	(1, 1)	(1, 1)	**(4, 2)***

이는 흥미롭고 잠재적으로 중요한 이론적 결과이다. 논리적으로 일관성이 있는 경우 미사일 위기를 종식시킨 정치적 협상에 대한 합리적인 선택 설명은 다음과 같다. 그러나 그것이 유효한지 여부는 메타균형의 해석에 달려 있다.

메타균형은 이론적으로만 확립되고, 메타전략은 균형의 어떤 결과를 유도하는데 필요한 의사소통의 내용에 대한 이론적 진술이다. 메타균형은 특별한 지위를 갖지 않는다. 그러므로 각각은 게임에서 합리적인 경기자의 논리적 가능성을 설명한다. 결국 어떤 메타균형이 작용하게 되는지에 따라 경기자가 무엇을 하느냐에 따라 달라진다. 경기 이전 교섭과 토론을 통해 서로에게 기대하거나 서로에게 전달하는 내용을 기대한다는 것이다.

현재의 예에서 거래가 성사된 것은 두 경기자가 협력할 준비가 되어 있었을 뿐만 아니라 두 경기자 모두 비협력적이라면 소련은 미사일을 유지하고 미국은 공습을 통해 미사일을 제거하는 전면전의 위험을 감수할 의향이 있음을 나타냈기 때문이다. 물론 다른 합리적인 전략적 가능성도 있었다. 경기자 중 단 한 명만 전쟁을 감수할 의향이 있었다면 해당 경기자가 승리했을 것이다. 예를 들어 소련이 가능성을 인정하지 않는 두 가지 메타전략으로 자신을 제한한다면 갈등(1,1) 결과에 관계없이 철수(W/W) 및 Tat-for Tit(W/M) 중 유일하게 남은 메타균형은 미국의 승리와 연관되어 있다. 왜 그 의사소통 패턴이 왜 그 특별한 메타균형이 있는 것인가?

더 나쁜 것은 다음과 같은 설득력 있는 전략적 근거가 있다는 것이다. 타협에 필요한 메타전략은 합리적인 대리인에 의해 선택되지 않을 것이다. 메타 전략 A/B/B/A 는 다음과 같다. 미국에 대한 지배력이 약해 소련이 미국을 의심할 충분한 이유를 제공한다. 그리고 M 에 관계없이 A/B/B/A 에 대한 소련의 최선의 대응이기 때문에 미국은 소련이 그것을 선택할 것이라고 의심할 충분한 이유가 있었을 것이다.

이는 이 두 가지 메타전략과 관련된 메타균형을 시사한다. 소련의 승리에 관한 이야기는 메타게임의 실제 경기에서 발전할 수도 있다. '보복'보다 더 나쁜 결과를 초래하기 때문에 확실한 메타 전략을 선택한다. 메타전략 A/A/B/A. 또는 확실한 메타전략은 가장 극단적인 최후통첩을 요청하고 그 앞에 굴복할 준비가 되어 있는 '잘 속는 자'의 전략이다. 상대방을 점유하고 있으므로 협상이 시작되기 전에 자신의 입장을 기꺼이 포기할 것이다.

확실한 것을 예상하고 미국이 보복적 메타 전략 A/A/B/A 와 소련을 선택하고 메타전략 A/B/B/A, M 선택 각 경기자의 최악의 결과인 갈등 결과에 관계없이. 약하게 지배적인 세력이라도 사용을 버리지 말라는 훈계를 무시하기는 어렵다. 확실히 메타게임이론은 두 가지 조건에 대한 통찰력을 제공한다. 위기 상황에서 정치적 타협을 달성하는 데 필요하고 충분하다. 하지만, 그 내용이 부족하기 때문에 미사일 위기에 대한 설명은 규범적 기초이다. 이론적 한계는 약하고 불완전한 것으로 간주될 수 있다.

9.5.3 Option Technique 분석

이름에서 알 수 있듯이 Option Technique 는 여러 균형이 존재할 때 게임에서 가능한 모든 전략 선택 조합의 특성을 파악하고 하나의 균형을 선택을 선도하는 경로를 제시한다. 쿠바 미사일 위기의 경우 9.1.3 절에서 제시한 2×2 형식의 전략형게임과 치킨게임의 좁은 범위를 넘어서서 안정성 특성을 고려한 분석을 실시한다.

미국과 소련의 선택가능한 option 대해서 다음의 세 가지가 있다고 고려한다.

<u>미국</u>

1. 군사적 조치 미이행. 정상적인 외교 채널을 사용하여 공격적인 행동을 하지 않고 소련이 미사일을 스스로 제거하도록 유도하려고 노력,
2. 공습으로 미사일 기지를 파괴
3. 쿠바 봉쇄

<u>소련</u>

1. 미사일 철수
2. 미사일 유지
3. 갈등 확대

분명히 이러한 option 중 일부는 상호 배타적이지만 다른 option 은 동시에 선택할 수 있다. 예를 들어, 소련은 미사일을 철수하거나 유지를 동시에 할 수 없다. 그러나 미국은 미사일 기지를 봉쇄하는 동시에 공격할 수도 있다. option 의 배타적인 조합을 제거한 후, 12 가지의 실행 가능한 전략조합을 남긴다. 이러한 전략조합은 표 9.5.4 의 열로 표현된다. 각 전략조합은 이진수로 나타나고 0 부터 11 까지의 10 진수로 각 조합을 표시한다. 표 9.5.4 의 마지막 행은 다양한 전략조합에 대한 Label 로 간주될 수 있다.

표 9.5.4. 경기자 및 쿠바 미사일 위기의 option 과 결과

	전략조합											
미국												
공습	0	1	0	1	0	1	0	1	0	1	0	1
봉쇄	0	0	1	1	0	0	1	1	0	0	1	1
소련												
철수	0	0	0	0	1	1	1	1	0	0	0	0
갈등확대	0	0	0	0	0	0	0	0	1	1	1	1
Label	0	1	2	3	4	5	6	7	8	9	10	11

표 9.5.4 에서 '1'은 option 이 선택되었음을 나타내고 '0'은 선택되지 않았음을 나타낸다. 예를 들어, 미국의 한 가지 선택은 봉쇄도, 공격도 하지 않는 군사적 조치 미이행이다. 이 '정상적 외교채널' option 은 두 개의 0 으로 표시된다.

실행 가능한 전략조합의 안정성 특성을 탐색하기 위해 선호도부터 시작한다. 표 9.5.5 에서 미국과 소련의 선호도는 가장 좋은 것부터 가장 나쁜 것 순으로 미국과 소련 부분의 두 번째 행에 나와 있다. 미국은 군사적 조치 미이행 '4'를 가장 선호하고 소련이 미사일을 철수하는 '6'를 그 다음으로 선호한다고 가정한다. 그러나 선호도 순서에 대해서는 근거를 명시하지 않았으나 선호도 평가결과 표 9.5.5 에서 나온 순서대로 평가되었다고 가정한다.

다음으로 결과 중 어느 것이든 경기자가 일방적으로 전략을 변경하여 유도할 수 있는 더 나은 결과를 의미하는 '일방적 개선'(Unilateral Improvement, UI)을 제공하는지 묻는다. 즉, 현재 상태에서 이탈요인이 있는지를 확인한다. 표

9.5.5 에는 가능한 모든 UI 가 선호도 내림차순으로 나열되어 있다. UI 는 미국의 선호벡터 아래에 있는 세 행과 소련의 선호벡터 아래 두 행에 나와 있다. 예를 들어 미국은 두 번째로 좋은 전략조합인 '6'부터 가장 선호되는 전략조합인 '4'로 일방적인 개선을 이룬다면 봉쇄 option 에서 정상적 외교채널 option 으로 전환하여 전략조합 '6'에서 '4'를 유도한다. '6'에서 '4'로의 일방적 개선은 표 9.5.5 의 선호벡터 아래에 나열되어 있다.

표 9.5.5. 쿠바 미사일 위기의 안정성 분석

	E	E	X	X	X	X	X	X	X	X	X	X	총 안정성
미국	r	s	u	u	r	u	u	u	r	u	u	u	경기자 안정성
	4	6	5	7	2	1	3	0	11	9	10	8	선호벡터
		4	4	4		2	2	2		11	11	11	UI
			6	6			1	1			9	9	UI
				5				3				10	UI
소련	r	s	r	u	r	u	r	u	u	u	u	u	경기자 안정성
	0	4	6	2	5	1	7	3	11	9	10	8	선호벡터
		0		6		5		7	7	5	6	0	UI
									3	1	2	4	UI

12 개의 결과 중 어느 것이 균형 상태에 있는지 확인하기 위해 필요한 다단계 검색 절차는 다음과 같다. 이러한 단계에는 각 결과의 안정성 또는 안정성 부족을 특성화하는 작업이 포함된다. 이에 결과를, '합리적', '제재', '불안정' 세 가지 유형으로 식별한다. 합리적인 결과는 경기자가 UI 를 가지지 않는 결과로서 표 9.5.5 에서 각 경기자의 선호벡터 위에 'r'로 표시된다. 분명히 가장 선호되는 것은 미국의 경우 '4'와 소련의 경우 전략조합 '0'은 합리적이다.

각 경기자의 선호벡터 위 행에 's'로 지정된 제재 결과는 상대방 경기자가 UI 에 따라 행동하는 경기자에게 더 나쁜 결과를 유도할 수 있는 경우이다. 예를 들어, 미국의 전략조합 '6'에서 전략조합 '4'로의 일방적 개선은 소련으로부터 제재를 받을 수 있다. 왜냐하면 소련은 전략조합 '0'으로 일방적으로 개선할 수 있다. 이것은 소련은 선호하는 것이지만 미국이 선호하지 않는 전략조합 '4'로 유도된다. 불안정한 결과 'u'로 표시된 것은 상대방으로부터 어떤 제재도 받지 않으며 경기자가 일방적 개선을 할 수 있는 것이다. 두 경기자 모두에게 불안정하지 않은 결과가 균형 상태이다. 전략조합 '4'와 '6'만 이 테스트를 통과하며 첫 행에 'E'로 표시되고 균형상태가 아닌 것은 'X'로 표시된다.

여러 균형 중에서 하나를 선택하기 위해 전략조합 '0'인 미사일이 발견되기 하루 전인 10월 15일의 게임상태를 살펴본다. 소련은 미사일을 유지하고 미국은 군사적 조치 미이행 상태이었다. 전략조합 '0'은 소련에게는 합리적이지만 미국에게는 불안정하므로 간단히 전환하여 전략조합 '0'을 선호하는 세 가지 다른 결과를 유도할 수 있다. 이 세 가지 일방적인 개선 중 쿠바 봉쇄가 되는 전략조합 '2'가 되었고 그러므로 미국이 이 결과를 선택했다.

봉쇄에 대한 소련의 대응 가능성은 보수 구조에서도 추론할 수 있다. 전략조합 '2'에서 소련은 전략조합 '6'에 대한 일방적인 개선을 이루었다. 미사일 철수, 즉, 전략조합 '6'은 물론 균형이며 정의에 따르면 두 경기자 모두 일방적으로 다른 행동 방향으로 전환함으로써 더 좋은 결과를 얻을 수 없다. 게임은 합리적으로 거기서 종료된다. 따라서 미국이 쿠바를 봉쇄한 이유와 소련이 미사일을 철수한 이유를 설명할 수 있다.

그러나 그들이 설명할 수 없는 것은 그들이 탐구하는 역동적인 과정이 그 지점에서 종료되지 않는가 하는 것이다. 미국은 전략조합 '6'에서 전략조합 '4'로 일방적인 개선을 한 것도 균형이다. 더욱이, 전략조합 '4'는 결과 6 보다 Pareto 우월할 뿐만 아니라, 실제로 위기를 종식시킨 사건의 흐름에 대한 더 정확한 설명이다. 결국, 소련이 미사일을 철수하자 미국은 봉쇄를 해제했다.

9.5.4 Theory of Moves 분석

표 9.5.6 과 같은 쿠바 미사일 위기의 보수행렬을 생각해 보자. 가장 좋은 보수순으로 4, 3, 2, 1 로 상대적 보수의 크기를 부여하였다.

표 9.5.6. 미국과 소련 쿠바 미사일 위기 보수행렬

		소련	
		미사일 철수(W)	미사일 유지(M)
미국	봉쇄(B)	**타협 (3, 3)***	소련 승리 미국 조건부 항복(1, 4)
	외과적 공습(A)	명예롭지 못한 미국 행동 소련 좌절(2, 2)	명예로운 미국 행동 소련 좌절 (4, 1)

게임이 시작되면 각 경기자는 최초 상태가 어떤 것이든 최초 상태로부터 이동이 가능하다고 가정한다. 그러면 상대방은 그 것에 대응하고 최초 이동하는 경기자는 또 그 대응에 상대하여 또 다른 대응을 한다. 이러한 절차는 한 경기자가 대응하지 않는다고 결정할 때까지 지속되며 최종 상태에 양 경기자가 도달하게 된다. 최초 상태를 포함하여 미래의 상태를 무한히 바라보면서 어떤 경기자도 다음 상태로 이동하기를 원하지 않은 결과가 나왔을 때 이 균형을 '근시안적이지 않은(Nonmyoptic) 균형' 이라고 한다.

케네디 대통령이 1962 년 10 월 22 일 쿠바 봉쇄를 선언했을 때 소련 미사일은 이미 쿠바에 설치되었다. 이것은 최초 상태가 미국에게는 최악의 상태이었으면 소련에게는 최선의 상태였다. 이 상태를 '소련의 승리'라고 한다. 여기에서 소련이 왜 제일 좋은 상태를 포기하고 쿠바에서 미사일을 철수시키고 두 번째로 좋은 결과로 가서 타협의 결과를 내었는지 확인해 본다.

예를 들어 미국이 소련이 할 수 없는 게임에서 이동을 계속할 수 있는 이동능력(Moving Power)을 가지고 있다고 가정해 보자. 이 경우 미국은 소련이 (3, 3)과 (4, 1) 사이에서 선택할 수 있도록 강요해서 게임을 종료할 수 있는 것이다. 또는, 미국은 반복게임에서 상호 좋지 않은 결과를 낼 수 있다고 협박하는 능력, 즉, 위협능력을 가지고 있다고 하면 미국은 소련이 쿠바에서 미사일을 철수하지 않으면 공습을 통해 제거하겠다는 협박을 통해 미사일을 철수시킬 수도 있다.

그러나 소련이 왜 미사일을 철수했는가에 대한 이유를 불문하고 소련은 미사일을 쿠바에서 철수를 했으면 게임은 종료되었다. 타협 결과는 '근시안적이지 않은 균형'이었으며 어떤 경기자도 그의 전략선택을 변경해서 다른 상태의 게임으로 이동하더라도 더 좋은 결과를 얻을 수 없었기 때문이다.

그림 9.5.4 에는 타협 (3, 3)에서 시작한 이동과 대응에 대한 순서와 결과가 나와 있다. 그림 9.5.4 에서 화살표는 합리적 선택을 가르킨다. 이 게임나무의 마지막 마디에서 미국은 두 번째로 좋지 않은 결과에 머무르거나 두 번째로 좋은 타협결과로 되돌아올 수 있는 선택이 있다. 화살표가 가르키는 것과 같이 미국은 합리적 이동을 했다.

이와 유사하게 이전의 마디에서 소련은 최악의 결과인 (4, 1)에서부터 그 다음 나쁜 (2, 2)로 이동할 수도 있다. 그러나 소련은 (2, 2)로 이동하였는데 그 이유는 소련은 (2 ,2), (4, 1) 순으로 선호도가 높았기 때문이 아니라 여전히 좋은 다음 마디에 있는 미국에 의해 결과가 결정될 수 있었기 때문이다. 아마도, 미국은 이 게임나무의 두 번째 마디에서 최선의 결과 (4, 1)로 합리적인 이동을 할 수 있다. 그 이유는 최선의 결과여서가 아니라 최악의 결과인 (1, 4)로 게임이 종료되는 것보다 두 번째로 좋은 협상 결과 (3, 3)으로 되돌아 가는 것을 더 선호하기 때문이다.

마지막으로 소련이 미사일을 철수하는 것보다 게임나무의 제일 정점에 있는 뿌리마디 (3, 3)을 고수할 수도 있었다. 이렇게 하지 않은 이유는 타협 결과 (3, 3)로 다시 되돌아올 수 있기 때문이었다.

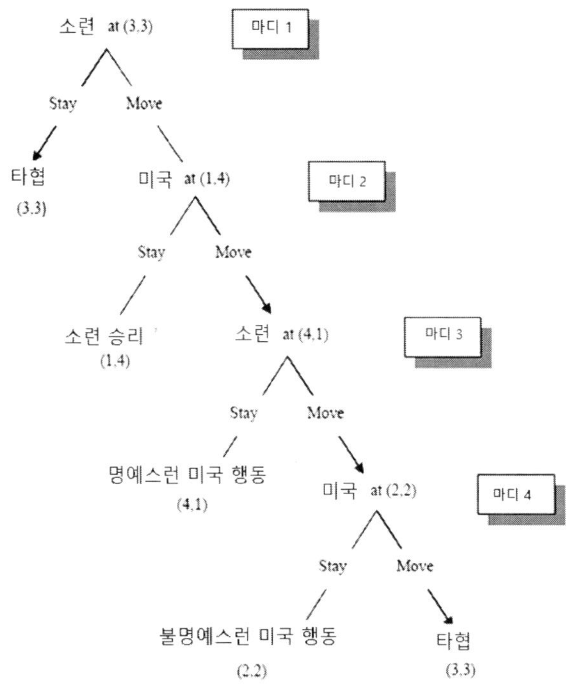

그림 9.5.4 (3, 3)에서 시작한 쿠바 미사일 위기 이동과 대응

9.6 러시아-우크라이나 전쟁의 게임이론적 분석

9.6.1 러시아-우크라이나 전쟁 배경

러시아-우크라이나 전쟁은 2014 년부터 시작되어 2022 년 전면전으로 번진, 러시아와 우크라이나 간의 전쟁이자 동슬라브족간 전쟁이다. 러시아는 과거 소련의 영광을 잊지 못하고 옛 소련의 영향권을 복구하고자 했으나, 공러증에 시달리던 구 동구권의 바르샤바 조약기구의 회원국과 심지어 한때 소비에트 연방의 구성국이었던 발트 3 국도 NATO 에 가입하였다. 구소련의 중요한 구성국이었던 우크라이나도 초기에는 친러 세력이 정권을 장악하고 러시아의 영향력 안에 머물렀으나, 점차 러시아가 후원하는 친러 세력들에 피로감과 회의감이 쌓여간 우크라이나에서 친러 진영들은 그 영향력을 잃어갔다. 끝내 유로마이단 혁명과 존엄의 혁명으로 친러정권은 우크라이나에서 붕괴했고, 우크라이나는 러시아의 영향력에서 뚜렷하게 이탈하리라 여겨졌다.

공교롭게도 같은 시기 러시아 내부에서는 경제적 실패를 만회하기 위한 푸틴 정권의 민족주의 운동이 활성화되고 있었다. 결국 러시아의 영향력에서 벗어나려는 우크라이나의 의지와 우크라이나를 자신의 영향권에 종속시키려는 러시아의 욕망이 동시에 표면화됐다. 이는 공산주의와 냉전체재의 수혜자였으나 소련 해체 후 쇠퇴하고 있는 돈바스와 크림반도를 중심으로 호응을 얻었고, 2014 년 러시아의 크림반도 합병과 돈바스 전쟁이라는 유혈 사태로 발전했다.

이러한 분쟁에서 우크라이나가 친러 반군들을 소탕하지 못하고 지리멸렬하자 러시아는 우크라이나를 손쉽게 차지할 수 있을 것이라 오판하고 나날이 커지는 민족주의와 팽창주의 열풍에 심취하며 우크라이나 전역을 확보할 결심을 한다. 결국 2022 년 2 월 24 일 05 시 50 분경, 러시아의 포병대와 미사일 부대가 전면적인 포격을 시작으로 '특수 군사작전'을 선포, 러시아 기갑부대와 공수부대가 벨라루스-돈바스-크림반도 세방향에서 전격전을 시도하면서 본격적인 전면전이 시작되었다.

수분 후 수도 키이우를 포함한 우크라이나 전역에서 미사일 공습이 시작되었고 뒤이어 여러 전선에서 대규모 지상 공격이 이어졌다. 젤렌스키 우크라이나 대통령은 18 세에서 60 세 사이 모든 우크라이나 남성 시민에 대해 총동원령을 발표하고 계엄령을 내려 해외 출국을 금지했다.

처음 러시아군의 공격은 벨라루스에서 키이우 방향을 향한 북부전역, 하르키우 방향을 향한 북동부전역, 크림반도에서 올라오는 남부전역, 도네츠크와 루한스크에서 전진하는 동부전역으로 구성되었다. 북부전선에서는 키이우를 둘러싸고 우크라이나군이 강력한 저항을 펼쳐 러시아군이 큰 손실을 입어 3 월 진격이 중단되었고 4 월에는 후퇴했다. 4 월 8 일 러시아군은 알렉산드르 드보르니코프 장군 지휘하에 남부와 동부 우크라이나로 재배치되었으며 북부에서 철수한 일부 부대는 돈바스 지역에 재투입되었다. 4 월 19 일에는 러시아가 하르키우에서 루한스크, 도네츠크까지 이르는 500km 길이의 전선에서 새 공세를 시작했다. 5 월 13 일에는 하르키우 인근에서 우크라이나군의 반격으로 러시아군이 후퇴했다. 5 월 20 일에는 길었던 아조우스탈 제철소의 포위전 끝에 마리우폴이 함락되었다. 러시아군은 최전선에서 멀리 떨어진 군사 목표물과 민간 목표물을 계속 포격했다. 우크라이나군은 8 월에는 남부에서, 9 월에는 동부에서 역습을 실시했다. 9 월 30 일에는 러시아가 침공 기간 부분 점령한 도네츠크주, 헤르손주, 루한스크주, 자포리자주 4 개주를 합병했다. 러시아의 4 개주 합병은 세계 각국에서 인정받지 못했고 큰 비판을 받았다. 한편 9 월 21 일 푸틴이 군사 훈련을 받은 30 만명의 민간인과 징집 대상으로 분류된 2,500 만명의 러시아 민간인을 징병하겠다는 동원령을 발표하자 러시아를 떠나는 편도 비행기표들이 매진되기도 했다.

러시아의 침공은 국제적으로 침략전쟁으로 비난받았다. 유엔 총회에서 러시아군의 전면 철수를 요구하는 결의안을 통과했으며 국제사법재판소는 러시아의 군사작전을 중단하라고 명령했고 유럽 평의회는 러시아의 회원국 자격을 정지시켰다. 수많은 국가들이 러시아에게 여러 경제제재를 가했으며 우크라이나에게 인도적, 군사적 지원을 제공했다.

9.6.2 게임이론적 분석 개요

러시아-우크라이나 전쟁을 게임이론으로 분석하기 위해 3×3 비협조적 동시게임을 구성한다. 이 게임의 가정사항은 NATO(북대서양 조약기구)와 러시아 모두 합리적 의사결정자라는 것과 그들의 보수를 최대화하는 것을 추구한다는 것이다. 경기자는 NATO(서방국가 포함)와 러시아이다.

각 경기자는 3 개씩의 전략을 가지고 있다. 먼저 러시아는 다음과 같은 3 가지 전략을 가지고 있다.

LG(Let Go): 우크라이나 침공을 완전히 포기, 우크라이나의 NATO 가입 허용
DS(Destabilze): 우크라이나의 NATO 가입을 허용하지 않을 의도로 우크라이나와 NATO 제재,
IN(Invade): 우크라이나의 NATO 가입을 영원히 저지하기 위해 전쟁을 선언

반면 NATO 는 다음과 같은 전략을 가지고 있다.

BU(Business Usual): 우크라이나 미지원. 러시아의 침공에 대하여 미조치. 우크라이나가 서방국의 잠재적 동맹이 되는 것을 포기하고 러시아의 야욕에 맡김
SN(Sanctions): 우크라이나로 러시아의 전진을 방해하기 위해 러시아 제재. 그러나, 전쟁에는 직접적으로 관여하지 않음
MA(Military Aid): 러시아에 대항하여 전쟁선포. 우크라이나에 NATO 군 파병

NATO 와 러시아의 전략에 기반하여 각 전략 조합의 보수는 표 9.6.1 과 같다. 게임이론을 적용가능하게 하기 위해 보수를 숫자로 표현하는 것이 좋다. 3×3 동시게임이므로 각 경기자의 보수는 최선으로부터 최악까지 각 경기자들의 선호를 기준으로 선호순서가 제일 큰 것을 9 로 하고 제일 선호순서가 낮은 것을 1 로 부여한다. 1.3.3 절에서 언급한 것처럼 게임이론에서 보수는 절대적 크기보다 상대적 크기가 중요하다. 이 게임에서 동등한 보수는 허용되지 않는 것으로 가정한다.

표 9.6.1 NATO 와 러시아의 보수행렬

		러시아		
		LG	DS	IN
NATO	BU	BU- LG	BU- DS	BU- IN
	SN	SN- LG	SN- DS	SN- IN
	MA	MA- LG	MA- DS	MA- IN

게임이론을 통한 러시아-우크라이나 전쟁 분석은 4 개의 시나리오를 구성하여 분석한다. 시나리오 1 은 '온건한 NAT'O 와 '강경한 러시아'간 게임이다. 시나리오 2 는 '강경한 NATO' 대 '강경한 러시아'간 게임이다. 시나리오 3 은 '온건한 NATO'와 '온건한 러시아'간 게임이며 시나리오 4 는 '강경한 NATO'와 '온건한 러시아'간 게임이다.

표 9.6.2 분석 대상 시나리오

		러시아	
		강경	온건
NATO	온건	시나리오 1	시나리오 3
	강경	시나리오 2	시나리오 4

이렇게 정하면 시나리오별 보수가 달라진다. 강경한 NATO 는 러시아의 침공에 대항하기 위해 NATO 군 파병을 더 선호할 것이다. 그러나 온건한 NATO 는 3 차 세계대전과 같은 재앙적인 파문이 일어날 수 있는 러시아의 침공에 대항하는 직접적인 군사적 대응은 회피할 것이다. 반면 러시아는 우크라이나 제재와 침공을 우선순위에 둘 것이다. 그렇지 않으면 온건한 러시아라 할 수 있다.

9.6.3 시나리오 1 분석

먼저 시나리오 1 에 대해 분석해 보자. 시나리오 1 에서는 온건한 NATO 와 강경한 러시아 전략이 충돌한다. 온건한 NATO 는 러시아의 전략이 DS 혹은 IN 일 때 SN 을 MA 와 BU 보다 더 선호한다. 또, 강경한 러시아는 DS 보다 IN 을 더 선호한다.

NATO 의 선호 순서는 다음과 같다.

BU- LG> SN- DS>BU-DS>SN-IN>SN-LG>BU-IN>MA-IN>MA-DS>MA-LG

NATO 의 선호를 살펴보면 러시아의 전략이 LG 에 고정되어 있을 때 우크라이나가 어떤 비용도 없이 NATO 가입이 가능하기 때문에 BU 가 최고로 우선순위가 높다. SN 과 MA 가 각각 NATO 의 두 번째와 세 번째 우선순위이다. 우크라이나에서 군사적 행동을 하고 있는 러시아와 대치하는 온건한 NATO 는 3 차 세계대전을 촉발시킬 수 있기 때문에 NATO 는 어떤 비용을 지불하고라도 MA 를 회피하고 싶어 한다. 이것이 러시아가 우크라이나를 침공하였지만 NATO 는 MA 를 선택하기 보다는 군사적 대응을 하지 않는 이유이기도 하다. 따라서, 러시아가 침공이나 제재로 우크라이나의 독립을 포기하게 만들 때 NATO 의 선호는 SN>BU>MA 가 된다.

NATO 의 전략을 BU 에 고정시켜 놓고 보면 NATO 는 러시아가 DS 와 IN 를 선택하는 것보다 LG 를 선택하는 것이 더 좋다고 생각한다. 왜냐하면 BU 는 NATO 에게는 어떤 비용도 필요없고 제재도 우크라이나에 군을 파병하는 것보다는 적은 비용이 들어간다.

반면, NATO 의 전략을 SN 으로 고정하면 DS 가 IN 보다 더 선호되는데 왜냐하면 덜 호전적이기 때문이다. NATO에게 LG는 가장 적은 비용이 드는 것이 분명하다. 러시아가 물러서고 우크라이나에 대해 간섭하지 않기로 동의한 상태에서, 러시아에 제재를 가함으로써 우크라이나의 경우, 서방이 사실상 강경한 태도를 선언하고 있는 것이다. 이로 인해 러시아를 자극해 DS 아니면 IN 으로 이동할 가능성이 있다. 다른 말로 하면 러시아에 대한 제재는 NATO 가 우크라이나를 전보다 더 위험한 상태로 몰고 갈 수가 있는 것이다.

NATO 의 전략이 MA 에 고정되어 있을 때 그 다음 순위에 대해서도 같은 시나리오가 사실이다. 만약 NATO 가 우크라이나 영토에 군을 파병한다면 러시아의 직접적 공격에 대응한다고 하는 것이 논리적이다. 같은 추론이 LG 에도 적용된다.

온건한 NATO 의 경우, 우크라이나가 러시아의 적대적인 반응 없이도 NATO 에 쉽게 가입할 수 있기 때문에 BU-LG 가 가능한 최선의 결과이다. 두 번째 좋은 전략은 SN-DS 이다. MA 가 NATO 에게는 최악의 전략이기 때문에 MA-LG, MA-

DS, MA-IN 이 각각 최악의 결과이다. 시나리오 1 에서 온건한 NATO 의 보수는 다음과 같이 가정한다.

BU-DS>SN-IN

SN-LG>BU-IN

SN-LG>BU-DS

이 가정하에서 온건한 NATO에게 IN은 가장 선호되지 않는 러시아의 전략이다. 또, 러시아의 직접 공격이 위의 관계로부터 더 낮은 보수이기 때문에 우크라이나에게는 좋은 것이다.

다음으로 러시아의 보수에 대해 알아본다. 보수행렬에서 러시아의 선호 우선순위는 다음과 같다.

BU-IN>SN-IN>BU-DS>MA-IN>SN-DS>MA-DS>BU-LG>SN-LG>MA-LG

선호 우선순위를 살펴보면 러시아는 NATO 가 BU 를 선택하는 한 DS 나 LG 보다 IN 을 더 선호하는 것을 알 수 있다. 이러한 이유는 명확하다. 만약 러시아가 아무런 조치를 하지 않고 우크라이나 NATO 가입을 허용한다면 러시아는 가장 중요한 동맹을 NATO 의 동맹으로 보내는 것과 동일하다. 추가적으로 어떤 비용을 지불하더라도 우크라이나를 다시 돌아오게 하는 것이 러시아의 가장 높은 우선순위의 정책이어서 전쟁을 하는데 엄청난 비용이 들더라도 제재보다는 침공을 더 선호한다. NATO 가 제재를 가하거나 군을 우크라이나에 파병을 하는 전략을 선택을 할 때도 러시아의 동일한 선호도는 사실이다. 따라서 NATO 의 전략이 어떻든간에 러시아는 IN > DS > LG 로 우선순위를 정할 것이라는 결론을 내린다. 다른 말로 하면 IN 은 우월전략이다.

반대로 러시아의 전략이 고정될 때 러시아는 러시아에 아무런 조치도 하지 않는 NATO 의 더 수동적인 전략을 선호한다 그러므로 BU>SN>MA 가 러시아가 선호하는 NATO 의 전략 순서이다.

가능한 상태들에서 MA-LG 는 러시아에게는 최악의 보수이다. NATO 군이 우크라이나 원조를 위해 투입될 뿐만 아니라 러시아는 뒤로 물러서서 아무런 대응을 하지 못하기 때문이다. 러시아의 두 번째와 세 번째로 나쁜 가능 상태는 각각 SN-LG 와 BU-LG 이다. 한편, 러시아에게는 BU-IN 은 첫 째로 SN-IN 은 두 번째로 높은 선호도를 가진다. 이 시점에서 SN-IN>BU-DS, MA-IN>SN-DS 라고 가정한다. 이러한 가정은 강경한 러시아 수준에 근거해서 정해진 것이다.

그러면 앞에서 논의한 우선순위에 근거해서 시나리오 1 의 보수행렬을 완성시켜 보면 표 9.6.3 과 같다.

표 9.6.3 시나리오 1 의 NATO 와 러시아의 보수행렬

		러시아		
		LG	DS	IN
NATO	BU	(9, 3)	(7, 7)	(4, 9)
	SN	(5, 2)	(8, 5)	**(6, 8)** *
	MA	(1, 1)	(2, 4)	(3, 6)

표 9.6.3 을 보면 NATO 에게는 BU-LG 가 가장 좋은 선택이고 러시아에겐 BU-IN 이 가장 좋은 선택이다. 온건한 NATO 에게는 MA 는 SN 과 BU 에 대해 강열등 전략이다. 러시아에게는 LG 와 DS 는 IN 에 대해 강열등 전략이다. 그러므로 SN-IN 이 유일한 순수전략 Nash 균형이다.

Nash 균형이 유일하므로 어떤 전략 프로파일로부터 시작해도 반복적으로 최선의 반응을 변경하면서 유일한 Nash 균형으로 도달한다. 예를 들어 NATO 가 최초 상태를 BU-LG 에서 이동을 시작했다면 NATO 는 이동하여 더 좋은 보수를 얻을 수가 없으므로 (9 > 5 > 1) BU 를 유지한다. 그 때 러시아가 (9 > 7 > 3) 이므로 BU-IN 으로 이동할 수 있다. 그 다음으로 NATO 는 SN 을 선호하고 (6> 4 > 3), 러시아는 이동해서 더 좋은 보수를 얻을 수 없으므로 IN 을 유지한다. 이것은 유일한 Nash 균형 SN-IN 에 도달했다는 것을 의미한다.

9.6.4 시나리오 2 분석

시나리오 1 과 동일한 개념으로 분석한다. 강경한 NATO 는 러시아 전략이 DS 이거나 IN 일 때 SN 보다 MA 를 선택한다. 강경한 NATO 의 선호도 우선순위는 다음과 같다.

BU-LG>SN-LG>MA-LG>MA-DS>MA-IN>SN-DS>SN-IN>BU-DS>BU-IN

러시아의 LG 전략은 NATO 에게 좋은 전략이다. 그 다음으로 러시아 전략 DS 와 IN 순으로 NATO 는 선호한다. (LG>DS>IN)

러시아의 전략이 DS 에 고정되어 있을 때 NATO 는 SN 보다 MA 를 더 선호한다. 왜냐하면 비록 비용이 많이 들더라도 제재를 가하는 것보다 우크라이나의 자유를 보장할 수 있기 때문이다. 이 경우 BU는 더 약한 전략이다. 마지막으로 러시아의 전략이 IN 에 고정되어 있다면 MA 는 SN 과 BU 보다는 더 보수를 높일 수 있는 선호 전략이다. 표 9.6.4 에는 이러한 개념으로 보수행렬을 구성하였고 유일한 Nash 균형은 (MA, IN)이다.

표 9.6.4 시나리오 2 의 NATO 와 러시아의 보수행렬

		러시아		
		LG	DS	IN
NATO	BU	(9, 3)	(2, 7)	(1, 9)
	SN	(8, 2)	(4, 5)	(3, 8)
	MA	(7, 1)	(6, 4)	(5, 6)*

9.6.5 시나리오 3 분석

시나리오 3 에선 NATO 는 구 소련인 러시아 경제를 마비시켜 물러설 수밖에 없는 효과를 달성하기 위해 제재를 가한다고 가정한다. 이 경우 DS 은 IN 에 비해 더 높은 보수를 얻는다. (DS>IN>LG)

시나리오 3 에 의한 선호도 우선순위는 다음과 같다.

BU-DS>SN-DS>MA-DS>BU-IN>SN-IN>MA-IN>BU-LG>SN-LG>MA-LG

그러면 앞에서 했던 방식으로 보수행렬을 구성하면 표 9.6.5 와 같고 유일한 Nash 균형은 (SN, DS)이 된다. 이 상태는 러시아가 철군하고 나면 온건한 NATO 역시 군을 우크라이나로부터 철군시키는 것을 선호하는 것을 의미하는데 군사적 지원이 더 이상 필요하지 않고 우크라이나에 주둔하는 것이 많은 비용이 들기 때문에 제재만으로 전략을 변경하는 것을 의미한다.

표 9.6.5 시나리오 3 의 NATO 와 러시아의 보수행렬

		러시아		
		LG	DS	IN
NATO	BU	(9, 3)	(7, 9)	(4, 6)
	SN	(5, 2)	**(8, 8)***	(6, 5)
	MA	(1, 1)	(2, 7)	(3, 4)

9.6.6 시나리오 4 분석

이 시나리오에서 러시아의 보수는 시나리오 3 과 같다. 대신 NATO 의 보수는 강경정도에 근거해서 조정되었다. 보수행렬을 구성하면 표 9.6.6 과 같고 유일한 Nash 균형은 (MA, DS)가 된다. 러시아는 IN 보다 DS 를 더 선호하고 NATO 는 우크라이나에서 위협이 완전히 제거될 때까지나 우크라이나가 공식적으로 NATO 국가가 될 때까지 군을 주둔시킨다.

표 9.6.6 시나리오 4 의 NATO 와 러시아의 보수행렬

		러시아		
		LG	DS	IN
NATO	BU	(9, 3)	(2, 9)	(1, 6)
	SN	(8, 2)	(4, 8)	(3, 5)
	MA	(7, 1)	**(6, 7)***	(5, 4)

9.6.7 우크라이나와 러시아 전략에 대한 게임이론적 분석

우크라이나 전쟁이 발발한 직접적인 원인은 우크라이나의 NATO 가입 추진이었다. 앞에서는 NATO 와 러시아 전략을 비교하여 분석하였지만 여기에서는 우크라이나와 러시아 간 갈등 구조를 살펴본다.

우크라이나의 젤렌스키 대통령 취임 이래 우크라이나는 NATO 가입에 대한 열망을 보여 왔으며 러시아를 자극해 왔다. 우크라이나는 러시아와 전쟁을 하기에는 군 규모가 상대적으로 작아서 NATO 를 포함한 서방국가들의 지원이 반드시 필요했다. 그러므로 9.6.3 절부터 9.6.6 절까지 NATO 와 러시아 전략을 비교했다. 그러나 우크라이나는 전쟁의 당사자이므로 여기에서는 우크라이나와 러시아 전략을 비교해 본다.

게임이론 측면에서 우크라이나는 두 가지 전략을 선택할 수 있다. 하나는 저항(Resist: RE)이고 포기(Give Up: GU)이다. 전쟁 중 GU 는 NATO 가입을 다시는 추진하지 않겠다는 선언을 하는 것이고 현직 대통령을 물러나게 하고 러시아의 통제하에 들어가는 것을 의미한다. 반면 RE 는 자유를 위해 싸우는 것을 의미한다. 우크라이나 입장에서 RE>GU 라고 가정하자. 러시아의 전략과 선호도 우선순위는 9.6.3 절의 강경한 러시아와 동일하다고 가정한다.

LG-GU>IN-RE>DS-RE>DS-GU>IN-GU>LG-RE

명백하게 러시아 입장에서는 우크라이나가 GU 를 선택하고 NATO 가입을 포기하고 영원히 러시아 통제하에 들어오는 것이 최선이다. 그러므로 LG-GU 는 러시아에 가장 높은 보수를 준다. 반대로 LG-RE 는 러시아에 가장 최악의 보수이며 아무런 반대급부 없이 우크라이나가 NATO 에 가입하는 것을 허용하는 것이다. IN-GU 와 DS-GU 는 두 번째와 세 번째 낮은 보수를 러시아에게 주며 우크라이나가 NATO 에 가입을 추진하고, 러시아 자신이 언급한 바와 같이, 국제적으로 러시아의 정치적인 지위를 악화시키기 때문에 침공한 이유이기도 하다.

우크라이나가 자발적으로 러시아의 요구를 수용할 때 그러한 전략에 대해 많은 비용을 요구하지 않는다. 따라서, 강경한 러시아는 DS 보다 IN 을 더 선호하고 IN-RE>DS-RE 가 성립한다.

이러한 사항을 기초로 보수행렬을 구해 보면 표 9.6.7과 같다.

표 9.6.7 우크라이나와 러시아의 보수행렬

		우크라이나	
		RE	GU
러시아	LG	(1, 6)	(6, 2)
	DS	(4, 5)	(3, 3)
	IN	**(5, 4)***	(2, 2)

여기에서 유일한 Nash 균형은 IN-RE로서 현재 러시아-우크라이나 전쟁의 상황과 동일하다. 게임결과와 동일하게 러시아는 우크라이나를 침공하였다.

제 10 장

게임이론을 이용한 戰史 분석

10.1 Bismarck 해전의 게임이론적 분석

10.1.1 전투 배경

제 2 차 세계대전 개전과 더불어 남태평양에서 노도와 같이 밀고 내려가던 일본군은 1942 년 초 산호해 해전을 거쳐 그 해 6 월 Midway 해전을 고비로 공세에서 수세로 전환하였다. 미군은 2 개월 후 8 월에 Guadalcanal 상륙에 성공하면서 비로소 호주의 안전을 확보할 수 있었다. 그 동안 일본군과 미군은 호주대륙을 두고 총력을 기울여 공방전을 벌였으나 결국 미군이 전력을 회복하여 호주대륙 보호에 성공하고 나아가 New Guinea 남단에 공군거점을 확보함으로써 남태평양의 전투는 새로운 양상을 맞게 되었다.

Guadalcanal 전역이 일본군의 참패로 끝나던 1943 년 1 월 말, 동부 New Guinea 의 동남부 지역인 Papua 반도 일대에서도 MacArthur 가 이끄는 연합군에 의해 일본군이 축출되고 있었다. Guadalcanal 과 동부 New Guinea 동남부를 잃은 일본군은 Solomon 제도 일대와 New Guinea 지역에서의 주도권을 잃어버리고 미군의 공세에 대응해야 하는 처지가 되었다.

일본군 대본영은 Papua 반도를 비롯한 동부 New Guinea 의 동남부를 일단 포기했지만 그렇다고 동부 New Guinea 전체를 아주 포기할 생각은 없었다. 동부 New Guinea 전체가 미군이 점령하는 순간엔 New Guinea 와 New Britain 섬 사이의 Vitiaz 해협과 Dampier 해협을 거쳐 일본이 점령한 동남아 일대로 통하는 해상 진격로가 열리게 되며, 남태평양의 핵심 거점인 New Britain 섬의 Rabaul 이 위협받기 때문이었다. 이 이유 때문에 일본군 대본영은 Guadalcanal 에서 철수를 결정함과 동시에 New Guinea 와 Solomon 일대의 요충지를 공략하여 장악하라는 명령을 내렸다. 이에 New Guinea 전역의 일본군은 Buna-Gona 에서 북서쪽으로 떨어진 해안지대의 Lae-Salamaua 지역을 최전방 거점으로, 다시 북서쪽 방향의 Madang-Wewak 지역을 후방 거점으로 하여 육군 3 개 사단을 증원하여 이 일대 방어를 강화하는 작전 계획을 세웠다. 이 계획에 따라 3 개 사단 중 2 개 사단이 1 월~3 월에 걸쳐 Madang-Wewak 지역으로 배치가 예정된다.

이 계획에서 요충지로 떠오른 곳이 Wau 였다. Lae-Salamaua 에서 남서쪽 내륙 산악지대에 위치한 광산 마을인 Wau는 일찍부터 연합군 세력에 들어가 있던데다 비행장도 있어서 Lae-Salamaua 지역에 대해 잠재적인 위협이 되었기 때문에, New Guinea 일대의 일본군도 이 지역을 계속 주목하고 있었다. 다만, Guadalcanal 전역과 New Guinea 동남부에서의 격전이 한창이던 1942 년에는 이쪽에 병력을 돌릴 여유가 없었으므로 Wau 와 해안지대로 통하는 길목만 차단하고 있었지만, 1943 년 1 월 초에 연대 규모의 일본군이 증원되면서 Wau 지역을 점차 위협하기 시작했다.

10.1.2 전투 경과

Buna-Gona 전투가 마무리되어가자 호주군과 미군은 Lae-Salamaua 지역 공략의 교두보로서의 Wau 의 가치를 깨닫고는 Wau 지역에 대해 대대적인 증원을 명령했다. 같은 시기에 일본군도 Wau 를 공격했지만 지리에 어두웠던 상태로 Salamaua-Wau 로 이어지는 밀림으로 뒤덮힌 험난한 산길을 진격로로 택했다가, 진격과 보급이 지체되고 폭격기와 수송기를 동원한 연합군의 증원까지 맞으면서 공략에 실패했다. 이 전투를 거치면서 Wau 는 3000 여명의 병력이 주둔한 연합군의 교두보가 되었다.

Wau 가 본격적으로 연합군의 교두보가 되자, 일본군은 상기한 방어 계획에서 배치 지역을 미처 결정하지 않은 1 개 사단을 전방 지역인 Lae-Salamaua 지역에 곧바로 배치하기로 결정한다. 동부 New Guinea 에서의 방어와 반격을 종용하던 대본영의 압박과 육로 이동이 매우 열악한 New Guinea 현지 사정이 겹친 결과였다. 이에, 일본 해군소장 기무라 마사토미 제독 지휘하에 8 척의 구축함과 8 척의 육군 수송선을 통해 약 7,000 명의 증원 병력과 물자를 호송하는 계획이 세워진다.

이 호송계획은 Solomon 일대에서의 수송작전에서 교훈을 얻어서 각 수송선은 필요한 물자의 종류와 인원을 조금씩 나누어서 균등하게 적재하여 만일 수송선이 거의 다 격침당해도 1 척만 도달하면 부족하나마 제대로 된 증원이 가능하도록 했으며, 구축함과 수송선의 승조원들도 되도록 이런 종류의 작전에 경험이 많은 자들을 선별했고, 보트와 주정을 많이 적재해서 변변한 항만시설이 없는 곳에서도 빠른 양륙이 가능하도록 만반의 준비를 했다. 그리고 선단을 호위하는 항공기도 100 대를 동원할 정도로 심혈을 기울였다.

이 수송작전의 최대 위협은 연합군 항공기들이었다. 앞서 Wau 를 공략했던 부대도 Rabaul 에서 Lae 로 이동하는 과정에서 공습을 받았으며, Wau 를 공략할 당시 항공기를 이용한 지형정찰이 충분하지 못했던 것도, 지도상 최단거리만 찾다가 진격로를 험난한 산길로 택했던 이유도 제공권이 열세였기 때문이었다. 하지만 일본군 수뇌부는 연합군이 자신들의 의도를 모르는데다 이 일대에서의 연합군 가용 항공전력이 적어서 설령 중간에 발견되더라도 집중적인 항공공격을 받지는 않을거라고 판단했다. 그러나 이 수송작전의 실무를 맡던 현지사령부와 예하 일선부대에서는 앞선 Wau 공략부대의 수송작전 당시 연합군의 공격을 직접 경험해 봤던 터라 성공확률보다 실패확률을 더 높게 평가하거나 잘해야 반반의 확률로 보고 있었다.

일본군 일선부대의 우려는 상당부분 맞아들었다. 연합군은 이미 일본군의 의도를 눈치채고 있었으며 2 월 중순경엔 일본군 증원병력의 상륙 지점을, 2 월 말에 이르면 Rabaul 북쪽으로 출발하여 New Britain 섬 북쪽을 항해하다가 New Britain 섬과 New Guinea 사이의 해협을 통해 Lae 로 향할 거라는 예상 항로까지 모두 파악했다. 그리고, 일본군의 예상보다 약 1.7 배의 항공 전력을 갖고 있었으며, 일본군 수송선단을 효과적으로 공격하기 위한 전술도 가다듬고 있었다.

미 육군 제 5 항공군에서는 일반 폭탄을 사용해 해상전투를 수행하는 방법을 한참 연구중이었는데, 그러던 중 물수제비처럼 폭탄을 물에 튕겨 함선을 격침하는 물수제비폭격이라는 방법에 주목한다. 예전부터 초저공으로 비행하면서 지표면에 폭탄을 튕겨서 지상목표물의 측면을 타격하는 방식이 있었는데 이것을 대함공격에 활용한 것이다. 이 전법은 유럽 전선의 영국공군이 먼저 선을 보였고, 이후 영국군과 미군 간 교류 과정에서 이 전법이 소개되어 제 5 공군에까지 전해졌다. 이 당시 미 육군 항공대 내에서 대함공격 기회가 제일 많았던 제 5 공군은 물수제비 폭격 전법을 적극적으로 연구하기 시작한다.

이 당시 미육군항공대의 대함공격 방식은 하나같이 효율이 낮았다. 중폭격기들의 고고도 수평폭격은 함선들이 조금만 변침해도 대부분 명중하지 않는 문제점이 있었고, 그렇다고 고도를 낮추면 일본 전투기와 함정의 대공포에 격추당하기 좋은 조건이었다. 그나마 가장 효과적이었어야 할 항공뇌격은 기체를 저공저속의 조건에 노출시켜야 했으므로 일반적인 저공폭격보다도 더 위험했던데다, 맞춘다 한들 폭발하지 않는 미군 어뢰 특유의 좋지 않은 성능과 낮은 신뢰성 때문에 효과는 거의 없었다. 실제로 Midway 해전 당시 미육군항공대 소속 폭격기들의 대함공격작전 결과가 이 단점들을 모두 보여줬다. 고공폭격은 모두 빗나갔고, 뇌격에 나섰던 기체들은 단 한발의 어뢰도 타격을 주지 못한 채 작전기의 절반이 격추당했으며, 중고도폭격조차도 기총사격으로 소수의 인명피해를 입힌걸 빼면 이렇다할 전과를 거두지 못했다. 이러한 사정은 1943 년 당시 New Guinea 를 담당하던 제 5 공군도 다를게 없어서 지속된 출격에도 불구하고 함선 격침 전과는 미미했다. 당장, 앞서의 일본군 Wau 공략부대를 수송하던 선단을 노린 수차례의 폭격에서도 수송선 5 척, 호위 구축함 5 척 중 수송선 1 척만 격침시켰다.

연구 끝에 나온 물수제비 폭격방식은 다음과 같다. 목표 전방 600~750m 지점에서 부터 60~75m 고도로 시속 300 중반~400km 속도로 접근하며, 접근 중엔 기총소사를 최대한 집중하여 적함의 대공포화를 제압한다. 목표로부터 약 100m 내외 거리에 도달하면 5 초 지연신관을 설정한 225kg 철갑폭탄 3~4 발을 연속 투하하고 고도를 높여 이탈한다.

물수제비 폭격은 수송선이나 구축함 같은 비장갑이거나 경장갑 함선에 대해서 기존의 대함공격 방식보다 압도적인 위력을 보였다. 뇌격과 비슷한 수준의 초저공으로 진입하지만 뇌격보다도 2 배 빠른 속도로 목표에 돌진할 수 있었다. 어뢰의 경우, 정상적으로 투하되어 작동하더라도 느린 속력 때문에 목표가 된 함정이 회피할 여지가 있었지만, 물수제비 폭격방식으로 투하된 폭탄은 기본적으로 100m 내외 근거리에서 투하되어 폭격기가 진입하던 속도에서 별로 감소되지 않은 상태로 어뢰보다 훨씬 빨리 목표물에 달려들었기 때문에 회피기동을 할 여지 자체가 없었다. 폭격을 당하는 입장에서는 그저 폭탄이 불발되거나 운 좋게 빗나가기만 바랄 수밖에 없었다. 선체 측면에 폭탄이 명중하기 때문에 현측장갑이 없거나 빈약한 함선은 마치 어뢰에 맞은 것처럼 현측에 거대한 폭파공이 뚫리게 되며, 이는 곧 침몰로 이어졌다. 설령 물수제비뜨기가 되지 않더라도 기본적으로는 저공 수평폭격이므로 투하된 폭탄이 그대로 명중하는 경우도 있다. 때문에, 통상적인 수평폭격에 비해 명중률도 매우 높았다. 실제로 Bismarck 해전에서 물수제비 폭격의 명중률은 약 50%에 달했다.

물론 위험성도 있었다. 물수제비 폭격을 하는 기체는 저공에서 목표물을 향해 직선으로 달려들어야 하므로 목표함선의 대공포화에 그대로 노출될 수 있었다. 때문에 물수제비 폭격에 나선 기체들은 진입 중 목표 함선의 대공포화를 제압하고자 전방 화력을 증설했으며 심지어 상부 포탑도 전방으로 고정해서 쏠수 있게 했다. B-25 의 경우, 총 10 정의 50 구경 중기관총을 전방으로 쏠수 있게 되었는데, 이 화력은 방호가 약한 대공포좌들을 제압하기에 충분했다. 그 외에 폭탄이 일찍 터져서 폭발에 같이 휘말린다던가 너무 저공으로 진입했다가 목표물과 접촉하여 추락하기도 했으나 이는 여타 전투행위에서도 발생하는 수준의 위험이었다.

한편, 일본군의 증원 의도를 파악한 연합군은 일본군의 수송작전을 막기 위해 통상적인 출격도 될수록 자제한 채 수송선단이 모습을 드러내기만 기다리고 있었다. 이를 위해 동원 가능한 모든 항공기를 이 근방에 집결시켰기 때문에 항공기의 총수는 338 대 이상이었다.

1943 년 3 월 1 일에는 수색에도 불구하고 일본군 선단을 발견하지 못했으나, 3 월 2 일 오전 10 시경, 초계중이던 B-24 폭격기 한 대가 수송선단을 발견하고 B-17 폭격기 편대가 한 시간 간격으로 두 차례의 공습을 가했다. 이 공격으로 수송선 교쿠세이마루가 침몰하고 데이요마루, 노지마 두 척이 손상을 입었다. 그날 저녁에도 11 대의 B-17 이 동원되어 폭격을 가했지만 수송선 한 척에 경미한 피해를 주는 것으로 그쳤다. 이 때 침몰한 수송선에서 구조한 800~900 여명의 병력은 이들을 구출한 구축함 유키카제, 아사구모에 타고 빠른 속도로 Lae 로 향해 무사히 상륙하는 데 성공한다.

일본군 수송 선단에 결정적인 타격을 입힌 것은 3 월 3 일의 공격이었다. Beaufighter 중전투기, B-17, B-25 폭격기, A-20 Havoc 공격기로 구성된 200 여대의 폭격기와 P-38 Lightning, P-40 Warhawk 로 구성된 100 여대의 전투기에 의한 대대적인 공습이 있었다.

3 일 새벽에 호주 공군의 Beaufort 뇌격기 8 대가 선단을 공격하기 위해 출격했다. 하지만 기상악화로 두 대만이 선단을 발견하고 어뢰공격을 가했지만 피해를 주지 못했다. 그 후 오전 10 시, 합계 100 여 대에 이르는 대규모 공격대가 일본군 선단 상공에 도착한다. 이때는 기상 조건도 좋아져서 연합군과

일본군 모두 양측을 미리 볼 수 있었다. 그리고 이후에 이어진 항공공격은 동시다발적으로 모든 함선에 여러 방향으로 이어지면서 일본 함대의 방어를 무력화시켰다.

우선 13 대의 미 육군의 B-17 폭격기가 7000 피트의 중고도 상공에서 수평폭격을 가했다. 일본 해군 제로 전투기들이 B-17 요격에 나섰고, 폭격기들을 호위하던 P-38 과 공중전이 벌어졌다. 잠시 후 추가로 B-25 폭격기 부대가 도착해 역시 중고도에서 폭격을 수행했다. 이 폭격으로 일부 선박에 피해를 입히기는 했지만 많은 전투에서 그랬듯 중고도에서의 수평폭격은 큰 효과는 없었다. 그러나 덕분에 일본군 선단은 폭격을 회피하느라 대열이 흐트러져 호위 구축함들과 수송선의 거리가 벌어졌고, 효과적인 대공방어를 할 수 없게 되었다.

그런데, 이 공격은 일종의 미끼였다. B-17 을 요격하러 나선 일본군 전투기들은 B-17 과 호위하던 P-38 전투기들과의 전투로 중고고도에 묶여있었다. 뿐만 아니라 호위함대의 대공화력도 중고도의 폭격기들에 향해 있었다.

그런데 그 사이 이번엔 저공에서 B-25 와 Beaufighter, A-20 공격기로 구성된 또 다른 폭격대가 들이닥쳤다. 이번에는 전투기의 보호도 없는데다 대열이 흩어져 제대로 대공화망을 구성할 수 없던 일본군 선단은 20mm 기관포 4 문과 7.62mm 기관총 6 정으로 중무장한 함정들은 12.7mm 기관총 8 정을 장착한 B-25 들의 기총소사에 그대로 노출되었다.

이 공격으로 일본군 선단은 막대한 피해를 입었다. 선박 자체의 피해는 물론 수송선에 타고 있던 상당수의 승조원들과 육군 병력이 기총소사에 피해를 입었을 뿐 아니라, 특히 연합군 폭격기들은 일본 해군 구축함의 함교와 방호가 취약한 대공포좌를 기총소사의 주요 표적으로 삼았다. 그 결과 대공포좌 상당수가 이 기총소사에 무력화되었을 뿐 아니라, 구축함 함교의 장비와 인원이 피해를 입어 전투능력이 크게 저하되었다. 호위함대 사령관 기무라 마사토미 제독까지도 Beaufighter 의 기총소사에 중상을 입을 정도였다. 신나게 기총소사를 퍼부은 후, 연합군 폭격기들은 말 그대로 오리사냥감 신세가 된 일본군 선단에 마스트 높이의 초저공에서 물수제비 폭격을 가했다.

그림 10.1.1 Bismarck 해전

이 공격으로 수송선들 7 척 전부가 큰 피해를 입었다. 전투 시작 10 분 만에 모든 수송선들이 기동불능이 되어 버렸다. 수송선을 호위하던 구축함들 중 3 척-아라시오, 시라유키, 토키츠카제-이 격침 또는 대파되었고, 나머지도 적잖은 손상을 입고 퇴각해야 했다. 오후에도 B-25 폭격기들이 다시 공습을 가했다. 그나마 속도가 빠른 구축함들은 도주한 끝에 8 척 중 5 척이나마 생존했지만, 전날 격침당한 1 척을 제외한 남은 수송선 7 척 모두는 이날 공격으로 격침당했다. 사실상 전멸한 것이다.

그리고 다음 날인 4 일 아침에는 B-17 폭격기의 공격으로 생존자 구조 작업중이던 일본 해군 구축함 한 척이 추가로 격침당했다. 4 일, 일본군은 부나의 연합군 비행장에 공습을 가했지만, 피해는 경미했다.

더욱이 공습 후에는 3 월 14 일까지 미 해군의 어뢰정과 전투기에 의한 소탕전까지 이어졌다. 이로 인해 수송선 8 척 모두가, 구축함 중 4 척이 격침되고, 선단 상공을 호위중이던 Zero 전투기 6 기가 격추되었다. 생존한 나머지 구축함도 상당한 피해를 입고 호송작전 지휘관인 기무라 제독도 중상을 입었다.

수송선이 모두 격침되면서 대다수 육군 병력들이 땅을 밟지 못하고 수장되거나, 정처없이 표류하다가 연합군의 대대적인 소탕작전에 의해 포로로 잡히거나 전사했다. 간신히 살아남은 병력들 중 Lae 에 도착한 병력은 겨우 1,200 명에 불과했고 그나마도 사실상 비무장으로만 도착한지라 당장의 전력 보강에 아무런 도움이 되지 못했다. 2,700 명의 병력은 출발지인 Rabaul 로 겨우 되돌아갔다. 이 공습으로 연합군 역시 폭격기 2 대, 전투기 4 대를 손실 당했지만, 일본군이 입은 타격에 비하면 미미했다.

10.1.3 전투 결과

이 전투가 일본군에 준 여파는 매우 컸다. 일단, 일본군의 New Guinea 방어가 사실상 불가능해졌다. 상술한 바와 같이 이미 New Guinea 의 동남부 지역을 잃은 상태에서 New Guinea 내륙의 연합군 거점을 제압해야만 New Guinea 의 일본군 점령지를 안정적으로 방어할 수 있었는데, 그 전제조건인 병력 증강 및 확보에 큰 차질이 생겼기 때문이다. 이 전투 이후 New Guinea 지역에 대한 보급과 관련하여 일본군 수송선은 더이상 New Britain 섬 남쪽으로 내려오지 않게 되었다. 전방 지역인 Lae 에 대한 보급은 구축함과 잠수함을 이용한 수송이나 New Britain 서쪽 Gloucester 곶에서 소형배를 타고 건너가는 방법만 남았다. Guadalcanal 에서 보급 부족으로 인해 일본군이 겪은 고난이 New Guinea 의 Lae-Salamaua 지역에서 재현된 것이다.

이 수송작전이 대실패로 끝나자 일본군 수뇌부들은 육군, 해군 공히 New Guinea 전선이 당장 붕괴될 수 있다는 불안감에 사로잡혔다. 이 당시 일본 육군은 Rabaul 과 Solomon 제도에 집중하던 해군과 달리 New Guinea 전선에 더 집중하고 있었는데, 이 사건으로 인해 New Guinea 전선 유지에 비상이 걸리자 Rabaul 을 비롯한 Solomon 제도에 전개했던 일본육군항공대 전력을 모두 철수시키고 New Guinea 일대를 담당하는 Wewak 기지로 재배치시켰다. 이미 진행중이던 후방지역 병력 상륙 계획도 다시 검토하여, 상륙하지 않은 잔여 병력을 보다 전방지대로 상륙시키려 했지만, 일선부대의 반발로 계획이 다시 변경되는 일도 벌어졌다. Lae 로 가려다가 Rabaul 로 되돌아간 병력들은 이후 수송 등으로 조금씩 이동하여 어떻게든 Lae 에 도착하긴 했다. 그러나, 보급선이 크게 위협받는 상황에서 전선의 유지는 점점 어려워졌다. 특히, 당장 최일선이 된 Lae-Salamaua 지역이 연합군의 역습에 당하는 것, 더 나아가 Lae 배후의 Vitiaz 해협 일대가 연합군 손에 떨어지는 건 시간 문제가 되었다. 일선으로 이어지는 보급선을 유지하기 위해 Lae 와 Madang 을 잇는 도로 건설에 착수하기도 했지만, 당시 일본군의 능력으로는 제 때 이 도로를 건설하는 것은 불가능했다.

일본 해군의 경우 상술한 Rabaul 포위 가능성을 더욱 우려하고 있었다. 이 사건 이전에 미군이 Guadalcanal 북서쪽의 Russel 제도를 점령하여 전진기지를 만들고 신형 전투기를 동원해 Solomon 제도 중부 Bougainvill 섬의 일본군 기지에 대한 공습을 시도하는 등 Solomon 제도에서 미군이 반격에 나설 조짐이 조금씩 보였던 판에, New Guinea 방면의 증원 실패 소식이 들려왔다. 이 전투로 소중한 구축함 4 척을 잃어버린 데 이어 Solomon 제도 중부지역에 대한 미군의 기습에 휘말려 구축함 2 척을 또 손실 당하자, 연합함대 사령장관 야마모토 이소로쿠는 Solomon 전선 유지에 대한 불안감에 휩싸였다. 이에 1943 년 4 월 7 일부터 14 일 간 미군의 진격을 조금이라도 지연시키기 위해 항모 함재기들까지 지상기지로 동원하여 Guadalcanal 과 New Guinea 일대의 연합군 기지에 대한 대규모 항공공격을 단행하였지만, 미미한 전과만 거두고 항공기 피해만 입은 채 실패했다. 그러나, 야마모토에게 검증없이 올라온 전과 보고는 터무니 없이 과장되었고, 이를 그대로 믿은 야마모토는 1943 년 4 월 18 일 Solomon 해역 일대의 일선 항공기지인 Bougainville 섬으로 시찰을 나갔다가 암호 해독을 통해 그의 이동을 파악한 미군이 출격시킨 전투기 기습 공격에 의해 전사했다.

요약하자면 수송작전실패로 인해 불안이 더해진 일본 육군은 황급히 방어태세를 정비했으나 이미 대세가 기울기 시작했고, 일본 해군은 조급하게 반격에 나섰다가 적의 군세는 꺾지도 못한 채 되려 최고지휘관을 잃게되는 최악의 결과를 받아들게 된 것이다.

미군을 비롯한 연합군은 Guadalcanal 전역이 끝난지 얼마 지나지 않아 Rabaul 의 포위를 목표로 일련의 거대한 작전인 수레바퀴 작전을 이미 수립해둔 상태였고, 1943 년 중반부터 Solomon 제도 일대와 동부 New Guinea 일대에서 본격적인 공세에 나섰다. 보급선이 끊긴 동부 New Guinea 의 일본 육군은 자신들의 전방 거점이었던 Lae 와 Salamaua 에서 계속 저항했지만 결국 1943 년 9 월에 연합군에 의해 밀려나 버렸다. 야마모토가 죽은 뒤 일본해군 수뇌부의 역량은 더욱 떨어졌고, Solomon 제도에서도 일본군은 일방적인 수세에 몰려서 연합군에게 자신들의 점령지를 점점 내주기 시작했다.

10.1.4 게임이론 관점 해전 분석

일본군은 Rabaul 에서 Lae 항까지 대규모 수송작전을 수행하는데 4 가지 작전계획을 수립하였다.

- 1안: 남방항로를 이용하여 Lae항에 야간 입항(50시간 소요)
- 2안: 남방항로를 이용하여 Lae항에 아침 입항(50시간 소요)
- 3안: 북방항로를 이용하여 Lae항에 야간 입항(75시간 소요)
- 4안: 북방항로를 이용하여 Lae항에 아침 입항(75시간 소요)

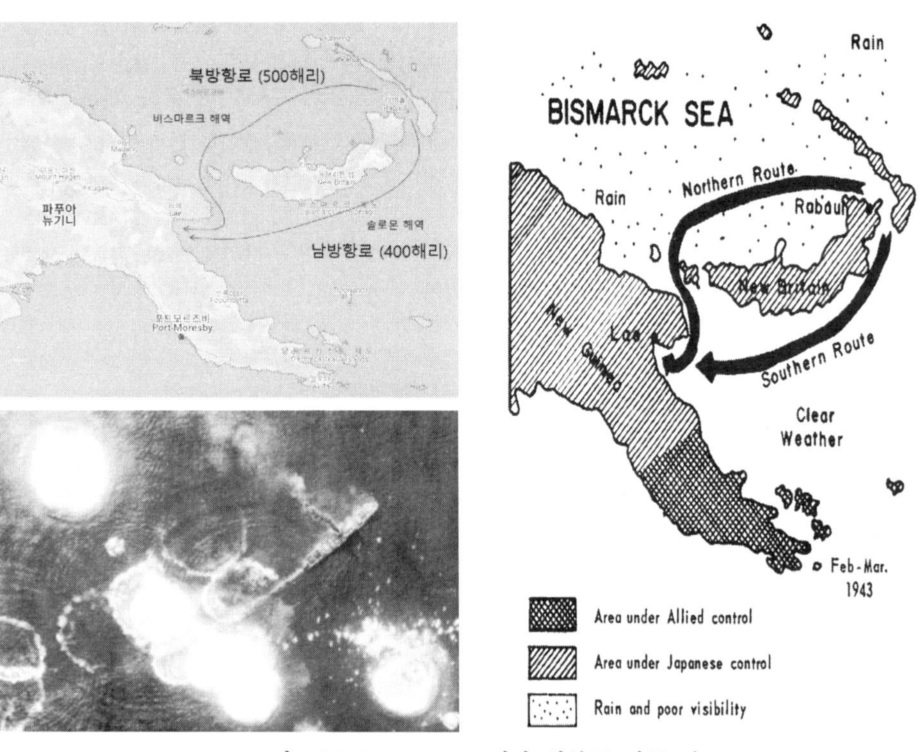

그림 10.1.2 Bismarck 해와 일본군 이동 경로

한편, 미군은 부족한 정찰기의 효율적 이용을 위하여 정찰업무를 적절한 해역과 Solomon 해역 어느 쪽에 집중하는 것이 더 효율적인지 고민하였다. 미군이 북방항로 해역에 정찰을 강화했는데 일본군이 북방항로를 선택할 경우 Lae 도착 2 일전 선단을 발견할 수 있다고 판단하였으며 일본군이 남방항로를 선택할 경우에도 2 일전 선단을 발견할 수 있다고 판단하였다.

이렇게 판단한 이유는 3 월 초 적절한 해역은 날씨가 좋지 않아 우천시와 구름이 낀 나쁜 날씨가 많다는 점을 감안하여 비록 북방항로 해역에 정찰을 강화하더라도 일본군 선단이 출발 즉시 발견되기 보다는 하루 지나는 동안에 발견될 확률이 가장 높다고 보았다. 또, 미군이 북방항로 해역에 정찰을 강화한 상태에서 일본군이 남방항로를 이용할 경우에는 3 월의 Solomon 해역은 날씨가 청명하기 때문에 정찰이 용이하고 정찰횟수와 비행사들의 선단 포착능력을 감안하여 출발한지 반나절이면, 즉, 도착하기 2 일전에는 발견할 수 있다고 판단하였다.

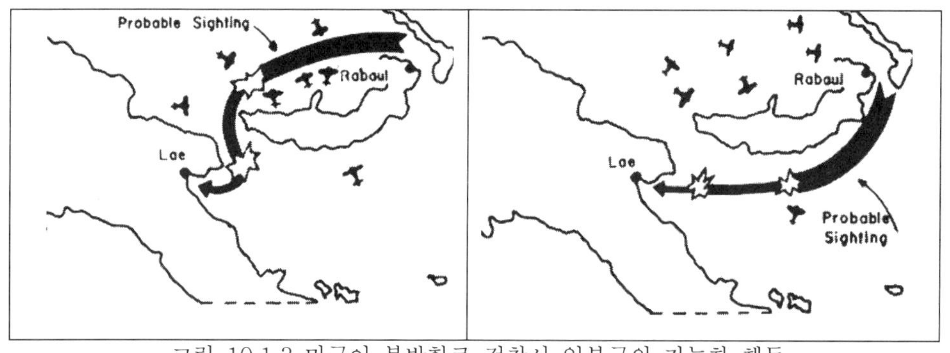

그림 10.1.3 미군이 북방항로 정찰시 일본군의 가능한 행동

한편 미군이 남방항로 해역에 정찰을 강화하고 일본군 선단이 북방항로를 이용할 경우 일본군은 기상이 나빠 정찰이 힘든 적절한 해역으로 항진하게 되어 2 일이 지나서야 선단을 발견할 수 있을 것으로 판단하였다. 그리고 미군이 남방항로 해역에 정찰을 강화하고 일본군 선단이 남방항로를 이용할 경우 Rabaul 항을 떠나는 직후 일본군 선단을 발견할 수 있다고 판단하였다.

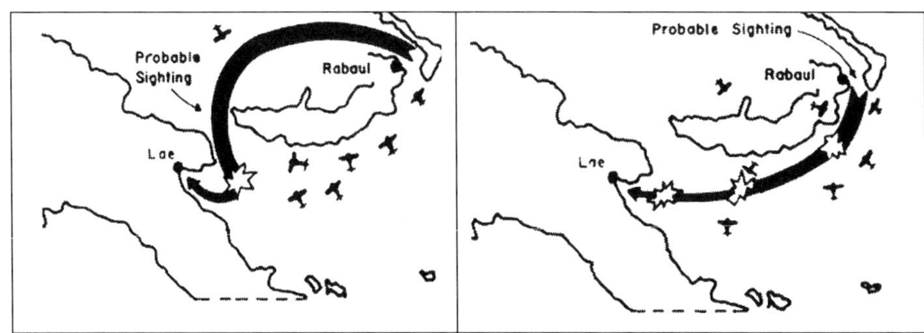

그림 10.1.4 미군이 남방항로 정찰시 일본군의 가능한 행동

이를 미군의 보수행렬로 표현하면 표 10.1.1 과 같다. 보수는 미군이 일본군을 공격할 수 있는 일수로 나타낸다. 예를 들어 미군이 남방항로 해역 정찰을 강화하고 일본군이 남방항로를 이용하면 미군은 3 일간 공격할 수 있는 시간을 가지게 된다는 것이다.

표 10.1.1 의 미군의 보수행렬은 미군이 가지는 보수에 대해 표현한 것이고 일본군의 입장에서는 손실행렬이 된다. 1.4.1 절에서 설명한 대칭게임에서 이러한 표현을 주로 사용한다.

표 10.1.1 미군과 일본군 보수행렬

미군의 보수행렬		일본군	
		북방항로 이용	남방항로 이용
미군	북방항로 해역 정찰 강화	2	2
	남방항로 해역 정찰 강화	1	3

이 게임을 4.2.4 절의 최소극대화 전략을 사용하여 해결해 본다. 미군은 보장된 공격일수의 최대화를 일본군은 최악 경우 공격받을 일수의 최소화를 추구하게 되면 게임의 해는 (북방항로 해역 정찰 강화, 북방항로 이용)이 된다. 미군과 일본군은 가장 유리한 전략을 선택했고 실제로 그대로 실제적인 작전도 진행이 되었지만 일본군의 대참패로 전투는 종결되었다.

표 10.1.2 최소극대화 전략으로 구한 게임의 해

미군의 보수행렬		일본군		보장된 공격일수
		북방항로 이용	남방항로 이용	
미군	북방항로 해역 정찰 강화	2*	2	2(Maxmin)
	남방항로 해역 정찰 강화	1	3	1
최악 경우 공격받을 일수		2(Minmax)	3	

10.2 St. Vincent 곶 해전의 게임이론적 분석

10.2.1 전투 배경

1789 년 프랑스 대혁명이 일어났다. 대혁명은 점점 더 과격해지고 피를 부르는 상황으로 이어졌다. 유럽의 구체제 국가들은 프랑스 혁명정부를 적으로 규정했고, 프랑스인들은 혁명이 전 유럽으로 파급되기를 원했다. 마침내 프랑스 혁명군이 네덜란드까지 진출하자 영국은 혁명정부와의 전쟁에 빠져들었다. 1793 년 프랑스 혁명전쟁이 발발하였다. 영국은 전쟁 초기 프랑스의 중요한 군항인 Toulon 을 점령하는 등 개가를 올리며 해상 봉쇄작전을 시작했지만 Napoleon 의 눈부신 활약으로 상황은 악화되기 시작했다. 당시 영국을 제외한 유럽의 3 대 해군력 최강국은 프랑스, 네덜란드, 스페인이었다.

Trafalgar 해전을 기점으로 확립한 영국 해군의 절대 우위는 100 년 동안 도전세력이 없을 정도로 절대적인 것이었지만 프랑스 혁명전쟁 발발 당시 영국 해군의 사정은 그렇게 좋지만은 않았다. 영국은 함정 115 척을 취역시키고 있어 부동의 1 위를 차지하고 있기는 했지만 프랑스 80 척, 스페인 60 척, 네덜란드 50 척 등 3 대 해군력 국가의 함정 전력도 만만치 않아 이중 2 개국만 연합해도 수적으로 영국 해군을 압도할 수 있는 상황이었다.

그리고 Napoleon 은 육상에서의 연전연승으로 영국의 해상 우위를 깨트리기 시작했다. Napoleon 은 네덜란드를 점령하여 네덜란드 해군을 손에 넣었고 오스트리아를 격파하며 이탈리아 전역을 승리로 마무리함으로서 스페인을 프랑스 동맹으로 만들었다. 이제 프랑스는 프랑스-스페인-네덜란드 동맹국의 풍부한 해군력을 이용하여 영국을 대항하기 위해 다양한 방안을 준비하기 시작했다. 프랑스의 대서양쪽 군항인 Brest 에서는 아일랜드 상륙작전을 준비하고 있었고 네덜란드의 텍셀 함대는 스코틀랜드 침공을 계획하고 있었다. 당시 Jervis 가 지휘하고 Nelson 이 배속되어 있던 지중해 함대는 프랑스의 지중해 쪽 군항인 Toulon 항을 봉쇄하고 있었지만 이탈리아에서 프랑스가 승리하고 스페인이 프랑스 동맹이 되자 영국의 위기가 초래되었다. 시칠리아와 바르셀로나를 주요 보급기지로 삼고 있던 지중해 함대는 이제 기항을 잃게 되었고 만약 프랑스의 Brest 함대가 스페인의 Cádiz 에서 스페인 함대와 합류하여 Toulon 으로 진격한다면 Jervis 의 지중해 함대는 포위될 상황이었다. Jervis 는 Toulon 봉쇄를 포기하고 함대를 Gibraltar 해협으로 옮겨서 프랑스-스페인 함대의 합류를 저지하기로 했다. 이는 영국의 지중해 전략의 전면 포기를 의미했다. Jervis 가 Gibraltar 에서 경계에 임하는 동안 Nelson 은 코르시카와 엘바의 영국군 철수를 지휘했다. 힘든 임무를 성공리에 마친 Nelson 은 Jervis 와 합류하기 위해 Gibraltar 로 가는 길에 Toulon 과 Cartagena 를 거쳐 스페인 함대가 없다는 것을 확인했다. 스페인 함대는 Cádiz 로 가고 있고 곧 Jervis 와 전투할 것이라는 확신을 한 그는 서둘러 Jervis 와 합류했다.

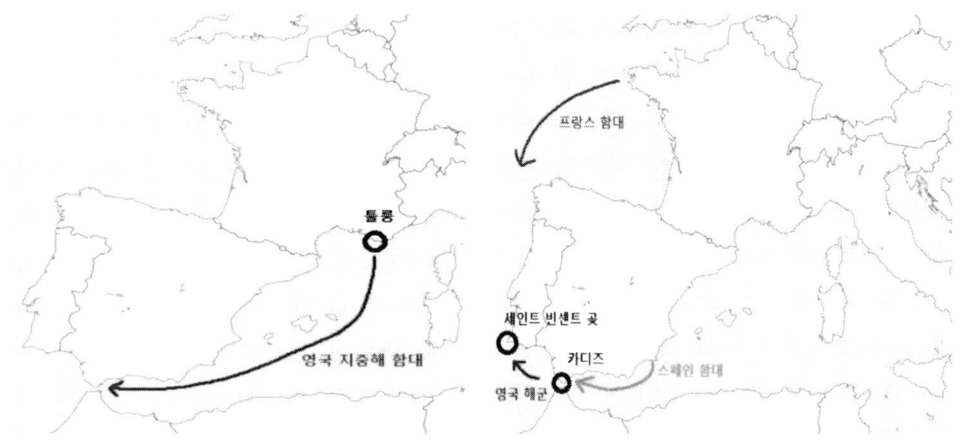

그림 10.2.1 영국, 스페인, 프랑스 함대 기동로

10.2.2 전투 경과

1797년 1월 16일 오전 2시 50분, 영국 함대는 스페인 함대가 15마일 거리에 있다는 것을 파악했다. 이후 오전 5시 30분에 스페인 함대가 더욱 가까워졌다는 것이 보고되자 Jervis 제독은 전투를 준비했고, 뒤이어 여러 함선에서 확인되는 적 함선의 숫자에 대한 보고가 들어왔다. 지속적으로 증가하는 적 함선의 숫자에도 Jervis 제독은 당황하지 않고 오히려 적 함선이 50 척일 때 다시 보고하라는 대담한 모습을 보여주었다.

오전 10 시 40 분, 영국 함대는 HMS 빅토리를 선두로 남쪽으로 항진하면서 느슨하게 항해하고 있던 스페인 함대의 사이를 파고들었다. Jervis 제독은 난전을 유도했고, 이에 스페인 함대의 Cordoba 제독은 교전을 회피하는 모습을 보였다. 이를 포착한 Jervis 제독은 바람이 오는 방향으로 함대를 돌려 적 본대를 추격할 것을 명령하자 HMS 함장이었던 Nelson 은 Jervis 제독의 명령대로 적을 추적하면 적을 놓칠 것이라 생각해 전열에서 이탈, 적 함대의 선두였던 산티시마 트리니다드함에 돌격했다.

당시 Nelson 의 행동은 성공하더라도 군사 재판에 회부되었을 수준이었으나, Nelson 은 동료들이 자신을 혼자 두지 않으리라 믿고 적 함대의 선두로 돌격했다. 이러한 Nelson 의 행동을 본 Jervis 제독은 곧장 HMS 엑설런트, HMS 컬로든, HMS 블렌하임에 Nelson 을 도울 것을 명령했고, 전 함대에 근접해서 교전할 것을 명령했다.

Nelson 의 HMS 캡틴은 적 함선 산티시마 트리니다드와 접촉했으나 134 문을 탑재했던 적 함선의 화력에 밀려 대파되었다. 대파된 HMS 캡틴을 HMS 엑설런트가 구해주자 Nelson 은 곧장 근처의 80 문을 탑재한 적 함선 산니콜라스에 도선할 것을 명령했고, 산니콜라스를 나포하는 데 성공했다. 그러나 산니콜라스를 구해주기 위해 112 문을 탑재한 적 함선 산호세가 접근했고 이 과정에서 산니콜라스와 산호세의 밧줄이 엉켜버리자 곧장 Nelson 은 산호세에 도선할 것을 명령했다. Nelson 이 산호세를 공격하자 산호세의 함장은 곧바로 항복했다.

이외에도 영국의 함선들은 스페인의 함선들을 압도하는 모습을 보여주었고,

결국 오후 5 시가 넘어 적 함대가 후퇴하자 Jervis 제독 역시 전투를 중지할 것을 명령했다. 그리고 전투는 영국군의 대승으로 종결되었다.

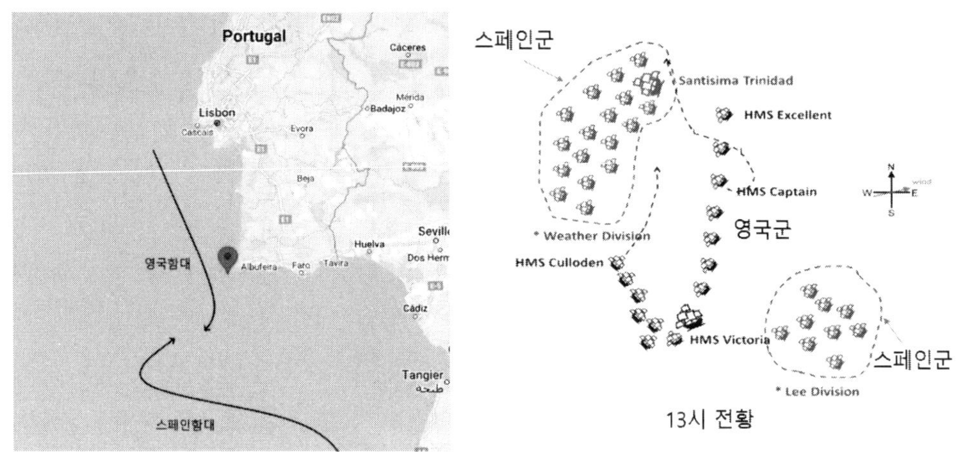

그림 10.2.2 St. Vincent 곶 해전 상황

10.2.3 전투 결과

전투가 끝난 뒤, Nelson 이 Jervis 제독의 기함이었던 HMS 빅토리에 승선하자 Jervis 제독은 항명을 저지른 Nelson 을 오히려 힘껏 안아주었고, 사령관의 보좌관이 Nelson 의 항명에 대해 지적했으나 오히려 Nelson 을 감싸주었다.

영국 함대는 73 명이 사망하고 227 명이 부상당했으나 스페인 함선 4 척을 나포하고, 250 명을 사살하고 550 명을 부상입혔으며 3000 여명의 포로를 잡는 큰 전과를 올렸다. 영국군에게 붙들린 포로들 중에는 스페인군 제독도 있었다. 반면 영국군의 사상자는 141 명이었다. 이에 영국의 조지 3 세는 Jervis 제독에게 백작위를 수여하였으며, 패배하고 스페인으로 돌아간 Cordoba 제독은 군사재판을 거쳐 강제로 예편되었다.

St. Vincent 곶 해전은 당시 프랑스 혁명 전쟁에 큰 영향을 끼치지는 못하였으나, 스페인 함대와 프랑스 함대의 연합을 막고 영국 본토에 상륙작전을 할 수 없게 만들었다. 또한, 스페인 해군의 Gibraltar 해상 봉쇄는 맥없이 풀려버렸고, 오랫동안 보급을 받지 못해 곤경에 처해 있던 수비대는 구출받았다.

이후로도 스페인군의 Gibraltar 포위 작전은 지속되었지만 영국 해군에 의해 해상 봉쇄가 풀린 상황에서 이러한 작전은 아무 의미 없었고, 결국 스페인은 미국 독립 전쟁이 끝날 때까지 Gibraltar 를 탈환하지 못하다가 어쩔 수 없이 영국의 Gibraltar 영유권을 인정했다.

10.2.4 게임이론 관점 해전 분석

영국해군은 훨씬 더 훈련을 잘 받았으며 스페인 함대를 양분할 수 있으면 스페인 함대를 대파할 승산이 있었다. 바람이 거의 불지 않았고 스페인 함대는 영국 함대보다 유리한 풍향 위치에 있었다. 바람이 세지면 스페인 함대는 다시 결집할 수 있으므로 영국 함대보다 스페인 함대에 더 유리해질 것이다. 이 경우 스페인 함대가 영국을 격파할 가능성이 컸다. 반대로 바람이 잔잔한 채로 있으면 영국 함대가 스페인 함대의 두 집단사이로 파고 들어가 격파할 수 있었을 것이다.

승조원들에게 바람은 해전의 불확실성의 원천이었다. 자연은 경기자였으며 그 전략은 약풍이거나 강풍이었다. 영국 함대의 전략은 스페인 함대의 두 집단 사이로 중앙을 돌파하거나 수적으로 더 큰 스페인 함대와의 전투를 회피하는 것이다. 스페인 함대의 전략은 최대한 저항하면서 Cádiz 항으로 계속 항진하거나 다른 항구로 방향을 바꾸는 우회이다.

스페인 함대가 목적지 항구를 변경하는 전략을 선택하면 영국 해군이 계속 추격할 것이므로 피해를 조금 입을 수 있다. 이 경우 스페인은 항로 변경에 따라 유리한 풍향위치를 포기함으로 강한 역풍은 스페인 함대에 불리하게 작용할 것이다.

표 10.2.1 은 이 게임의 가능한 결과를 보여준다. 영국의 승리는 (1, -1), 스페인의 승리는 (-1, 1), 무승부는 (0, 0)로 보수를 나타내고 있다. 영국 함대와 스페인 함대는 풍속이 어떤 상태인지 알지 못하면서 어느 전략이 더 좋은 가를 결정하기 위해 각 전략에 대한 보수를 계산할 수 있었을 것이다.

표 10.2.1 영국함대와 스페인함대의 전략 및 보수행렬

		약풍		강풍	
		스페인			
		항진	우회	항진	우회
영국	중앙 돌파	(1, -1)	(0, 0)	(-1, 1)	(1, -1)
	전투 회피	(-1, 1)	(0, 0)	(-1, 1)	(0, 0)
확률		0.5		0.5	

약풍과 강풍일 확률을 각각 0.5 라고 놓고 7.2 절의 방법대로 영국 함대와 스페인 함대간의 기대치 보수행렬을 구하면 표 10.2.2 와 같다. 이 게임의 해는 (중앙돌파, 항진)이다. 양국은 공격적 전략을 선택함으로써 기대보수를 최대화할 수 있는데 스페인 전함 1 척이 전선을 떠나 안전한 항구를 찾아 도주했던 것을 제외하면 실제로도 양국은 공격적인 전략을 선택하였다. 그날 바람은 세게 일지 않았고 영국 함대는 스페인 함대를 둘로 각개 격파하였다. 결과는 영국의 압승이었다.

표 10.2.2 약풍과 강풍의 확률이 각각 0.5 일 때 보수행렬

		스페인	
		항진	우회
영국	중앙 돌파	(0, 0)*	(0.5, -0.5)
	전투 회피	(-1, 1)	(0, 0)

10.3 인천상륙작전의 게임이론적 분석

10.3.1 전투 배경

인천상륙작전은 한국전쟁이 한창이던 1950 년 9 월 15 일 UN 군 사령관 MacArthur 원수의 주도로 시작된 상륙작전이다. 이 작전에는 70,000 여명의 병력과 261 척의 함정이 투입되었고, 서울 탈환으로 이어져 한국전쟁 전반의 전세를 뒤집는 계기가 되었다. 작전 암호명은 Operation Chromite 이었다.

한국전의 초기에 한국군과 미군은 낙동강으로 둘러싸인 작은 지역에 고립되었다. 한반도의 중심에 있는 서울의 서측에 위치한 인천에 미군을

상륙시키려는 것은 낙동강 전선의 북한군의 압력을 완화시키고 북한군을 남북으로 협공하기 위해서 기획되었다. MacArthur 는 1950 년 6 월 29 일, 전쟁이 발발한지 4 일 지난 뒤에 한강 방어선을 시찰하며 조선 인민군의 후방에 상륙, 병참선을 차단하고 낙동강을 통해 반격에 들어간다는 기본 전략을 세웠다.

그러나 미 해군은 인천항의 간만의 차가 평균 7m 로, 항구에 상륙하기 전에 월미도를 먼저 점령해야 하는 데다 선단의 접안지역이 좁아 상륙 후 시가전이 불가피한 점 등의 이유로 상륙 작전의 최악의 지형이라며 완강히 반대하였다.

해군의 일부 인사들이 작전 성공률이 5,000 대 1 이라고 주장하며 격심하게 반대하였으나, MacArthur 는 오히려 이런 난점이 적의 허점을 찌르는 기습이 될 수 있다며 인천상륙 주장을 굽히지 않았다. 결국 8 월 28 일 미국 합동참모본부로부터 승인을 얻었다. 사실 인천상륙작전은 정말로 불가능에 가까운 작전이었다. 일단 조수간만의 차가 엄청나고, 또한 인천항을 지배하는 감제고지인 월미도를 사전에 점령해야 했기 때문이다. 그러나 2 차대전에서 일본 본토 공격을 위해 태평양에서 '섬 건너뛰기 전술'로 큰 효과를 보았던 MacArthur 는 이번 상륙작전이 노르망디 상륙작전에 이어 세계 전사에 남을 만한 승리를 가져올 것이라 확신했다.

인천이 이렇게 상륙하기 힘들었음에도 불구하고 상륙지로 결정된 것은 일단 인천 이외에 MacArthur 장군이 원하는 적 후방의 완전 단절이라는 조건을 만족할 만한 장소가 달리 없었기 때문이다. 군산시의 경우 상륙하기는 양호하나 상륙해도 북한군의 보급선을 절단하지도, 적 병력을 포위하지도 못한다. 이런 곳에 상륙하느니 해당 병력을 부산으로 증원하는 것이 더 바람직하다는 결론이 난 지 오래였다. 평양 이남의 남포도 기대할 수 있었으나, 이 지역은 적의 수도 바로 밑이므로 방어가 견고한데다가 가장 중요한 원산-서울-낙동강 보급선을 차단하지 못하는 것으로 예상됐다. 원산도 마찬가지 상황으로 평양-서울-낙동강 보급선을 차단하지 못한다. 그리고 원산에 상륙하는 것만으로는 그냥 고립된 교두보 하나 만드는 것과 같아서 제대로 효과를 보려면 낭림산맥이라는 험준한 산악지대를 돌파해서 북한의 수도인 평양을 상륙군만으로 직공해야 하는 부담감이 크다. 평택시 포승읍은 한국 1 위의 조수간만의 차를 자랑하는 아산만 유역이다. 그나마 수도에서 정서방에 다다르는 인천과는 달리 수도와의 거리도 멀고, 조수 간만의 차도 극복하기 어려워 오랫 동안 버려진 땅이어서 한국전쟁 당시에는 해당 지역을 점령해도 항구를 건설하기 힘들었다. 또한 평택으로 상륙할 경우 북한군이 인천항을 폭파해서 못쓰게 만들 시간을 준다는 문제가 있었다. 상륙작전을 포함, 이후 북진할 때도 인천항을 주보급항으로 사용해야만 작전이 가능하다는 결론이 나 있었기 때문이다.

인천에게 유리한 점은 배치된 병력이 매우 적을 것으로 예상된다는 것이었다. 대략 1,000 명 이내만 인천을 지키고 있을 것으로 예상되었다. 또한, 김포 등 내륙으로 진입하기에 상대적으로 거리가 짧아 서울 자체를 점령하지 못하더라도 모든 철로와 도로를 끊어 북한군의 병참로를 차단할 수 있다는 점이었다.

북한군의 공세가 낙동강에서 저지된 이후 중국 인민해방군은 역습 가능성을 검토하면서 UN 군이 후방에 상륙작전을 실시할 것이라고 예상했고, 이를 마오쩌둥에게 보고하였다. 이 보고를 받은 마오쩌둥은 북한에 UN 군이 후방에 상륙작전을 실시할 수 있다고 경고하였고, 김일성 또한 정확한 위치는 몰라도 UN 군이 상륙작전을 실행할 가능성이 충분하다는 점에 동의했다.

중국 측에서는 서해안의 남포, 인천, 군산과 동해안의 원산 모두 후보지로 예상했다. 또한 미군이 압도적인 제공권과 제해권을 갖고 있기 때문에 한 곳이 아닌 여러 곳에서 동시에 상륙작전을 전개할 수도 있다고 봤다. 그러다 보니 정확히 한 군데를 선정해서 집중적인 방어를 펼치기가 어려운 딜레마에 빠졌다. 설령 한 곳만 주공이고 나머지가 조공이라고 해도 모두 다 대비해야 하는데다가 어느 한 곳이 제대로 돌파당하면 그 방향으로 주공이 전환될수도 있기 때문이다.

물론 그 가운데도 린뱌오와 같은 전략가들은 서울과 가장 가까운 인천이 유력하다고 정확한 예상을 하기도 했다. 이에 동의한 저우언라이는 김일성에게 "인천을 조심하라"고 전문을 보냈고, 김일성 또한 나름대로 대비를 하라고 지시를 하기는 했다.

이에 따라 북한군은 인천에 유엔군이 상륙할 때를 대비해 서해안 방어사령부를 신설하고 육군 제 18 사단과 북한군 해군과 북한군 공군에서 차출한 육전대 병력 등으로 여러 방어용 신규 부대를 편성하는 한편 월미도에 해군 인원들로 구성된 방어진지를 만드는 등의 나름대로 준비를 했다. 그 외에도 그동안 한국군과 미군에게서 노획한 물자들을 부평에 집중시켜서 상륙작전같은 상황이 닥치면 근방에 예비병력을 집중시킨 후에 물자를 나누어주고 무장시켜서 방어작전을 수행하려고도 했다. 덕분에 인천 상륙작전 당시의 기록을 보면, UN 군과 한국군이 북한군과의 교전 끝에 적 수병과 항공병 등을 사살 혹은 생포했다는 내용이 여럿 나온다.

그러나 김일성은 낙동강 전선에 집착하여 기껏 인천을 방어하기 위해 확보한 육군 병력도 낙동강 전선으로 보냈다가 모두 소모시키는 전술적 오류를 범했다. 대표적인 사례가 김일성이 낙동강 전선에서 9 월 공세를 밀어붙이면서 병력과 장비가 모자라자 경기도 일대에 준비해 둔 방어 부대까지 차출한 것이다.

그 결과 9 월 15 일 인천 월미도에 미 해병 1 사단 5 연대 병력이 처음 상륙했을 때 당장 방어에 임하고 있는 병력은 월미도의 해군 육전대 2 개 중대 규모의 병력과 인천 시가지의 2 개 대대 병력뿐이었다. 그나마 가장 전투력이 우수한 보병 18 사단도 인천상륙작전 직전에 낙동강으로 가라는 김일성의 지시에 따라 낙동강 전선으로 투입되었다.

물론 북한도 이런 문제에 대해 어느 정도 인식은 하고 있었는지, 소련 해군의 도움을 받아서 주요 항구에 기뢰를 부설하기 시작했다. 하지만 인천에 기뢰를 부설하기 시작한 시점이 너무나 늦어서 몇 개 부설하지도 못했으며, 그나마 기뢰 부설함들에 탐지되어 공격을 받고, 부설한 기뢰도 거의 다 발견돼서 조기에 제거되었다.

10.3.2 전투 경과

미 해병 1 사단이 지상군의 창끝 역할을 하였다. 미 해병 1 사단은 한국군과 미 육군 및 7 해병 연대전투단 일부를 포함하여 25,040 명이었으며 총 상륙부대의 병력은 약 70,000 명이었다. 나머지 병력은 주로 미 육군 7 보병사단이었다. 그림 10.3.1 은 인천상륙작전에 투입된 전력들의 집결경로를 보여준다.

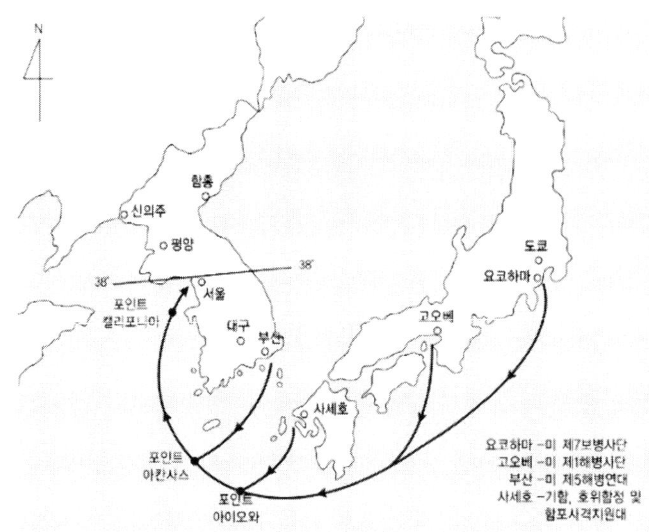

그림 10.3.1 인천상륙작전을 위한 전력 이동

인천 상륙작전은 크게 세 가지 부분으로 나눌 수 있다.

(i) 월미도 제압(Green Beach): 해안포와 동굴진지가 갖추어진 월미도와 소월미도를 제압해서 상륙작전의 안전을 도모하고 인천항과 시가지 등에서 실시되는 반격에 대항할 토대 및 방패막을 구축한다. 정확한 상륙위치는 월미도 북서쪽 해안이었다.

(ii) 인천항 상륙(Red Beach): 인천항에 직접 상륙해서 항구를 조기에 확보한다. 가장 어려운 임무이므로 미해병대 중 가장 전투력이 높은 부대를 동원했다. 동시에 국군 해병 제 1 연대가 UN 군과 함께 상륙했다. 이때 높은 방파제를 돌파하기 위해 일본에서 나무사다리 수천개를 긴급히 제작해서 공수했다.

(iii) 인천 남동부 상륙(Blue Beach): 인천항에서 북한 방어군이 방어작전에 임하고 있을 때 후방으로 우회해서 경인가도를 장악하여 인천을 고립시킴과 동시에 서울방면에서 오는 북한군의 증원군을 차단한다.

상륙 하루 전 9 월 14 일, 인천 방면에 주둔하던 북한군은 평양으로 다음과 같은 전보를 보냈다.

(i) 적 함정들이 인천에 접근 중. 다수의 항공기가 월미도를 폭격 중. 유엔군 상륙기도가 극히 농후함.

(ii) 휘하 전 부대에 전투준비를 명하였음. 적이 상륙을 기도하면 저지 및 격멸할 것임.

이를 들은 김일성은 소련의 스탈린에게 급히 전화를 걸어 지원을 요청했지만 소련이라고 특별한 대책이 없었다. 스탈린은 미국과 정면으로 싸우는 것을 꺼렸고 이 때문에 한반도에 파견한 공군도 소련군 소속이란걸 기만하기 위해 위장했다. 스탈린이 지원하기로 마음먹는다 해도 어차피 상륙 하루 전에야 그 사실을 알았기 때문에 인천의 북한군을 도울 수가 없었다.

상륙은 1950 년 9 월 15 일에 개시되었으나 하루만에 완료되지 않았다. 최초의 상륙은 1 시간만 이루어졌다. 이유는 만조가 1 시간 정도 지속됐기 때문이다. 이후 함대는 바다 한가운데로 나갔다가 다음 만조까지 12 시간을 대기한다. 이렇게 하루 2 회씩 5 일간, 총 10 회에 걸쳐 병력, 물자, 장비 등의 상륙작전을 진행했다.

9 월 15 일 0 시 50 분, 미군과 한국군, KLO 의 연합 특공대가 월미도 등대를 무혈로 점령했다. 이들은 등대를 점등시켜 상륙부대의 길잡이가 되었다. 9 월 15 일 05 시 00 분 미 해군이 월미도에 상륙준비사격으로 함포를 사격했으며, 05 시 45 분에는 미 제 15 항모부대의 F4U 콜세어 10 대가 출격하여 해안가 지역에 폭격을 실시하였다.

USS 마운트 매킨리 함상에서 지휘부는 상륙시간을 06 시 30 분으로 확정하였다. 미 해병대의 제 1 사단 제 5 해병연대 3 대대원들은 06 시까지 여러 대의 차량 및 병력 상륙정에 옮겨 탔다. 그 상태에서 신호가 떨어지자 월미도 북단의 Green Beach 로 돌격한다. 상륙 제 1 파에 속한 차량 및 병력 상륙정 7 척이 해안에 도달했을 때 시간은 06 시 33 분이었다. 미 해군 수중폭파대가 해안에 있는 침몰선의 잔해를 제거하는데 실패해 차량 및 병력 상륙자들은 우회 기동을 펼쳐야 했다.

전투기들이 불과 45 미터 전방을 기총사격으로 제압하는 가운데 제 1 파 인원들은 해안 상륙에 성공한다. 상륙 제 2 파는 2 분 뒤인 06 시 35 분 추가로 2 개 중대를 투입하였다. 북한군의 저항으로는 산발적 무지향 사격만이 있을 뿐이었다. G 중대는 재정비를 위해 잠시 정지했다가 방향을 남쪽으로 바꿔

무선전신국 언덕으로 돌진했다. 그곳에서도 북한군의 저항은 약화되었고, 공황상태에 빠진 북한군은 항복을 했다. 06 시 55 분 성조기가 언덕에 게양되었다.

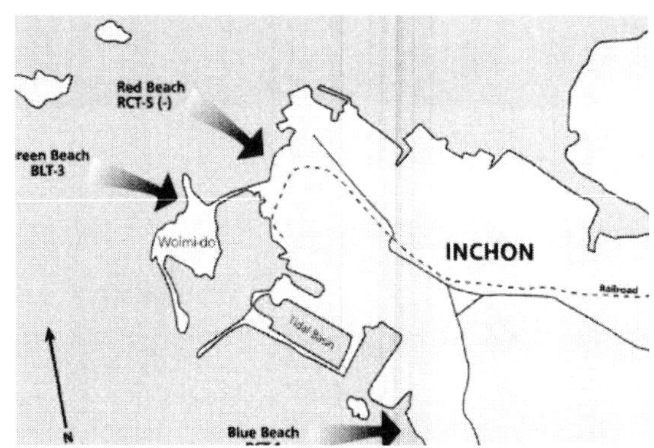

그림 10.3.2 인천 상륙작전 요도

한편 H 중대는 월미도 북단의 산업지역의 잔적을 소탕하고 인천과 연결된 방파제를 차단하였다. I 중대는 참호 속에 숨어있던 북한군 1 개 소대로부터 수류탄 기습공격을 당했다. 그러나 미 해병대 전차소대가 전차포를 참호 속에 발사했고, 약 30 명의 북한군이 투항하였다. 미 해병들이 월미도에서 소탕작전을 계속했고, 08 시 00 분 미 해병대는 무선으로 기함에 월미도 점령을 보고하였다.

10 시 00 분, G 중대의 전차와 보병 전투단은 남쪽 제방을 통해 소월미도로 진격한다. 이곳은 북한군 1 개 소대가 방어하고 있었으나 곧 박격포와 해병 전투기의 폭격으로 초토화되었으며, 오전 11 시 15 분쯤 소월미도의 점령이 완료된다. 이때까지 사상자는 미군은 부상자 17 명이 전부인 반면, 북한군은 사망자 108 명에 부상자가 137 명이었다.

9 월 15 일 14 시 30 분부터 미 해군이 다른 상륙 지점 중 하나였던 인천항과 인천 남동부에 함포 사격을 감행하였다. 미군의 함포사격이 진행 중일 때 선봉 상륙부대인 미 해병대 제 5 연대의 1 대대와 2 대대가 상륙돌격 준비를 마쳤고, 미 육군 7 사단, 국군 제 17 연대와 해병 제 1 연대 역시 미군 상륙주정에 옮겨서 상륙을 대기하였다. H-아워 8 분 전에 미 해병대 제 5 연대전투단은 차량 및 병력 상륙정을 타고 공격개시선을 넘어 Red Beach 로 돌진했다.

Red Beach 의 상륙 제 1 파는 차량 및 병력 상륙정 4 척으로 구성되어 있었다. 각각의 차량 및 병력 상륙정에는 사다리를 2 개씩 보유하고 있었고, 각 소대는 차량 및 병력 상륙정 2 척에 나누어 타면서 각각 20 명 내외의 인원으로 구성된 주정조를 형성했다.

여기 탑승한 미 해병대 제 5 연대 제 1 대대 A 중대 돌격소대들은, Red Beach 좌익에 상륙해 공동묘지 고지를 점령하는 임무를 담당했다. 추가로 차량 및 병력 상륙정 4 척에 타고 있는 E 중대 2 개 돌격소대는 Red Beach 우익에서 영국 영사관 고지 점령을 맡았다. 미리 월미도에 상륙한 제 3 중대에서 박격포 엄호사격을 했다.

공병 1 개 팀이 방파제를 따라 전진해 전차의 통로를 개척하면, 그곳을 지나간 전차들이 북한군과 교전을 벌일 예정이었다. 미 해병대 전투기들이 연속적으로 급강하하면서 방파제 후방을 공격했다. 해변에 접근하는 차량 및 병력 상륙정들은 만조에 편승할 수 있었고 북한군의 저항은 미미했다.

Red Beach 에 상륙한 미 해병대 제 5 연대의 1 대대와 2 대대는 곧바로 인천 시가지 소탕작전을 개시했고, 일부 병력은 해안 경비를 맡으며 후속 상륙병력을 도왔다. 인천 곳곳에 위치한 벙커에서 저항하던 북한군을 신속히 제압하면서 사상자 없이 빠르게 진격해갔다. 북한군의 잔존병력이 몇 명 없었기에 허를 찌른 격이 되어서 미군은 인천항의 도크를 손쉽게 확보하였고 감제고지 탈환에 성공하였으며 잔존 북한군을 시가지 내부에 몰아넣어 포위해서 일사천리로 소탕해 나갔다.

그리고 Blue Beach 에는 Lewis Puller 대령이 지휘하는 미 해병대 제 1 연대가 역시 큰 저항을 받지 않고 상륙하였다. 이어서 한국군 해병 제 1 연대와 육군 제 17 연대가 상륙하는 것을 끝으로 인천 상륙작전은 사실상 성공적으로 끝났다. 그 후 유엔군과 한국군은 경인가도 방면으로 진출하며 인천 상륙작전을 완벽하게 매듭지었다.

작전의 총 지휘는 미 육군 MacArthur 장군이 했으며 상륙작전에 참가한 한국군 병력의 총지휘는 해군참모총장 손원일 제독이 했다. 손원일 제독은 단순히 기함에서만 지휘를 한 것이 아니라, 해병 전투복을 입고 소총을 들고 해병대와 함께 상륙, 서울 수복시까지 해병대원들과 일선에서 함께 싸웠다. 이로 인해 그는, 서울에 입성한 한국군 최선임자라는 기록을 세웠다. '한국 국군은 서울을 수복했다.'는 포고문 역시 그의 명의로 작성된 것이다

10.3.3 전투 결과

9 월 16 일 김포공항이 확보되었다. 미 해병 1 사단과 1 사단의 5 해병 연대전투단이 기동부대이었다. 9 월 18 일과 19 일에 미 육군 7 보병사단 32 보병 연대가 인천에 상륙하였고 임시적으로 미 해병 1 사단에 배속되었다. 제 32 보병연대가 기동부대를 보호하기 위해 전진의 남측을 확보하는 임무를 맡았다. 또한 32 연대는 서울 공격작전의 마지막 전투에도 참가하였다. 여기에서 사용하는 북한군의 피해가 32 연대에 의해 발생된 것인지는 불명확하다. 9 월 23 일 제 7 해병 연대전투단이 공격의 북측 측면을 엄호하기 위해 한강을 도하하였다. 명확하게 인천-서울 전역에서는 경미한 전투만을 수행하였다. 미 제 7 보병사단의 대부분은 남측으로 차단부대 역할을 수행하였다.

그림 10.3.3 상륙작전 이후 지휘부 및 병력 상륙

9 월 22 일 서울을 확보하기 위한 서울 외곽 전투가 시작되었다. 서울공격은 9 월 25 일 시작되었고 공식적으로 9 월 29 일 서울이 확보되었다. 1950 년 10 월 7 일 인천-서울 전투의 마지막 날로 기록되고 10 월 3 일 이후 미 1 해병사단에 의한 북한군 손실의 수는 각각 단지 8 명이다. 물론, 여러 구술로 기록된 전투 강도는 여러 불확실성을 내포하고 있다.

전투는 9 월 15 일부터 서울을 확보하기까지 기간 중 전투 치열도는 중강도이었고 9 월 26 일까지는 전투가 고강도로 치열하게 진행되었다. 미 1

해병사단과 5 해병사단은 9 월 15 일 치열한 전투를 하였고 1 해병사단은 19 일까지 강도높은 전투를 했다. 반면 5 해병사단은 19 일까지 중강도 전투를 실시하였다. 9 월 22 일과 23 일은 '2 일간의 길고도 피비린내 나는 날' 이 되었다.

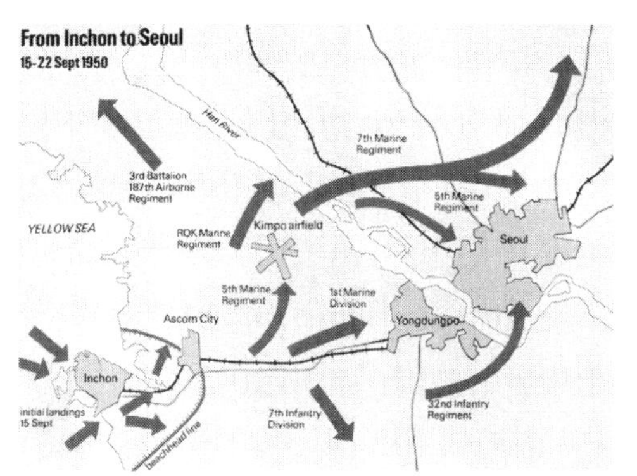

그림 10.3.4 인천 상륙작전 이후 서울 진공작전

서울 수복행사에는 북한군은 북으로 분산 도주하였다. 9 월 22 일까지의 전투는 경미하였으나 계속되었고 22 일부터 25 일까지는 아주 치열한 전투가 있었다. 9 월 28 일까지는 어려운 시가전이 진행되었다. 9 월 28 일부터 서울 북쪽 외곽지역 전투로 조직적 저항이 제거될 때까지인 10 월 2 일과 3 일까지는 경미한 전투가 있었다.

인천상륙작전은 한국군과 UN 군의 열세에 있었던 6.25 전쟁의 전황을 단숨에 뒤집었다. 더는 후퇴할 수 없던 한국이 이 작전으로 역습을 진행하여 전황을 북한군 우세에서 국군에게로 주도권이 넘어가면서 반격의 신호탄을 울렸다. 이후 북한군은 정전협정때까지 예전같은 위상을 회복하지 못했다.

당시 한반도에서 38 선 이북과 이남을 오가는 대용량 수송 가능한 교통수단은 모두 서울을 거쳐갔다. 따라서 인천상륙작전과 서울 수복 성공은 38 선 이남의 북한군에 대한 보급이 차단되고 북한군이 낙동강 전선과 인천-서울의 한국군-UN 군에 포위되었다는 것을 의미한다. 상륙작전 성공 이후 이남의 북한군은 급격히 와해되었고, 오히려 한국군과 UN 군이 38 선 이북으로 진군하게 된다.

많은 군사학자들도 이 작전을 20 세기 역사상 최고의 군사작전이라 평한다. 미국의 군사학자이자 역사학자인 Spencer C. Tucker 는 인천 상륙작전을 "훌륭한 성공이며 거의 결점 없이 실행되었다."고 평했다.

10.3.4 게임이론 관점 전투 분석

게임이론 관점에서 인천상륙작전을 분석한 논문 중 김도영 등이 작성한 “맥아더의 전략 Vs. 김일성의 전략: 게임이론을 통해 본 인천상륙작전”을 소개한다. 이 게임의 경기자 및 전략, 보수를 다음과 같이 결정할 수 있다.

1. 경기자
   (1) 경기자 1: MacArthur
   (2) 경기자 2: 김일성

2. 전략집합

   (1) MacArthur 의 전략
      (가) 인천 상륙작전 감행
      (나) 군산 상륙작전 감행
   (2) 김일성의 전략
      (가) 상륙작전 방어
         1) 인천 상륙작전 방어
         2) 군산 상륙작전 방어
      (나) 상륙작전 방어와 낙동강 전선 집중
         1) 상륙작전 방어
         2) 낙동강 전선 집중

3. 보수행렬

MacArthur 와 김일성이 각각의 전략을 선택하여 얻게되는 보수를 정확하게 측정한다는 것은 쉬운 것이 아니다. MacArthur 의 상륙지역과 김일성의 판단이 일치했을 때, 연합군은 큰 피해를 보고, 김일성은 전쟁에서 우위를 볼 수 있으며,

그렇지 않을 경우 연합군은 상륙작전의 성공으로 전쟁의 주도권을 북한으로부터 빼앗아 올 수 있는 계기가 될 것이다. 다만, MacArthur 가 인천을 선택하고 김일성이 군산을 선택했을 때의 효과가 MacArthur 의 군산과 김일성의 인천보다는 클 것이다. 그리고 만약 김일성이 MacArthur 의 상륙작전보다는 낙동강 전선에 집중할 것으로 판단을 한다면 MacArthur 의 입장에서는 인천을 상륙작전 지역으로 판단을 했을 때 김일성이 다른 상륙지역을 판단한 것과 동일한 효과인 기습의 효과는 충분히 달성할 수 있으리라 판단할 수 있다. 또한, 김일성이 낙동강 전선에 집중하고, MacArthur 는 인천이나 군산지역에 상륙작전을 감행해서 얻는 각각의 이익을 상륙작전이 실시되기 전에 정확하게 판단한다는 것은 불가능하기에 여기서는 개략적인 보수를 부여하여 고려하였다.

크기만 비교할 수 있는 임의의 상수를 부여하여 계산하는 방법도 있겠으나, 여기서는 논의의 편의를 위해 구체적인 상수를 부여하여 계산하였고, 게임이론에 관한 직관적인 설명에는 문제가 없다. 특히, 인천과 군산에 대한 보수를 달리 제시한 이유는 MacArthur 가 인천에 상륙했을 때 얻는 실제적인 보수가 크기 때문이며, 이러한 상황 하 김일성이 인천을 방어하면 MacArthur 의 피해는 Zero-Sum 게임 하에서 김일성이 얻는 보수만큼임을 고려하였다.

MacArthur 와 김일성의 판단을 전개형게임의 형태가 아닌, 전략형게임의 형태로 표현이 가능한 이유는 한 경기자가 행동을 선택하고 다음 경기자가 본인의 행동을 선택하는 것이 아니라, 상대방의 행동을 인식하지 않은 상태에서 나의 행동을 선택하는 상황인 동시게임이기에 전략형게임의 형태로 표현이 가능하다. 즉, 기습작전의 요소인 상대방이 정확하게 예상할 수 없는 불확실성을 표현하기에 전략형게임의 형태가 적절하기에 표 10.3.1 과 같이 표현하였다.

표 10.3.1 MacArthur 와 김일성은 보수행렬(인천, 군산 상륙과 방어)

		김일성	
		인천 방어	군산 방어
MacArthur	인천 상륙	(-100, 100)	(100, -100)
	군산 상륙	(50, -50)	(-50, 50)

표 10.3.1 의 게임 상황에서 순수전략 Nash 균형은 존재하지 않는다. 먼저, 김일성이 상륙작전을 방어한다고 가정을 하면 김일성이 인천을 선택할 때 MacArthur 의 최선의 전략은 군산이며, 김일성이 군산을 선택할 때

MacArthur 의 최선의 전략은 인천이다. 이와 같은 논리로 MacArthur 가 인천을 선택한다면 김일성의 최선의 전략은 인천을 선택하는 것이고, MacArthur 가 군산을 선택한다면 김일성의 최선의 전략은 군산을 선택하는 것이다.

표 10.3.2 김일성이 상륙작전을 방어시 상륙지역을 정확하게 예측하고, 낙동강에 집중 시에는 큰 피해를 볼 것으로 인식한 경우 보수행렬

		김일성	
		상륙 방어	낙동강에 집중
MacArthur	인천 상륙	(-100, 100)	(100, -100)
	군산 상륙	(-50, 50)	(50, -50)

다음으로 김일성이 상륙작전의 방어보다는 낙동강에 집중을 한다면, MacArthur 의 입장에서는 인천을 선택하는 것이 보다 높은 보수를 얻기에 최선의 전략이 될 것이다. 다만, 여기서 우리가 좀 더 고민해 보아야 할 점은 MacArthur 는 상륙작전을 감행하고, 김일성은 낙동강에 집중하는 전략을 선택한다면 김일성과 MacArthur 가 인식하는 보수가 다를 수 있다는 점이다. 즉, MacArthur 의 입장에서는 인천을 상륙작전지역으로 선택을 하면, 북한군이 군산을 방어하든지 낙동강에 집중하든지 보수에는 차이가 없다. 하지만, 김일성의 입장에서는 MacArthur 가 상륙작전을 감행한다고 가정을 하면, 상륙작전을 방어할 것인지 낙동강에 집중할 것인지 판단할 것이고, 상륙작전의 방어를 판단한다면 어느 지역을 방어할 것인지 또 다시 합리적으로 고려해 보아야 할 것이다. 상륙작전을 어느 정도 감수하더라도 낙동강에 집중하려고 판단을 한다면, 상륙작전을 통해 김일성이 받는 피해 그 이상의 효과를 얻을 수 있다고 판단할 때 낙동강에 집중하는 행동하게 될 것이다.

표 10.3.3 김일성이 상륙작전 방어 시 상륙지역을 정확하게 예측하지 못하고 낙동강에 집중 시 큰 보수를 얻을 것으로 인식하는 경우

		김일성	
		상륙 방어	낙동강에 집중
MacArthur	인천 상륙	(100, -100)	(100, 100)
	군산 상륙	(50, -50)	(50, 50)

표 10.3.4 는 인천과 군산이라는 상륙지역에 대한 사항만을 놓고 판단을 한다면 순수전략 Nash 균형이 존재하지 않는다.

표 10.3.4 MacArthur 는 인천이나 군산에 상륙작전 실시, 김일성은 MacArthur 상륙지역 방어

		김일성	
		상륙 방어	낙동강에 집중
MacArthur	인천 상륙	(100, -100)	(100, -100)
	군산 상륙	(50, -50)	(-50, 50)

하지만, 표 10.3.5 의 경우 김일성이 상륙작전을 방어 시 상륙지역을 정확하게 예측하고, 낙동강에 집중 시에는 큰 피해를 볼 것으로 인식한 경우에는 MacArthur 는 군산을 선택하고, 김일성은 군산을 예측해서 방어하는 것이 균형이다. 이러한 결과가 나온 이유는 김일성이 상륙지역을 정확하게 예측할 수 있다고 가정함으로써 MacArthur 는 자신의 피해를 최소화하는 지역인 군산을 선택할 것이라고 예상되기 때문이다. 하지만, 합리적인 MacArthur 의 경우는 김일성이 MacArthur 의 상륙작전에 대한 지역을 정확하게 예측한다고 상황을 가정할 경우 군산을 선택하는 것이 전략이 되는 것이 아니라, 상륙작전 자체를 미실시 하거나 다양한 기만작전을 통해 김일성의 상륙작전 예상을 흔들리게 하는 방법을 택할 것이라 생각할 수 있다.

표 10.3.5 김일성이 상륙작전을 방어 시 상륙지역을 정확하게 예측하고, 낙동강에 집중 시에는 큰 피해를 볼 것으로 인식한 경우

		김일성	
		상륙 방어	낙동강에 집중
MacArthur	인천 상륙	(-100, 100)	(100, -100)
	군산 상륙	**(-50, 50)***	(-50, 50)

10.3.6 의 경우는 김일성이 상륙작전 방어 시 상륙지역을 정확하게 예측하지 못하고, 낙동강에 집중 시 큰 이득을 볼 것으로 인식하는 경우에는 MacArthur 는 인천에 상륙작전을 감행하고, 김일성은 낙동강에 집중하는 것이 순수전략 Nash 균형이다.

표 10.3.6 김일성이 상륙작전을 방어 시 상륙지역을 정확하게 예측하지 못하고, 낙동강에 집중 시에는 큰 이득을 볼 것으로 인식한 경우

		김일성	
		상륙 방어	낙동강에 집중
MacArthur	인천 상륙	(100, -100)	**(100, 100)***
	군산 상륙	(50, -50)	(50, 50)

표 10.3.1 의 MacArthur 와 김일성의 전략에서 순수전략 Nash 균형은 존재하지 않는데, 혼합전략 Nash 균형의 분석과 더불어 MacArthur 의 기만작전을 통한 김일성이 직면한 보수의 변화를 통한 전략변화를 살펴볼 필요가 있다. 즉, MacArthur 가 인천이나 군산에 상륙작전을 감행할 경우 김일성이 인천이나 군산을 방어하는 상황과 다음으로 MacArthur 는 인천이나 군산을 상륙작전으로 감행하고 김일성은 상륙작전을 방어할 것인지 아니면 낙동강에 집중할 것인지를 전략으로 판단하는 상황이다.

MacArthur 와 김일성의 혼합전략을 각각 $\sigma_1 = (p, 1-p)$, $\sigma_2 = (q, 1-q)$ 라고 하자. 즉, MacArthur 는 인천을 상륙작전 지역으로 선택할 확률이 p이고, 군산을 선택할 확률이 $1-p$이며, 김일성이 인천을 선택할 확률은 q이고 군산을 선택할 확률은 $1-q$이다. 이때, MacArthur 의 입장에서 판단하면 김일성의 혼합전략을 성공적인 상륙작전을 위한 위치 선정시 MacArthur 에게 주는 전략적 이득에 포함할 필요가 있으며, 이는 인천을 선택할 때와 군산을 선택할 때의 효용을 확률적으로 계산하면 다음과 같이 각각 $u_1(\text{인천}, \sigma_2)$와 $u_1(\text{군산}, \sigma_2)$가 된다.

$$u_1(\text{인천}, \sigma_2) = -100 \times q + 100 \times (1-q) = -200q + 100$$

$$u_1(\text{군산}, \sigma_2) = 50 \times q + (-50) \times (1-q) = 100q - 50$$

$-200q + 100 = 100q - 50$라 하고 풀면 $q = \frac{1}{2}$이 된다.

따라서 MacArthur 의 선택은 다음과 같다.

$q > \frac{1}{2}$이면 $u_1(\text{인천}, \sigma_2) < u_1(\text{군산}, \sigma_2)$ 이므로 군산을 선택

$q = \frac{1}{2}$이면 $u_1(인천, \sigma_2) = u_1(군산, \sigma_2)$ 이므로 차이가 없다
$q < \frac{1}{2}$이면 $u_1(인천, \sigma_2) > u_1(군산, \sigma_2)$ 이므로 인천을 선택

즉, MacArthur 의 상륙지역선택의 판단은 결국 인천상륙작전이 전략적으로 매우 중요하며 그 필요성도 절실히 느끼고 있지만, 이는 결국 김일성의 선택과 매우 밀접하게 연관되어 있다. 주어진 확률에 의해 김일성의 인천과 군산의 선택에 따라 MacArthur 는 군산과 인천을 선택하려고 한다는 사실을 쉽게 알 수 있다. 하지만, 다른 한편에서 만약 김일성은 MacArthur 가 인천에 상륙하여 공격해 올 것이라 판단한다면 인천을 선택하여 방어할 것이고, 이는 곧 MacArthur 가 쉽게 인천상륙작전을 감행하기는 힘들다는 사실을 의미한다. 따라서 우리는 김일성의 입장에서의 전략적 판단도 고려의 요소로 포함시켜야 한다.

다음으로 김일성의 입장에서 보면 확률적으로 주어진 MacArthur 의 혼합전략을 바탕으로, 인천을 선택할 때와 군산을 선택할 때의 효용을 확률적으로 계산하여 판단하는 것이 합리적이다. $u_2(인천, \sigma_1)$과 $u_2(군산, \sigma_1)$는 김일성이 MacArthur 의 혼합전략을 확률적으로 주어진 것으로 간주하고, 인천과 군산을 선택했을 때의 효용을 계산한 값이다

$$u_2(인천, \sigma_1) = 100 \times p + (-50) \times (1 - p) = 150p - 50$$
$$u_2(군산, \sigma_1) = -100 \times p + 50 \times (1 - p) = -150p + 50$$

$150p - 50 = -150p + 50$라 하고 풀면 $p = \frac{1}{3}$이 된다.

따라서, 김일성의 선택은 다음과 같다.

$p > \frac{1}{3}$이면 $u_2(인천, \sigma_1) > u_2(군산, \sigma_1)$ 이므로 인천을 선택
$p = \frac{1}{3}$이면 $u_2(인천, \sigma_1) = u_2(군산, \sigma_1)$ 이므로 차이가 없다
$p < \frac{1}{3}$이면 $u_2(인천, \sigma_1) < u_2(군산, \sigma_1)$ 이므로 군산을 선택

결국, 김일성의 선택은 연합군인 MacArthur 가 상륙작전을 수행할 것이라는 사실을 아는 것만으로는 본인이 원하는 것을 할 수 없으며, MacArthur 가 얼마의 확률로 어느 지역을 선택할 것인가가 연합군의 상륙을 막는데 매우 중요한 요소로 작용할 것이다. 즉, 확률적으로 p 가 1/3 이상이라면 김일성은 MacArthur 가 인천에 상륙작전을 감행할 것이라 판단하고 이 지역을 방어할 것이기에, 이는 곧 연합군의 작전 실패를 의미하는 것이다. 따라서 위 경우의 혼합전략 Nash 균형은 $\sigma^* = (\sigma_1^*\left(\frac{1}{3},\frac{2}{3}\right), \sigma_2^*\left(\frac{1}{2},\frac{1}{2}\right))$ 이며, 균형은 그림 10.3.5 에서 보는 바와 같다.

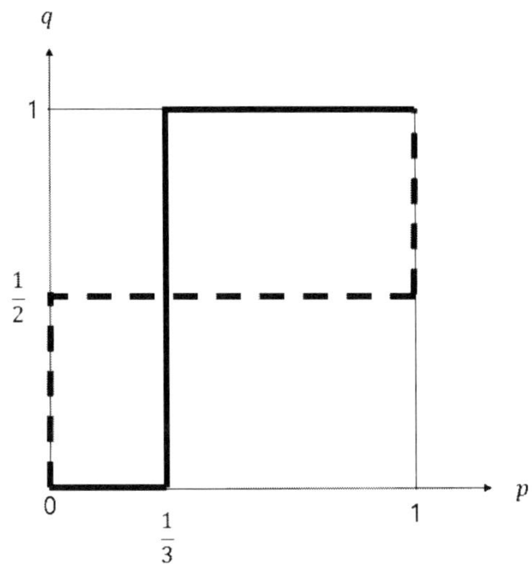

그림 10.3.5 혼합게임 Nash 균형 (I)

전시 지휘관은 전쟁 상황을 아군에 유리하게 다양한 활동을 한다. MacArthur 는 이 사실을 너무도 잘 알고 있었으며, 이를 적절하게 활용하기 위한 다양한 활동을 상륙작전이 실시되기 이전에 지시하였다. 즉, 상륙 목표지역을 기만시키기 위한 포격과 폭격은 9 월 4 일부터 상륙 시까지 계속되었는데 북한지역의 평양, 진남포에서부터 남하지역의 군산에 이르기까지 상륙 가능한 서해안 지역의 다른 목표에 대한 공격과 더불어 실시되었다. 특히, 북한군이 인천에 대한 상륙을 알아차리지 못하도록 객관적으로 상륙이 가장 유력시되는 군산에는 맹폭이 가해졌다.

인천상륙을 위한 예비작전과 더불어 유엔군은 인천상륙을 은폐하고 기만하기 위한 양동작전과 부분적인 양공작전도 실시하였다. 즉, 9 월 12 일 야간에는 한국과 미국 및 영국 혼성부대가 군산에서 양동작전을 실시하였고, 동해안에서는 양공작전을 실시하여 14 일과 15 일 양일 간 유엔군은 삼척 일대에 맹폭을 가하였으며, 영덕 남쪽 장사 동에는 독립 유격 1 대대의 학도병이 9 월 15 일 새벽 해안에 실제 상륙을 감행하기도 하였다.

이와 같이 유엔군은 인천상륙작전을 기만하기 위해서 상륙지역인 인천뿐만 아니라 서해안 지역의 주요한 지역을 폭격하였고, 상륙기도가 노출되어도 별 문제가 없을 9 월 13 일에 가서야 인천지역을 집중 공격하였으며 서해안의 군산에서는 양동, 동해안 지역에서는 양공작전을 실시하였다. 즉, MacArthur 의 작전은 전략형게임에서 김일성이 인식하는 보수를 수정하게 함으로서 유엔군이 상륙작전을 성공적으로 수행할 수 있도록 큰 도움을 주었다. 즉, 인천이 군산에 비해 상대적으로 덜 중요한 지역으로 인식하게 함으로서 보수를 표 10.3.7 과 같이 변경토록 한 것이다.

표 10.3.7 수정된 보수행렬

		김일성	
		인천 방어	군산 방어
MacArthur	인천 상륙	(-50, 50)	(50, -50)
	군산 상륙	(100, -100)	(-100, 100)

표 10.3.7 의 보수행렬에 따라 혼합전략의 효용을 확률로 계산하면 다음과 같다.

$$u_1(\text{인천}, \sigma_2) = -50 \times q + 50 \times (1-q) = -100q + 50$$
$$u_1(\text{군산}, \sigma_2) = 100 \times q + (-100) \times (1-q) = 200q - 100$$

$-100q + 50 = 200q - 100$라 하고 풀면 $q = \frac{1}{2}$이 된다.

따라서 MacArthur 의 선택은 다음과 같다.

$q > \frac{1}{2}$이면 $u_1(인천, \sigma_2) < u_1(군산, \sigma_2)$ 이므로 군산을 선택
$q = \frac{1}{2}$이면 $u_1(인천, \sigma_2) = u_1(군산, \sigma_2)$ 이므로 차이가 없다
$q < \frac{1}{2}$이면 $u_1(인천, \sigma_2) > u_1(군산, \sigma_2)$ 이므로 인천을 선택

다음으로 김일성의 입장에서 보면 확률적으로 주어진 MacArthur 의 혼합전략을 바탕으로, 인천을 선택할 때와 군산을 선택할 때의 효용을 확률로 계산하면 다음과 같다.

$$u_2(인천, \sigma_1) = 50 \times p + (-100) \times (1 - p) = 150p - 100$$
$$u_2(군산, \sigma_1) = -50 \times p + 100 \times (1 - p) = -150p + 100$$

$150p - 100 = -150p + 100$라 하고 풀면 $p = \frac{2}{3}$이 된다.

따라서, 김일성의 선택은 다음과 같다.

$p > \frac{2}{3}$이면 $u_2(인천, \sigma_1) > u_2(군산, \sigma_1)$ 이므로 인천을 선택
$p = \frac{2}{3}$이면 $u_2(인천, \sigma_1) = u_2(군산, \sigma_1)$ 이므로 차이가 없다
$p < \frac{2}{3}$이면 $u_2(인천, \sigma_1) < u_2(군산, \sigma_1)$ 이므로 군산을 선택

따라서 위 경우의 혼합전략 Nash 균형은 $\sigma^* = (\sigma_1^*\left(\frac{2}{3}, \frac{1}{3}\right),\ \sigma_2^*\left(\frac{1}{2}, \frac{1}{2}\right))$이며, 균형은 그림 10.3.6 에서 보는 바와 같다.

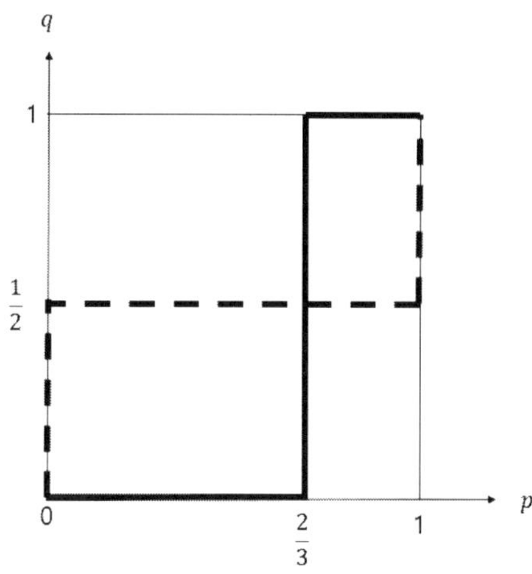

그림 10.3.6 혼합게임 Nash 균형 (II)

즉, MacArthur 의 다양한 형태의 기만작전은 김일성이 인식하는 MacArthur 의 선택적 확률인 p 를 변화시킴으로서 MacArthur 가 인천상륙작전을 성공적으로 수행할 수 있는 기회를 제공하였다. 앞에서 분석한 상륙작전에서의 혼합전략 Nash 균형이 MacArthur 의 기만작전에 의해서 어떻게 변화하는지 살펴보면 그림 10.3.7 과 같다. 그림 10.3.6 에서 보는 바와 같이 효과적인 MacArthur 의 기만작전은 김일성이 인식하는 인천상륙작전에 대한 확률을 1/3 에서 2/3 로 변경시킴으로서 상륙작전에 긍정적으로 영향을 미쳤다. 다음으로 김일성이 상륙작전 방어 시 상륙지역을 정확하게 예측하지 못하고, 낙동강에 집중 시 큰 이득을 볼 것으로 인식하는 경우는 MacArthur 는 인천을 선택하고, 김일성은 낙동강에 집중을 할 것이기에 성공적인 인천상륙작전을 예상할 수 있다.

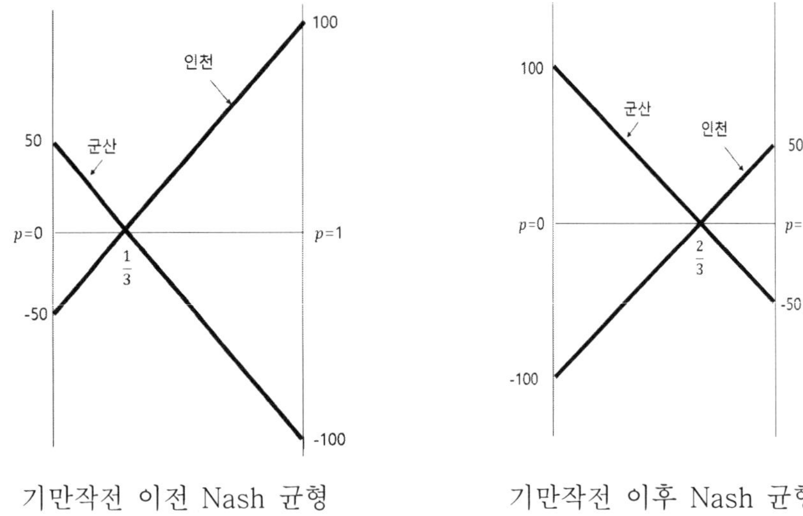

그림 10.3.7 기만작전 이전과 이후의 Nash 균형

10.4 Palaise 포위 섬멸전의 게임이론적 분석

10.4.1 전투 배경

2 차 세계대전시 연합군은 유럽전역에서 Normandy 상륙 이후 1 개월이 넘도록 독일군의 방어 및 지연전술에 의해 상륙지점 인근 내륙에서 벗어나질 못하고 있었고, 1944 년 6 월 6 일 상륙부터 7 월 중순까지 12 만명이 넘는 사상자가 발생했다. 독일군의 사상자도 비슷했으나 전력보충이 원활하지 못했다.

이에 미군은 7 월 25 일 Cobra 작전을 실행, 독일군 제 7 군의 전선에 돌파구를 형성하였고 남쪽으로 진격하기 시작했다. 7 월 30 일, 미군 Patton 장군이 곧 펼치게 될 프랑스 횡단의 시작점인 Avranches 를 점령함으로써 좌측의 Bretagne 반도와 우측의 중부 프랑스로 공격을 실행할 수 있게 되었다. Hitler 는 미군의 선봉을 강력한 기갑부대로 몰아쳐 도로 대서양으로 밀어내기를 원하였다. 당시 독일군은 Normandy 에서의 철수를 검토하고 있었으나 Hitler 는 완고하게 현진지를 사수하도록 명령하였다.

그림 10.4.1 은 1944 년 8 월 7 일 상황으로 독일군 제 9 군이 Falaise 인근에서 미 제 1 군과 영국군과 대치하고 있는 상황이다. 독일군 제 9 군은 Avranches 를 향해 공격할 수도 있고 철수할 수도 있었다. 문제는 Avranches 간격의 바로 남방에 위치하고 있으면서 아직 전투에 투입되지 않은 미군의 4 개 예비사단을 어떻게 운용하느냐 하는 것이었다.

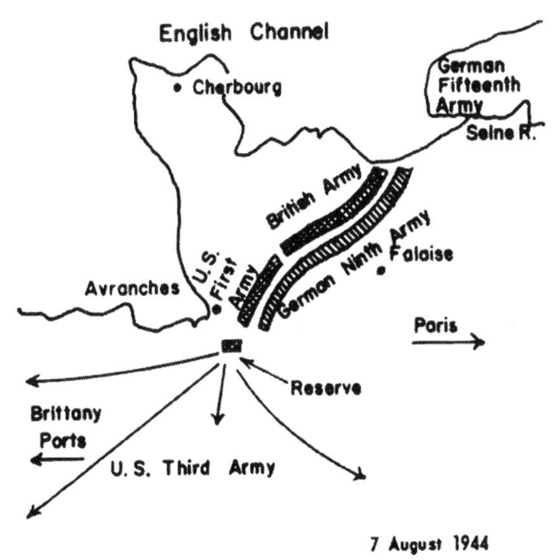

그림 10.4.1 1944 년 8 월 7 일 Falaise 인근 상황

8 월 7 일 아침, 독일군 7 군은 미 3 군과 1 군을 분리하기 위해 영국해협의 프랑스 해안의 Avranches 의 협소한 간격을 향해 공격을 개시하였다. 이 Mortain 공세는 독일군 4 개 기갑사단을 투입하여 작전을 시작하였다. 곧 이어서 Lüttich 작전이 있을 예정이었는데, 이는 8 개 기갑사단을 추가로 증원하여 총 1,400 여대의 전차로 북쪽으로 진입하여 Normandy 의 상륙 해두보를 포위한다는 작전이었다. 이러한 대규모 기갑사단의 기동은 지난해 6 월의 소련과의 Kursk 전투 이후 처음이 될 예정이었다.

이것은 Hitler 의 치명적인 전략적 오판이었는데 Normandy 상륙을 애초에 거부했으면 모를까 일단 연합군의 상륙이 된 이상 병력을 보존해서 프랑스 동북부 삼림지대로 후퇴하고 서부전선의 기갑병력 상당수를 동부전선으로 돌려서 독일의 생명줄인 루마니아 Ploiești 유전을 보전하는 것이 그나마 현상유지를 하는 최상의 방책이었다. 소련은 9 월초부터 루마니아 영내에 대대적으로 침입하여 곧 루마니아 Ploieşti 유전을 확보하게 된다.

Ploieşti 유전을 잃고나니 독일은 극심한 석유난에 시달리게 되어, Ploieşti 보다 생산량이 적은 헝가리 유전과 독일 내의 액화석탄으로 근근히 버티기 되는데, 결국 이는 독일이 계획한 Ardennes 대공세에서, 보급 문제를 '연합군의 물자로 해결한다.'라는 기막힌 발상을 생각해내게 된다. 당연히 연합군이 순순히 석유를 내주지도 않았고, 독일군은 500 여대의 전차는 물론 보병을 진격시킬 연료조차 마련할 수 없었는데 공세의 주목표인 벨기에의 Antwerpen 를 확보하기 위해선 120~130km 를 진격해야 했었다. 독일군은 그나마 최대 60km 밖에 진격할 수 없었고, 실제로는 각종 병참문제가 맞물려 공세 초기 이후에는 모두 실패하게 된다.

한편, Lüttich 작전 초기부터 미군에 의해 독일군의 암호무선은 전부 감청되고 있었다. Montgomery 장군은 Mortain 공세에 앞서 2 개 기갑사단과 2 개 보병사단으로 방어선을 구축하며 독일군의 초기공세를 지연시키는 데 성공하였다. 독일군은 사전 포격도 생략하면서 기습의 효과를 노렸지만 실패하였다. 날이 밝아지자 로켓탄을 장비한 항공기가 나타나서 친위대 기갑사단을 초토화시키기 시작했다. 이 날 영국공군의 전술항공대는 294 소티를 수행하였고 독일군의 200 여대의 전차는 30 여대만 기동 가능한 상태가 되었다.

연합국은 8 월 7 일 Totalize 작전으로 Caen 에서부터 Falaise 방향으로 독일군의 교두보를 밀어내기 시작하였다. 캐나다군과 폴란드군이 주축이 된 이 작전은 목표 달성에는 실패하였지만 연합군의 2 개 기갑사단이 독일군의 배후를 직접적으로 위협하는 위치까지 도달하는 데는 성공하였다. 이곳을 방어하던 독일군은 10 여개 사단이었으나, 7 월부터 지속적인 연합군의 공세로 전투력의 손실이 심대한 상태라 기동력을 상실한 상태였고 위치도 좋지 못했다.

Hitler 의 망상과는 달리 공세를 확대할 추가적인 8 개 기갑사단들, 즉 제 5 기갑군은 연합군의 포위망이 닫히고 있음을 즉각 알아챘다. 전선 서쪽에서는 Patton 장군의 3 군이 밀고 들어오고 있었다. Kluge 는 지속적으로 독일군이 처한 위험을 알리려고 하였지만, 불과 3 주 전의 Hitler 암살미수에 연루되었다는 의심을 받고 있던 그의 건의는 수용되지 않았다.

그림 10.4.2 의 좌측은 독일군이 8 월 7 일에서 10 일 사이에 Mortain 에서 대서양 방향으로 돌파를 시도하는 동안 미 제 1 군과 3 군은 노출된 측방 주위를 포위하고 있는 상황을 나타내고 있다. 결과적으로 이 전투에서 독일군은 완전히 포위되어 섬멸당했으며 후퇴하였고 25 만명에 이르는 사상자 피해를 입었다. 이 전투를 Palaise 포위섬멸전이라고 한다.

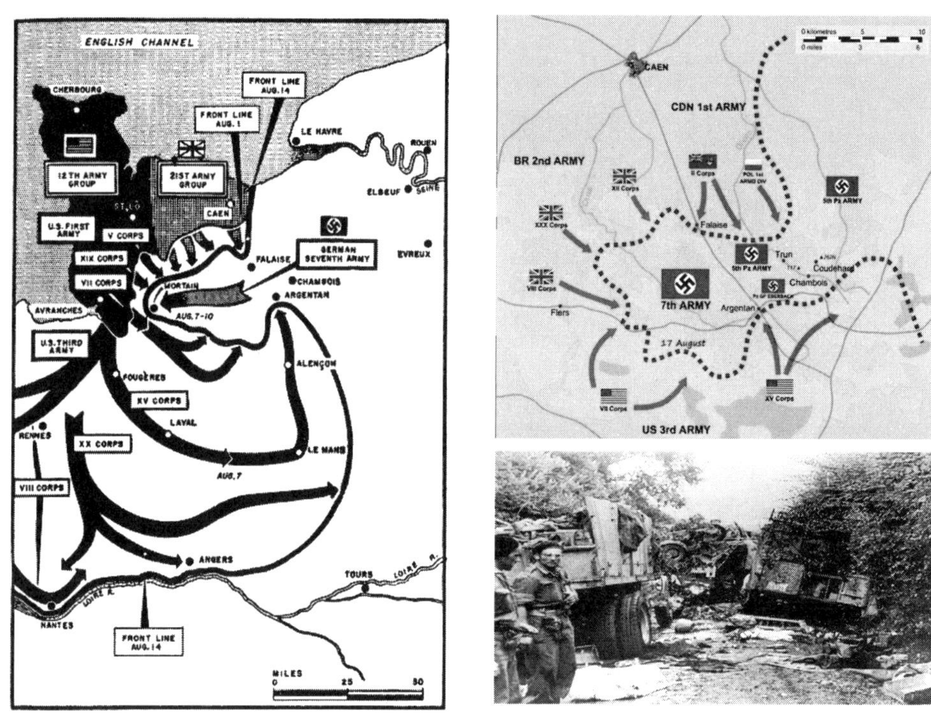

그림 10.4.2 연합군과 독일군 기동 상황

10.4.2 Palaise 포위 섬멸전의 순수전략 게임

미 제 12 집단군 사령관 Bradley 장군의 임무는 지대내에 있는 적을 섬멸하는 것이었다. 연합군은 Avranches 에 있는 대서양에 의해 협소한 간격을 통해 해두보에서 나온 직후였다. 이 돌출구는 독일군 9 군에 의해 좌측방이 노출되어 있었다.

Palaise 포위섬멸전 이전 독일군에겐 두 가지 방책이 있었는데 하나는 남북으로 형성된 전선을 강화하기 위해 느슨한 좌측방 부대를 Seine 강까지

질서있는 철수를 하는 것이었고 또 다른 하나는 미군의 Avranches 간격을 공격하기 위해 Avranches 간격을 공격하는 도박이었다.

Bradley 에게는 세 가지 전략이 있었는데 첫 번째는 Avranches 간격을 강화하는 것이었고 두 번째는 예비대를 동측방으로 기동하여 적을 교란시키고 Avranches 간격을 차단가능한 것이며 세 번째는 예비대를 1 일간 현위치에 그대로 두고 필요시 간격을 증원하거나 동측방으로 공격시키는 것이었다.

Omar Bradely
미 12 집단군 사령관

Von Kluge
독일군 서부전선
사령관

그림 10.4.3 연합군과 독일군 사령관

먼저 그림 10.4.4 의 좌측 그림과 같이 Bradley 가 예비대를 Avranches 간격에 증원하고 Kluge 가 간격을 공격하게 되면 미군은 독일군의 공격을 격퇴시키고 간격을 확보할 수 있다. 만약 그림 10.4.4 의 우측 그림과 같이 Bradley 가 예비대를 간격에 증원하고 Kluge 가 철수를 한다면 미군은 공격이 없는 상황에서 부대를 배치하는 무의미한 결과를 초래할 것이다.

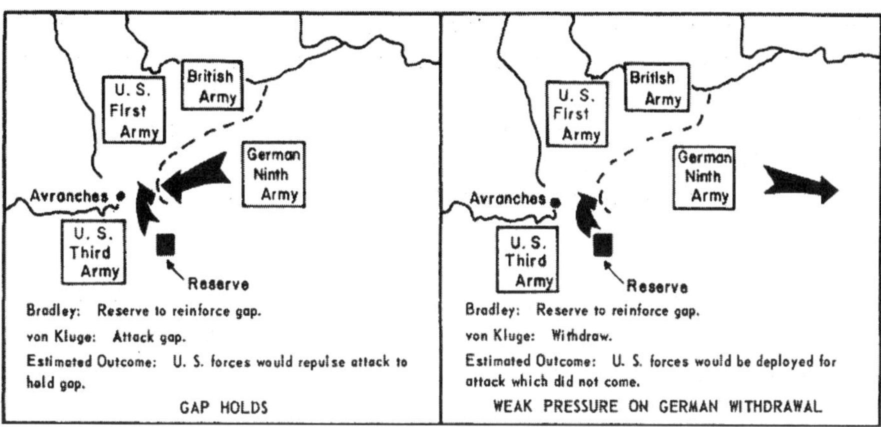

그림 10.4.4 미군의 전략과 예상효과 (I)

그림 10.4.5 의 좌측 그림과 같이 Bradley 가 예비대를 동측방으로 기동시키고 Kluge 가 Avranches 간격을 공격하게 되면 독일군은 Avranches 간격을 돌파하여 미 3 군과 1 군을 분리시키고 간격을 절단할 수 있다. 만약 그림 10.4.5 의 우측 그림과 같이 Bradley 가 예비대를 동측방으로 기동시키고 Kluge 가 철수를 한다면 미군은 독일군의 철수를 교란할 수 있다.

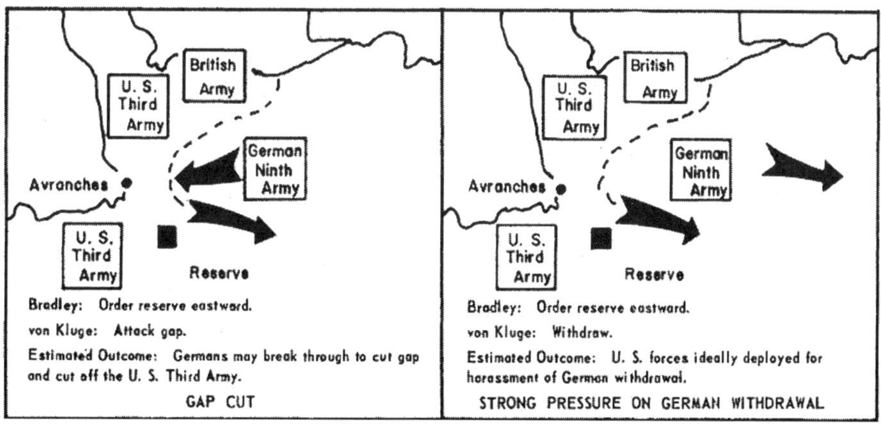

그림 10.4.5 미군의 전략과 예상효과 (II)

또, 그림 10.4.6 의 좌측 그림과 같이 Bradley 가 예비대를 하루 동안 현 위치를 고수하게 하고 필요시 Avranches 간격에 증원시키거나 동측방을 공격하게 하고 Kluge 가 Avranches 간격을 공격하게 되면 미군은 필요시 증원이 되기 때문에 간격을 계속 확보할 수 있다. 만약 증원이 필요없으면 예비 사단들은 독일군 후방방향인 동측방으로 기동을 자유롭게 할 수 있다. 만약 그림 10.4.6 의 우측 그림과 같이 Bradley 가 예비대를 하루 동안 현 위치를 고수하게 하고 필요시 Avranches 간격에 증원시키거나 동측방을 공격하게 하고 Kluge 가 철수를 한다면 미군은 독일군의 철수를 하루 늦게 교란시킬 수 있고 다른 어떤 전투에도 투입할 수 없을 것이다.

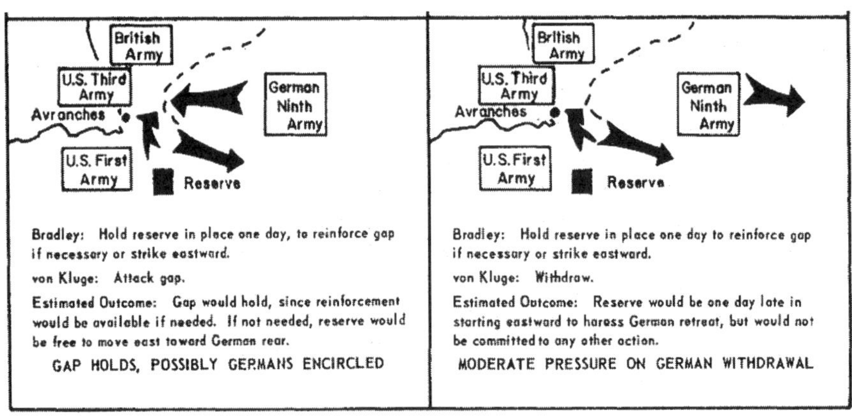

그림 10.4.6 미군의 전략과 예상효과 (III)

이러한 상황을 기본으로 Bradley 의 보수를 표현하면 표 10.4.1 과 같다. 표 10.4.1 의 Bradley 의 보수행렬은 Bradley 가 가지는 보수에 대해 표현한 것이고 Kluge 의 입장에서는 손실행렬이 된다. 1.4.1 절에서 대칭게임에서 이러한 표현을 주로 사용한다고 언급하였다. 예를 들어 Bradley 가 Avranches 간격을 강화하고 Kluge 가 철수를 하면 결과적으로 독일군 철수에 저강도 압박이 가해지는 결과가 나온다. Bradley 는 전술적 상황을 판단 후 아래와 같은 순서대로 자신의 보수의 크기가 크다고 생각하였다.

1. 독일군 포위 가능
2. 독일군 철수에 고강도 압박
3. 독일군 철수에 중강도 압박
4. 독일군 철수에 저강도 압박

5. 간격 확보 가능
6. 간격 돌파, 미 1, 3 군 분리

표 10.4.1 Bradley 의 보수

<table>
<tr><td colspan="2" rowspan="2"></td><td colspan="2">Kluge</td><td rowspan="2">Minimum of Row (Bradley 의 최악 결과)</td></tr>
<tr><td>#1. 간격 공격</td><td>#2. 철수</td></tr>
<tr><td rowspan="3">Bradley</td><td>#1. 예비대 투입 간격 강화</td><td>간격 확보 가능</td><td>독일군 철수에 저강도 압박</td><td>간격 확보 가능</td></tr>
<tr><td>#2. 예비대를 동측으로 기동, 적 교란</td><td>간격 돌파, 미 1, 3 군 분리</td><td>독일군 철수에 고강도 압박</td><td>간격 돌파, 미 1, 3 군 분리</td></tr>
<tr><td>#3. 예비대를 1 일간 현진지 위치, 필요시 간격으로 이동 증원 또는 동측방 공격</td><td>간격 확보, 독일군 포위 가능</td><td>독일군 철수에 중강도 압박</td><td>독일군 철수에 중강도 압박 (Maxmin)</td></tr>
<tr><td colspan="2">Maxmun of Column (Kluge 의 최악 결과)</td><td>간격 확보, 독일군 포위 가능</td><td>독일군 철수에 고강도 압박 (Minmax)</td><td></td></tr>
</table>

Bradley 는 전투가 시작되기 전에 합리적 의사결정을 하기 위해 생각하였다. 만약 Avranches 간격이 공격을 받은 상태에서도 공격 첫 날 증원없이 Avranches 간격을 그대로 지탱한다면 이후 증원은 불필요할 것이다. 비록 #1 과 #2 전략이 있음에도 불구하고 #3 전략은 하나의 방책 또는 전략으로 고려할 만한 것이었다. 전략은 완벽하여 적이나 자연법칙에 의해 변경되는 것이 아니다. 적이나 자연이 스스로 할 수 있는 일련의 가능한 행동과 함께 선택할 수 있는 모든 것은 전략의 일부일 뿐이다.

독일군이 Avranches 간격을 공격하는지 공격하지 않을 지는 독일군의 전략이다. 증원되지 않은 전선에서 첫 날에 공격이 성공했는지 아닌지는 자연의 결정으로 취급될 수 있다. Avranches 간격에 대한 전투의 결과는 수많은 사람들의 의사결정, 작전, 지형, 날씨, 전투근무지원, 기술, 통신 등의 조합으로 결정된다. Bradley 와 Kluge 는 그들의 군대의 훈련과 보급에서 이러한 요소들에 영향을 미쳤을 수 있지만, 그들은 군대가 교전한 후에 이러한 요소들을 통제할 수 없이 전투의 결과가 도출된다.

Kluge 의 경우 두 개의 전략이 있고 Bradley 의 경우 세 개의 전략이 있으며 이들이 형성하는 여섯 개의 다른 전투가 게임의 해가 될 수 있다. Bradley 는 표 10.4.1 의 게임 상황에서 행에 전략을 위치시키고 그 중 하나를 선택할 수 있고, Kluge 열에 전략을 위치시키고 그 중에 하나를 선택할 수 있다. 이러한 두 경기자의 독립적인 선택은 미군과 독일군이 전장에서 전투하는 상황을 결정할 수 있다. Bradley 는 이제 이 여섯 개의 전투 각각의 가능한 결과를 평가해야 했다. 그가 10.1 절에서 설명함 Bismarck 해전 상황에 대해 설명할 수 있었던 것과 같은 방식으로 전투결과를 보수를 숫자로 표현하는 방법은 없다. 전투의 결과는 언어로 표현되어 있다. Bradley 는 이 가능한 결과 중 어떤 것이 더 좋고 어떤 것이 더 나쁜지를 판단하기 전에 이러한 결과에 대해 미군의 관점에서 가장 좋은 것부터 최악의 것까지의 선호도 순서를 결정해야 했다.

선호도 순서를 정한 후, Bradley 는 그의 전략을 비교하는 것을 계속할 수 있었다. 미군의 교리에 따라, 그는 적의 상대적인 능력에 비추어 가장 큰 성공 가능성을 제공하는 것을 선택하기를 원했다. 필요할 때 Avranches 간격를 방어하거나 동측방을 타격하기 위해 하루 동안 예비사단들을 현위치에 두면서, Bradley 는 각 전략의 최악의 경우 중 가장 유리한 결과를 보장하는 방안을 선택했다. 이러한 절차에 따라 최종적으로 Bradley 는 세 번째 전략을 선택하였다.

이제 Kluge 의 관점에서 상황을 살펴보자. Kluge 는 그와 Bradley 의 능력에 의해 결정을 했다고 가정해 본다. 그는 두 가지 전략을 설정하였다. Kluge 는 Bardely 의 보수행렬이 자신에게는 손실행렬임을 염두에 두고 열에 명시된 그의 전략이 Bradley 의 전략과 만났을 때 가장 좋지 않은 결과를 주는 전략을 택하고 그 중에 가장 좋은 전략을 택하였다. 그는 철수하기로 결정함으로써 Avranches 간격으로 공격하는 것 보다 좋은 결과가 도출되는 전략을 택했다.

Kluge 는 철수하기로 결정했으나 그 결정을 실행할 수 없었다. 전장에서 수백 마일 떨어진 Hitler 는 Kluge 에게 Avranches 간격를 공격하라고 명령했다. 그 전투는 Kluge 가 대서양을 향해 공격하게 됨으로써 Avranches 간격의 남측에 위치한 미군과 교전하였고 Bradley 는 4 개 예비 사단을 보유하고 있어서 전술의

융통성을 확보하고 있었다. Avranches 간격은 첫날에 예비사단의 증원없이 유지되었고, 4 개 예비사단은 둘째 날 동측방으로 신속히 투입되었다. 독일군이 철수하기 시작했을 때, 미군과 영국군은 독일 제 9 군을 거의 포위했고, Kluge 는 그의 부대의 일부를 전장에서 이탈시켰지만 Hitler 의 불신임으로 서부전선 사령관직에서 해임되었다.

이 상황에 대한 게임이론적인 해는 Bradley 의 해법과 매우 비슷할 것이다. Bradley 는 단순히 가능한 전투의 결과가 그의 관점에서 분석되었기 때문에 최악의 결과를 극대화하는 경기자이다. 최악의 결과를 극소화하는 경기자는 Kluge 이다. 그들의 대립 전략의 상호작용의 결과는 각 행의 최소치와 각 열의 최대치를 보여주는 추가적인 열과 행과 함께 보수행렬에 나와 있다.

Bradley 는 단독 전략 선택만으로도 어떤 행의 최소값보다 덜 호의적이지 않은 결과를 보장할 수 있으므로 최소값의 최대치를 제공하는 행을 선택할 수 있다. Kluge 는 어떤 열의 최대치보다 덜 호의적이지 않은 결과를 보장할 수 있으므로 최대치의 최소치를 제공하는 열을 선택할 수 있다. Bradley 의 관점에서 보면 최소값의 최대치를 선택할 수 있다. 이러한 모든 비교는 설정한 선호도 순서에 따라 이루어진다. Kluge 가 Bradley 의 것과 정확히 반대되는 선호도 순서를 설정했다는 암묵적인 가정이 있다. 그러한 가정이 항상 유효한 것은 아니지만 많은 군사적 상황에서는 유효하다.

Maxmin 과 Minmax 가 동일했던 10.1 절의 Bismarck 해전과 같은 상황에서는 두 상대에 대해 일치된 전략이 존재해야 한다. 그러한 상황에서 지휘관은 상대의 전략이 건전하다면 상대의 의도를 발견하여 이익을 얻을 수 없다. 적의 의도를 추정하여 결정하는 이론은 적이 잘못된 결정을 내릴 때만 일치된 전략이 존재하는 상황에서 가치가 있다. Bradley-Kluge 상황에서와 같이 최소값이 동일하지 않으면 일치된 전략이 존재하지 않는다. 둘 중 하나는 적의 의도를 추론할 수 있다면 더 큰 이득을 볼 수 있다. 만약 상황을 정확하게 추정하고 적의 의도를 정확하게 추측했다면, 지휘관이 자신의 결정을 능력 추정에서 의도 중 하나로 옮길 경우 발생하는 최소의 이득이다.

결론적으로 Bradley 와 Kluge 의 게임의 해는 (#3, #2)였지만 Kluge 는 Hitler 의 강압에 의해 #1 전략을 택함으로써 포위섬멸 당한 결과를 초래하였다.

10.4.3 Palaise 포위 섬멸전의 혼합전략 게임

혼합전략의 경우 사용 가능한 각 전략에 선택 확률을 할당해야 한다. 따라서 순수전략은 혼합전략의 특별한 경우이며, 하나를 제외한 모든 전략의 경기자에 확률이 0 으로 할당된 것과 같다. 이러한 상황을 그림 10.4.7 과 같이 간단히 그림으로 분석할 수 있다.

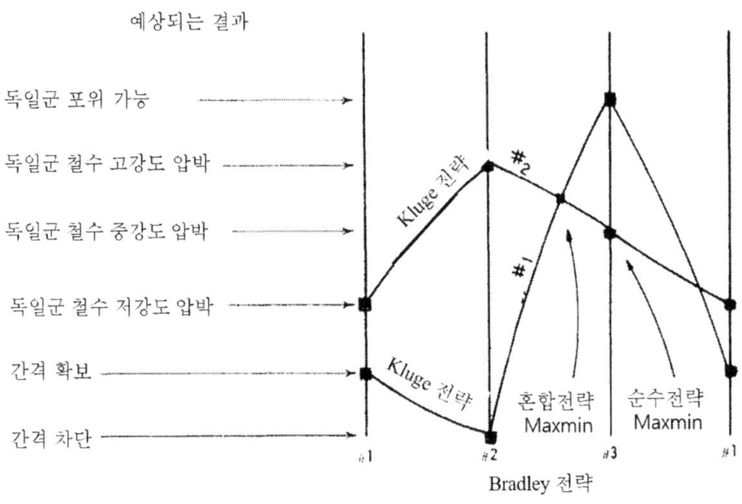

그림 10.4.7 Bradley 의 혼합전략

게임의 해는 Bradley 가 선호하는 순서대로 왼쪽에 나열되어 있으며, 가장 선호하는 것은 Bradley 의 각 행동 과정에 대해 수직선으로 그려져 있다. Kluge 의 각 전략에 대해 예상되는 결과가 수직선에 표시되어 있다. 순수전략을 선택할 때 Bradley 는 수직선 하나만 선택한다. 그가 선택한 특정 수직선에 대해 표시된 가장 낮은 값의 결과를 보장했다. 자신에게 가장 유리한 전략이나 수직선을 선택함에 있어서 그림 10.4.7 에서 볼 수 있듯이 순수전략의 최대화를 보장했다. Bradley 가 혼합전략이라는 개념을 채택했다면 그는 하나의 수직선만을 선택할 필요가 없다. 하지만 수직선 사이에서 그가 원하는 어떤 위치라도 경기할 수 있었다. 각 수직선의 해당 표시가 연결된다.

Bradley 는 최고의 가치를 확보하는 데 관심이 있었다. 그는 자신이 가장 낮은 수직선의 수준만을 보장할 수 있다는 것을 알고 있었다. 그림에서 그는 자신의 전략 #2와 #3사이 어딘가에서 최대 결과를 확보할 수 있다는 것을 알 수 있었다. 그려진 대로 이 최대값은 두 전략 사이의 약 절반 정도이다. 그의 적절한 경기는 그의 전략 #1, #2, #3 에 각각 0, 1/2, 1/2 의 확률을 할당하는 것이었다. 그러므로 전략 #1 은 채택되지 않는다. 전략 #2 와 전략 #3 이 각각 1/2 의 확률로 주어짐으로써 동전을 던져 결정하는 것과 유사하다.

그러나 실제 전투의 결과는 동전던지기뿐만 아니라 Kluge 의 전략에 따라 달라진다. 그러나 Bradley 가 기대하는 혼합전략의 최대화는 그가 최선의 순수전략으로 보장할 수 있는 것보다 다소 나을 것이다. 그림 10.4.7 의 연결선은 직선이 아니다. 결과가 포커 게임의 달러와 같은 수치척도 측면에서 평가되었다면 연결선은 직선일 것이다. 수치적 또는 양적 성격의 어느 정도 규모의 군사적 가치가 존재한다면 연결선은 직선일 것이다. 예를 들어, '저강도 압박'이 'Avranches 간격 유지'보다, '저강도 압박'보다 '중강도 압박'이 더 선호되는 것과 같이 선호순위 전체에 걸쳐 유사한 정확한 관계가 유지된다면 연결선을 직선으로 그리는 것이 정당할 것이다.

그림 10.4.7 에서 연결선은 군사문제에 혼합전략이라는 아이디어를 채택하는 데 따른 문제 중 하나를 강조하기 위해 곡선으로 표시된다. 군사상황에 대한 정확하고 올바른 혼합전략에 도달하려면 가능한 모든 결과 간의 수치적 관계를 설정해야 한다. 즉, 군사적 가치에 대한 양적 규모가 어느 정도 있어야 한다. 복잡한 군사 상황에 맞게 이러한 규모를 개발하는 것은 확실히 엄청난 작업이다. 다행스럽게도 혼합전략을 사용하려면 엄밀한 방법론이 필요하지 않는다. 이제 군사령관은 본질적으로 질적인 우선순위 척도를 결정의 기초로 설정해야 한다. 마찬가지로, 혼합전략은 질적인 의미에서 사용될 수 있다. 지휘관은 상황을 분석하여 적의 결정에 관계없이 전략을 변경하여 이익에 대한 기대를 확보할 수 있는지 판단할 수 있다. 여기서 기대는 가능성이나 확률이라는 평범한 의미가 아니라 부분적으로 우연에 의존하는 미래결과의 현재가치에 대한 수학적 의미로 사용된다는 점에 유의해야 한다.

Avranches 간격 상황에서 Bradley 는 순수전략을 통해 '독일군 철수'에 대해 '중강도 압박'과 같이 바람직한 결과를 보장할 수 있었다. 그가 자신의 전략 #2 와 #3 사이에서 결정하기 위해 동전을 던지기로 결정했다면 그는 Kluge 의 전략 #1 에 맞서 '독일군 철수'에 대한 '중강도 압박' 또는 '독일군 철수'에 대한 '고강도 압박'이 될 가능성이 반반이 되는 결과를 보장 받을 것이다. Kluge 의 전략 #2 에 대응하여 'Avranches 간격 차단' 또는 '독일군을 포위'할 확률이 반반이 되는 결과를 확보할 것이다.

Bradley 가 자신의 전략 #2 와 #3 에 다른 확률을 할당함으로써 훨씬 더 바람직한 혼합전략 결과를 찾을 수 있다. 반대로, Bradley 가 전략 #2 와 #3 에 적절한 확률을 부여하여 얻은 결과보다 순수전략의 결과를 더 선호한다면 아직 최적의 혼합전략을 찾지 못했다는 것을 의미한다. 그림 10.4.7 의 곡선에서 최상의 순수전략보다 더 나은 혼합전략이 존재했음이 분명하다. 비록 우리는 연결선이 직선이라는 것을 알지 못하지만 두 개의 조합이 없다는 것을 알고 있다.

그것은 연결선이 직선이라는 것을 알지 못하지만, 두 가지 결과의 조합이 두 가지 중 덜 선호되는 것보다 더 나쁠 수는 없다는 것을 알고 있다는 의미이다. 이러한 혼합전략 원칙에는 위험이 따른다. 지휘관은 때때로 순수전략으로 확신할 수 있었던 것보다 덜 바람직한 결과를 기대해야 한다. 지휘관은 그에 따른 손실을 받아들일 준비가 되어 있어야 한다. 그렇지 않으면 더 큰 이득을 얻으려고 노력하지 않는 것이 좋은 것이다. 그러나 충분한 결정이 내려지고 손실이 없거나 작은 손실이 그에게 치명적일 경우, 즉 결과가 확률의 불규칙한 편차가 아니라 확률에 의해 결정될 정도로 충분히 오래 지속될 수 있다면 그는 다음과 같은 조치를 취할 수 있다. 전반적인 이득에 의존해야 한다.

10.4.4 작전 규모에 따른 게임이론 적용 적절성

2 차 세계대전 시 유럽전역에서 당시 미국은 유럽대륙에 600 여개의 대대전투단을 보유하고 있었다. 각 사령관이 이익을 기대하면서 위험을 감수하기 위해 혼합전략을 사용했다면 전체적인 손실이 발생할 확률은 무시할 수 있게 된다. 세 가지 결론이 도출될 수 있다.

첫째, 지휘관이 유사한 결정을 많이 내리거나 많은 지휘관이 유사한 결정을 내릴 경우 이득을 기대한다면 손실을 감수해야 한다. 혼합전략을 갖춘 게임이론은 이를 위한 방법을 제시한다. 둘째, 지휘관이 손실을 감수할 여유가 없다면 그는 교리에 입각하여 적의 능력을 평가하여 결정을 내려야 한다. 패배를 무릅쓰고 이익을 얻으려는 기대를 갖고 한 번의 패배가 재앙이라면 그는 자신의 군대의 운명을 우연에 맡길 수 없는 것이다. 결정이 더 중요할수록, 그리고 그러한 중요한 결정이 내려지는 횟수가 줄어들수록, 확률에 의존한 분석을 보완할 수 있는 기회가 줄어든다. 따라서 게임이론은 국가의 존재나 주요 군대 또는 군대와 관련된 결정에 있어서 가장 가치가 없으며, 국가 안보에 있어 지속적인 생존이 필수적이다. 이 결론은 일부 전략이 적의 능력 각각에 대해 성공을 약속하는 경우에만 타당하다. 그렇지 않은 경우 지휘관은 국가의 존립이 위태로울 수 있음에도 불구하고 교리나 혼합전략을 사용하도록 강요된다. 셋째, 혼합전략의 이론은 반대하는 지휘관들이 상대방의 결정을 알지 못한 채 결정을 내려야 할 경우에만 적용 가능하다. 이 조건은 필요한 준비 행동의 범위와 시간 때문에 주요 군사력의 전략에는 종종 존재하지 않는다.

이 세 가지 결론에 따른다면, 혼합전략의 이론은 소규모 부대의 지휘관들에게 원칙으로서 가르쳐져야 군사작전에서 유용하다는 것이다. 어떤 수학 천재나 컴퓨터는 특정 상황에 대한 결정의 완결된 지시서를 최상급 사령부에서 내릴 수 없다. 오히려 게임이론의 본질적인 개념은 모든 수준의 지휘관들이 자신의 평가에 따라 결정을 내릴 수 있도록 하는 이론이나 철학에 포함되어야 한다. 성공적인 군사 작전을 수행하려면 권한과 결정이 크게 분산되어야 한다. 각 지휘관은 부하에게 자원과 임무를 할당하고, 이 부하들은 자신의 자원을 어떻게 사용하여 임무를 수행할 것인지 결정해야 한다. 이제 각 부대의 각 지휘관은 상황 추정의 원칙을 알고 있다. 게임이론이 유용하려면 모든 지휘관에게 똑같이 잘 알려져 있어야 한다. Palaise 포위섬멸 전투상황은 혼합전략의 이점을 입증하기 위해 선택된 것이 아니다. 결정에는 주요 부대의 안전이 불필요하게 위협받을 수 있는 결정이 포함되어 있기 때문에, 이러한 상황은 게임이론에 회의적인 군인들에게 실제 및 잘 알려진 전투의 의사결정이 게임이론의 관점에서 논의될 수 있음을 보여주기 위해 선택된 것이다. 이러한 목적을 위해 소규모 부대와 관련된 결정은 Blotto 대령 게임과 유사한 허구적 상황의 단점을 가지고 있다. 그러나 장군이 내리는 모든 결정에 대해 위관장교들도 수백 가지의 결정을 내린다. 그리고 혼합전략을 조기에 적용하는 것이 가장 유망한 것으로 보이는 것은 소규모 부대에 대한 결정 분야이다.

10.5 Biscay 만 전역의 게임이론적 분석

10.5.1 Biscay만 전투 배경

제2차 세계대전 동안, 독일군은 연합군의 군수품 수송 상선들에 대해 잠수함인 U-boat 를 동원하여 공격을 해서 많은 피해를 입혔다. 이들 상선들은 주로 미국에서 출항하여 영국으로 가는 경우가 많았는데 이러한 선박들은 미군과 영국군 함정의 호위를 받고 있었으나 1943 년에 일정 기간 동안 연합군에게 매우 효과적이고 파괴적이어서 나중에 영국 수상 Churchill 은 "전쟁 중에 나를 정말로 공포스럽게 한 유일한 것은 U-boat 위험이었다."이라고 말했다.

그림 10.5.1 U-boat

1941 년부터 1944 년까지 U-boat 는 독일군에 점령 당한 프랑스 서부의 항구들에서 출항하여 연합군의 호송선단 목표물을 향해 Biscay 만을 가로질러 대서양으로 나아갔다.

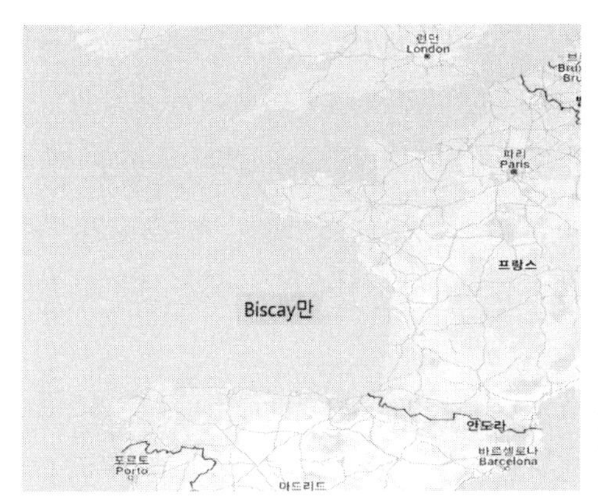

Biscay 만 위치

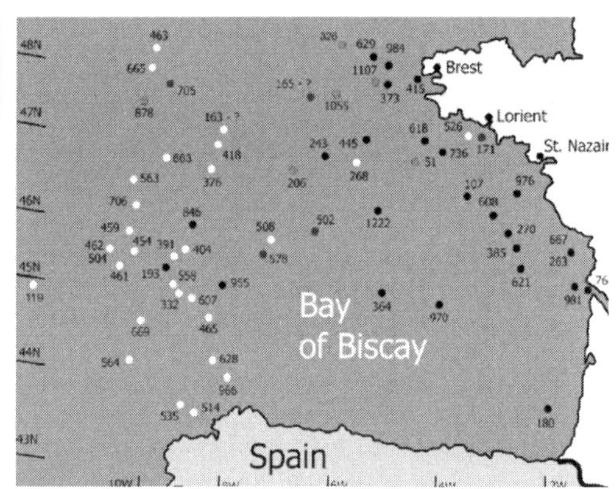

U-boat 침몰 지점

그림 10.5.2 Biscay 만 위치와 U-boat 침몰지점

Biscay 만은 동쪽으로 프랑스와 국경을 접하고 있으며 남쪽으로는 스페인과 포르투갈, 북쪽으로는 영국과 아일랜드가 있다. U-boat 는 프랑스 항구에서 출항하고 기지로 복귀하는 데는 많은 시간이 소요되었다. 그것은 대서양으로 가는 유일한 통로였기 때문이다.

연합군이 탐색작업을 집중하기로 한 곳은 바로 이 해역이었다. U-boat 의 위협에 대응하기 위한 노력을 지속하였는데. Biscay 만은 약간의 예외를 제외하고는 U-boat 격침작전을 수행할 수 있는 유일한 실행가능 지역이었다. 왜냐하면, 대서양은 엄청나게 넓은 바다여서 U-boat 가 항해하고 은폐할 수 있는 충분한 공간을 제공했으며 독일이 점령한 프랑스의 항구들은 연합군 폭격기의 공격에 대항하기 위해 강력한 요새가 되어 있었다. 또한 독일 전투기들은 항구 주변 상공을 계속 초계비행하고 있어서 프랑스 근해의 항구에 대한 직접적인 공격 또는 연안 해역의 U-boat 에 대한 공격은 불가능했다.

그러나 상선 호송대 인근 해역과 U-boat 의 재보급 지점은 예외였다. 연합군 상선 호송은 연합국 항공기의 사정권 내인 영국과 비교적 가까운 곳에서만 이루어졌다. U-boat 들은 일반적으로 이 지점 밖에서 공격을 했기 때문에 Biscay 만을 탐색하는 것만큼 효과적이지 않았다. 연합군의 정보에 의해 독일의 암호기인 Enigma 가 해독되면서 연합군 항공기들은 U-boat 의 몇몇 재보급 지점을 탐색하고 위치를 찾을 수 있었다. 비록 작은 사례이었지만 U-boat 들은 특별히 설계된 Tanker U-boat 로부터 연료와 보급을 받아 대서양에서의 임무시간을 더 연장하였다. Biscay 만은 연합군의 주된 탐색가능 지역이었지만 약 130,000 평방 마일의 광활한 지역이었다. 연합군의 항공탐색은 유리한 점이 확실히 있었다. 앞서 언급한 바와 같이 U-boat 는 Biscay 만을 통해 프랑스의 항구들을 오갈 수 밖에 없었다. 따라서, Biscay 만의 U-boat 밀도는 다른 어떤 잠재적 탐색 지역보다 높았다.

또한, 당시 잠수함 기술로는 무한정 수중에 머물 수 없었다. U-boat 는 디젤 엔진과 배터리, 두 가지 동력원으로 작동했다. 배터리만으로는 U-boat 는 수중에서 약 100 해리를 항해할 수 있었다. 디젤 동력으로 운항하면서 배터리를 충전하기 위해서는 거의 3 시간 동안 부상해 있어야 했다. 또한 U-boat 는 Biscay 만으로 이동할 때 어떤 지점부터는 부상해서 이동해야 했다. 부상해서 항해하는 U-boat 는 잠항하는 U-boat 들보다 훨씬 위치를 식별 당하기가 용이했다.

1941 년에서 1944 년 사이에 연합군 공군은 Biscay 만을 집중적으로 탐색했다. 초기에는, U-boat 의 발견과 격침은 드문 일이었지만, 레이더 등 신기술 개발 및 개발이 진행되는 전쟁 내내, 연합군 공군기들은 U-boat 를 발견하고 침몰시키는 데 더 능숙해졌다. 독일군들은 Biscay 만을 통과하는 횟수를 줄이기 위해 Tanker U-boat 를 운용했다. Tanker U-boat 는 이미 대서양에서 작전중인 U-boat 에 연료와 보급품을 실어 나르도록 개조된 U-boat 이다. Tanker U-boat 는 최대 10 척의 U-boat 에 재보급할 수 있었으며 재보급 받은 U-boat 들은 대서양에서 30 일을 더 작전할 수 있었다. 일반적으로 U-boat 는 출항 후 30 일 작전이 가능했는데 재보급을 받으면 추가로 30 일 작전이 더 가능했다. 이러한 재보급은 계속해서 여러 번 지속할 수도 있었다. 그러나 Tanker U-boat 의 수는 제한되어 있었고, 연합군 공군은 이를 강력한 독일군 지원능력으로 인식해서 Tanker U-boat 를 가차없이 공격하였다. U-boat 가 프랑스 항구로 복귀하는 것은 연합군이 탐색 중인 Biscay 만을 통과하도록 강요하는 것 외에, 격침되어 다시는 바다에 나오지 않을 위험이 있기 때문에 대단히 힘든 항해였다.

독일군 U-boat 정비시설은 정비기술자와 부품의 부족으로 아주 힘든 상황이었고 이러한 문제점을 극복하려는 독일군 지휘부의 노력은 궁극적으로 실패하였다. 정비의 지연현상은 전쟁 기간 내내 더 증가되었고 작전이후 복귀한 U-boat 들은 전쟁의 나머지 기간 동안 정비를 위해 Dry-dock 에서 대기하는 상황이 많아졌다.

Biscay 만 전역의 중요성에 대해 알아본다. 연합군의 탐색기와 독일군 U-boat 의 갈등구조는 기술의 상태와 발전에 의해 양측의 전략적 또는 전술적 의사결정에 크게 영향을 미쳤다. 추가적으로 운영분석 학문은 탐색전략을 모델링하고 최적화하려는 시도에서 탄생했다. Biscay 전역은 기술의 '시소' 또는 '줄다리기'로 묘사되었다. 독일군들은 U-boat 를 무기한 수중에 머물 수 있도록 하는 스노클을 장착하기 전까지는, 연합군의 탐색 레이더와 U-boat 에 채택된 대레이더 대책에 기술적인 초점이 맞추어졌다.

기술의 경쟁 결과로 인해 양측에 더 큰 전술적 및 전략적 문제가 발생했다. U-boat 는 잠항해서 Biscay 만 전체를 통과할 수 없었기 때문에 언제 얼마나 오랫동안 부상하여 항해하는가 하는 문제에 직면했다. U-boat 는 잠항보다 부상해서 항해하는 것이 더 빨랐다. 해상항해는 평균 10 Knot 속력을 낼 수 있었고 잠항은 평균 2.5 Knot 속력을 낼 수 있었다. 그리고 Biscay 만에서 보내는 시간이 짧다는 것은 대서양에서 활동하는 시간이 길다는 것을 의미한다. 그러나 해상 노출이 증가하면서 연합국 항공기에 의해 탐지되고 파괴될 위험성이 증가하게 되었다. 잠항은 U-boat 의 취약점은 줄여주지만 이동 시간은 크게 증가하였다. 야간에 해상기동하는 것은 일반적으로 주간기동보다 더 안전하지만, 야간에만 해상기동을 취하는 전략은 연합군이 야간에만 탐색하도록 유도할 것이다.

마지막으로, 탐색신호 수신기 형태의 대책을 사용하는 것은 U-boat 에 접근하는 연합군 항공기에 대한 사전 경고를 줄 수 있다. 단점은 이 원시적인 탐색신호 수신기가 전파를 발산하여 연합국 항공기가 U-boat 를 탐지하고 추적할 수 있는 부작용이 있다는 것이었다. 연합군도 탐색시간, 탐색위치, 탐색빈도에 대한 고민과 제한된 자원으로 독일군과 비슷한 문제에 직면해 있었다. 주간탐색과 야간탐색의 효과는 큰 차이가 있었다.

Biscay 전역의 어느 특정 시점에서 발견된 U-boat 를 격침시킬 확률이 계산되었다. 주간에는 격침확률이 약 40%인 반면 야간에는 11%에 불과했다. 연합군 항공기의 효율성이 더 높았던 시기에, 연합군의 탐색작업이 주간 탐색으로 제한되었다면, U-boat 는 야간에만 해상기동을 했을 것이다. 이러한 문제는 전쟁 중 연합군의 의사결정권자들이 직면한 게임이론 문제들이었다.

10.5.2 연구 목적

본 연구의 목적은 게임이론에 의해 양측이 취한 전략의 효과를 확인하는 것이다. Agent 기반 모델로 구현된 전역모델을 구성하여 독일군의 U-boat 운영과 제 2 차 세계대전 중 Biscay 만에서의 U-boat 운영상태와 연합군의 U-boat 탐색 노력을 모의하고 Agent 기반 시뮬레이션을 위한 시나리오를 제공한다. 모델은 객체지향 컴퓨터 언어를 사용하여 설계되었으며 과거 데이터에 의해 실행된다. 시뮬레이션 결과를 분석하여 다양한 전략적 효과를 확인하는 것이 이 연구의 목적이다. Biscay 만에서 U-boat 를 찾고 격침하는 것의 효과에 대한 시나리오와 시뮬레이션 결과를 역사적 관점으로 해석해 보일 것이다. 본 연구는 도시의 주야간 탐색 전략을 인용한 것이다. 연합군 공군과 모델에 표현된 U-boat 의 부상 전략을 순수전략에서 혼합전략에 이르는 세 가지 다른 시나리오를 구성해서 결과를 비교하고 게임이론에 기반한 논리적 결론을 검증한다.

10.5.3 모델 표현

Biscay 만 시뮬레이션은 JAVA 로 코딩되었고, 이것은 객체 지향적인 컴퓨터 프로그래밍이다. 이 모델에서는 먼저 연합국 자료에서 직접 발견된 역사적 사실과 독일측의 전투 참가자에서 자료를 얻었으며 공격적인 탐색과 직접적으로 관련된 연구 발표를 사용하였다. 또한 Biscay 만 전역에서 파생된 데이터를 사용하였고 앞에서 언급된 자료들이 서로 상충될 때는 전문가들의 의견을 들어서 확정하였다.

먼저 가정사항을 수립하였는데 다른 모델과 마찬가지로 미리 설명해야 하는 몇 가지 주요 가정이 있다. 모의 시간은 2 분 단위로 갱신된다. 모형에서 ‘주간’은 해상박명초와 해상박명종 사이의 기간으로 정의된다.

시뮬레이션에서 연합군 탐색기와 U-boat 는 'Fleet 수준' 또는 'Squadron 수준' 속성을 갖는 독립 Agent 이다. 이것은 모든 탐색기가 동일한 항공속도, 탐지능력 등을 가지고 있지만 각각은 다른 Agent 와 독립적으로 행동한다는 것을 의미한다. 탐색기와 U-boat Agent 모두 역입체 방식으로 운용되는 감지센서가 있다. 탐색기는 200 × 350 평방 해리(Nautical Mile, NM) 지역을 탐색하는데 50 × 50 평방 NM 크기의 비중첩구간 28 개를 1 일 1 대 이상 항공기가 각 구역을 탐색하도록 할당되어 있다. 최대 40 대의 연합군 탐색기가 프랑스 해안과 적 전투기의 사정권을 피해서 영국 남부에 있는 기지에서 할당된 탐색 구역으로 진입한다.

모델에서는 적 전투기는 모델링하지 않는다. 탐색기 이륙시간은 모의실험 하루(24 시간)당 무작위로 생성되며, 전날 착륙시간과 당일 이륙시간의 최소 12 시간 사이에서 만들어진다. 이륙 전에 정비취소가 발생하면 탐색기 이륙을 하루 지연시킨다. 기상에 의한 비행 취소는 전체 비행일에 영향을 미치며 당일의 모든 비행을 취소한다.

탐색기는 시속 120 Knot 로 이동하며, 연료용량의 70%를 사용하거나 U-boat 를 공격하는 데 모든 탄약을 다 사용했을 때까지 비행할 수 있다. 탐색기는 U-boat 가 수면으로 부상할 때만 탐지할 수 있으며, U-boat 가 사정권 안에 있으면 탐지된 U-boat 를 모두 공격한다. 탐색기는 단 한번의 공격에 탑재된 모든 탄약을 모두 투하하고 즉시 기지로 복귀한다. 탐색기는 단독으로 비행하며, 다른 항공기와는 통신하지 않는다. 탐색기는 지정된 구역을 탐색할 때 교차 장벽 탐색 패턴을 사용한다. 사고에 의한 항공기 손실과 능동적 U-boat 방어에 의한 항공기 손실은 고려하지 않는다.

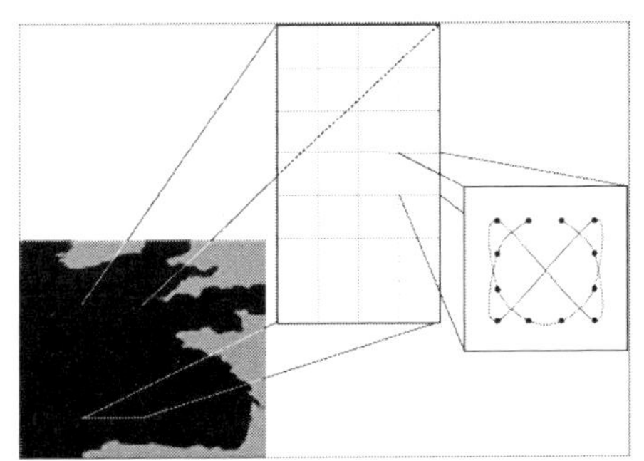

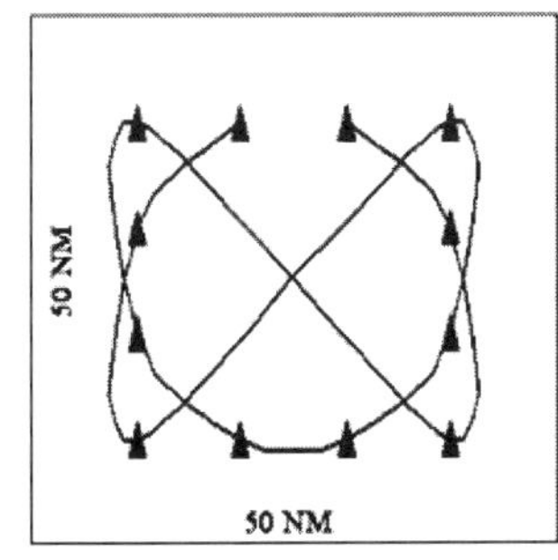

그림 10.5.2 교차 장벽 탐색 패턴

시뮬레이션은 70 척의 U-boat 가 모두 Biscay 만 전체에 균일하게 분포된 상태에서 시작된다. 절반은 북대서양으로, 나머지 절반은 모항으로 향한 상태이다. U-boat 는 프랑스의 5 개 항구 중 하나에 균등하게 할당된다. 한 기지에 들어오는 U-boat 는 25 일에서 40 일간의 정비기간 동안 그곳에 머무른다. U-boat 는 해상에서 10 Knot 로 이동하고 잠항은 2.5 Knot 로 가능하다. 100 NM 마다 U-boat 는 배터리를 충전하기 위해 최소 3 시간을 부상해야 한다. 일단 탐색기에 의해 U-boat 가 탐지하면 U-boat 는 탐지를 피하기 위해 즉시 잠수한다. U-boat 는 그들의 기지로부터 대서양 공해상으로 가는 가장 짧은 길을 이용해서 왕복한다. U-boat 는 30 일간의 보급품을 가지고 출항하고, 보급품이 다 소비된 상태에서 기지로 복귀한다. 모든 U-boat 는 북대서양에 진입하면 연료가 보충되고 다시 공급될 확률은 0.25 이고 재보급이 되면 추가로 30 일 간 작전이 가능하다. 작전기간을 더 연장할 있는 Tanker U-boat 는 명시적으로 모델링되지는 않았다.

10.5.4 분석 방법론

역사적으로 연합군과 독일군은 상대보다 우위를 점하려는 의도로 서로 다른 작전과 전략을 시험했다. 연합군은 주간과 야간 사이에 탐색 비율을 어떻게 분리할 것인지에 대한 탐색전략을 가지고 있었다. 마찬가지로 독일군들은 해상으로 부상이 허용될 때 언제 부상할 것인지에 대한 부상전략을 가지고 있었다. 예를 들어, 순수한 야간 부상전략은 U-boat 의 야간 부상만 허용하는 것과 같은 것이다.

결국 연합군의 운영분석가들은 '균형 잡힌 전력' 개념을 옹호하였는데 U-boat 가 주간에 부상한다면 연합군 탐색기들이 야간에 탐색하는 것은 별 의미가 없다는 것이 그 이유였다. 반대로 U-boat 는 탐색항공기를 회피하기를 바랐다. 논리적으로 생각해보면 이것을 달성하기 위한 가장 쉬운 방법은 탐색항공기가 운용되지 않을 때 해면으로 부상하는 것이다. 하지만, 이 논리는 반대로 연합군이 역으로 적용할 수 있는 것이다. 그래서 U-boat 는 이러한 위험을 줄이기 위해 주간과 야간 모두 해면으로 부상하는 전략을 채택했다.

게임이론의 개념을 사용하여 Biscay 만 전역을 두 명의 경기자가 있는 경쟁적인 게임과 같이 나타낼 수 있다. 이 경기자들은 연합군 탐색항공기 집합체과 독일군 U-boat 의 집합체로 정의된다. 연합군과 독일군 양측 모두 합리적인 경기자로 간주된다.

어느 쪽도 상대방의 정확한 전략을 알지 못하기 때문에 완벽한 정보가 없었다. 이 특정 게임의 목적은 독일군은 탐지를 최소화하기를 원하는 반면 연합군은 탐색항공기에 의해 탐지된 U-boat 의 수를 최대화하는 것이다. 연합군은 두 가지 순수 탐색전략을 가지고 있었다. 즉, 주간에만 탐색하고 야간에만 탐색을 한다는 것이다. 마찬가지로, 독일군들은 주간에만 부상하는 것과 야간에만 부상하는 것 두 가지 순수 부상전략을 가지고 있었다. 그러나, 사람이 게임을 공식화할 때는 혼합전략이 포함되어 있으며 다양한 확률을 가진 혼합전략으로 탐색전략과 부상전략을 분할할 수 있다. x_1을 연합군의 주간 탐색전략으로 하고, x_2를 야간 탐색전략이라 하자. 그리고 α_1을 연합군의 주간 탐색비율이라고 하고 α_2를 야간 탐색비율이라고 하면 연합군의 탐색전략 A_s는 다음과 같이 표현할 수 있다.

$$A_s \in (\alpha_1 x_1, \alpha_2 x_2)$$
$$\alpha_1, \alpha_2 \in [0, 1]$$
$$\alpha_1 + \alpha_2 = 1$$

동일한 논리로, y_1 을 독일군의 주간 부상전략으로 하고, y_2 를 야간 부상전략이라 하자. 그리고 β_1을 연합군의 주간 부상비율이라고 하고 β_2를 야간 부상비율이라고 하면 독일군의 부상전략 B_s는 다음과 같이 표현할 수 있다.

$$B_s \in (\beta_1 y_1, \beta_2 y_2)$$
$$\beta_1, \beta_2 \in [0, 1]$$
$$\beta_1 + \beta_2 = 1$$

x 와 y 는 고정되어 있기 때문에 단순화를 위해 여기서부터는 (α_1, α_2) 와 (β_1, β_2) 로 혼합전략을 표기한다. 예를 들어, 연합군의 탐색전략인 (0.7, 0.3)은

70%의 주간탐색을 의미하며 30% 야간탐색. 이 공식은 이 책의 3.5.3 절의 Blotto 대령게임과 매우 유사하다. Blotto 대령게임은 2 인 Zero-Sum 게임이다. 두 상대 경기자 모두 자신의 전투를 분산시킬 수 있는 독립적인 전장이 있는 곳에서 상대방의 분포를 모르는 상태에서 어떤 목적을 극대화하기 위해 자원을 분할하는 게임이다.

주간과 야간을 독립적인 두개의 전장으로 생각하고 연합군 탐색기와 독일군 U-boat 부상을 분할할 전략으로 간주하면 이 문제는 Blotto 대령 게임과 동일하다. 일반적인 게임은 게임 보수행렬을 생성하여 분석된다. 표 10.5.1 은 각 경기자의 전략과 그에 따른 보수를 나타낸다. 보수는 값으로 표현되거나 결정론적 함수가 된다.

이러한 게임 상황은 수학적으로 지배적인 전략이나 균형을 결정한다. 그러나 Biscay 만 전역은 많은 확률론적 특징을 가진 매우 복잡한 게임 상황이다. 이 게임의 보수를 결정하기 위해 여기에서는 시뮬레이션을 통해 보수행렬을 만들었고 여러 번의 게임의 결과로 반응표면을 만드는 것을 궁극적인 목표로 하였다. 따라서 다양한 실험 Case 모델링 및 분석이 필요하다.

표 10.5.1 전형적인 게임 보수행렬

	B_1	B_2	B_3	…	B_n
A_1	P_{11}	P_{12}	P_{13}	…	P_{1n}
A_2	P_{21}	P_{22}	P_{23}	…	P_{2n}
A_3	P_{31}	P_{32}	P_{33}	…	P_{3n}
⋮	⋮	⋮	⋮	⋮	⋮
A_m	P_{m1}	P_{m2}	P_{m3}	…	P_{mn}

10.5.5 시나리오 및 실행 설계

이 연구의 목적은 다양한 전략의 조합이 U-boat 탐지 횟수와의 관계를 규명하고 그 효과를 탐구하는 것이다. 세 가지 다른 시나리오가 설정되었다. 첫 번째 시나리오는, 연합군과 독일 양국이 '고정된' 전략을 가지고 있으며 시뮬레이션 동안 전략들은 변하지 않는다. 결과는 반응표면 방법론을 사용하여 분석되었다. 두 번째 시나리오의 경우 한 쪽은 전략이 고정된 상태에서 상대방은 전략을 적응조정할 수 있도록 허용한다. 두 번째 시나리오의 결과는 첫 번째 시나리오의 결과와 비교된다. 마지막으로 세 번째 시나리오는 양측이 모두 시뮬레이션 동안 전략을 적응조정할 수 있는 경우이다.

특히 순수전략을 사용하려면 연합군 탐색기와 U-boat 모두 기본 모델의 코드에 추가되는 엄격한 지침이 필요했다. 연합군 탐색기의 경우, 주간과 야간 사이에서 이륙시간과 탐색 노력의 적절한 분산을 위한 일정계획이 필요했다. U-boat 의 경우, 모든 U-boat 가 주야간 동안 전반적인 부상전략을 준수해야 하는 조건부 지침을 제작하였다. 추가적인 엄격한 규칙이 순수전략의 경우 모델에 적용되었다.

모델의 또 다른 수정은 두 경기자 중 하나 또는 둘 다 동시에 인지된 조건하 그들의 전략을 조정할 수 있도록 가능케 하는 것이었다. 알고리즘은 단순하게 설계되었으며 각자가 사용할 수 있는 데이터만 사용하고 실행하는 데 시간이 조금밖에 걸리지 않도록 했다. 알고리즘은 과거전략은 전략의 평균형태로 이용하였고 현재전략, 현재전략만으로 기반한 예정전략, 바로 생성된 결과를 이용하였다. 이러한 3 가지 요소는 새로운 전략 설정을 생성하기 위해 가중치를 주어 통합되었다. 시나리오 1 과 2 의 경우, 시뮬레이션은 1943 년 4 월부터 1943 년 9 월까지 기간으로 진행되었다. 역사적으로 이 시기에는 주요 기술이 변화가 없었으며 주간 탐지조건하 격침확률은 0.41 이었고 야간 탐지조건하 격침확률은 0.11 이었다.

시나리오 1 은 두 경기자 모두에게 고정된 전략이 적용되었다. 2^3 개의 완전 요인 설계가 전략의 조합을 탐색하는 데 사용되었다. 각각 선택된 세 가지 설정이 경기자의 전략은 다음과 같다.

탐색 항공기: (1, 0), (0.5, 0.5), (0, 1)

U-boat: (1, 0), (0.5, 0.5), (0, 1)

표 10.5.2 는 9 개의 실험 Case 을 나타낸다.

표 10.5.2 실험을 위한 실험 Case

실험 Case	연합군 탐색 전략	U-boat 부상 전략
1	(1, 0)	(1, 0)
2	(1, 0)	(0.5, 0.5)
3	(1, 0)	(0, 1)
4	(0, 1)	(0, 1)
5	(0.5, 0.5)	(1, 0)
6	(0.5, 0.5)	(0.5, 0.5)
7	(0.5, 0.5)	(0, 1)
8	(0, 1)	(1, 0)
9	(0, 1)	(0.5, 0.5)

각 실험 Case 를 20 회 반복하여 12 개월의 모의 준비시간을 적용했다. U-boat 를 전개시킨 후 데이터 수집을 위해 6 개월의 모의 시간을 진행시켰다.

시나리오 2 는 고정된 전략을 가진 한 명의 경기자와 적응전략을 가진 한 명의 경기자로 진행하였다. 적응전략은 모의시간상 월간 단위로 발생하도록 하였다. 표 10.5.2 의 9 개의 실험 Case 를 사용하였으며, 동일한 개수의 반복과 실행 길이를 사용하였다. 이 시나리오는 2 개의 시나리오로 나눌 수 있는데 2A 는 연합군 탐색항공기에게만 적응전략이 허용된 경우이고 2B 는 U-boat 만 부상전략이 적응전략으로 허용된다. 시나리오 3 은 두 경기자 모두에게 적응전략을 허용하였다. 이를 평가하기 위해서 표 10.5.3 과 같이 실험 Case 를 선택했다.

표 10.5.3 시나리오 3 실험 Case

실험 Case	연합군 탐색 전략-시작	U-boat 부상 전략-시작
1	(1, 0)	(0, 1)
2	(1, 0)	(1, 0)
3	(0.5, 0.5)	(0.5, 0.5)

이 경우는 어떤 시작전략을 사용하든 단지 3 실험 Case 만을 사용하므로, 시간이 지남에 따라 양측의 적응은 유사한 전략을 산출할 것이다. 이 세 가지 실험 Case 는 순수 상대전략, 순수 일치전략과 일치 혼합전략의 초기 조건을

나타낸다. 데이터 수집 기간과 적응전략이 장기적으로 안정화되는지와 어떻게 안정화되는지 조사하는 데 긴 기간이 필요한다. 각 실행에는 다시 20 번의 반복으로 전략의 적응은 매달 발생했으며, 준비기간 12 개월 준비기간, 12 개월 데이터 수집기간이 필요했다.

10.5.6 분석 및 결과

단순화된 게임 보수행렬을 설정함으로써 이 게임 시나리오를 시작한다. 서로 대립하는 순수전략이 발생하는 두 가지 실험 Case 에서는 U-boat 가 탐지되지 않을 것이라고 논리적으로 말할 수 있다. 연합군 탐색기가 주간에만 수색하고 U-boat 가 야간에만 해면으로 부상한다면 U-boat 는 발견되지 않아야 한다. 그 반대로 U-boat 가 주간에만 해면으로 부상하고 연합군 탐색기는 야간에만 탐색한다면 U-boat 는 발견되지 않아야 한다.

표 10.5.4 초기 분석

	B_s				
A_s	(0, 1)		(0.5, 0.5)		(1,0)
(0, 1)	다수				0
(0.5, 0.5)	몇몇		몇몇		몇몇
(1, 0)	0		몇몇		다수

이 초기 분석은 시나리오, 가운데 어딘가에 균형이 존재할 수 있음을 나타내는 것으로 보인다. 실제 실험 결과는 표 10.5.5 에 나열되어 있으며, 이는 평균 탐지 횟수를 보여준다. (6 개월 이상 기간 동안 20 회 반복).

표 10.5.5 시나리오 1 실험 결과

실험 Case	연합군 탐색 전략	U-boat 부상 전략	평균 U-boat 탐지 횟수
1	(1, 0)	(1, 0)	275.1
2	(1, 0)	(0.5, 0.5)	233.45
3	(1, 0)	(0, 1)	0
4	(0, 1)	(0, 1)	746.75
5	(0.5, 0.5)	(1, 0)	77.45
6	(0.5, 0.5)	(0.5, 0.5)	273.8
7	(0.5, 0.5)	(0, 1)	146.2
8	(0, 1)	(1, 0)	0
9	(0, 1)	(0.5, 0.5)	374.65

표 10.5.5 에 제시된 데이터를 사용하여 반응표면 방법론을 적용한 분석을 수행하기 위해 모든 데이터는 통계 소프트웨어 버전을 사용하여 분석하였다.

표 10.5.6 Summary of Fit

R Square	0.948501
R Square Adjutsted	0.947021
Root Mean Square Error	50.56183
Mean of Response	236.3778
Observations	180

표 10.5.7 Analysis of Variance

Source	DF	Sum of Squares	Mean Square	F Ratio
Model	5	8192859.6	1638572	640.9439
Error	174	444830.7	2556	Prob > F
C. Total	179	8637690.3		<.0001

표 10.5.8 Lack of Fit

Source	DF	Sum of Squares	Mean Square	F Ratio
Lack of Fit	3	360068.31	120023	242.1344
Pure Error	171	84762.40	496	Prob > F
Total Error	174	444830.71		<.0001
				Max. Rsq
				0.9902

모델의 추정 회귀식은 식 (10.5-1)과 같다.

$$Z = 690.5077 + 423.27\alpha_1^2 - 1138.475\alpha_1 + 1021.85\alpha_1\beta_1 - 345.53\beta_1^2 - 345.525\beta_1 \quad (10.5\text{-}1)$$

여기서, α_1 은 탐색기의 주간 탐색전략의 비율, β_1 은 U-boat 의 주간 부상전략의 비율, Z는 탐지된 U-boat 의 횟수이다. 탐색기의 야간 전략인 α_2는 $1-\alpha_1$ 이다. 마찬가지로 β_2 의 경우, U-boat 야간전략은 $1-\beta_1$ 이다. 그림 10.5.3 은 α 축에 대한 탐색기 주간전략을 사용하고 β 축에 U-boat 주간전략을 위치시켜 등치선도를 그린 것인데 혼합전략에 대한 존재하는 균형을 나타낸다.

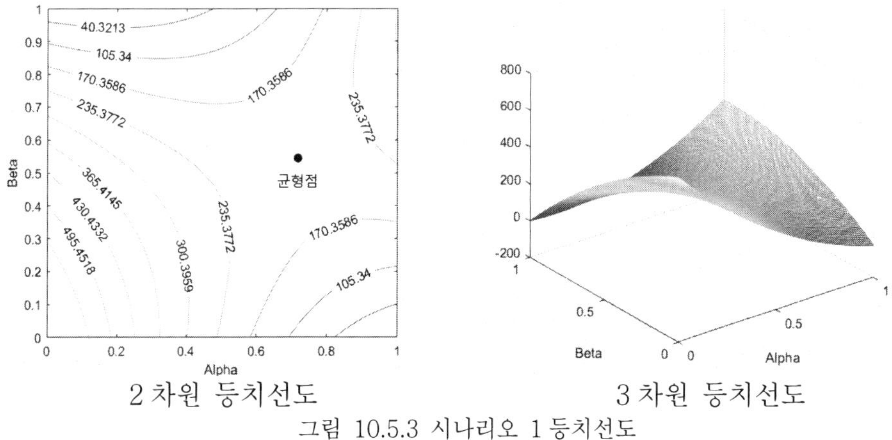

2 차원 등치선도 3 차원 등치선도

그림 10.5.3 시나리오 1 등치선도

연합군 탐색기의 전략균형의 위치는 (0.699, 0.301)이며 독일군 U-boat 의 전략균형의 위치는 (0.534, 0.466)이다. 이러한 결과는 연합군은 주간에 거의 70%를 야간에는 30% 정도의 탐색시간을 배분하는 것이다. U-boat 는 주야간 거의 대등하게 해면으로 부상한다. 야간에 U-boat 를 탐지하는 것이 훨씬 더 어려우므로 연합군의 균형에서 주간보다 야간 탐색 비율이 높아야 하는 것이 당연해서 언뜻 보기에는 이 균형은 비논리적으로 보인다.

그러나 결과는 역사적 사실을 확인해 보면 부합한다. 1943 년 4 월부터 1943 년 9 월까지 Biscay 만의 경도와 위도를 기준으로, 야간은 24 시간의 33%에 해당하는 약 8 시간에 불과하다. 기본적으로 균형에서 하루의 약 66%의 주간 시간과 일치하는 탐색 작업의 70%가 주간인 것은 잘 부합한다. 또한 하루의 33% 동안 30%의 야간탐색은 잘 일치하는 것으로 보인다.

앞서 언급했듯이, 연합군은 U-boat 가 주간과 야간에 똑같이 해면으로 부상하는 것이 위험하도록 균형 잡힌 전력을 운용했다. 24 시간 동안 적절한 공격능력의 균형이 굉장히 중요한 것으로 여겨졌다. 동일하게 U-boat 의 혼합전략도 연합군이 주야간 탐색작전을 실시하로록 강요하는 균형점을 가지는 것으로 역사적 사실과 부합한다.

시나리오 2 는 만약 두 경기자 중 한 명이 자신의 전략을 시간이 지남에 따라 적응하여 변경할 수 있는 반면, 다른 경기자의 전략은 고정된 상태로 유지된다면, 적응할 수 있는 경기자는 자신에게 유리하게 전략을 변경할 것이라는 논리적인 결론이 나온다. 예를 들어, 탐색항공기가 전략을 적응할 수 있게 한다면, 그들은 U-boat 의 부상전략을 파악하여 가능한 많은 U-boat 를 발견할 수 있도록 그 전략과 거의 일치시킬 수 있을 것이다. 마찬가지로, U-boat 가 적응할 수 있게 한다면, 탐지빈도를 최소화하기 위해 탐색항공기가 가장 적게 탐색하는 시간에 부상할 수 있을 것이다. 이러한 결과로 인해 시나리오 1 에서 발견된 반응표면은 평탄해지고 균형점은 사라질 것이다.

시나리오 2A 에 의한 실험 결과는 표 10.5.9 와 같다.

표 10.5.9 시나리오 2A 실험결과

실험 Case	연합군 탐색전략 (시작)	평균 탐색전략 (종료)	U-boat 부상전략	평균 U-boat 탐지 횟수-시나리오 1	평균 U-boat 탐지 횟수 시나리오 2A	변화
1	(1, 0)	(0.925, 0.075)	(1, 0)	275.1	103.7	감소
2	(1, 0)	(0.532, 0.468)	(0.5, 0.5)	233.45	101.7	감소
3	(1, 0)	(0.182, 0.818)	(0, 1)	0	171.7	증가
4	(0, 1)	(0.076, 0.924)	(0, 1)	746.75	225	감소
5	(0.5, 0.5)	(0.889, 0.111)	(1, 0)	77.45	101.15	증가
6	(0.5, 0.5)	(0.49, 0.51)	(0.5, 0.5)	273.8	105.4	감소
7	(0.5, 0.5)	(0.116, 0.884)	(0, 1)	146.2	210.45	증가
8	(0, 1)	(0.816, 0.184)	(1, 0)	0	91.6	증가
9	(0, 1)	(0.467, 0.533)	(0.5, 0.5)	374.65	112.7	감소

항공기의 평균 종료 탐색 전략은 6 번의 업데이트(6 개월) 후에야 해당 전략이 U-boat 의 부상전략과 매우 유사하다는 것을 보여준다. 적응 알고리즘은 U-boat 탐지횟수를 최대화하기 위해 독일군의 전략을 극복하는 데 제대로 작동했다. 이를 입증하기 위해 시간 경과에 따른 항공기 전략의 적응을 보여주는 두 개의 그래프가 그림 10.5.4 에 표시되어 있다. 그림 10.5.4 중 첫 번째 실험 Case 9 에 대한 모든 20 개의 반복 실험데이터에 대한 일일 전략을 보여주고, 그 다음 그림은 실험 Case 9 의 일일평균 전략을 보여준다.

결과에 대해 반응표면모델을 적용시켜 보았다. 이 모델의 조정된 R^2 값은 0.927 이었다. 항공기 탐색전략이 (0.538, 0.462)이고 U-boat 부상전략이 (0.787, 0.213)일 때 모델의 균형점을 발견했지만, 모델의 등치선 그래프는 표면이 상당히 평탄해졌음을 보여준다. 많은 시간이 더 지나 업데이트가 더 많이 진행되면 이 균형점이 곧 사라질 것으로 예상된다. 또한, 이 모델은 적응 후의 전략이 아닌 초기 전략을 사용하여 구축되었음을 인식해야 한다. 모델의 추정 회귀식은 식 (10.5-2)과 같다.

$$Z = 225.9 - 18.4\alpha_1^2 - 31.7\alpha_1 + 65.4\alpha_1\beta_1 + 176\beta_1^2 - 312.267\beta_1 \qquad (10.5\text{-}2)$$

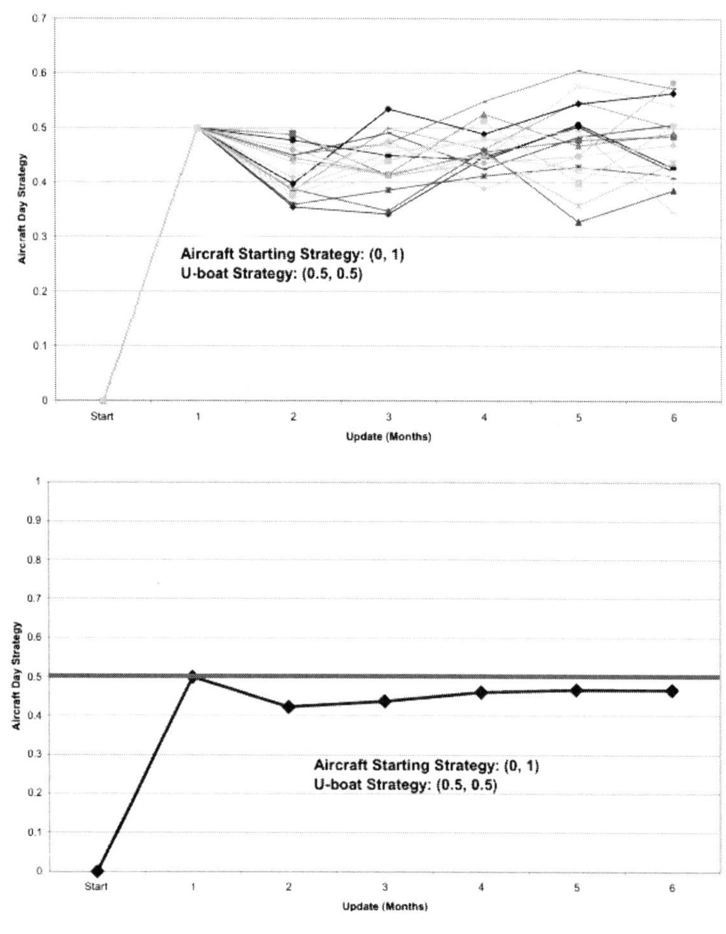

그림 10.5.4 연합군 탐색항공기 전략비율

4 개의 실험 Case 에서 평균 탐지 횟수가 증가했다. 이 중 2 가지 경우는 대립하는 전략을 가진 실험 Case 들이다. 나머지 2 가지 경우는 탐색항공기의 탐색 전략이 (0.5, 0.5)에서 시작하여 U-boat 의 순수전략으로 적응할 때 발생한다.

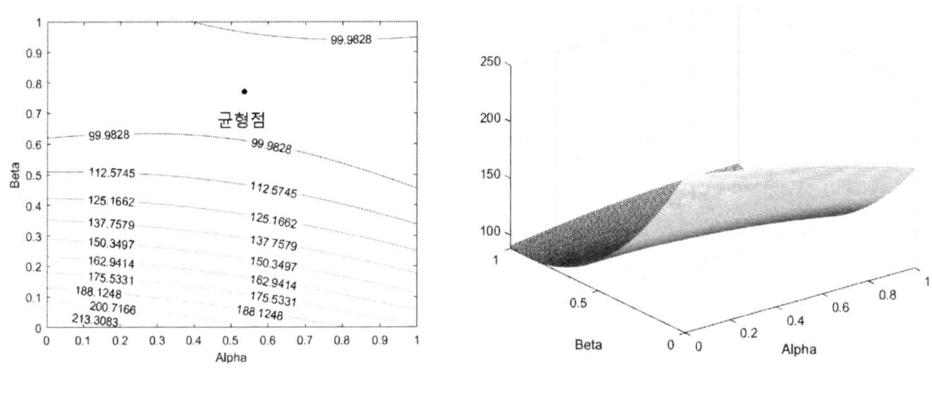

2 차원 등치선도 3 차원 등치선도

그림 10.5.5 시나리오 2A 등치선도

그러나 나머지 5 가지 경우에서는 평균 탐지횟수가 감소했다. 그 이유는 적응 알고리즘 자체의 논리에 있다. 첫째, 항공기의 알고리즘은 상대방의 적응을 고려하여 항공기가 순수전략에 도달하거나 이를 유지하는 것을 허용하지 않는다. 그 이유는 항공기가 하루 중 일부 시간대에 비행하지 않으면, 그 시간에 U-boat 가 부상하는지 알 수 없기 때문이다. 알고리즘은 순수전략을 자동으로 혼합전략인 (0.5, 0.5)로 전환하고, 그 지점에서 적응을 시작한다. 예를 들어, 실험 Case 1 에서 항공기의 전략은 초기에는 U-boat 의 전략과 일치하지 않게 적응하며, 이는 시나리오 1 과 달리 계속 일치하지 않는다. 그 결과 6 개월 동안 더 적은 수의 U-boat 가 발견되었다. 둘째, 알고리즘은 적응할 수 있는 시간이 6 번의 업데이트로 제한되어 있었다. 시간이 더 주어진다면 탐지 평균이 감소한 실험 Case 들의 결과도 결국 증가하거나 최소한 두 평균 간의 통계적 차이가 없을 만큼 가까워질 것으로 예상된다.

시나리오 2B 는 U-boat 가 부상전략을 적응하도록 허용하는 경우이다. 다음 표는 U-boat 탐지의 평균 횟수를 보여주고 이를 시나리오 1 의 결과와 비교하고 있다.

표 10.5.10 시나리오 2B 실험결과

실험 Case	연합군 탐색전략	U-boat 부상전략 (시작)	U-boat 부상전략 (종료)	평균 U-boat 탐지 횟수 (시나리오 1)	평균 U-boat 탐지 횟수 (시나리오 2B)	변화
1	(1, 0)	(1, 0)	(0.013, 0.987)	275.1	22.1	감소
2	(1, 0)	(0.5, 0.5)	(0, 1)	233.45	13.3	감소
3	(1, 0)	(0, 1)	(0, 1)	0	0	동일
4	(0, 1)	(0, 1)	(1, 0)	746.75	27.95	감소
5	(0.5, 0.5)	(1, 0)	(0.568, 0.432)	77.45	97.45	증가
6	(0.5, 0.5)	(0.5, 0.5)	(0.367, 0.633)	273.8	110.95	감소
7	(0.5, 0.5)	(0, 1)	(0.374, 0.626)	146.2	102.9	감소
8	(0, 1)	(1, 0)	(1, 0)	0	0	동일
9	(0, 1)	(0.5, 0.5)	(0.950, 0.050)	374.65	99.5	감소

표 10.5.10 의 결과는 U-boat 의 알고리즘이 탐색항공기의 전략에서 벗어나 적응하는 데 매우 잘 수행되었음을 보여준다. 그림 10.5.6 의 2 가지 그림은 실험 Case 9 에 대한 모든 20 번의 반복에 대한 일일 전략과 모든 반복에 대한 일일 평균 전략을 보여준다. 표 10.5.10 는 또한 이 알고리즘이 항공기의 알고리즘보다 이러한 상황에서 더 나은 성능을 발휘했음을 보여준다. 원래 실험 Case 중 하나를 제외하고 모두 평균 탐지 수가 감소하거나 변경되지 않았다. 즉, 변경 사항이 없는 것은 실험 Case 3 과 8 로, 원래 U-boat 가 전혀 없는 순수전략에 반대된다. 0 에서 감소하는 것은 불가능하다.

이번에도 결과는 반응표면 모델을 맞추는 데 사용되었다. 모델의 조정된 R^2는 0.6399 로 이전 두 모델보다 데이터 내 변동이 더 많았음을 의미한다. 그러나 분석 소프트웨어는 균형점을 찾지 못했다. 실제로 탐색항공기 전략(0.448, 0.552)과 U-boat 부상전략(0.476, 0.524)에서 최대값이 나타났다. 그림 10.5.7 의 모델의 등치선에서 표면의 최대값을 보여준다. 탐색항공기에 순수전략이 있으면 U-boat 가 반대 순수전략에 빠르게 적응한다. 탐색항공기가 (0.5, 0.5) 혼합전략을 가지고 있는 경우, (0.5, 0.5) 전략을 향해 이동하고 결국에는 안전한 순수전략을 찾을 수 없다. 훨씬 더 많은 U-boat 가 이러한 실험 Case 5, 6, 7 에서 발견되어

비선형성 및 국부적 최대값을 강제한다. 모델의 추정 회귀식은 식 (10.5-3)과 같다.

$$Z = 45.92 - 306.5\alpha_1^2 + 250.79\alpha_1 + 50.05\alpha_1\beta_1 - 131.40\beta_1^2 + 102.60\beta_1 \quad (10.5\text{-}3)$$

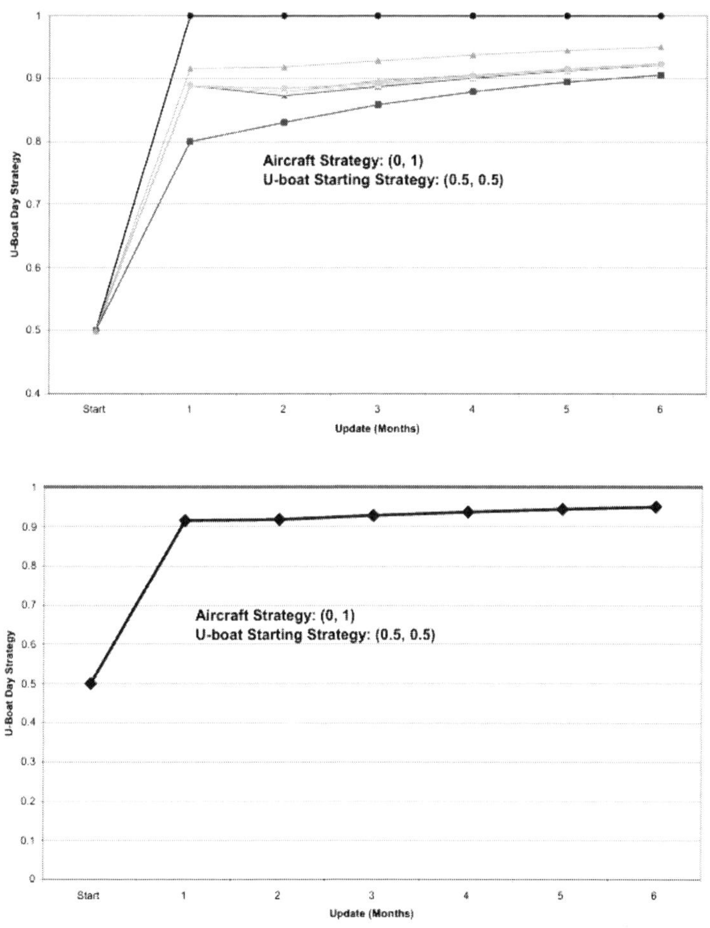

그림 10.5.6 독일군 주간 부상 전략비율

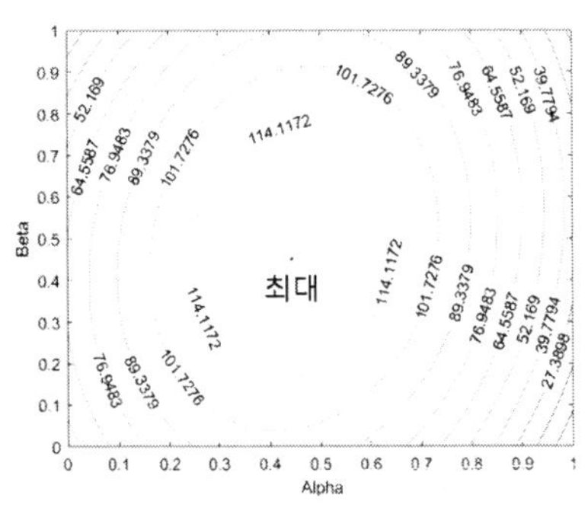

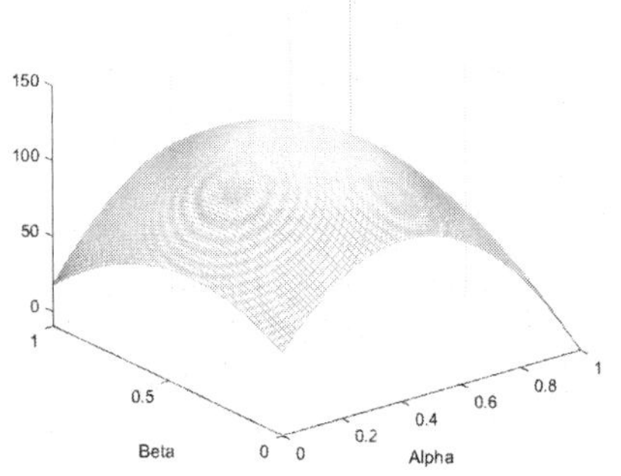

2 차원 등치선도 3 차원 등치선도

그림 10.5.7 시나리오 2B 등치선도

마지막으로 시나리오 3 은 두 경기자 모두 자신의 전략을 조정할 수 있는 능력이 있다면 장기적으로 이러한 전략은 어느 정도 균형을 유지해야 한다. 그렇게 함으로써 U-boat 탐지의 평균 횟수는 유사해야 한다. 표 10.5.11 은 U-boat 탐지 평균 횟수와 함께 시작 및 종료 평균 전략의 비율을 나타내고 있다.

표 10.5.11 U-boat 탐지 평균 횟수와 시작 및 종료 평균 전략의 비율

실험 Case	연합군 탐색전략 (시작)	연합군 탐색전략 (종료)	U-boat 부상전략 (시작)	U-boat 부상전략 (종료_	평균 U-boat 탐지횟수
1	(1, 0)	(0.542, 0.458)	(0, 1)	(0.164, 0.836)	183.75
2	(1, 0)	(0.625, 0.375)	(1, 0)	(0.327, 0.673)	180.45
3	(0.5, 0.5)	(0.522, 0.478)	(0.5, 0.5)	(0.259, 0.741)	182.6

표 10.5.11 안의 숫자는 양측이 혼합된 전략으로 끝났음을 보여준다. 탐색항공기의 평균 종료전략은 서로 매우 가까운 반면, U-boat 의 경우 이러한 종료전략은 모두 야간부상에 중점을 두고 있다. 각 실험 Case 에 대한 그림 10.5.8 을 보면 전략이 균형전략 근처에서 안정화되었음을 상당히 분명하게 알 수 있다. 실험 Case 마다 균형전략이 무엇인지에 차이가 있는 것처럼 보이지만

이는 각 전략의 초기 조건이 인위적이거나 시스템의 확률론적 특성으로 인한 것일 수 있다.

더욱이, 이 12 개월 동안의 평균 U-boat 탐지 횟수는 매우 유사하다. 실제로 유의수준 0.05 에서 평균 차이에 대한 t-검정과 Tukey-Kramer 검정은 매우 유사하여 평균 간에 유의미한 통계적 차이가 나타나지 않는다.

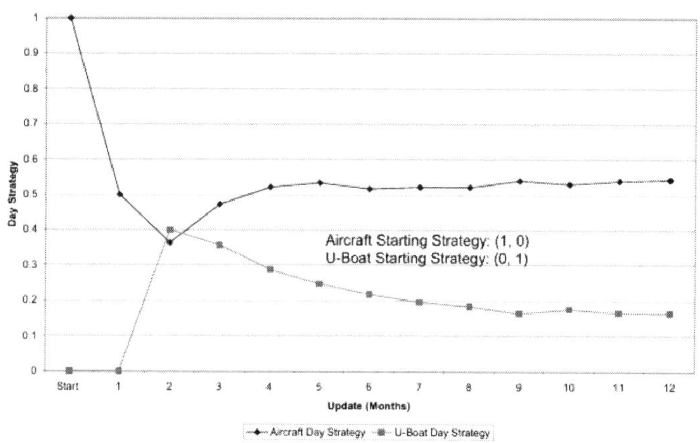

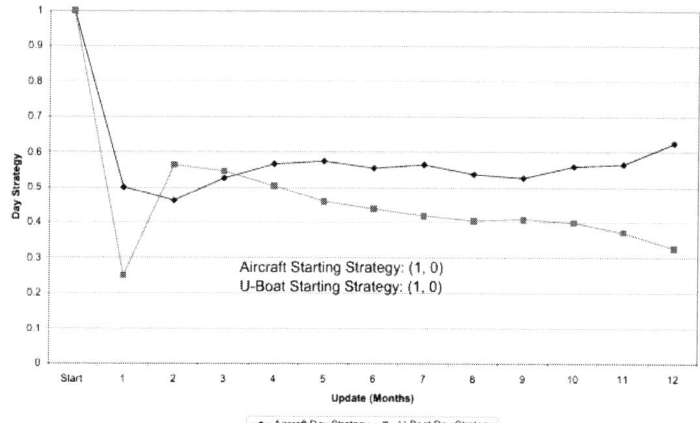

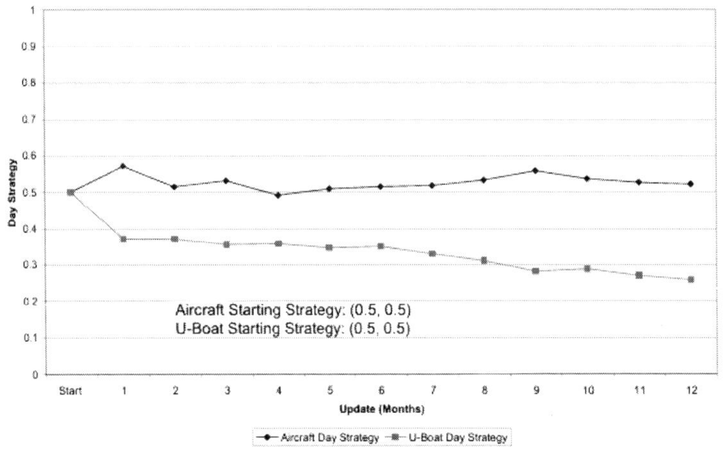

그림 10.5.8 연합군 탐색항공기 주간탐색과 U-boat 주간 부상전략 비교

다음은 검정결과에 대한 평균비교를 나타낸다.

유의수준 α =0.05

t-검정에 의한 각 쌍의 비교

t	α
2.00247	0.05

동일한 문자로 연결되지 않은 수준은 통계적으로 유의미하게 다르다.

수준		평균
1	A	183.75
3	A	182.60
2	A	180.45

모든 쌍에 대한 Tukey-Kramer HSD 검정을 사용한 비교를 제공한다.

q^*	α
2.40642	0.05

동일한 문자로 연결되지 않은 수준은 통계적으로 유의미하게 다르다.

수준		평균
1	A	183.75
3	A	182.60
2	A	180.45

여기에서는 전투 시나리오의 게임이론적 전략을 조사하기 위해 Agent 기반 시뮬레이션을 사용하였다. 결과적으로 혼합전략에는 균형점이 존재하며 균형전략은 역사적 사실과 일치한다는 것이 밝혀졌다. Biscay 전역 중에 전략을 조정하는 한쪽의 능력은 전략의 반응표면 모양을 변경하여 결국 균형점을 완전히 제거한다. 이 적응형 경기자는 다른 경기자의 순수전략을 활용하고 특정 영역에서 보수를 높일 수도 있다. 마지막으로, 두 명의 적응하는 경기자는 주어진 시간과 초기 조건에 따라 일정 수준의 균형을 이루게 된다. 이러한 수준의 변동은 복잡한 시스템의 확률적 특성이나 적응 효율성 부족으로 인해 발생할 수 있다. 전반적으로, 이 연구는 적절하게 모델링된 Agent 기반 시스템이 복잡한 시스템의 게임이론적 속성을 분석하는 실행 가능한 수단임을 입증했다.

제 11 장

게임이론의 군사분야 활용

11.1 방책분석시 게임이론 활용

11.1.1 개요

방책분석시 게임이론을 적용한 논문은 다양하게 나와 있는데 여기에서는 김익현 등이 작성한 "게임이론을 이용한 방책분석 및 비교 개선 연구"를 소개한다.

현재 작전계획 수립과정 중 방책분석은 워게임 기법을 사용하는데 여기에 노력과 시간이 많이 필요하다. 시간이 제약받는 야전 상황에서 이러한 과정은 실제 적용하기가 제한된다. 교리상에는 시간제약 시 적용할 기법들이 다수 제시되어 있지만 전쟁이 지속되면서 피로의 과중은 물론 경험이 적은 인원이 업무를 담당해야 할 경우 주요 요소를 간과하거나 주관에 의한 오류를 일으킬 우려가 있다. 이를 극복하기 위해 방책수립 및 분석에 게임이론을 이용하여 작전계획 수립과정을 조정하는 방안이 필요하다.

지상군 작전계획은 그림 11.1.1 과 같은 단계를 거쳐 작전계획을 완성한다.

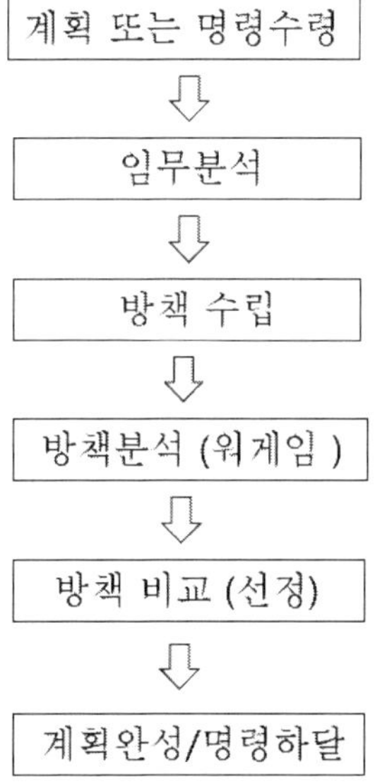

그림 11.1.1 지상군 작전계획 절차

이 과정 중에서 '방책분석-방책비교' 단계에 초점을 맞추고, 게임이론을 이용함으로써 방책분석 및 방책비교 방법에 대한 개선방안이 필요하다. 방책수립 단계에서 정보참모가 개발한 적군 방책과 작전참모가 개발한 아군 방책을 방책분석 단계에서 이들을 워게임 방식으로 분석하고, 방책비교(선정) 단계에서 분석한 결과를 비교한다. 그런데 방책분석에 노력과 시간이 많이 필요하므로 시간이 제한될 경우의 기법으로서 분석할 방책 수의 제한, 주요 국면 위주의 워게임, 방책의 개념 수준에서의 비교 등이 제시되어 있다.

이러한 기법들을 사용하기 위해서는 지휘관 및 참모의 지식과 경험에 기반을 둔 술(Art)적인 역량이 필요하다. 그러나 전쟁이 지속됨에 따라 피로가 누적될 수 있고, 경험이 부족한 인원이 임무를 수행하게 될 수도 있는데, 선입견으로 주요한 요소를 간과하거나 주관성으로 오류를 발생시킬 위험이 있다.

가능한 방책 중 실행 가능한 방책들을 식별하여 방책의 수를 제한하는 것은 타당하다고 판단된다. 그러나 시간이 부족할 경우 지휘관은 고려할 아군 및 적군의 방책의 수를 제한하기 위한 지침을 하달할 수 있는데, 지휘관과 참모들의 직관으로 덜 중요하다고 판단되는 방책을 제거할 경우 중요한 것을 중요하지 않다고 판단하는 오류를 범할 수 있다. 특히 정보참모가 가장 가능성 있는 적 방책을 하나만 선택하도록 하는 경우는 다음과 같은 문제를 예상할 수 있다. 첫째, 작전참모가 방책분석에 착수하기 전 정보참모는 방책분석에 사용할 적 방책을 결정하여야 하는데, 이 단계는 아직 적 상황이 명확하지 않을 수 있으므로 방책을 하나만 선택하는 것은 오류의 가능성이 크다. 따라서 가능성이 크지 않은 적 방책과 아군 방책간 워게임을 하게 되는 부적절한 상황이 발생할 수 있다. 둘째, 아군 방책은 복수로 상정하여 분석하는데 적 방책을 하나로 제한하는 것은 공정성을 위배할 수 있다..

방책분석 시 주요 국면 위주의 워게임 방책분석을 위한 워게임을 사람의 능력으로 수행하는 경우 전장 전체상황을 동시에 파악하는 것이 곤란하므로 전투지대별 축차적 분석, 주요지역(국면)별 분석, 접근로별 분석 방법 중 적절한 것을 선택하여 사용하게 된다. 이러한 방법들은 전투 전체를 완전히 워게임하는 것이 아니라 임무 수행에 큰 영향을 미치는 장소 위주로 워게임하는 것이므로 상황의 연결에서 누락이나 오류가 발생할 수 있는 가능성이 있다.

교범 상에서는 언급하고 있지 않으나, 실무 경험에 의하면 다수 방책에 대하여 워게임을 여러 번 할 경우 두 번째부터는 차이점 위주로 워게임을 수행하여 시간을 절약할 수 있다고 하는데, 이러할 경우 방책비교에 필요한 정보(자료)의 불균형이 발생할 수 있다. 컴퓨터를 이용한 워게임으로 방책을 분석하는 방법이 연구되고 있는데, 정밀한 분석에 유리한 장점이 있으나 우선 워게임 모델을 가동하기 위한 전산환경이 갖추어져야 하고, 아직까지는 워게임을 위한 준비(워게임에서 묘사하는 피아 부대들의 위치, 인원/무기 등의수량, 보급품 수준과 같은 데이터, 피아 부대별 기동 및 사격 시나리오 등의 준비 및 입력), 실행, 출력 데이터들의 해석 등의 소요 시간이 많이 필요하므로 야전 환경에서는 사람의 능력으로 하는 워게임보다 효율적이라고 하기 어렵다. 따라서 사람의 능력에 의한 워게임을 실시하게 되므로 위에서 언급한 문제가 상존하고 있다.

NATO 지상군은 시간이 부족할 경우 방책분석을 생략하고 그림 11.1.2와 같이 방책의 핵심요소들만을 도식한 개념적인 기동계획들을 비교할 수 있다고 제시하고 있다.

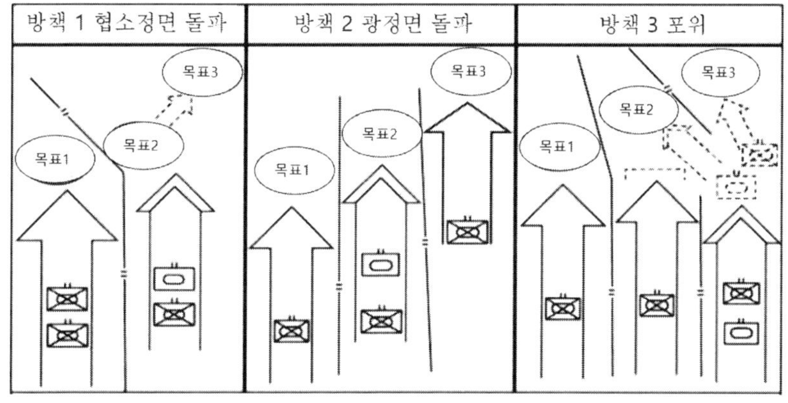

그림 11.1.2 개념적 기동계획

전술제대 지휘관이 야전에서 작전 구상을 위해 사판에 여러 가지 기동 방법을 그려 보는 방법으로서 유용할 수 있으며, 갑작스런 투입 명령을 받고 신속히 기동해야 하는 예비대에서 사용할 수 있는 방법으로 충분히 고려될 수 있다고 생각된다.

작전계획수립 과정에서 상급 부대는 가용한 작전 준비 시간의 1/3 이내에서 작전계획 수립을 완료해야 한다. 즉 작전계획 하달 후 2/3 에 해당하는 시간 동안 적 상황은 변할 수있고 적의 의도를 재식별할 수도 있을 것이다. 그러므로 작전계획 수립 단계에서 적의 방책을 정보업무 영역에서 제거하려는 시도는 바람직하지 않을 수 있다. 상정할 수 있는 적방책 모두와 아방책 모두를 대응시켜 평가하는 효율적인 방법이 필요하다고 판단된다. 다수의 워게임을 실시하면서 시간을 사용하는 것은 비효율적이므로 시간이 제약될 때에 하나의 경우에 대해서만 워게임하여도 충분한 효과를 거둘 수 있는 방법이 필요할 것이다. 또한 개념 수준에서 비교하더라도 아군의 방책끼리만 비교할 것이 아니라 적군의 방책과 대응시킬 수 있는 단순하지만 정형화된 방법이 있으면 매우 효과적일 것이다.

방책분석을 통한 워게임의 내용 및 결과를 기초로 방책들을 비교하게 된다. 이때 적군의 다수 방책에 대하여 모두 워게임을 했다면, 적군 방책별로 아군 방책의 비교 양상이 다를 수 있다. 즉 적의 방책 #1 에 대해서는 아군 방책 #1 이 유리하고, 적의 방책 #2 에 대해서는 아군 방책 #2 가 유리할 수 있다. 그런데 지금까지 발간되었던 교범들을 확인해 보면, 방책을 비교하는 방법으로서 장단점에 의한 비교 또는 고려요소에 의한 비교 방법을 제시하고 있는데, 적군 방책별로 아군방책 우열이 다를 경우의 조치에 대한 언급은 발견되지 않는다. 미 육군 교범에서는 “실행 가능한 아군 방책들을 가장 가능성 있는 적 방책과 가장 위험한 적 방책 등에대하여 비교하라”고 언급하면서도 방책비교 도표에서는 적 방책이 달라질 경우에 대한 검토에 대한 설명이 없어서 어느 단계에선가는 가능성이 적은 적방책이 제거되었다고 볼수 있는데 이 단계가 언제인지에 대한 설명이 불분명하다. 가능성 있는 적 방책 하나에 대하여 워게임을 했다면, 아군 방책별 비교는 수월하지만, 적이 다른 방책을 취하게 될 경우의 우발사태에 대한 검토가 곤란하다.

11.1.2 군사결심수립시 게임이론 활용

게임이론 방법에 의하면 보수행렬을 작성해야 한다. 1.4.1 절에서 설명한 것과 같이 2 개 숫자의 쌍으로 표시하는 방법이 있으며 숫자 1 개로 표시하는 방법이 있다. 2 개 숫자의 쌍으로 표시할 때는 앞의 숫자는 경기자 1 의 보수를 뒤의 숫자는 경기자 2 의 보수를 나타낸다. 양측의 전투를 대칭게임으로 볼 수 있을 경우에는 경기자 1 의 관점의 보수만 표시하고 그 수치가 경기자 2 에겐 손실로 표현되도록 하는 방법이 있다.

그런데 전투상황에서 계량화된 이득을 산출하는 것은 쉽지 않다. 이를 해소하기 군사적 의사결정을 연구한 이들은 모두 단어 또는 간단한 구절로 표현된 전투효과를 사용하여 비교하거나, 전투효과를 서열화한 숫자(서열이 제일 높은 항목에 가장 큰 값을 부여할지 작은 값을 부여할지는 선택적으로 적용할 수 있음)를 사용하는 방법들을 제시하고 있다. 표 11.1.1 은 보수행렬의 하나의 예이다. 행렬의 각 칸에 기재된 표현은 Blue Force 과 Red Force 가 해당 전략을 선택하게 되면 Blue Force 가 얻을 수 있는 전술적 효과를 설명하고 있다.

표 11.1.1 방책별 보수행렬 (예)

Blue Force 의 보수		Red Force		Blue Force 의 최소효과
		방책 #1	방책 #2	
Blue Force	방책 #1	공간 지탱, 강한 반격력	공간 와해	공간 와해
	방책 #2	공간 와해	공간 지탱, 강한 반격력	공간 와해
	방책 #3	공간 회복	공간 회복	공간 회복
	방책 #4	측후방에 강한 압박, 공간 회복	포위 공격	측후방에 강한 압박, 공간 회복
Blue Force 의 최대효과 (Red Force 의 최소효과)		공간 지탱, 강한 반격력	포위 공격	

이렇게 표현된 내용을 표 11.1.2 와 같이 서열이 높을수록 큰 값을 부여하여 수치로 표현할 수 있다.

표 11.1.2 방책별 보수행렬 (예)

Blue Force 의 보수		Red Force		Blue Force 의 최소효과
		방책 #1	방책 #2	
Blue Force	방책 #1	4	1	1
	방책 #2	1	4	1
	방책 #3	2	2	2
	방책 #4	3	5	**3**
Blue Force 의 최대효과 (Red Force 의 최소효과)		**4(-4)**	5(-5)	

표 11.1.2 의 상황에서 Blue Force 와 Red Force 는 최악의 경우들 중에서 가장 나은 경우를 선택하게 된다. 이논리는 여러 전투 사례에서 지휘관들의 결심 경향을 분석한 결과 각 방책 선택에 따른 최소 성과들을 검토하여 그 중 가장 나은 방책을 선택하게 된다는 것으로부터 형성되었다. 현 교리에서 가장 성공 가능성 있는 방책을 선정하는 것은 최악의 경우를 고려하는 것으로 볼 수 있으며, 최악의 경우는 최소 성과로써 안전수준으로 명명하였는데, 교리의 방향과 게임이론 논리가 일치함을 알 수 있다.

표 11.1.2 에서, Blue Force 는 최소 효과 중 가장 좋은(1, 2, 3 중 3) 방책 #4 를 선택하고(Maxmin), Red Force 는 Blue Force 의 최대효과를 자기의 최소 효과로 간주함으로써 최소 효과 중 가장 좋은(4, 5 중 4) 방책 #1 을 선정하게 되는 것이다. 다른 방법으로 Red Force 는 Blue Force 의 효과가 큰 경우 중 작은(4, 5 중 4) 방책인 방책 #1 을 선정한다(Minmax)고 설명하기도 하는데 수학적으로 같은 의미이다.

11.1.3 게임이론 활용시 작전계획 수립과정의 변화

게임이론을 이용하기 위해서는 그림 11.1.3 과 같이 작전계획 수립과정의 변화가 필요하다. 현재는 왼쪽 그림과 같이 워게임 방식으로 방책들을 분석한 결과를 사용하여 아군의 방책만을 장단점 또는 주요 고려요소에 의하여 비교한다. 개선된 방법에서는 오른쪽 그림과 같이 적군과 아군의 방책들을 대상으로 게임이론을 이용하여 방책분석에 필요한 아군 및 적군의 방책을 하나씩 선정해서 이에 대한 워게임을 실시한다.

게임이론을 이용하기 위해서 피아 다수의 방책이 필요하므로, 방책수립 단계에서 정보참모는 가장 가능성 있는 방책 하나만 작성하는 것이 아니고, 가능성이 높은 방책 2~3 개를 선정한다. 작전참모가 아군 방책을 다수 선정하는 것은 변화가 없다. 피아 방책비교(선정)는 게임이론을 이용하여 채택 가능성이 가장 높은 적 방책과 아 방책을 한 개씩 선정하는 과정이다. 방책분석은 선정된 적군과 아군의 방책을 워게임 방법으로 분석하는 것으로서 워게임을 한 번만 실시한다. 현재 교리는 방책비교에 필요한 자료를 얻는 데 중점을 두고 방책을 분석하지만, 개선된 방법에서는 선정된 방책의 타당성을 검증하는 데 중점을 둔다. 워게임과정에서 우발사태를 예상하고 조치사항을 도출하는 등의 노력은 동일하다.

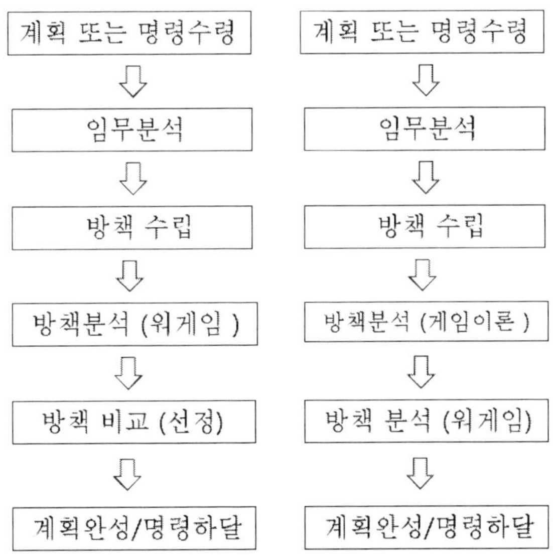

그림 11.1.3 현재와 개선된 방책발전 절차

군사적 의사결정(방책분석 및 비교)을 위한 게임이론에 관한 연구들은 거의 이 부분에 초점을 맞추고 있다. 그런데 게임이론의 수행 과정 중 수리적인 계산 부분은 기계적이어서 사람이 개입하여 품질을 향상시킬 수 없지만, 아군이 획득할 수 있는 효과를 간결하면서도 정확하게 표현하는 것은 게임이론의 보수를 산출하는 근거가 되므로 게임이론 적용 효과를 향상시킬 수 있다고 판단된다.

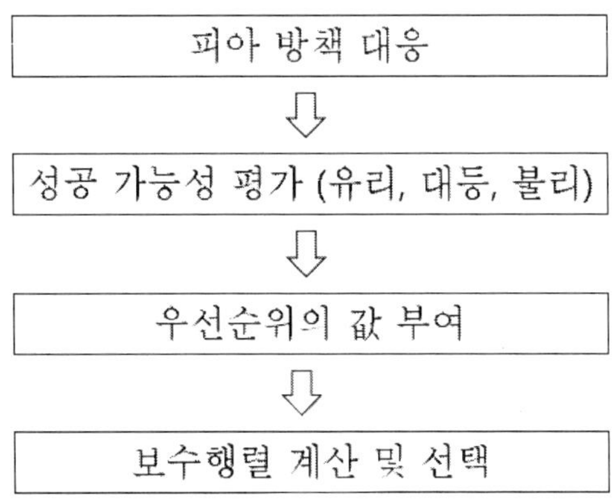

그림 11.1.4 게임이론을 활용하기 위한 보수행렬 구성

① 제 1단계

게임이론에 의한 보수행렬이 의미하는 바는 아군방책 수 × 적군방책 수 만큼의 전투에 대하여 간단한 평가를 통해 비교하라는 요구이다. 이 비교를 위해 위에서는 공간 지탱, 강한 반격력, 공간 와해 등 상당히 추상적인 용어로 간단히 표현하여 비교하였다. 그런데 효과의 표현이 너무 단순하면 합리적인 비교가 곤란하므로 비교가 용이할 정도로 최소한의 구체화가 필요하다. 현재 방책비교를 위한 고려요소가 교리로 고정화되어 있지는 않지만, 대체적으로 전투수행 기능(기동, 화력, 방호, 지속지원 등) 측면과 임무변수(METT+TC) 측면에서 지배적인 요소를 제시한 예문들이 다수 있다. 방책의 작전개념이 대체로 기동 기능 위주로 기술되며, 무기체계 발전에 따라 화력의 중요성이 커지고 있으므로 기동 및 화력 기능에 대하여 임무변수의 특징적인 면을 비교할 수 있도록 표현할 필요가 있다.

표 11.1.3 방책의 기동과 화력측면 기술

	공격	방어
기동	(적) 취약성을 이용한 기동 용이 제한/불리 (지형) 지형이 기동에 유리/불리 (가용부대) 기동 능력의 충분/불충분	(적) 상대적 전투력은 방어에 유리/불리 (지형) 적 지연, 방어 전투력 발휘, 예비대 운용에 유리/불리 (가용부대) 방어 형태 수행에 필요한 기동력 충분/불충분
화력	(임무) 적 격멸/격퇴를 위한 화력의 충분/불충분 (적) 상대적 전투력의 우세/열세 (지형) 화포진지의 가용성 (가용부대) 일반지원 화력의 충분/부족	

이에 따라 비교가 용이하도록 어느 정도 정형화된 비교 요소를 METT 별로 구분하여와 같이 예시하였다. 그러나 여기에 얽매일 필요는 없으며, 비교에 필요한 요소를 발전시킬 필요가 있다. 편의상 적군, 아군 모두 3 개씩의 방책을 상정하여 게임이론을 이용하는 절차를 설명한다. 표 11.1.3 과 같은 표현을 응용하여 작성된 공격작전 게임행렬의 예는 표 11.1.4 와 같다. 즉 9 개의 전투수행(적 방책과 아군 방책의 대응)의 특징을 표현한 것으로 볼 수 있다.

표 11.1.4 공격작전 게임행렬 (예)

	방책 R1	방책 R2	방책 R3
방책 B1	·적 취약성을 이용한 기동 용이 ·지형이 기동에 유리 ·상대적 화력 우세	·적 취약성을 이용한 기동 제한 ·피아 지형 이동 대등 ·상대적 화력 우세	·적 취약성을 이용한 기동 곤란 ·피아 지형 이동 대등 ·상대적 화력 우세
방책 B2	...	...	...
방책 B3	...	...	...

② 제2단계

성공 가능성 평가는 각 전투(적 방책과 아군 방책의 대응)를 유리, 대등, 불리로 평가하였다. 위의 평가 내용을 표 11.1.5 와 같이 변환할 수 있다.

표 11.1.5 성공가능성 평가

		적군		
		방책 R1	방책 R2	방책 R3
아군	방책 B1	유리	대등	불리
	방책 B2	유리	유리	대등
	방책 B3	대등	불리	불리

③ 제3단계

우선순위값 부여 9 개 전투(적 방책과 아군 방책의 대응)에 대한 우열을 결정하는 과정이다. 다음과 같이 유리한 전투끼리, 대등한 전투끼리, 불리한 전투끼리 각각 비교하는데 상대적 평가를 한다. 여기서는 9 개의 전투가 있으므로 제일 유리한 전투는 9 점이고 제일 불리한 전투는 1 점이 된다. 이렇게 하여 표 11.1.6 의 형태로 변환한다.

표 11.1.6 우선 순위값 부여

		적군		
		방책 R1	방책 R2	방책 R3
아군	방책 B1	9	6	3
	방책 B2	7	8	4
	방책 B3	5	2	1

유리한 전투로서 B1:R1, B2:R2, B2:R1 3 개 상황을 비교하여 각각 9, 8, 7 점을 부여하고, 대등한 전투로서 B1:R2, B3:R1, B2:R3 3 개 상황을 비교하여 각각 6, 5, 4 점을 부여하고, 불리한 전투로서 B1:R3, B3:R2, B3:R3 3 개 상황을 비교하여 각각 3, 2, 1 점을 부여한다. 9개 전투를 일일이 비교하는 것은 곤란하지만 2~4 개 전투상황을 비교하여 우열을 결정하는 것은 큰 부담이 아닐 것으로 판단된다.

④ 제4단계

행렬 계산 및 선택을 구성하는 방법은 표 11.1.6 을 적용하여 표 11.1.7 로 발전시켜 가장 성공 가능성있는(선택 가능한) 방책을 선정한다. 전투는 각자 자기 진영에 유리하도록 이끌어 가려고 한다. 아군의 입장에선 적군이 방책 R1 을 취하기를 기대할 수 있으나 적군은 자기 진영에 유리한 방책 R3 를 선택하려고 할것이고, 이에 대응하는 아군은 방책 B2 가 최선이 되는 것이다.

표 11.1.7 가장 성공가능성 있는 방책 선정

아군의 보수		적군			아군의 최소효과	Maxmin
		방책 R1	방책 R2	방책 R3		
아군	방책 B1	9	6	3	3	
	방책 B2	7	8	4	4	★
	방책 B3	5	2	1	1	
적군의 최소효과		9	8	4		
Minmax				★		

피아 방책분석은 각 진영의 방책이 선정되면 정보참모는 적군의 전투 시나리오를, 작전참모는 아군의 전투 시나리오를 구상하여 워게임을 하게 된다. 피아 방책분석을 위한 워게임을 한 번만 한다는 것 외에 워게임의 방법은 동일하다. 워게임 결과 임무달성 여부, 피해정도 등을 평가하여 방책의 타당성을 검증한다. 그리고 아군의 취약성을 발견하여 이에 대한 보완책을 수립하고, 적의 취약성을 발견하여 이용 방법을 발전시키도록 한다. 보완책과 적의 취약성 이용 방법은 작전계획에서 구체화되어야 한다. 현행 교리도 작전계획 수립과정이 한 방향으로만 진행되는 것이 아니라 상황이 변경되거나 오류가 발견되거나 부적절하면 되돌아갈 수 있도록 하고 있다. 방책이 타당하지 않아 되돌아갈 경우 게임이론 행렬에서 차선의 방책을 찾는 것이 용이할 것으로 판단된다.

11.2 정보중심 전력증강 전쟁억제 효과 분석

11.2.1 개요

정보중심 전력증강을 게임이론으로 분석한 논문 중 조재영 등의 “정보중심 전력증강의 전쟁억제 효과: 게임이론적 분석”을 소개한다. 군에서 전력을 증강하는 것은 현존과 미래 위협에 대비하기 위해서이다. 국방자원을 적절히 분배하여 최적의 전력을 증강시키는 것은 평시 군의 임무 중 하나이다. 이러한 군사력 건설이 여러 분야의 전력으로 증강되고 있는데 탐지-결심-타격체계로 이어지는 일련의 순환 속에서 가장 효율적인 방안을 마련하고 있다.

이러한 개념 하에서 독자적 감시정찰 능력, 실시간 지휘통제, 통신체계, 종심표적에 대한 전략 타격능력을 선정하여 정보력에 기초한 전력을 추진하고 있다. 정보중심 전력증강의 궁극적인 목적은 아군에게는 전장의 안개와 마찰 즉, 불확실성을 제거하고 적은 그런 능력을 갖추지 못하게 함으로써 정보우위를 달성하는 것이다.

현재까지 이 분야에 다양한 연구들이 진행되어 왔는데 전술적 수준에서 C4ISR 과 작전 성공과의 관계를 수학적으로 모형화 한다든지 2 인 동적 체스게임을 통해 정보의 우위와 작전템포의 수세가 전쟁결과에 미치는 영향을 분석하기도 했다. 2 인 비협조적 전략형게임을 통해 미 합참비전에서 제시한 정보우위 전력 건설단계를 4 단계로 구분하여 각 단계별로 피아 정보전력 격차가 전쟁승률에 미치는 영향을 분석하고 새로운 형태의 군사력 건설의 논리적 타당성을 입증하기도 하였다.

이러한 연구들의 공통적인 특징은 미국이 세계전략을 수행하면서 본토를 제외한 해외 원정군이 공세작전을 실시하는 것을 주된 개념으로 상정하고 있다. 여기에서는 수세적 정보전 능력을 포함하여 아군이 먼저 선제공격을 하지 않으며 방자의 입장에서 전쟁억제를 도모하는 것으로 가정사항을 설정하였다. 전쟁지역은 한반도로 한정하며 정보시설 및 자산의 보안 및 생존성이 위협받는 상황을 실험에 포함하였다.

위와 같은 가정하에서 2 인 비협조적 전략형게임을 실시하여 정보의 형태에 따라 6 가지 상황을 가정하여 적의 무력도발에 대한 아군의 전쟁억제능력이 얼마나 개선되는지를 알아 보는 것이 이 연구의 목적이다.

11.2.2 게임 상황

여기에서는 4.2.4 절의 최소극대화/최대극소화 전략을 기반으로 게임을 진행한다. 전략수립과정은 적과 아군이 공통적으로 (1 차 정보수집)-(정보종합/분석/평가)-(전략적 선택)-(군사 행동)의 순으로 진행된다.

이러한 전략수립과정을 표 11.2.1 의 2 인 비협조적 전략형게임의 형태로 표현하여 설명한다. 예를 들어 적의 생화학공격, 기습상륙전, 특수전, 미사일 공격, 핵공격을 가능한 군사전략으로 선정하고 이에 대하여 아군은 전략 1~5 를 대응전략으로 상정하고 있다고 가정하자. 이 게임의 보수행렬을 구성하는 값이 적의 입장에서 전략구사를 통해 기대할 수 있는 전쟁승률이라고 하자.

표 11.2.1 전략수립과정을 위한 전략형게임

단위(%)		아 전략				
		전략 1	전략 2	전략 3	전략 4	전략 5
적 전략	생화학공격	5	73	99	49	29
	기습상륙전	54	76	62	63	15
	특수전	33	11	0	1	23
	미사일공격	75	23	61	56	54
	핵공격	71	53	69	95	30

여기서 만약 적이 핵무기로 선제공격을 실시한다고 가정하면 아군은 적의 공격을 가장 효과적으로 방어할 수 있는 대응전략을 선정하려고 할 것이고 그 때 만약 아군의 선택이 전략 5 라면 쌍방의 전략구사에 따른 적의 전쟁승률은 표 12.2.1 에서 보는 것과 같이 30%가 된다.

이러한 전략수립과정을 일반화하여 표현하면 표 11.2.2 와 같이 구성할 수 있다. 여기서 적군은 가용 전략으로 m 개를 선정하고 아군은 이에 대한 대응책으로 n개를 고려한다. 그리고 적이 자신에게 유지한 전략 l을 선택할 때 아군은 이에 대응하여 최선의 전략 k를 선택하게 된다. 그렇게 되면 표 11.2.1 와 같이 쌍방의 행위에 결정되는 보수는 적이 선택한 전략 l의 행과 아군이 선택한 k의 열이 교차하는 a_{lk}가 되고 결국 피아의 선택에 의해 결정되는 모든 보수의 집합 A는 $m \times n$ 행렬 형태로 표현 가능하다.

표 11.2.2 전략수립과정의 일반화

		아 전략				
		전략 1(y_1)	…	전략k(y_k)	…	전략n(y_n)
적 전 략	전략 1(x_1)	a_{11}	⋮	a_{1k}	⋮	a_{1n}
	⋮	⋮	⋮	⋮	⋮	⋮
	전략l(x_l)	a_{l1}	⋮	a_{lk}	⋮	a_{ln}
	⋮	⋮	⋮	⋮	⋮	⋮
	전략m(x_m)	a_{m1}	…	a_{mk}	…	a_{mn}

궁극적으로 우리가 얻고자 하는 것은 적의 전략적 선택에 대하여 효과적으로 대응할 수 있는 아군의 전략과 그로 인한 보수이다. 적의 전략을 $x = (x_1, x_2, \dots, x_m), \sum_i x_i = 1,\ \ x_i \geq 0,$ 아군의 전략을 $y = (y_1, y_2, \dots, y_n), \sum_i y_i = 1,\ \ y_i \geq 0$의 확률벡터로 표현하면 전략적 선택에 따른 기대보수는 행렬 연산 $E(x,y) = xAy^T = \sum_{i,j} a_{ij} x_i y_j$을 통해 얻을 수 있다.

또한 최적의 기대보수를 구하기 위해 선형계획법으로 모형화 할 수 있는데 적과 아군이 각각 최대극소화전략과 최소극대화전략으로 맞서는 경우 두 모형은 서로 원문제와 쌍대문제의 관계가 된다.

적의 최대 기대보수를 구하기 위한 선형모형의 함수를 $Z = \max_x[\min_j \sum_{i=1}^m a_{ij} x_i]$라고 하면 식 (11.2-1)으로 표현된다.

$$
\begin{aligned}
&\max\ Z \\
&\text{s.t}\quad Z - \sum_{i=1}^{m} a_{ij} x_i \leq 0, \qquad j = 1,2,\dots,n \\
&\qquad \textstyle\sum_{i=1}^{m} x_i = 1 \qquad\qquad\qquad (11.2\text{-}1) \\
&\qquad x_i \geq 0, \qquad i = 1,2,\dots,m
\end{aligned}
$$

이와 유사한 방법으로 아군의 최소 기대보수는 목적함수 $W = \min_y[\max_i \sum_{i=1}^n a_{ij} y_j]$에 대해 식 (11.2-2)와 같이 표현할 수 있다.

$$
\begin{aligned}
&\min W \\
&\text{s.t}\quad W - \sum_{j=1}^{n} a_{ij} y_j \geq 0, \qquad i = 1,2,\dots,m \\
&\sum_{j=1}^{n} y_j = 1 \qquad\qquad\qquad\qquad (11.2\text{-}2) \\
&y_j \geq 0, \qquad j = 1,2,\dots,n
\end{aligned}
$$

식 (11.2-1)과 (11.2-2)의 선형모형을 사용하면 게임의 경기자가 혼합전략 혹은 순수전략을 사용하느냐에 관계없이 해를 구할 수 있다. 특히, 순수전략의 경우에는 경기자가 선택할 수 있는 전략이 하나씩만 존재하므로 x, y가 이진값을 갖는 정수모형의 형태가 된다.

순수전략을 또 다른 방법으로 표현하면 혼합전략에서 임의의 i에 대해 $x_i = 1$이 되는 특수한 경우이므로 최적의 피아전략조합 (x^*, y^*)는 식 (11.2-3), (11.2-4)와 같이 표현될 수 있다.

$$x^* = argmax_x min_y xAy^T \qquad (11.2\text{-}3)$$

$$y^* = argmin_y max_x xAy^T \qquad (11.2\text{-}4)$$

11.2.3 모델링 및 분석

여기에서는 한반도의 안보적 현실을 감안하여 억제이론에 기초한 전쟁상황을 가정한다. 효과적인 억제를 위해서는 상대방에게 군사적 도발을 함으로써 얻을 수 있다고 기대하는 보수보다는 그 행동으로 인해 지불해야 하는 비용과 위험이 훨씬 크다는 사실을 인식시킴으로써 상대방으로 하여금 본래 의도했던 행동을 포기하도록 해야 한다.

이러한 전제를 바탕으로 모형화하면 앞에서 언급한 적은 피아의 모든 군사적 현황 및 가용전력을 수집 및 분석할 수 있는 능력이 있고 이를 통해 최대극소화전략으로 승률을 최대화하는 선제공격을 감행하며 반대로 아군은 적에 의해 강요되는 위협의 정도를 최소화하는 최소극대화전략으로 대응방안을 모색하게 된다.

그리고 쌍방의 전략결심과정을 그림 12.2.1 과 같이 도식할 때 ① 실시간 조기경보체계, ② 아군의 1 차 정보수집단계, ③ 적군의 1 차 정보수집단계를 기능의 작동유무에 따라 6 가지 조합으로 표현하면 표 11.2.3 과 같다.

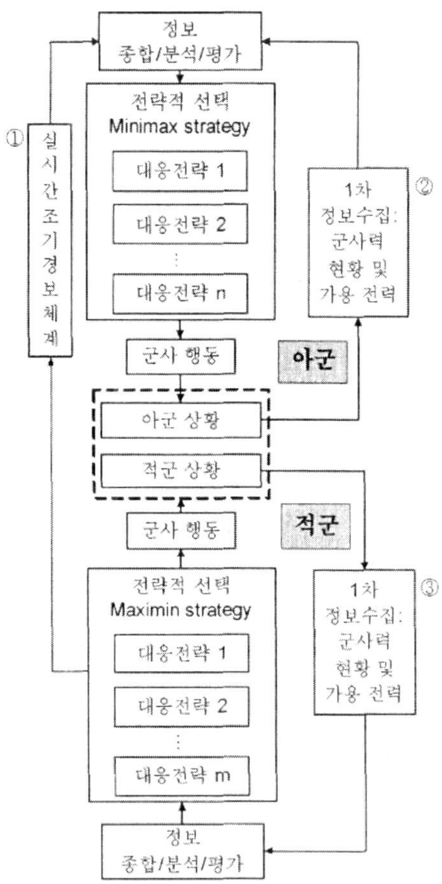

그림 11.2.1 전략결심수립 과정

표 11.2.3 전략결심과정 조합

구분	아군의 실시간 조기경보체계	아군 1차 정보수집	적군 1차 정보수집체계
	①	②	③
상황 1	X	○	○
상황 2	X	○	X
상황 3	○	○	○
상황 4	○	○	X
상황 5	○	X	X
상황 6	○	X	○

표 11.2.4 상황별 정보능력

구 분		정보 능력
상황 1	아군	·정확한 1차 정보수집 및 분석
	적군	·정확한 1차 정보수집 및 분석
상황 2	아군	·정확한 1차 정보수집 및 분석
	적군	·아군의 보안유지, 대정보전 등의 영향으로 부정확한 1차 정보수집 및 분석
상황 3	아군	·정확한 1차 정보수집 및 분석 ·실시간 조기경보체계 가동
	적군	·정확한 1차 정보수집 및 분석
상황 4	아군	·정확한 1차 정보수집 및 분석 ·실시간 조기경보체계 가동
	적군	·아군의 보안유지, 대정보전 등의 영향으로 부정확한 1차 정보수집 및 분석
상황 5	아군	·적의 보안유지, 대정보전 등의 영향으로 부정확한 1차 정보수집 및 분석 ·실시간 조기경보체계 가동
	적군	·아군의 보안유지, 대정보전 등의 영향으로 부정확한 1차 정보수집 및 분석
상황 6	아군	·적의 보안유지, 대정보전 등의 영향으로 부정확한 1차 정보수집 및 분석 ·실시간 조기경보체계 가동
	적군	·정확한 1차 정보수집 및 분석

그런데 표 11.2.3 에서 상황모의를 위한 정보능력 (①, ②, ③)을 조합하면 $2^3 = 8$ 가지의 상황이 가능하겠지만 (①, ②, ③)이 (X, X, X)와 (X, X, ○)인 경우는 아군의 정보능력이 전혀 고려되지 않은 상황이므로 연구에서 배제하였다. 그리고 표 11.2.3 을 표 11.2.4 와 같이 구체적으로 기술할 수 있는데 우선 [상황 1]은 피아 모두 동일한 1 차 정보수집 및 분석능력을 가진 것으로 가정하였으며 조기경보체계는 운영되지 않는다. 다음, [상황 2]에서는 아군의 정보능력이 지속적으로 유지되는 반면, 적에게는 부정확한 정보수집 및 분석상황을 조성하여 왜곡된 정보를 제공하는 것으로 가정하였다. 이와 같이 [상황 3]~[상황 6]까지의 조합을 만들어 상황을 조성하였다.

11.2.4 수학적 모형화

앞에서 가정한 [상황 1]~[상황 6]을 실험하기 위한 게임의 보수로 1 에서 100 까지의 Uniform 분포의 난수를 발생시켜 사용하였다. 이것은 계량적으로 평가되는 패배확률 혹은 승률이 1~100% 내의 특정 값일 확률이 모두 같다는 것을 의미하는데 전략을 구성하는 작전술 및 전술의 조합, 대응하는 상대 전략의 다양성 때문에 특정분포를 규정하지 않으며 모든 경우를 동일하게 반영한 것이다.

표 11.2.5 는 [상황 1]의 전략결심과정의 예시이다. 5×5 차원의 아군의 보수행렬을 난수로 구한 다음 최소극대화 전략과 최대극소화 전략으로 게임의 해를 구하면 30 이 나오며 30%의 승률을 기대할 수 있다.

표 11.2.5 상황 1 의 전략결심과정

<table>
<tr><td colspan="2" rowspan="2">보수행렬(A)</td><td colspan="5">아 전략</td><td rowspan="2">Maxmin</td><td rowspan="2">x^*</td></tr>
<tr><td>1</td><td>2</td><td>3</td><td>4</td><td>5</td></tr>
<tr><td rowspan="5">적전략</td><td>1</td><td>5</td><td>73</td><td>99</td><td>49</td><td>29</td><td>5</td><td rowspan="5">5</td></tr>
<tr><td>2</td><td>54</td><td>76</td><td>62</td><td>63</td><td>15</td><td>15</td></tr>
<tr><td>3</td><td>33</td><td>11</td><td>0</td><td>1</td><td>23</td><td>0</td></tr>
<tr><td>4</td><td>75</td><td>23</td><td>61</td><td>56</td><td>54</td><td>23</td></tr>
<tr><td>5</td><td>71</td><td>53</td><td>69</td><td>95</td><td>30</td><td>30</td></tr>
<tr><td colspan="2">Minmax</td><td>75</td><td>76</td><td>99</td><td>95</td><td>54</td><td colspan="2" rowspan="2">게임 해: 30</td></tr>
<tr><td colspan="2">y^*</td><td colspan="5">5</td></tr>
</table>

[상황 2]의 경우는 적이 왜곡된 정보를 통해 의사결정을 하게 되는데 적에게 의사결정의 근거가 되는 보수행렬 대신 부정확한 정보에 기초하여 생성된 보수행렬 A′을 부여하여 상황을 묘사할 수 있다. 만약 표 11.2.6 과 같은 보수행렬이 나왔다면 $x^* = 1$을 선택한다. 정확한 정보하 최소극대화값은 5 이므로 적은 절대로 취하지 않을 전략을 부정확하 정보하에서 선택하게 된다.

표 11.2.6 상황 2 의 전략결심과정

보수행렬(A′)		아 전략					Maxmin	x^*
		1	2	3	4	5		
적전략	1	43	84	86	96	**75**	**43**	1
	2	99	58	13	48	67	13	
	3	27	76	61	70	38	27	
	4	8	8	19	76	64	8	
	5	67	68	55	74	1	1	
							게임 해: 75	

이러한 상황에서 표 11.2.7 에서와 같이 아군은 정확한 정보하에서 전략 5 를 선택하고 적은 부정확한 정보 상황에서 전략 1 을 선택할 때 게임의 해는 29 가 되고 적은 최소한 승률이 43% 이상은 될 것으로 기대했으나 실제로는 그보다 작은 29%를 보수로 얻게 된다.

표 11.2.7 아군은 정확한 정보, 적은 부정확한 정보하에서 전략 선택

보수행렬(A)		아 전략					Maxmin	x^*
		1	2	3	4	5		
적전략	1	5	73	99	49	**29**	5	1
	2	54	76	62	63	15	15	
	3	33	11	0	1	23	0	
	4	75	23	61	56	54	23	
	5	71	53	69	95	30	30	
Minmax		75	76	99	95	**54**	게임 해: 29	
y^*				5				

11.2.5 실험 및 분석결과

정보능력별로 전쟁억제 수준을 평가하기 위해 실험을 수행하였다. 각 상황별로 전략 2×2 차원에서 10×10 차원의 경우를, 상황별 매 회 다른 정보를 부여하여 10,000 회 실시하였는데 각 시행에서 얻어진 보수를 모두 평균하여 전쟁위험도(적의 승리확률)을 계산하였고 그 결과는 표 11.2.8 과 같다. a를 보수행렬의 원소라고 하고 $n = 10{,}000$이라고 할 때 전쟁위험도는 다음과 같이 계산된다.

$$\text{전쟁위험도}=\frac{\sum_1^n a_{x^*y^*}^t}{n}$$

표 11.2.8 차원별 전쟁위험도 산출 단위: %

순서	차원	상황 1	상황 2	상황 3	상황 4	상황 5	상황 6
1	2×2	49.955	39.872	46.519	33.142	50.050	59.917
2	3×3	50.250	38.284	42.107	24.799	50.083	61.063
3	4×4	49.711	38.577	38.181	19.569	49.906	61.666
4	5×5	50.263	38.833	34.911	16.267	49.996	60.803
5	6×6	49.959	39.747	31.891	13.883	49.981	60.796
6	7×7	49.965	39.925	29.859	12.258	50.001	59.881
7	8×8	50.041	40.249	27.944	10.802	50.379	59.695
8	9×9	49.830	40.922	25.973	9.769	50.048	59.182
9	10×10	49.817	41.495	24.450	8.731	49.801	58.261

피아가 동일한 정보력을 가진 경우에 [상황 1]에서 차원과 패할 확률(%) 관계는 그림 11.2.2 와 같다. 이 경우는 적이 전쟁도발을 하는 모델로서 전략의 차원에 무관하게 약 50%의 전쟁위협을 예상할 수 있다.

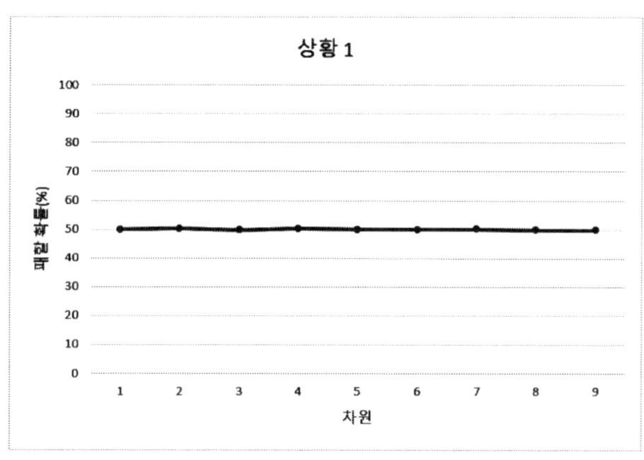

그림 11.2.2 피아가 동일한 정보능력 보유

그림 11.2.3 은 적은 부정확한 정보를 가지고 아군은 정확한 정보를 보유한 경우를 실험한 결과이다. 아군의 철저한 보안유지, 대정보전, 기만작전 등으로 아군 정보의 유출을 차단하고 적 정보유통체계를 교란하여 부정확한 정보를 유포하게 되면 위협정도는 [상황 1]의 경우보다 대략 10%가 낮아진 40%의 확률을 나타낸다. 한편, [상황 2]의 전략의 차원을 2×2, 5×5, 10×10 으로 증가시키면 각각 43.47%, 46.29%, 48.40%로 전쟁의 위험이 전략의 수에 비례하여 오히려 높아지는 것을 확인할 수 있다. 이것은 전쟁에서 복잡하고 다양한 전략의 조합이 존재하는 경우에 대정보전, 보안유지 등의 수세적 정보전만으로는 전쟁에서 큰 효과를 기대하기 어렵다는 것을 의미한다.

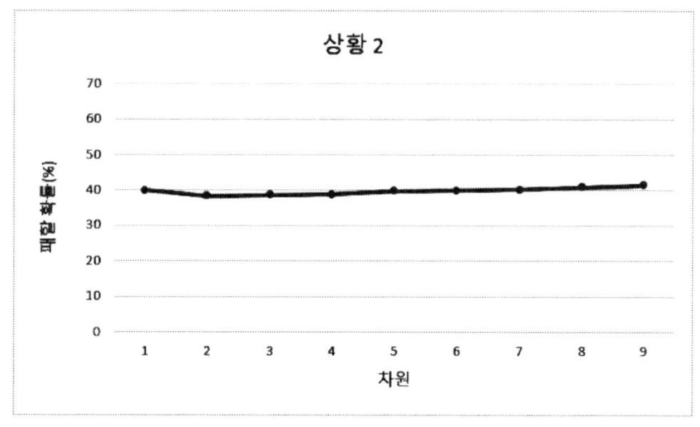

그림 11.2.3 적은 부정확한 정보, 아군은 정확한 정보를 보유한 상황

그림 11.2.4 은 피아 정보능력은 동일하나 적의 선택을 아군이 아는 경우를 실험한 결과이다. 아군은 조기경보체계, 전장감시체계 등을 통해 적의 전략적 선택을 실시간에 감지하고 적의 도발형태에 따라 가장 효과적인 방안을 전략으로 선택하는 경우이다. 여기서 10 × 10 차원의 경우를 보면 위협수준이 약 24%까지 낮아지는 것을 볼 수 있다. 비록 적이 아군의 전략의 형태와 효과 등 일반적인 1 차 정보를 수집 분석할 수 있다 하여도 아군이 조기경보체계를 통해 적이 어떤 전략적 결심을 하는지 실시간에 인지할 수 있다면 전쟁위협을 상당 수준 낮출 수 있음을 의미한다.

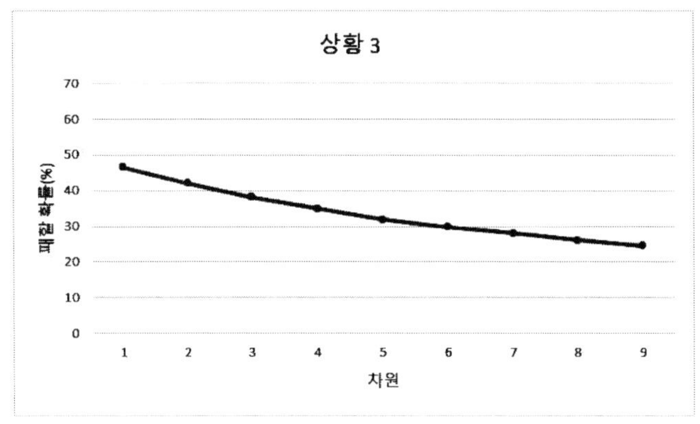

그림 11.2.4 피아 정보능력은 동일하나 적의 선택을 아군이 아는 경우

그림 11.2.5 는 적은 부정확한 정보를 가지고 있고 아군은 정확한 정보를 보유하며 적의 선택을 아군이 아는 경우를 실험한 결과이다. 이 상황은 적에게 왜곡된 정보를 제공함으로써 정확한 의사결정을 못하게 함과 동시에 아군은 적의 전략적 선택과 활동을 실시간에 감시하여 상대의 군사적 행동에 가장 치명적인 방법으로 대응하는 경우이다. 실험에서도 이러한 가정을 뒷받침하는 결과가 나왔는데 10 × 10 차원에서 위협의 정도가 무려 8.73%까지 현저히 낮아짐을 확인할 수 있다. 바로 이러한 수준에 이르렀을 때, 최종적인 정보중심의 전력증강이 완료된 것으로 볼 수 있으며 전쟁에서 적에게는 일반적인 정보조차 알지 못하는 불확실성 속에 있도록 강요하고 아군은 적의 동태를 실시간에 파악하여 적시에 대응하는 정보우세의 효과를 완벽하게 구사할 수 있게 된다.

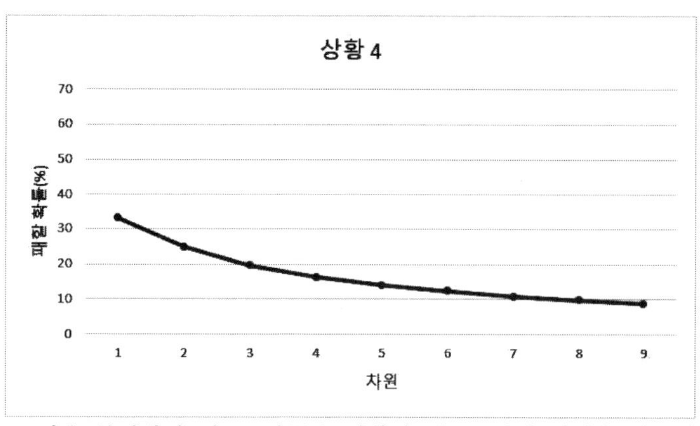

그림 11.2.5 적은 부정확한 정보, 아군은 정확한 정보, 적의 선택을 아군이 아는 경우

그림 11.2.6 은 아군의 조기경보체계가 가동되고 피아의 정보능력이 모두 손실된 경우를 실험한 결과이다. 비록 적이 부정확한 정보를 갖고 또 적의 활동을 조기에 감지할 수 있는 첨단시스템이 작동하는 경우에도 적에 관한 1 차 정보를 잘못 알게 되면 그 효과는 [상황 1]과 다를 바가 없다는 것을 알려 준다.

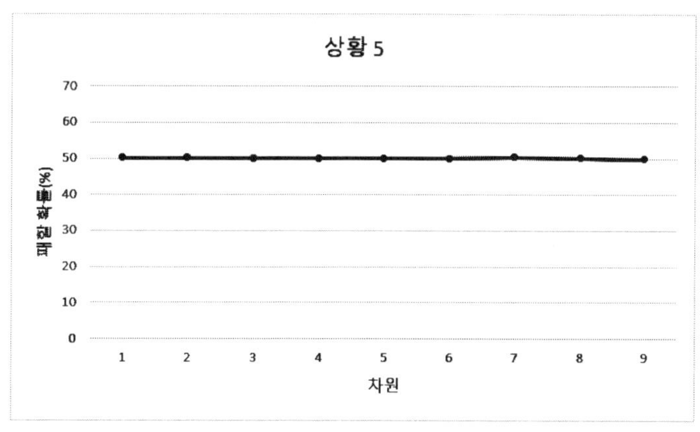

그림 11.2.6 아군의 조기경보체계 가동, 피아의 정보능력이 모두 손실된 경우

그림 11.2.7 은 [상황 5]에 더하여 아군의 1 차 정보수집능력이 손실된 경우를 실험한 결과이다. [상황 6]의 가정처럼 아군은 조기경보체계를 운영하면서도 정확한 1 차정보를 수집하지 못하는 반면 적은 1 차 정보를 갖게 된다면 그림 11.2.7 의 4×4 차원의 경우처럼 전쟁에서 패할 확률이 무려 66%에 달하는

치명적인 결과를 초래할 수 있다. 우리가 유념해야 할 것은 조기경보체계, 전장가시화체계 등 첨단 정보자산을 전력화하고자 할 때 적을 찾고 추적 및 감시하는 공세적 정보능력과 함께 적의 대정보작전 및 기만작전에 대비한 철저한 보안유지 및 정보시스템의 생존 및 보호를 위한 수세적 정보전 능력이 병행추진될 때 압도적인 정보력의 효과를 기대할 수 있다.

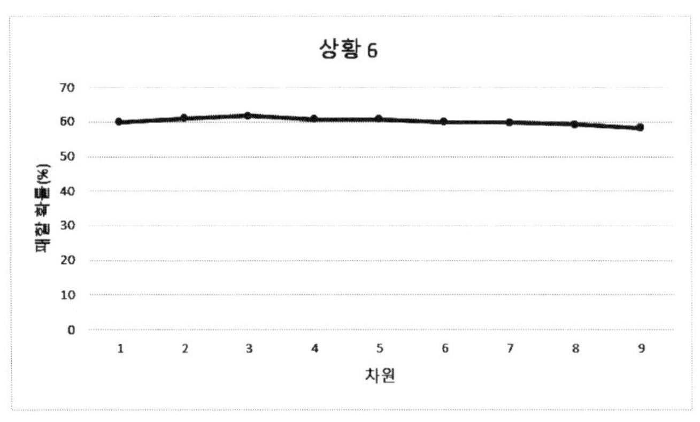

그림 11.2.7 [상황 5]+ 아군의 1 차 정보수집능력 손실 경우

11.3 국방획득 의사결정과정에서의 게임이론 적용

11.3.1 개요

국방획득분야에서 게임이론을 적용하여 의사결정을 할 수가 있다. 이러한 분야를 연구한 논문 중 하광룡 등이 작성한 “국방 획득의사결정 과정에서 게임이론의 적용 가능성에 관한 소고”를 소개한다.

한정된 국가재원으로 효율적인 군사력 건설을 이루어야 하는 것은 우리 국방의 당면 과제다. 이런 과정이 집약적으로 나타나는 곳이 국방획득 과정이다. 국방획득 과정에는 서로 상충된 요소들이 상존하며, 이런 상황에서 합리적인 결정을 하는 것은 결코 쉬운 일이 아니다. 이 과정에는 다양한 방법들과 이론들이 동원되어 합리적인 의사결정을 뒷받침한다.

국방획득의 원칙은 첫째, 안보위협에 대처하기 위한 군사전략, 둘 째, 군사전략을 효율적으로 수행하기 위한 기술적 대안, 셋째, 비용-효과적인 대안의 선정 순이었다. 그러나 차츰 예산 제약에 대한 문제가 부각되며, 비용이 강조되기 시작했다. 현재는 한정된 재원으로 효율적인 군사력 건설을 이루는 것이 우리 국방의 당면 과제가 되었다. 한정된 국가재원과 효율적인 군사력 건설의 해답을 찾아가는 과정이 집약적으로 전개되는 것이 바로 국방획득 과정이다.

주어진 예산하에 효율적인 획득을 위해 합리적이고 효율적인 의사결정을 내려야 한다. 국방 획득 과정에는 상충된 효과를 가져다주는 요소들이 상존하며, 그 상황에서 합리적으로 전략적인 의사결정을 해야 한다. 예를 들면 무기체계를 개발하여 획득하는 과정에는 수많은 의사결정 요소들이 있으며, 그중 가장 우선 고려되어야 하는 것이 '성능-비용-일정' 세 가지다. 이들은 서로 상충된 상황에 배치되고 의사결정자는 이러한 상황에서 합리적으로 판단하고 전략적으로 결정해야 한다. 상충된 상황에서 최적의 결정을 하기 위해서는 주어진 환경 속에 존재하는 다양한 정보들을 수집하여, 그들의 가치를 계산하고 이를 바탕으로 전략적인 판단을 해야 한다. 이러한 과정에는 다양한 방법들과 이론들이 동원되어 합리적인 의사결정을 뒷받침한다.

어느 한 국가가 무기를 증강하면 그 나라와 대치관계에 있는 나라는 안보에 위협을 느끼고 방어를 위해 군비를 증가시키게 된다. 처음 무기를 증강한 국가는 상대방의 군비증강이 방어적인 것임에도 불구하고, 자신의 안보에 위협을 느껴 결국 또 다시 군비를 증강하게 된다. 이러한 과정은 반복적으로 이루어져 결국 과도한 군비경쟁으로 이어지게 된다. 국가안보와 군비증강의 관계에서 상식적으로 생각할 수 있는 간단한 해석이다. 하지만 이러한 과정을 자세히 들여다 보면, 상대방의 군비증강이 자신에게 가져올 피해를 예측하고, 그에 대해 자신이 대응할 수 있는 방법들과 그로 인해 얻게 될 이득 또는 피해감소 효과를 판단하여 최적의 대책을 세우게 된다. 상대방은 또 다시 상대 행위에 대한 피해를 예측하고 가능한 대응책과 최적 대안을 마련한다. 이는 마치 상대방의 패를 보고 자신의 다음 수를 생각하는 게임과 유사하다. 이렇듯 현실 속에 등장하는 게임과 같은 수많은 현상들을 이론적이고 학문적으로 접근한 것이 바로 게임이론이다. 게임이론이란 이해 당사자 간의 행동이 서로 영향을 주는

상황에서 어떻게 합리적으로 전략적인 행동을 취해야 하는가를 학문적으로 연구한 이론으로 정의할 수 있다

11.3.2 획득의사 결정과정에서 게임이론

성능-비용 의사결정 무기체계를 획득하는 과정에는 수많은 것들을 판단하고 결정해야 한다. 어떤 무기를, 언제, 얼마나, 어떻게, 얼마에 획득해야 하는가와 관련된 여러 가지 것들을 결정해야 한다. 특히 성능과 비용에 대한 결정은 의사결정자가 판단해야 할 것들 중 가장 핵심적이고 중요한 것이다.

그러나 상충관계인 두 요소들 사이에서 합리적 선택을 해야 하는 것은 결코 쉽지 않은 일이다. 현재 이 과정에서 일반적으로 사용되고 있는 방법은 대안분석과 비용 대 효과분석이다. CAIV(Cost An Independent Variable) 역시 성능 비용의 의사결정 과정에서 고려되어야 하는 중요한 개념으로 사용되고 있다. 이상의 전통적인 방법들과 마찬가지로 게임이론 역시 상충되는 상황에서 의사결정자가 취할 수 있는 합리적인 전략 또는 선택을 주제로 적용할 수 있다.

어떤 상황에서 어떻게 적용이 가능한지 가상의 예를 들어 설명하고자 한다. 군은 대공탐지레이더를 업체 주도로 개발하여 획득하고자 한다. 두 업체(A, B)가 제안서를 제출했으며, A 업체는 두 개의 개발대안(A1, A2)을, B 업체는 세 개의(B1, B2, B3) 개발대안을 제안하였다. 의사결정 과정에는 성능을 중요시하는 소요군담당자(C: Capability)와 비용을 중요시하는 획득담당자(P: Price)가 참여하였다. 이들은 탐지거리와 체계중량 그리고 비용을 의사결정의 주요 항목(KPPs: Key Performance Parameters)으로 고려한다. 요약하면 표 11.3.1 과 같다.

표 11.3.1 의사결정의 주요 항목

획득체계	대공탐지레이더
제안업체	A, B
개발대안	A1, A2, B1, B2, B3
의사결정자	C, P
KPPs	탐지거리, 중량, 비용

의사결정자들이 고려하는 KPPs의 한계선(Threshold)과 상대적 가중치, 업체가 제안한 개발대안은 표 11.3.2와 같다.

표 11.3.2 업체가 제안한 개발대안

	탐지거리(km)	중량(kg)	비용($M)
Threshold	50	950	50
가중치	0.5	0.2	0.3
A1	60	900	45
A2	100	1100	55
B1	51	950	45
B2	75	1000	45
B3	125	1050	55

의사결정자 C와 P는 각각의 KPPs에 대해 상이한 효용함수를 가지고 있다. 예를 들면 C는 P보다 탐지거리와 중량의 변화에 더 민감하게 반응하며, P는 C보다 비용에 더 민감하게 반응한다. 이 게임의 경기자는 의사결정자 C와 P다. C와 P가 자신들의 효용을 극대화하면서 최적의 개발대안을 선택하는 게임이다. 이때 제안업체 A와 B는 의사결정의 수혜자이긴 하나 직접 게임에 참여하지는 않는다. 표 11.3.2의 KPPs, 상대적 가중치와 C와 P의 효용함수로부터 표 11.3.3과 같은 보수행렬이 도출된다.

표 11.3.3 소요군 담당자와 획득담당자의 보수행렬

		획득담당자(P)				
		A1	A2	B1	B2	B3
소요군 담당자 (C)	A1	0.96, 0.76	0.96, 0.49	0.96, 0.72	0.96, 0.78	0.96, 0.79
	A2	0.70 0.76	0.70, 0.49	0.70, 0.72	0.70, 0.78	0.70, 0.79
	B1	0.68, 0.76	0.68, 0.49	0.68, 0.72	0.68, 0.78	0.68, 0.79
	B2	0.63, 0.76	0.63, 0.49	0.63, 0.72	0.63, 0.78	0.63, 0.79
	B3	1.47, 0.76	1.47, 0.49	1.47, 0.72	1.47, 0.78	1.47, 0.79

여기서 C와 P의 효용함수는 생략하고 보수행렬의 결과값만 표시하였다. 위의 보수조합에서 음영 처리된 다섯 가지 조합만이 선택가능하다. 이는 C와 P의

효용은 서로 상이하지만 다섯 개의 개발대안 중 하나의 대안만을 선택해야 하기 때문에 다른 조합은 게임의 해가 될 수 없다. 결국 이 게임은 의사결정자 C 와 P 모두의 우월전략인 B3(1.47, 0.79)이 선정된다. 이 게임의 경우 다행히 우월전략이 존재하고 있다.

그러나 현실에서는 우월전략균형이 나타나지 않는 경우가 많을 것이다. 예를 들어 위의 예에서 B3 의 개발대안에 기술적 위험이 존재하여 개발가능성에 의문이 들어, C, P 는 자신들의 효용을 (1.47, 0.79)에서 위험요소를 반영하여 (1.25, 0.75)로 조정하였다고 한다면, C 의 우월전략은 B3, P 의 우월전략은 B2 가 되어 우월전략균형은 존재하지 않게 된다. 하지만 이같은 경우 게임을 전개형으로 확장시킴으로써 해를 찾는 것이 가능해진다.

만약 C 와 P 의 첫 번째 협상에서 우월전략균형이 존재하지 않는다면 이들은 CAIV 와 같은 의사결정 개념이나 의사결정에 영향을 미칠 수 있는 어떤 체계나 논리에 입각하여 자신들의 효용을 다시 평가하고 수정하여 협상테이블에 등장한다. 여기서도 해답이 나타나지 않았다면 이들은 이런 효용의 재평가 과정을 반복하여, 결국 우월전략균형을 찾게 된다.

11.3.3 게임이론 적용가능한 분야

성능-비용 의사결정 이외에도 획득의사결정 과정에서 게임이론을 적용할 가능성이 있는 분야가 몇 가지 있다. 획득사업에서 개발 또는 구매 업체를 선정하고 협상을 진행하는 것, 그리고 최종적으로 계약을 하는 것이 게임이론과 관련이 있을 것으로 보인다. 우선 업체를 선정하고, 협상을 하는 것은 이해당사자(정부와 업체, 업체와 업체)가 서로의 정보들을 수집, 통제(자신의 정보를 통제하는 것도 포함하여), 분석하는 과정을 거쳐 상대방의 전략을 예측하고 자신의 전략을 세우는 게임의 일종으로 볼 수 있다. 특히 협상(Bargaining) 과정에서는 이해당사자가 첨예하게 대립하는 상황에서 자신의 효용극대화를 위해 전략을 세우고 이에 대한 상대방의 대응전략과, 또다시 상대방의 전략에 대응하는 자신의 전략을 수정하는 과정을 반복한다. 이처럼 협상은 본질적으로 동태적인 성격을 가지며, 전개형게임과 SPNE 의 개념을 적용하여 설명할 수 있다.

협상과 관련된 이론으로는 최후통첩협상(Ultimatum Bargaining), 무한수명협상(Infinite Horizon Bargaining), 협조적협상(Cooperative Bargaining) 등이 있다. 계약과 관련해서는 게임이론에 주인-대리인 (Principal-Agent) 관계가 있다. 여기서는 주인이 갖는 불완전한 정보로 인해 대리인의 도덕적 해이(Moral Hazard)가 발생하고 이를 해결 하기 위한 주인의 전략적 선택을 설명하고 있다. 여기서 도덕적 해이란 대리인이 주인의 효용이 아닌, 자신의 효용을 극대화하는 행동을 하며, 이것이 주인의 효용에도 영향을 미치는 것을 의미한다. 주인-대리인 이론에서는 도덕적 해이가 발생할 가능성이 있는 상황에서 당사자들끼리의 유인계약(Incentive Contract)을 통하여 효율성을 제고할 수 있음을 보여준다. 즉, 주인이 대리인의 행동을 관찰할 수 없는 상황에서 주인은 관찰 가능한 성과에 근거하여 상벌체계를 설계함으로써 대리인의 행동선택에 영향을 미칠 수 있다.

이것은 획득사업에서도 흔히 찾아볼 수 있는 현상이다. 대부분의 획득사업에서 정부와 업체는 확정가 또는 중도 확정가 방식의 계약을 맺고 있으며, 여기서 정부가 갖는 불완전정보(작업공수, 재료단가, 경비 등에 대한 진실)로 인해 필연적으로 도덕적 해이가 발생한다. 도덕적 해이의 발생 과정에 대한 이해와 해결방안에 대한 단초를 제시해 주고 있는 게임이론의 적용이 가능한 대목이다.

예를 들어 기업의 행동을 관찰할 수 없는 상황에서 표면적으로 나타나는 성과(비용, 성능 등)에 대한 상벌체계 즉, 목표비용 절감액의 일정부분을 인센티브로 되돌려 주거나 새로운 기술개발이 가져오는 유·무형의 성과를 공유하는 것과 같은 유인부 계약을 통하여 기업의 도덕적 해이를 방지하는 것이다. 획득의사결정 과정 역시 사회적·경제적 관계에서 관찰되는 현상들과 크게 다를 바 없다는 점 을 고려하면, 앞서 소개한 것들 이외에도 게임이론으로 접근할 수 있는 것들이 더 많이 존재할 것이다.

11.4 표적할당문제의 게임이론 적용

11.4.1 개요

표적할당 게임은 군사 상황에서 자주 발생한다. 가장 일반적인 형태로 이 문제를 다음과 같이 설명할 수 있다: 공격 하는 측(공자)과 방어하는 측(방자)이 각각 고정된 양의 자원을 여러 가치가 다른 표적들 사이에 할당해야 한다고 가정한다. 공자와 방자는 가용한 자원을 할당할 표적을 어떻게 선택해야 최적의 선택을 하는가 하는 문제이다.

11.4.2 단일 표적 게임

단일 표적에 대해 먼저 설명하면 공자는 한 개의 자원을 가지고 있으며, 방자도 한 개의 자원을 한 개의 표적에 할당해야 한다. 그러면 공자와 방자가 어느 표적에 각각의 자원을 할당해야 하는가 하는 문제이다.

게임 모델로 설명하면 다음과 같다. 표적들은 n 개가 있고 $T_1, T_2, \dots, T_n$ 으로 표현된다. 각 표적들은 $a_1, a_2, \dots, a_n$ 과 같이 가치가 부여되어 있다. 이 가치는 군사적 중요도라고 해도 무방하다. 다음과 같이 가치가 큰 순으로 나열한다.

$$a_1 > a_2 > \cdots > a_n > 0$$

공자는 하나의 공격부대를 가지고 있으며 n 개 표적 중에 하나를 공격할 수 있다. 방자는 오직 하나의 방어부대를 가지고 있으면 표적 중 하나에 할당할 수 있다.

더욱이, 방자는 파괴확률 p 를 가진다고 가정한다. 즉, 방어하고 있는 표적에 공격이 가해지면, 확률 p 로 공격이 실패한다. 따라서 $1-p$ 는 공격이 성공할 확률이다. 다음으로 전략에 대해 살펴보면 공자의 전략은 공격할 표적을 선택하는 것이고, 방자의 전략은 방어할 표적을 선택하는 것이다. 따라서 각 경기자는 n 개의 전략을 가지고 있다. 공자가 방어되지 않은 표적 T_k 를 공격하면 공자의 보수은 해당 표적의 가치 a_{k} 이다. 그러나 방어된 표적 T_i 를 공격하면, 보수는 $(1-p)a_{\mathrm{i}}$ 로, 이는 표적에 가해지는 예상 피해이다. 따라서 보수행렬은 표 11.4.1 과 같다.

표 11.4.1 표적 선정 보수행렬

공자의 보수		방어된 표적			
		T_1	T_2	…	T_n
공격된 표적	T_1	$(1-p)a_1$	a_1	…	a_1
	T_2	a_2	$(1-p)a_2$	…	a_2
	⋮	⋮	⋮	⋮	⋮
	T_n	a_n	a_n	…	$(1-p)a_n$

게임의 표현에서 일반적으로 어느 경기자도 최적의 순수전략을 가지지 않는다는 것이 명확하다. 두 경기자 모두 어떤 무작위적으로 할당할 표적을 선택해야 한다. 이 게임을 해결하면, 공자와 방자 동일한 고가치 표적들 중에서 무작위로 선택해야 함을 알 수 있다. 즉, 식 (11.4-1)과 같이 표현되는 t 개의 가장 가치가 높은 표적들에 대해 무작위로 할당하는 전략을 취해야 한다.

$$\max_{k \le n} \frac{k-p}{\sum_{i=1}^{k}\frac{1}{a_i}} = \frac{t-p}{\sum_{i=1}^{t}\frac{1}{a_i}} \qquad (11.4\text{-}1)$$

공자의 최적전략은 $T_i(where, i \le t)$를 $\frac{1}{a_i\sum_{i=1}^{t}\frac{1}{a_i}}$ 의 확률로 공격하는 것이며 T_{t+1}, $T_{t+2}, \ldots, T_n$ 은 공격하지 않는 것이다. 그러므로 높은 가치를 가지는 표적일수록 공격받을 가능성이 적다. 방자의 최적전략은 $T_i(i \le t)$ 를 $(\frac{1}{p})(1-\frac{t-p}{a_i\sum_{i=1}^{t}\frac{1}{a_i}})$ 로 방어하는 것이다. 표적의 가치가 높은 표적일수록 낮은 가치를 가진 표적보다 더 방어가 제공될 가능성이 크다.

게임의 값 v는 식 (11.4-2)와 같다.

$$v = \frac{t-p}{\sum_{i=1}^{t}\frac{1}{a_i}} \qquad (11.4\text{-}2)$$

11.4.3 다수 표적 게임

대부분의 전투상황과 마찬가지로, 공중공격과 공중방어 간의 전투는 두 경기자의 Zero-Sum 게임으로 볼 수 있다. 공자는 표적 파괴의 형태로 최대한의 보수를 얻으려 하고, 방자는 이러한 보수를 최소화하려 한다.

전투상황에서 방자가 중요한 결정은 자신의 총방어자원을 표적들 사이에 어떻게 할당하느냐 하는 것이다. 공자의 중요한 결정은 자신의 총 공격력을 표적들 사이에 어떻게 할당하느냐 하는 것이다. 우리는 이 게임을 매우 단순화된 형태로 고려할 것이며, 여기서 각 경기자는 단 하나의 선택 가능성만 있다고 가정한다. 즉, 공자는 자원을 표적들 사이에 할당하는 선택을 하고, 방자는 자원을 표적들 사이에 할당하는 선택을 한다. 그러면

우리는 다음과 같은 질문에 답하고자 한다.

- 모든 표적을 방어해야 하는가?
- 표적 중 일부만 방어 가능하다면 어떻게 선택해야 하는가?
- 공자는 표적을 어떻게 선택해야 하는가?

이러한 게임 상황은 다음과 같이 분석할 수 있다.

방자는 n개 표적 중 D개 방어부대가 가능하다. 단일표적인 경우와 마찬가지로 표적의 번호는 $T_1, T_2, \ldots, T_n$ 으로 표적 가치는 $k_1, k_2, \ldots, k_n$ 으로 표현한다. 표적가치는 다음과 같이 중요순으로 정렬한다.

$$0 < k_1 < k_2 < \cdots < k_n$$

공자는 n개 표적을 공격할 수 있는 A개의 부대를 가지고 있다. 여기서 $A \geq D$ 라고 가정한다. 즉, 공격부대의 수가 방어부대의 수보다 더 많거나 같다고 가정한다.

공자의 전략은 n개 표적을 A개의 부대에 할당하는 것이다. 그러므로 공자의 전략은 다음 조건을 만족하는 일련의 수의 집합 $x_1, x_2, \ldots, x_n$으로 구성된다.

$$x_i \geq 0, i = 1,2, \ldots, n$$

$$\sum_{i=1}^{n} x_i = A$$

첫 번째 식은 각 표적에 할당된 공격부대는 0 이상이어야 한다는 것이며 두 번째 식은 전체 공격부대 A 는 모든 표적에 할당된 부대의 수와 같아야 한다는 것이다.

방자의 전략은 다음 조건을 만족하는 일련의 수의 집합 $y_1, y_2, \ldots, y_n$ 으로 구성된다. 여기서 y_i는 표적 T_i에 할당되는 방어부대 수이다.

$$y_i \geq 0, i = 1,2, \ldots, n$$

$$\sum_{i=1}^{n} y_i = D$$

다음으로 보수행렬을 어떻게 산정하는지 알아본다. 다음과 같은 가정을 해보자. 방어 한 단위는 공격 한 단위를 막을 수 있다. 각 표적에 대한 피해 정도는 방어 단위를 초과하는 공격 단위 수에 비례하며, 비례계수는 특정 표적에 따라 다르다. 이 가정하에서, 각 표적에 대해 피해는 방어 단위를 초과하는 공격 단위 수에 비례한다. 이를 통해 각 표적에서 발생하는 피해를 계산하고, 모든 표적에 대한 피해를 합산하여 총보수를 결정할 수 있다. 그러므로 공격에 대한 보수행렬은 식 (11.4-3)과 같다.

$$M(x,y) = \sum_{i=1}^{n} k_i \cdot max(0,\ x_i - y_i) \qquad (11.4\text{-}3)$$

$$where, x_i \geq 0,\ y_i \geq 0,\ \sum_{i=1}^{n} x_i = A, and\ \sum_{i=1}^{n} y_i = D$$

명백히, $M(x,y)$는 각 x에 대해 y에서 볼 때, 그리고 각 y에 대해 x에서 볼 때 Convex 이다. 따라서 방자는 최적의 순수전략을 가지고 있다. 공자는 최적의 혼합전략을 가지고 있다 방자가 자신의 방어력 D를 고가치 표적들 사이에 할당하는 것이 최적이다. 공자는 주어진 확률분포에 따라 고가치 표적들 중 하나를 무작위로 선택한 후, 자신의 모든 공격력을 그 표적에 할당하는 것이 최적이다 두 경기자의 최적전략을 보다 정확하게 설명하기 위해 다음과 같은 표기법을 도입한다.

$$\frac{1}{h_s} = \sum_{i=s}^{n} \frac{1}{k_i},\ \ s = 1,2, \ldots, n$$

$$l_s = k_s - h_s\,(n - s + 1 - \frac{D}{A}),\ \ s = 1,2, \ldots, n$$

$$m = smallest\ value\ of\ a\ such\ that\ l_s \geq 0$$

위와 같은 정의를 기반으로 공자 및 방자의 최적전략은 다음과 같다.

공자의 최적전략

- 낮은 가치를 가진 표적 $T_1, T_2, \ldots, T_{m-1}$을 공격하지 않는다.
- 다음 확률 분포에 따라 무작위로 선택된 표적에 전체 공격부대 A를 사용해야 한다.

$$p(x_i = A) = \frac{h_m}{k_i},\ \ m \leq i \leq n$$

방자의 최적전략

- 낮은 가치를 가진 표적 $T_1, T_2, \ldots, T_{m-1}$은 방어하지 않는다.
- 높은 가치를 가진 표적 $T_m, T_{m+1}, \ldots, T_n$은 방어하되 T_i 는 다음과 같은 전력을 할당하여 방어한다.

$$\mathrm{A}\left\{1-\frac{h_m}{k_i}\left(n-m+1-\frac{D}{A}\right)\right\}, \qquad m \le i \le n$$

공자의 게임값 v는 다음과 같다.

$$v = A(k_m - l_m)$$

각 방어된 표적에서 공자는 전체 공격력을 사용하여 공격할 경우 게임값을 얻는다. 방어되지 않은 각 표적에서 집중공격은 게임값보다 적은 보수를 가져온다. 방자가 자신의 방어 자산을 최적으로 배치했다면, 표적들에는 취약점이 없다.

11.4.4 전술 공중전 게임

앞서 언급한 모델은 본질적으로 단일단계 모델이다. 즉, 한 번의 할당 또는 공격만이 이루어진다. 많은 군사 문제는 다단계 과정이나 시간에 걸친 계획을 포함한다. 이러한 게임의 예로는 각각의 할당이 자원을 사용하는 여러 번의 공격을 수반하는 군사 작전이 있다.

각 전투 단계에서 전술 항공력을 어떻게 활용할지에 대한 문제는 다단계 게임으로 분석된다. 다단계 전투 공중작전에서 여러 번의 공격 중 전술 항공력을 다양한 전술항공작전(공중전, 방공 및 지상지원) 사이에 최적으로 할당하려고 한다.

i번째 항공 작전에서 Blue Force 는 p_i대의 항공기를 보유하고 Red Force 는 q_i대의 항공기를 각각의 3 개의 전술항공작전에 할당해야 한다. Blue Force 는 공중전에 x_i대의 항공기를, 방공작전에 u_i대의 항공기를, 그리고 나머지 $p_i - x_i - u_i$ 대의 항공기를 지상지원작전에 할당한다. 마찬가지로, Red Force 는 공중전에 w_i대의 항공기를, 방공작전에 z_i대의 항공기를, 그리고 나머지 $q_i - w_i - z_i$ 대의 항공기를 지상지원작전에 할당한다. 현재의 공격과 이후의 공격에 대해 양측이 상대방의 할당을 모르는 상태로 Red Force 가 공중전에 w_i 대의 항공기를 할당하면, Blue Force 의 항공기가 공중전에서 만나는 Red Force 의 항공기 수가 감소할 것으로 예상된다. Red Force 의 방어를 관통하여 공중전 대상에 도달하는 Blue Force 의 항공기 수는 다음과 같이 주어진다.

$$max(0,\ x_i - w_i)$$

Blue Force 의 공중전의 목표는 특정 대상을 공격하여 적의 공군을 감소시키는 것이다. 적의 방어를 관통하여 공중전 대상에 도달하는 Blue Force 의 공격기 수에 따라 파괴되는 항공기 수가 변할 것이다. 적의 방어를 관통하는 Blue Force 의 항공기 수를 증가시키면 적의 공군을 감소시킬 수 있지만, 이를 최대 q_i까지만 감소시킬 수 있다. 만약 적의 방어를 관통하는 Blue Force 의 항공기가 적의 한 대의 항공기를 파괴할 수 있으며, 모든 Red Force 의 항공기가 공격 시에 위험에 처해있다고 가정한다면, Blue Force 의 i 번째 공중전 작전은 다음과 같이 파괴될 것이다.

$$min[q_i,\ \max(x_i - w_i)]$$

i 번째 공격 후의 Red Force 항공기 잔여 대수는 다음과 같다.

$$q_{i+1} = max[0, q_i -\ \max(0, x_i - w_i)]$$

마찬가지로, i 번째 공격 후의 Blue Force 항공기 잔여 대수는 다음과 같다.

$$p_{i+1} = max[0, p_i - \max(y_i - u_i)]$$

결과를 설명하기 위해 Blue Force 의 전투에서의 전력 사용을 살펴본다. 우리는 그의 목표가 전투지역에서 지상군을 지원하는 것이라고 가정하고, 결과는 그가 지상지원작전에 할당한 항공기 수에 따라 다를 것이다. Blue Force 에 대한 보수함수를 구성할 수 있다고 가정한다. 이 함수는 전투의 각 공격에 대한 보수를, 지상지원작전에 할당된 항공기 수의 함수로서, 지상군의 전진거리로 표현한다. 이 함수는 지상지원 대상의 특성에 크게 의존한다. 즉, 군대, 차량 및 물자의 집중도 및 위치의 강화에 의존한다.

만약 Blue Force 의 지상군이 이제 Red Force 의 지상지원작전에 의해 공격을 받으면, Red Force 가 근접지원임무에 할당한 항공기로 인해 Blue Force 의 지상지원에서의 성과가 감소된다. i 번째 공격 중 Blue Force 의 지상군의 순수 전진은 다음과 같이 표현될 수 있다.

$$(p_i - x_i - u_i) - (q_i - y_i - w_i)$$

전체 N 차례의 전투에 대한 보수 M 은 각각의 N 차례의 순이득의 합이며 수학적으로는 다음과 같다

$$M = \sum_{i=1}^{N} [(p_i - x_i - u_i) - (q_i - y_i - w_i)]$$

최적전술은 전투기 전력의 최적 운용을 전투의 공격횟수와 양쪽의 상대적인 힘에 따라 설명할 것이다. 전투는 항상 지상지원작전에 대한 일련의 공격으로 끝난다. 다시 말해, 전투의 종료 기간에는 Red Force 와 Blue Force 가 모두 지상지원작전에 모든 전력을 집중한다. 이 종료기간에는 초기의 전력과 관계없이 양측 모두 동일한 최적 전술을 가진다

Blue Force(강한 측)은 자원을 분할한다. 전투의 종료 단계를 제외한 모든 시점에서 Red Force 와 Blue Force 는 매우 다른 최적 전술을 가진다. 전투 초기 시점의 어떤 공격에서도 더 강한 측인 Blue Force 는 순수전략을 가진다. 즉,

Blue Force 의 항공기 전력을 세 가지 항공작전 중 어느 것에 할당할지에 대한 최상의 할당이 존재한다. 이 할당의 크기는 두 항공전력의 상대적 힘과 전투에서 남은 공격 횟수에 따라 달라진다.

Red Force(약한 측)은 전략을 혼합하고 힘을 집중시킨다. 약한 측은 하나의 전략을 사용할 수 없으며, 종료 단계를 제외한 모든 공격에서 기만작전을 사용해야 한다. 상대편과 달리 약한 전투자는 최적의 단일할당을 가지고 있지 않는다. 약한 측은 혼합전략을 사용하고 높은 보수을 위해 도박을 한다. 만약 너무 약하지 않다면, 약한 측은 자신의 전체 힘을 공중전이나 방공 중 하나에 집중할 것이다. 그러나 전체 전력을 어느 작전에 할당할지는 무작위적으로 결정된다. 그러나 만약 Red Force 가 아주 약하다면, 그는 자신의 전체 항공기 전력을 세 가지 항공작전 중 아무 것이나 하나에 할당하며, 특정 작전은 다시 무작위로 선택된다. 다시 말해, 경기자가 상대에 비해 아주 약할 경우, 그는 초기의 보수에 기대어 도박을 한다.

물론 가장 효과적으로 도박을 할려면 올바르게 기만을 해야 한다. 즉, 무작위는 올바른 상대적 빈도로 작전을 선택해야 한다. 작전을 혼합하고 분할하기에서 흥미로운 점은 약한 측인 Red Force 가 각 공격에서 Blue Force 가 할당하는 작전과 동일한 작전으로 기만하는 것이다. 따라서 Red Force 가 매우 약하다면 세 가지 작전 모두로 기만하고, Blue Force 는 두 가지 작전인 공중전과 방공 사이에 자원을 분할한다. 그러나 Red Force 가 중간 정도로 약하다면, 그는 공중전 또는 방공 중 두 가지 작전으로 기만하고, Blue Force 는 동일한 두 가지 작전, 공중전과 방공 사이에 자원을 분할한다.

11.4.5 표적 예측 게임

표적예측 게임의 예는 미사일 발사 일정의 운용적 문제이다. 미사일을 발사하려면 Blue Force 는 T 시간이 지나기 전에 한 발의 미사일을 발사할 계획이다. 그러나 미사일을 발사하려면 T 보다 작은 t 시간 동안 그것을 노출시켜야하며, 이 동안에는 Red Force 의 공격을 받을 수 있다. Blue Force 의 결정을 알지 못하는 Red Force 는 공격할 기회가 단 한 번뿐이다. Blue Force 가 미사일을 노출시킬 최적의 시간은 언제인가와 Red Force 가 공격할 최적의 시간은 언제인가가 표적예측 문제이다.

Blue Force 의 전략은 t 시간 동안 미사일을 노출시킬 때 시작하는 시간 x 의 선택이다. 여기서, $0 \leq t \leq x \leq T - t$ 이다. Red Force 가 Blue Force 의 선택을 모르기 때문에, Red Force 의 전략은 Red Force 가 공격할 시간 y 의 선택이다. 여기서 $0 \leq y \leq T$이다. 만약 Red Force 가 미사일 노출 기간 동안 공격을 당하지 않았다면, Blue Force 는 시간 $x + t$에 미사일을 발사한다. 즉, Red Force 가 미사일 노출 이전이나 이후에 공격하면 Blue Force 가 미사일을 발사할 수 있다

Blue Force 에 대한 보수는 그가 미사일을 발사하면 1 이고 그렇지 않으면 0 이다. 따라서 경기자의 전략에 따라 보수는 다음과 같은 불연속 보수 함수로 설명된다.

$$M(x,y) = \begin{cases} 1, & if\ y \leq x \leq T - t\ or\ x + t \leq y \leq T \\ 0, & Otherwise \end{cases}$$

최적전략에 대해 설명하면 다음과 같다. 이 게임을 해결하면 게임 가치가 t 의 불연속 함수임을 알 수 있다. 만약 우리가 을 n을 T/t 에서 가장 큰 정수로 정의한다면, 게임값 v 는 다음과 같다.

$$v = 1 - \frac{1}{n}$$

Blue Force 의 최적전략은 균일한 혼합전략이다.

$$F(x) = \frac{1}{n}\sum_{j=0}^{n-1} I_{jt}(x)$$

Red Force 의 최적전략 또한 균일한 혼합이다.

$$G(y) = \frac{1}{n}\sum_{j=0}^{n} I_{\frac{j}{n+1}}(y)$$

11.5 인공지능에서 게임이론 적용

11.5.1 강화학습과 게임이론

게임이론은 인공지능(Artificial Intelligence, AI)에서 여러 가지 중요한 방식으로 활용되고 있다. 여기서는 몇 가지 주요 적용 사례와 그 의미를 설명한다. 먼저 강화학습에서 게임이론은 다양하게 활용되고 있다. 강화학습은 AI 가 환경과 상호작용하면서 최적의 행동을 학습하는 방법으로 게임이론의 개념은 여기서 중요한 역할을 한다. 특히, 여러 에이전트가 상호작용하는 다중 에이전트 강화학습(Multi-Agent Reinforcement Learning, MARL)에서 게임이론은 각 에이전트의 전략과 균형을 이해하는데 사용된다.

예를 들어 AlphaGo 와 같은 시스템은 바둑 게임에서 최적의 수를 찾기 위해 게임이론과 강화학습을 결합하여 인간 챔피언을 이겼다. 구체적으로 자기 대국(Self-play)에서 AlphaGo 는 강화학습을 통해 스스로 바둑을 두면서 학습하는데 이 과정이 두 에이전트가 게임이론의 개념을 사용하여 최적의 전략을 학습하는 과정이다. AlphaGo 는 Monte Carlo Tree Search(MCTS) 를 사용하여 게임상태를 탐색하고 최적의 수를 선택했다. 이 과정에서 각 수의 기대 승률을 계산하는 데 게임이론적 접근을 사용하였다. 정책 네트워크(Policy Network)는 다음 수를 결정하고, 가치 네트워크(Value Network)는 특정 보드 상태에서 승리 확률을 평가한다. 이 둘을 결합하여 강화학습의 효율성을 높이는 것이다.

OpenAI Five 는 Dota 2 라는 복잡한 실시간 전략게임에서 인간 프로 선수들을 상대로 경쟁하는 인공지능이다. 이 시스템은 다중 에이전트 강화학습과 게임이론을 활용하여 최적의 전략을 개발하였다. 각 에이전트는 게임이론을 통해 다른 경기자들의 전략을 예측하고 이에 대응한다. 분산학습 (Distributed Learning)은 수천 개의 GPU 와 수백만 개의 시뮬레이션을 통해 에이전트가 학습한다. 이 과정에서 게임이론의 개념을 사용하여 협력과 경쟁 전략을 최적화하는 것이다. 각 에이전트는 팀의 승리를 위한 최적의 의사결정 정책을 학습하고 게임이론을 통해 상대 팀의 전략을 예측하고 이에 맞춘 대응 전략을 개발한다.

포커 AI 인 Libratus and Pluribus 는 각각 두 명과 다수의 경기자가 참여하는 텍사스 홀덤 포커 게임에서 인간 프로 선수들을 이긴 AI 이다. 포커는 불확실성과 기만이 중요한 게임으로, 게임이론과 강화학습의 결합이 매우 효과적이다. AI 는 상대의 전략을 분석하고 이에 대응하는 최적의 전략을 학습한다. 게임이론을 통해 기만과 같은 복잡한 전략을 이해하고 구현하는 역공학적 분석을 실시한다. Libratus 와 Pluribus 는 가능한 최적의 전략을 찾아내기 위해 Nash 균형을 계산한다. 이를 통해 상대의 모든 가능성을 고려한 전략을 개발한다. 게임이 진행되는 동안 AI 는 지속적으로 자신의 전략을 재평가하고 개선(Self Improvement)한다. 강화학습 알고리즘은 게임이론을 활용하여 반복 학습과 적응을 가능하게 한다.

유도탄 방어를 위한 무기체계-표적 할당(Weapon Target Assignment : WTA)문제를 해결하기 위한 강화학습에서도 게임이론이 적용되고 있다. 방어 요격체계 입장에서는 다수의 유도탄으로 좁은 영역을 집중공격하는 형태에 대하여 요격탄을 효율적으로 할당하기 위해 추가로 고려해야 할 제약 조건이 증가하기 때문에 해법의 복잡도 증가한다. 따라서 다양한 제약 조건하에서 최적의 할당해를 얻기 위해 강화학습을 사용한다.

연속적인 상태 정보를 받으며, 현실적인 제한 조건을 고려함과 동시에 표적을 요격하여 피해를 최소화하는 정적할당 방식의 문제에서 추가적으로 좁은 영역에 다수의 표적을 요격해야 하는 경우 발생할 수 있는 유도탄 간 간섭현상을 배제하기 위해 유사한 시간에 발사된 유도탄의 궤적교차 여부를 고려한다. 이러한 문제에서는 이전의 할당이 현재의 할당에 복합적인 영향을 미치기 때문에 문제 정의가 복잡하여 휴리스틱한 방법으로 최적해를 찾는 것은 매우 어렵다.

이를 해결하기 위하여 다수 에이전트(Multi-Agent) 강화학습 모델을 정의하고 학습된 모델을 이용하여 실시간 할당이 가능한 모델을 적용한다. 멀티 에이전트 강화학습은 2 개 이상의 에이전트가 환경과 상호작용하여 행동 정책을 찾고 이를 통해 보상을 최대화하는 것을 중점으로 한다. 하지만, 멀티 에이전트 강화학습 환경에서 보상은 개인의 행동뿐만 아니라 다른 모든 에이전트의 행동에도 영향을 받기 때문에 단일 에이전트 강화학습에 비해 문제의 복잡도가 매우 증가한다. 이에 많은 멀티 에이전트 강화학습 연구에서 문제에 따른 게임이론을 적용하여 에이전트의 전력선택 문제를 해결한다.

그 중에서 Nash 균형이론은 비협력적 게임에서 최적의 행동정책을 찾기 위하여 중요하게 여겨진다. Nash 균형에서 각 에이전트는 다른 에이전트의 행동이 주어졌을 때 다른 에이전트의 전략을 고려하여 최선의 선택을 하는 전략을 이용한다. 하지만 다수의 에이전트 환경에서 고려할 상호작용의 수가 많아 Nash 균형 전략을 찾기 어려운 문제가 있다. 이를 해결하기 위해 에이전트 주변의 상호작용을 하나의 평균 상호작용으로 고려하여 문제의 복잡도를 줄인 다음 Nash 평균을 찾는 이론인 평균 필드게임(Mean Field Game, MFG)이 도입되었다. MFG 는 다수의 에이전트가 소규모로 상호작용하는 환경에서 전략적인 의사결정을 하기 위한 연구로 최근에 에이전트 수가 급증할 때 차원의 저주 문제를 완화하고자 멀티 에이전트 강화 학습에 적용된다.

강화학습을 기반으로 한 군사적 의사결정 시스템 제작을 할 때 게임이론은 그 핵심적 기술 중에 하나이며 적의 의사결정과 아군의 의사결정 사이의 균형을 찾아 게임의 해를 구하는 것이 중요하다. 불완비정보게임하 의사결정을 하는 것이 군사적 의사결정의 중요한 특징이어서 군사적 의사결정은 무엇보다도 많은 인명과 장비, 부대의 승패, 국가의 존망에 관련된 것인만큼 더욱 더 정교하게 계획되고 확실한 신뢰성을 확보할 필요가 있다.

그림 11.5.1 군 지휘통제 시스템

11.5.2 적대적 생성 네트워크와 게임이론

적대적 생성 네트워크(Generative Adversarial Network, GAN)는 게임이론의 개념을 적용하여 설계된 기계 학습 모델이다. GAN 과 게임이론의 관계를 설명한하면 GAN 은 두 개의 신경망, 즉 생성자(Generator) 와 판별자(Discriminator)로 구성된다. 생성자는 가짜 데이터를 생성하는 역할을 하고 이 데이터는 실제 데이터와 구별할 수 없도록 설계된다. 판별자는 입력받은 데이터가 실제 데이터인지 가짜 데이터인지 구별하는 역할을 한다.

GAN 과 게임이론의 관계를 살펴보면 GAN 의 작동 원리는 생성자와 판별자 간의 경쟁, 즉 1.5.2 절에서 설명한 Zero-Sum 게임에 해당한다. Zero-Sum 게임에서 한쪽의 이익이 다른 쪽의 손실과 정확히 일치하는 게임이다.

게임이론의 요소는 1.3 절에서 설명한 것처럼 경기자, 전략, 보수가 있다. GAN 에서의 두 경기자는 생성자와 판별자이다. 생성자의 전략은 더 정교한 가짜 데이터를 생성하는 것이며, 판별자의 전략은 더 정확하게 가짜 데이터를 식별하는 것이다. 생성자의 보수는 판별자가 가짜 데이터를 실제 데이터로 잘못 분류하는 것이고, 판별자의 보수는 모든 데이터를 정확하게 분류하는 것이다.

GAN 의 학습과정은 게임이론의 관점에서 볼 때, 각 경기자가 자신의 전략을 최적화해 나가는 반복적인 과정이다. 초기에는 생성자는 무작위로 데이터를 생성하고 판별자는 이 데이터를 쉽게 식별할 수 있다. 생성자는 점점 더 정교한 가짜 데이터를 생성하기 위해 학습하고, 판별자는 이 가짜 데이터를 식별하기 위해 더 정확한 모델을 학습한다. 그림 11.5.2 에 보이는 것과 같이 과정이 반복되면서 생성자와 판별자는 서로의 전략을 고려하며 최적의 상태로 발전한다. 이상적으로는 균형에 도달하여 생성된 가짜 데이터가 판별자에 의해 실제 데이터와 구별할 수 없게 된다.

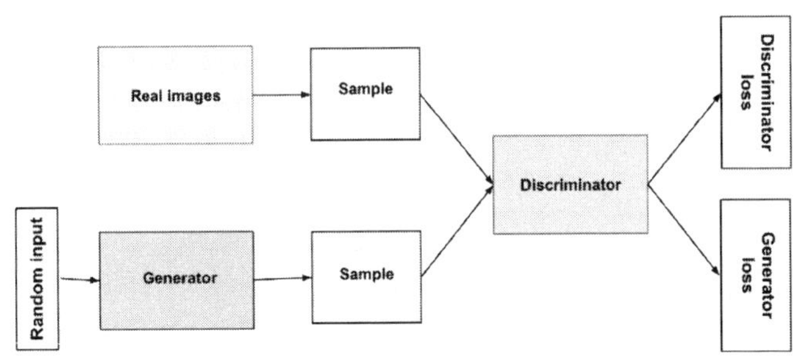

그림 11.5.2 일반적 GAN 구조

이미지 생성에서 GAN 은 고품질의 이미지를 생성하는 데 사용된다. 생성자는 실제와 구별할 수 없는 이미지를 만들기 위해 학습하고, 판별자는 가짜 이미지를 식별하기 위해 학습한다. 데이터 증강에서는 GAN 는 부족한 데이터를 보충하기 위해 새로운 데이터를 생성하는 데 사용된다. 군사적 데이터는 일반 민간 데이터보다 훨씬 수량적으로 적다. 이러한 데이터를 GAN 을 이용해 증강하여 많은 수량을 확보할 수 있다. 이 뿐만 아니라 GAN 은 로봇을 학습하는데 객체의 종류와 위치를 다양하게 생성하고 AI 게임 내 캐릭터의 모션을 생성하거나, 적절한 게임 Map 생성하기도 한다. 시뮬레이션 환경에서 자율주행차의 주행 경로를 학습하는 연구 수행하기도 하고 시뮬레이션으로 CT 이미지, MRI 이미지 등을 생성하고, 이를 이용하여 진단에 활용하는 데에서도 활용되고 있다.

GAN 는 게임이론의 Zero-Sum 게임 개념을 활용하여 설계된 모델로, 생성자와 판별자 간의 경쟁을 통해 최적의 성능을 달성한다. 이 과정에서 각 신경망은 서로의 전략을 끊임없이 고려하며 학습하고, 이는 GAN 이 고품질의 가짜 데이터를 생성할 수 있게 하는 핵심 원리이다. 게임이론의 적용은 GAN 의 성공적인 작동 메커니즘을 이해하고 개선하는 데 중요한 역할을 한다..

11.5.3 군 자율주행 차량과 게임이론

자율주행 차량은 교통 환경에서 다른 차량과의 상호작용을 통해 최적의 주행 전략을 결정해야 한다. 이는 다중 에이전트 시스템으로 게임이론과 강화학습의 적용이 매우 중요한다. 먼저 경로계획(Path Planning) 분야에서는 자율주행 차량은 다른 차량의 움직임을 예측하고 최적의 경로를 계획한다. 게임이론을 통해 다른 운전자들의 행동을 예측하고 이에 맞춘 전략을 개발한다. 도로에서는 차량들이 협력해야 할 때도 있고, 경쟁해야 할 때도 있다. 게임이론을 통해 이러한 상황을 분석하고 최적의 주행전략을 학습하는 협력과 경쟁을 진행한다. 다른 차량과의 충돌을 피하기 위한 최적의 회피 경로를 결정할 때도 게임이론과 강화학습이 사용된다. 다양한 시나리오를 시뮬레이션하고 최적의 대응전략을 학습하면서 충돌을 회피한다.

군사적으로 미래에는 야지를 자율주행하는 차륜형 차량뿐만 아니라 궤도형 차량도 개발되어 전장에 적용될 것으로 예상된다. 이러한 미래 국방기술을 가능하게 하는 것은 강화학습에 기반을 둔 자율차량 기술이며 이 때 게임이론이 핵심기술 중 하나로 적용될 것이다.

그림 11.5.3 군사 자율주행 차량

11.5.4 사이버전과 게임이론

사이버전에서 게임이론은 다양한 방식으로 활용된다. 사이버전의 기본적인 형태는 공자와 방자 간의 상호작용이다. 게임이론은 공자와 방자 간의 전략적 상호작용을 분석하고, 최적의 행동 방침을 결정하는 데 사용된다. 게임이론은 이 상호작용을 모델링하여 각자의 최적전략을 분석한다. Stackelberg 게임 모델에서 방자는 먼저 방어전략을 선택하고, 공자는 이를 관찰한 후 최적의 공격전략을 선택한다. 이는 현실적으로 많은 사이버전 상황에서 방자가 먼저 시스템을 설정하고 공자가 이를 뚫으려는 시나리오에 해당한다. 공자와 방자가 동시에 전략을 선택하는 경우, Nash 균형을 찾아 각자가 상대의 전략에 최적으로 대응하는 전략을 분석한다.

침입이론은 시스템의 취약점을 관리하고 패치하는 데 도움을 줄 수 있다. 방자는 제한된 자원을 가지고 어떤 취약점을 우선적으로 패치할지 결정해야 한다. 방자는 패치할 수 있는 자원이 한정되어 있을 때, 공자의 공격 가능성을 고려하여 가장 중요한 취약점에 자원을 할당한다. 게임이론을 사용하여 공자의 행동을 예측하고 이에 따라 최적의 자원 배분을 결정하는 것이다.

탐지시스템은 네트워크에서 비정상적인 활동을 탐지하는 데 사용된다. 게임이론은 탐지시스템의 설정과 운영을 최적화하는 데 사용될 수 있다. 신호발송 모델에서는 탐지시스템이 네트워크 활동을 모니터링하고, 이상 활동을 발견하면 경고를 보낸다. 공자는 이러한 경고를 피하려고 시도한다. 게임이론을 사용하여 탐지시스템이 공격을 더 잘 탐지하도록 경고 임계값과 기타 설정을 최적화한다.

공자는 종종 시스템에 대한 정보를 수집하려고 시도한다. 방자는 이 정보를 숨기거나 기만전략을 사용하여 공자를 혼란스럽게 할 수 있다. 방자는 공자에게 잘못된 정보를 제공하거나 실제 시스템 상태를 숨기기 위해 기만 전략을 사용한다. 게임이론을 사용하여 어떤 정보를 숨기고 어떤 정보를 공개할지, 그리고 어떤 기만 전략이 가장 효과적인지를 분석한다.

결론적으로 사이버전에서 게임이론은 공자와 방자 간의 전략적 상호작용을 모델링하고 분석하여 최적의 방어전략을 개발하는 데 중요한 도구라고 할 수 있다. 게임이론을 활용하면 공자의 행동을 예측하고 이에 대한 효과적인 대응 방안을 마련할 수 있다. 이를 통해 방자는 제한된 자원을 효율적으로 사용하고, 시스템의 보안성을 극대화할 수 있다.

11.5.5 기타 국방 분야의 게임이론

자동화된 협상 시스템에서는 게임이론이 여러 경기자가 제한된 자원을 두고 경쟁하거나 협력해야 하기 때문에 AI 와 결합하여 경쟁과 협력을 위한 균형을 계산한다. 예를 들어 국방획득 분야에서 군과 방산기업들간의 경쟁과 협력이 필요할 때 최적의 전략을 찾기 위해 게임이론을 사용한다.

참고 문헌

A. Jones, Game Theory: Mathematical Models of Conflict, Halsted Press. 1980.

Akio Matsumoto, Ferenc Szidarovszky, Game Theory and Its Applications, Springer, 2016.

Blaise Cronin, Holly Crawford, "Information Warfare: Its Application in Military and Civilian Contexts. Information Society", Vol. 15, pp.257–263, 1999.

David Burke, Towards a Game Theory Model of Information Warfare, Thesis of Air Force Institute of Technology, 1999.

Dobbie James. "Search for an Avoiding Target", SIAM Journal of Applied Mathematics, Vol. 28, No. 1, pp.72-86, 1975. 1.

Drew Fudenberg, Jean Tirole, Game Theroy, The MIT Press, 1991.

Edwin Ho, Arvind Rajagopalan, Alex Skvortsov, Sanjeev Arulampalam and Mahendra Piraveenan, GameTheory in Defence Applications: A Review, Seonsors. pp.1-40. 2022.

Eric Rasmusen, Games and Information: An Introduction to Game Theory, Blackwell Publishing, 2013.

Frank C. Zagare, "A Game-Theoretic History of the Cuba Missile Crisis", Economies, pp.20-44, 2014. 2.

Frank Zagare, Game Theory Diplomatic History and Security Studies, Oxford University Press. 2019.

Graham Allison, Essence of Decision: Explaining the Cuba Missile Crisis, 1 edn. Little Brown. (2ed. coauthored with P. Zelikow, Longman, 1999)

Guillermo Owen, Game Theory, Emerald, 2013.

Harold Kuhn, Calssics in Game Theory, Princeton University Press, 1997.

Haywood Jr, “Military Decision and Game Theory”, Journal of the Operations Research Society of America, Vol. 2, No. 4., pp. 365-385, 1954. 11.

Itzhak Ravid, “Military Decision, Game Theory and Intelligence: An Anecdote”, Operations Research, Vol. 38, No. 2, pp. 260-264, 1990. 3.

Jeffrey Pawlick Quanyan Zhu, Game Theory for Cyber Deception: From Theory to Applications, Birkhauser, Sensors, 2022.

Jormakka, Mölsä, Modelling Information Warfare as a Game. Jouranl of Information Warfare, Vol. 4, No. 2 , pp. 12-25, 2005. 4.

Joseph Price, Game Theory and U-Boats in the Bay of Biscay, Thesis of Department of The Air Force Air University, 2003.

Karthy, Vaishnavi, Barath, “Game Theory in Military Decision: An Anecdote”, 3rd International Conference on Advances in Mechanical Engineering, pp. 1-9, 2020.

Kathryn Merrick, Medria Hardhienata, Kamran Shafi and Jiankun Hu, A Survey of GameTheoretic Approaches to Modelling Decision-Making in Information Warfare Scenarios, Future Internet, 2016.

Lucia Ordonez, Military Operational Planning and Strategic Move, Springer, 2017.

Melvin Dresher, “Some Military Applications of the Theory of Games”, The Mathematics Division the RAND Corporation, pp. 1-15, 1959.

Peyton Young, Shmuel Zamir, Handbook of Game Theory, Elsevier, 2015.

Philippe Mongin, "A Game-theoretic Analysis of the Waterloo Campaign and Some Comments on the Analytic Narrative Project", Journal of Historical Economics and Econometric History, Vol. 12, pp.451-480, 2018.

Stephen Idahosa, Romi Abidoye, "Game theory Analysis of the Korean Peninsula: A Narrative on North Korea – United States Conflict", Этносоциум Vol. 6. No.120, pp. 92-101, 2018. 2.

Stephen Schecter, Herbert Gintis, Game Theory in Action: An Introduction to Classical and Evolutionary Models, Princeton University Press, 2016.
Steven Tadelis, Game Theory: An Introduction, Princeton University Press, 2013.

Tahereh Ahrabi, Ukraine's Crisis in 2022 through the Lens of Game Theory, A Thesis in the Department of Economics, Concordia University, 2022.

Von Neumann, Oskar Morgenstern, Theory of Games and Economic Behavior; Princeton University Press: Princeton, 2007.

국방대학교, 군사운영분석 이론과 응용, 국방대학교, 1985.

김광진, "게임이론에 의한 이라크의 항공력 운용 전략 분석", 공군평론, 2001.

김광호, 전략적 사고와 분석의 기초 게임이론, 시그마프레스, 2021. 2.

김도영, 김영훈, "맥아더의 전략 Vs. 김일성의 전략: 게임이론을 통해 본 인천상륙작전", 한국군사학논집 제 66 집. 1 권, pp.77-101, 2010. 2.

김영세, 게임이론 전략과 정보의 경제학, 박영사, 2018. 3.

김영세, 정치게임과 공공경제, 도서출판 청람, 2015. 2.

김익현, 최규일, 김도형, 최장옥, "게임이론을 이용한 방책분석 및 비교 개선 연구", 한국군사학논총, 제 12 집 제 1 권, pp.87-104, 2023. 3.

김충영, 민계료, 하석태, 강성진, 최석철, 최상영, 군사 OR 이론과 응용, 도서출판 두남, 2004.

로저, 맥캐인(이규억 옮김), 쉽게 이해할 수 있는 전략분석 게임이론, 시그마프레스, 2013. 1.

박기홍, "무한반복 죄수의 딜레마 게임으로 살펴본 남북한 화해 협력 가능성", 한일군사비교연구, 제 24 집, pp.225-254, 2017.

박순달, 게임이론, 대영사, 1982. 3.

박주현, "북한 위협에 관한 게임이론적 분석", 국방논집 제 23 호, pp. 137-155, 1993. 가을.

박주현, 게임이론의 이해, 도서출판 해남, 2001. 3.

사울 스탈(박형빈 옮김), 게임이론, 경문사, 2012. 3.

송봉주, "게임이론을 이용한 북한 급변사태에 대한 분석", 군사과학논집, pp. 62-79, 2016.

신민규, 박순서, 이단일, 최한림, "평균 필드 게임 기반의 강화학습을 통한 무기-표적 할당", 한국군사과학기술학회지, Vol. 23, No.4, pp. 337-345, 2020. 8.

신성휘, 게임이론 길라잡이, 박영사, 2014. 3.

와타나베 타카히로, 도해 게임이론, AK Trivia Book. No.22, 2019. 7.

왕규호, 조인구, 게임이론, 박영사, 2020. 8.

이태복, 변정욱, 이준배, “신호게임을 이용한 미국 확장억제 공약의 신뢰성 및 유효성 분석”, 한국국방경영분석학회지, 제 49 권, 제 3 호, pp. 12-29, 2023. 12.

정준표, “대북지원의 게임이론적 모델”, 통일문제연구, 2000.

정항래, 효율적인 지휘결심을 위한 게임이론 적용에 관한 연구: 방책선정의 방법론을 중심으로, 국방대학원 석사학위논문, 1986.

조재영, 김승권, “정보중심 전력증강의 전쟁억제 효과: 게임이론적 분석”, 한국국방경영분석학회지, 제 31 권, 제 1 호, pp. 1-13, 2005. 5.

하광룡, 임정, “국방 획득의사결정 과정에서 게임이론의 적용 가능성에 관한 소고”, 국방논단 제 1361 호(11-11), 한국국방연구원, 2011. 3.

한순구, 게임이론, 경문사, 2018. 2.

인터넷 검색

https://ko.wikipedia.org/wiki/%EC%9C%A0%EB%B3%B4%ED%8A%B8(2024.5.13 검색)

https://ko.wikipedia.org/wiki/%EC%BF%A0%EB%B0%94_%EB%AF%B8%EC%82%AC%EC%9D%BC_%EC%9C%84%EA%B8%B0 (2024.1.11 검색)

https://m.blog.naver.com/mdkdk/150008418539(2023.5.13 검색)

https://namu.wiki/w/%EB%B6%81%ED%95%9C%EC%9D%98%206%EC%B0%A8%20%ED%95%B5%EC%8B%A4%ED%97%98(2024.2.17 검색)

https://namu.wiki/w/%EB%B8%94%EB%A1%9C%ED%86%A0%20%EB%8C%80%EB%A0%B9%20%EA%B2%8C%EC%9E%84?rev=6(2024.6.3 검색)
https://namu.wiki/w/%EB%B9%84%EC%8A%A4%EB%A7%88%EB%A5%B4%ED%81%AC%ED%95%B4%20%ED%95%B4%EC%A0%84(2024.3.23 검색)

https://namu.wiki/w/%EC%84%B8%EC%9D%B8%ED%8A%B8%EB%B9%88%EC%84%BC%ED%8A%B8%20%EA%B3%B6%20%ED%95%B4%EC%A0%84(1797) (2024.6.2 검색)

https://namu.wiki/w/%EC%9D%B8%EC%B2%9C%20%EC%83%81%EB%A5%99%EC%9E%91%EC%A0%84(2023.12.14 검색)

https://namu.wiki/w/%EC%BF%A0%EB%B0%94%20%EB%AF%B8%EC%82%AC%EC%9D%BC%20%EC%9C%84%EA%B8%B0(2024.3.3 검색)

https://namu.wiki/w/%ED%8C%94%EB%A0%88%EC%8A%A4%ED%83%80%EC%9D%B8%20%ED%8F%AC%EC%9C%84%EC%A0%84(2024.2.23 검색)

https://namu.wiki/w/2022%EB%85%84%20%EB%9F%AC%EC%8B%9C%EC%95%84%EC%9D%98%20%EC%9A%B0%ED%81%AC%EB%9D%BC%EC%9D%B4%EB%82%98%20%EC%B9%A8%EA%B3%B5(2023.11.16 검색)

https://namu.wiki/w/U%EB%B3%B4%ED%8A%B8(2024.5.14 검색)

https://openai.com/chatgpt/(2024.5.14 검색)

찾아 보기

게임이론의 군사적 적용과 해석

초판 인쇄 | 2024년 8월 05일
초판 발행 | 2024년 8월 10일

지은이 | 권 오 정
펴낸이 | 조 승 식
펴낸곳 | (주)도서출판 북스힐

등 록 | 1998년 7월 28일 제22-457호
주 소 | 서울시 강북구 한천로 153길 17
전 화 | (02) 994-0071
팩 스 | (02) 994-0073

홈페이지 | www.bookshill.com
이메일 | bookshill@bookshill.com

정가 30,000원

ISBN 979-11-5971-616-4

Published by bookshill, Inc. Printed in Korea.